大兴安岭成矿带北段资源远景调查评价

DAXINGANLING CHENGKUANGDAI BEIDUAN

ZIYUAN YUANJING DIAOCHA PINGJIA

陈 江　张春鹏　韩仁萍　杨雅君　张 彤
许立权　唐 臣　张东才　王 信　张廷秀　著
潘 军　吕骏超　毛朝霞　刘桂香

图书在版编目(CIP)数据

大兴安岭成矿带北段资源远景调查评价/陈江等著.—武汉:中国地质大学出版社,2020.1

ISBN 978-7-5625-4682-5

Ⅰ.①大…
Ⅱ.①陈…
Ⅲ.①大兴安岭-多金属矿床-地球化学-成矿预测-调查研究
Ⅳ.①P618.201

中国版本图书馆 CIP 数据核字(2019)第 266667 号

大兴安岭成矿带北段资源远景调查评价		陈 江 等著	
责任编辑:张旻玥		责任校对:周 旭	
出版发行:中国地质大学出版社(武汉市洪山区鲁磨路388号)		邮编:430074	
电 话:(027)67883511	传 真:(027)67883580	E-mail:cbb@cug.edu.cn	
经 销:全国新华书店		http://cugp.cug.edu.cn	
开本:880毫米×1230毫米 1/16		字数:539千字	印张:17
版次:2020年1月第1版		印次:2020年1月第1次印刷	
印刷:武汉精一佳印刷有限公司			
ISBN 978-7-5625-4682-5		定价:150.00元	

如有印装质量问题请与印刷厂联系调换

前　言

大兴安岭北段范围为东起松辽盆地，南至兴安盟，西至新巴尔虎右旗，北至黑龙江漠河。行政区划分别隶属于内蒙古自治区呼伦贝尔市以及部分黑龙江省地区。地理坐标：东经 115°31′13″—130°45′30″，北纬 46°33′00″—53°29′28″。

大兴安岭北段所处的广大地区，是我国境内重要成矿区之一。北西与俄罗斯、蒙古国界相接壤。在大地构造单元上处于内蒙古-兴安造山带的东段，东西向古生代古亚洲成矿域和北北东向中生代滨太平洋成矿域，在该地区叠置。多期成矿叠加使其地质构造条件复杂，火山-次火山活动、岩浆侵入与成矿作用广泛而强烈，矿产资源较为丰富。有色金属和贵金属（金）是该区域的重要矿产资源，也是区域优势矿产资源，目前已探明并开采的大—中型金属矿床有乌奴格吐山铜钼矿、砂宝斯金矿、神山铁矿和多宝山铜矿等矿床，表明该地区具有良好的成矿地质条件，具备较好的成矿远景。

为了总结大兴安岭北段区域成矿条件和成矿规律，开展不同层次调研和综合信息评价工作，筛选成矿远景区，为国家资源规划和资源开发、管理和工作部署提供依据。中国地质调查局下达了"大兴安岭成矿带北段资源远景调查评价"综合研究项目（项目编码：12120114066501），项目承担单位为中国地质调查局沈阳地质调查中心。项目的总体目标任务是系统收集和分析大兴安岭成矿带北段内已有地物化遥、勘查和科研成果资料，跟踪了解调查项目进展情况，汇总和集成调查项目工作成果。开展区域成矿条件、成矿规律研究，提出找矿方向；在重要矿集区内建立区域成矿模型、找矿模型及综合信息成矿预测模型，评价大兴安岭成矿带北段重要矿产的资源潜力，提出找矿勘查部署建议；在重点研究区内开展技术方法示范工作，提出找矿勘查技术方法建议；开展大兴安岭成矿带北段地质矿产调查计划项目业务推进等工作。

研究工作按照项目设计的工作思路和工作部署，根据年度任务要求，系统地收集了大兴安岭北段地质、矿产及物化探资料，紧密跟踪计划项目各工作项目最新进展，分阶段对金属矿床及相关火山岩进行了野外地质调查和较系统的采样分析工作，对室内资料进行了分析总结。

需要指出的是，自 2007 年起，课题组开展了大兴安岭成矿带的研究工作，2007—2010 开展了"大兴安岭成矿带勘查技术方法试验与示范"项目；2011—2013 年开展了"大兴安岭成矿带北段成矿预测与勘查部署研究"项目；2014—2015 年开展了"大兴安岭成矿带北段资源远景调查评价"综合研究项目。通过这些工作，积累了丰富的资料，为了解大兴安岭北段矿床地质特征并进行深部成矿预测提供了大量的基础资料。其后 2016—2018 年开展的"大兴安岭成矿带漠河-扎兰屯地区地质矿产调查"二级项目为本专著提供了部分数据资料。

本书共分七章，各章节由项目组成员分别执笔完成，最后由项目负责人陈江研究员定稿，张春鹏、韩仁萍进行了编辑。其中沈阳地质调查中心杨雅君教授级高级工程师为第一章提供了区域地质方面研究素材，内蒙古自治区地质调查研究院张彤、许立权教授级高级工程师，黑龙江省地质调查院唐臣高级工程师、张东财教授级高级工程师，吉林省地质调查调院王信高级工程师、张庭秀研究员，吉林大学潘军博士等为该项目的矿产、物化遥工作相关编图、研究做了大量工作。本次研究参考了东北地区矿产资源潜力评价的部分相关成果。

在工作过程中得到了中国地质调查局领导与专家的指导与帮助,得到了沈阳地质调查中心及其业务部门的大力支持,得到了辽宁省地质矿产勘查局、吉林省地质矿产勘查开发局、黑龙江省地质矿产勘查开发局、内蒙古自治区地质矿产勘查开发局及其所属院、队的大力支持,同时还得到了中国地质科学院矿产资源所、中国地质科学院地质研究所测试中心等的帮助。项目工作过程中和著作编写阶段得到了李志忠、陈仁义、单海平、张允平、朱群、邴志波、邢树文、沙德铭、王希今、殷佳飞、时建民等同志的大力支持和帮助,在此一并表示由衷的感谢。

著者

2019 年 5 月

目 录

第一章 区域成矿地质背景 ……………………………………………………………… (1)
　　第一节 区域地质背景 ………………………………………………………………… (1)
　　第二节 区域地球物理特征 …………………………………………………………… (20)
　　第三节 区域地球化学特征 …………………………………………………………… (26)
　　第四节 区域遥感特征 ………………………………………………………………… (30)

第二章 大兴安岭成矿带找矿勘查及研究进展 …………………………………………… (34)
　　第一节 基础地质调查主要成果与进展 ……………………………………………… (34)
　　第二节 大兴安岭北段主要勘查进展 ………………………………………………… (51)
　　第三节 找矿勘查技术方法 …………………………………………………………… (57)

第三章 典型矿床及区域成矿规律研究 …………………………………………………… (67)
　　第一节 典型矿床研究 ………………………………………………………………… (67)
　　第二节 大兴安岭成矿带区域成矿条件 ……………………………………………… (119)
　　第三节 成矿时代及演化 ……………………………………………………………… (126)
　　第四节 矿床空间分布规律 …………………………………………………………… (131)
　　第五节 成矿区(带)的划分及其基本特征 …………………………………………… (133)
　　第六节 矿床成矿系列 ………………………………………………………………… (140)
　　第七节 区域成矿模式 ………………………………………………………………… (150)

第四章 矿产预测评价新方法 ……………………………………………………………… (153)
　　第一节 地球化学数据影像化的意义 ………………………………………………… (153)
　　第二节 地球化学数据影像化过程 …………………………………………………… (154)
　　第三节 影像化地球化学数据进行特定矿床类型的找矿预测 ……………………… (156)
　　第四节 利用影像化地球化学数据进行资源量估算 ………………………………… (165)

第五章 找矿远景区划分与工作部署建议 ………………………………………………… (177)
　　第一节 找矿潜力分析 ………………………………………………………………… (177)
　　第二节 矿产勘查工作目标及找矿思路 ……………………………………………… (183)

第三节　重要矿种预测评价模型 …………………………………………………………（186）
  第四节　多矿种综合预测成果 ……………………………………………………………（221）
  第五节　找矿远景区与找矿靶区 …………………………………………………………（239）

第六章　找矿勘查技术流程 …………………………………………………………………（254）

第七章　结束语 ………………………………………………………………………………（256）

主要参考文献 …………………………………………………………………………………（258）

第一章 区域成矿地质背景

大兴安岭北段指乌兰浩特以北的大兴安岭部分及其西侧的得尔布干成矿带(主要为内蒙古部分)。该地区为西伯利亚板块东南缘的增生大陆边缘,区域上处于古亚洲成矿域与环太平洋成矿域的叠加位置,其内部可以进一步划分为得尔布干和东乌旗-兴安两个Ⅲ级成矿带。与其毗邻的中国-俄罗斯、蒙古国交界地带,矿床特别发育,构成一个大型—超大型矿床密集区,具有矿种多、成矿密度高、规模大和成矿时间集中的特点,得尔布干和大兴安岭中北段恰好处于该矿床密集区中。与相邻国家相比,该地区更显示出良好的铜铅锌银(铀)多金属矿成矿潜力。但由于该地区基础地质和矿产勘查工作程度较低,区内已发现的大中型矿产地非常少,仅及国外矿产发育密度的 1/10~1/5。近年来,随着地质勘查投入的增加和研究的深入,在该地区找矿有了新的突破性进展,一批有望达到大中型规模的铅锌银钼多金属矿被发现,该地区有望成为我国重要的有色金属基地(赵一鸣等,1997;吕志成等,2000;刘建明等,2004)。

第一节 区域地质背景

一、地层

区内地层发育,主要为构成早前寒武纪结晶基底的古元古界兴华渡口群,新元古界浅变质岩系,古生界盖层寒武系、奥陶系、志留系、泥盆系、石炭系及二叠系碎屑岩和碳酸盐岩,中生界侏罗系、白垩系火山-碎屑岩系及含煤沉积建造(黑龙江省区域地质志,1993;内蒙古自治区区域地质志,1991),见表 1-1。大兴安岭北段主要地层整理如下。

(一)元古宇

古元古界兴华渡口群:主要分布于黑龙江省呼玛县、塔河县、漠河县,内蒙古松岭及加格达奇等地。下部的兴华村组主要岩性为斜长角闪岩、钠长绿泥片岩、片麻岩和变粒岩夹层;上部的兴安桥组则以透辉透闪大理岩、石墨大理岩夹少量片岩、片麻岩为特征。南延到内蒙古的松岭、鄂伦春自治县则以各种角闪斜长片麻岩、变粒岩、绢云石英片岩夹大理岩为主,还有混合岩、变质砂岩,夹磁铁石英岩及磁铁矿层。变质程度为低角闪岩相,属于围绕加格达奇-扎兰屯陆核的裂谷沉积,为裂谷发育晚期的陆源碎屑-碳酸盐岩建造。根据最新研究成果,该群解体为表壳岩和变质深成侵入岩,将表壳岩命名为兴华渡口群。厚度为 700~800m。在下部的斜长角闪岩中测得 Sm-Nd 等时线年龄为 1157 ± 32 Ma、1225 ± 28 Ma(变质年龄)。

表 1-1 大兴安岭北部不同构造单元主要地层对比表（据武广，2005）

界	系	统	额尔古纳地块		北兴安地块	鄂伦春晚古生代中期增生带	上黑龙江盆地
			额尔古纳隆起	满洲里-克鲁伦浅火山盆地			
中生界	白垩系	下统	大磨拐河组 梅勒图组	大磨拐河组 梅勒图组	甘河组 光华组 九峰山组 龙江组	大磨拐河组 梅勒图组	甘河组 光华组 龙江组
	侏罗系	上统	白音高老组 玛尼吐组 满克头鄂博组	白音高老组 玛尼吐组 满克头鄂博组	白音高老组	白音高老组 玛尼吐组 满克头鄂博组	白音高老组 开库康组
		中统	塔木兰沟组 万宝组	塔木兰沟组	塔木兰沟组	万宝组	塔木兰沟组 漠河组 二十二站组 绣峰组
		下统					
上古生界	二叠系	上统			林西组		
	石炭系	中统				新伊根河组	
		下统	红水泉组		红水泉组	红水泉组 莫尔根河组	
	泥盆系	上统			大民山组	大民山组	
		中统	泥鳅河组				泥鳅河组
		下统			泥鳅河组	泥鳅河组	
	志留系	上统	卧都河组				
下古生界	奥陶系	上统			安娘娘桥组		
		中统	乌滨敖组		南阳河组 大伊希康河组 库纳森河组 黄斑背组 铜山组	多宝山组	
		下统					
	寒武系	下统			焦布勒石河组 三义沟组 洪胜沟组 高力沟组		
			额尔古纳河组	额尔古纳河组	大网子岩组		额尔古纳河组
新元古界	震旦系				吉祥沟岩组 嘎拉山组		
	青白口系		佳疙疸组	佳疙疸组			
古元古界			兴华渡口群		兴华渡口群	兴华渡口群	兴华渡口群

1. 中元古界

新开岭岩群：该群下部的北师河组主要为角闪质片岩、片麻岩，以及条纹—条带状的各种混合岩，反映强变形带的特征，并伴有大量深成岩浆的参与；其上部的播里根沟组由绿泥片岩、石英片岩和变酸性火山岩组成，与北师河组连续沉积。

2. 新元古界

佳疙疸组：指分布于额尔古纳河流域以及东部倭勒根河一带的上部绿片岩，下部银色、银灰色石榴子石红柱石云母石英片岩、碳质黑云母片岩、石英岩等组合。其上与额尔古纳河组白云岩整合接触，下界不清。该组在额尔古纳右旗安格列河地区发育较全。其上部为绿泥片岩、绿泥石英片岩、绢云绿泥石英片岩夹变质砂岩、大理岩等；下部为黑云石英片岩、二云母石英片岩，局部有红柱石角岩化，厚度大于2451m。

额尔古纳河组：在额尔古纳河流域主要由白色块状灰质白云岩、大理岩、白云质大理岩夹石英片岩、绿片岩等组成，厚度为1120m。向南在摆直右拉山一带硅质成分增加，以白云质硅大理岩为主，夹少量粉砂质结晶灰岩、碳质板岩，厚度大于825m。在红水泉等地该组以大理岩、碳质结晶灰岩、含粉砂质结晶灰岩为主，夹变质粉砂岩及千枚状板岩，厚度大于508m。一般未见顶，局部可见整合于佳疙疸组之上。

倭勒根群：为一套浅变质岩系，下部为浅海相陆源碎屑岩，上部为基性火山岩。在岩性组合、变质程度、生物组合等方面与佳疙疸组均有可比性，应为同一构造环境横向变化的产物。自下而上划分为吉祥沟组、大网子组。

吉祥沟组：主要由深灰色（二云）石英片岩、千枚岩、板岩，灰白色微晶灰岩及含石墨灰岩、微晶片岩等组成。为一套浅变质的海相细碎屑岩夹碳酸盐岩组合。区域上与上覆大网子组整合接触。厚度大于827.90m。

大网子组：由浅变质中基性熔岩和酸性熔岩及细碎屑岩组成。主要岩石类型为细碧岩、角斑岩、板岩等。岩石偏暗多带绿色调，受轻微区域变质，局部叠加热、动力变质作用形成片理化、角岩化及糜棱岩化。出露厚度为775～1932m。

落马湖群：分布于呼玛县落马湖—宽河一带及德都县库伊河流域的一套变质杂岩系。落马湖群与倭勒根群为同时异地（异相）产物，它们可与张广才岭地区的张广才岭群、一面坡群相类比。时代为新元古代南华纪晚期—震旦纪（700～543Ma），为兴凯旋回的产物，这进一步肯定了东北地区兴凯运动的存在。

嘎拉山组：由中浅变质的细碎屑岩组成，主要为灰色含十字石、石榴子石石英片岩、二云片岩、变粒岩等。岩石多呈灰色、浅灰色，以含有十字石为特征，构成低角闪岩相十字石变质带，为一套海相陆缘细碎屑岩沉积建造。出露最大厚度为1487m。向东南延伸至德都县库伊河一带变粒岩增多，片岩相对减少，所含石榴子石矿物增加，出露厚度为778m。

北宽河组：上部为灰绿色粉砂质绢云板岩、含砂质绿泥板岩、绿灰色绢云千枚岩夹灰色片理化中酸性火山岩、片理化长石砂岩、变质凝灰砂岩；下部为深灰色含石榴子石绢云微晶片岩、绢云千枚岩、灰绿色片理化中酸性火山岩夹灰色片理化变质长石石英砂岩、灰绿色凝灰砂岩、绢云板岩及大理岩，为一套砂泥质碳酸盐岩沉积夹火山岩建造。出露最大厚度为1916m。由北宽河往西至铁帽山、嘎拉山一带砂岩增多，板岩、千枚岩减少，不夹火山岩层，沉积碎屑由细变粗，地层厚度变薄；向东南延伸至德都县库伊河流域，出露厚度达到1079m，（中）酸性火山岩增多，砂岩减少。

（二）寒武系

区内寒武系分布较少，且普遍缺失中上寒武统，下寒武统沉积额尔古纳河组，多出露于额尔古纳地块上的莫尔道嘎以北地区或额尔古纳河右岸，是一套浅海相的碎屑岩-碳酸岩组合，主要岩性为大理岩、白云岩、结晶灰岩夹少量的变质碎屑岩。该组的碳酸盐岩与后期侵入岩的接触部位发育砂卡岩型金、铜矿化。

兴隆群：主要由板岩、千枚岩、大理岩、白云岩、酸性或中酸性火山岩及其凝灰岩组成的一套变质岩系。该群分布局限，仅出露于呼玛县兴隆乡至十四站一带。

高力沟组：在高力沟和洪胜沟出露较全，厚度较大（约507m），下部为千枚岩，上部为含砾砂岩、石英砂岩夹千枚岩，构成兴隆背斜核部。在十五站地区出露为板岩和少量变质砂岩，厚度约为326m，产微体化石。被奥陶系安娘娘桥组不整合覆盖。

洪胜沟组：该组下部以薄层结晶灰岩、砂质灰岩夹板岩为特点，常见碳质板岩、硅质板岩、结晶灰岩与白云质大理岩呈相变关系；上部碎屑岩增加，以粉砂质板岩为主。整合于高力沟组之上，厚度为733.6m。

三义沟组：以黑色、黄绿色碳质绢云板岩和粉砂质绢云绿泥板岩为主，与洪胜沟组相伴分布于十四站—兴隆乡一带，构成兴隆背斜翼部，与洪胜沟组整合接触。该组在洪胜沟出露完整，厚度约为441m；在安娘娘桥出露约420m，岩石以板岩为主，但是碳质含量减少，粉砂质含量增加，岩石呈黄绿色；在兴隆沟出露约371m，但是粗碎屑增加；在十四站出露约240m，有27m厚的中细粒长石砂岩。

焦布勒石河组：岩性主要为黑色、灰黑色粉砂质板岩、碳质板岩、凝灰质板岩和黄褐色、黄绿色酸性、中性凝灰岩及熔岩等，属于火山-碎屑沉积建造。出露厚度一般为800m左右。

（三）奥陶统

1. 下奥陶统

乌宾敖包组：为一套浅海相的板岩夹少量粉砂岩和灰岩透镜体的岩石组合，主要分布于额尔古纳右旗七卡等地。哈达音布其组为同物异名。岩性以绢云板岩、粉砂质板岩为主，夹少量长石砂岩，含腕足类及三叶虫化石。厚度大于1418m。

库纳森河组：分布于大兴安岭伊勒呼里山北坡。该组岩石结构较粗，碎屑岩以中粒为主，含砾；岩石成熟度较低，多为复成分，砂岩中夹少量流纹质火山岩及其凝灰岩。岩性由黄褐色、灰白色变质中粗粒—细粒石英砂岩、长石砂岩、杂砂岩、凝灰砂岩和含砾酸性凝灰熔岩夹砾岩、粉砂岩和板岩组成。为浅海相快速堆积的产物。厚度约为765m，其上被黄斑脊山组整合覆盖。

黄斑脊山组：岩性以深灰色、黄褐色变质粉砂岩、粉砂质板岩为主，偶夹凝灰砂岩、片理化酸性凝灰岩，产丰富的腕足类。厚度为300～400m。其上与大伊希康河组整合接触。

大伊希康河组：分两个岩性段。一段为黄褐色细砂岩、绿泥石板岩、长石砂岩、粉砂岩，夹绿色含砾杂砂岩；二段为暗灰色、灰绿色板岩夹粉砂岩、变粒岩、片岩及千枚岩。顶、底关系不清，厚度大于715.5m。

铜山组：由浅水沉积的黄绿色杂砂质砂砾岩、杂砂质长石砂岩或黄白色流纹质凝灰砾岩、凝灰熔岩等与较深水沉积的黑色微层状板岩互层或交替出现构成的复理石建造。整合于多宝山组之下，厚度为370～684m。产丰富的腕足类、珊瑚、苔藓虫等化石。断岩山组、关鸟河组、大治组、窝理河组、西鳅河组及汗乌拉组的部分均为铜山组的同物异名。

2. 下—中奥陶统

多宝山组：整合于铜山组之上、裸河组之下的中性、中酸性火山岩，岩性为灰绿色英安岩、安山质熔岩、火山角砾岩、凝灰岩及沉凝灰岩等。下部偶夹大理岩，产腕足类及三叶虫。顶部见有英安质集块岩。

3. 上奥陶统

安娘娘桥组：下部砂砾岩段为灰黄绿色砾岩、砂砾岩、砂岩，局部为细砂粉砂岩夹砾岩和大理岩；上部板岩段为粉砂质板岩夹细砂粉砂岩或薄层灰岩。上部板岩及粉砂岩中产三叶虫及腕足类化石。自下而上岩石结构由粗到细,属于浅海相近岸陆源碎屑沉积。在横向上,自北东向南西厚度逐渐增大,在安娘娘桥大于300m,在兴隆南大于800m,在北西里约1500m,在南阳河约2400m。底部局部超覆于兴隆群洪胜沟组之上,顶界不清。在区域上可能与裸河组为相变关系。

裸河组：下部为杂色凝灰砂岩夹含砾钙质凝灰砂岩、含铁杂砂岩；上部为灰绿色、黄绿色钙质凝灰细砂粉砂岩及变质粉砂岩夹细砂岩。自下而上颜色由杂色变为黄色、绿色,由厚层变薄层,产腕足类和三叶虫。总厚度为444m。与三矿沟组、治泥山组、苏呼河组为同物异名。

爱辉组：为一套灰黑色含笔石板岩组合。一段为灰黑色板岩夹黄色粉砂岩；二段为灰黑色板岩夹白色粉砂岩。厚度为200~500m。产笔石和竹节石化石。该组与下伏裸河组整合接触,与上覆黄花沟组亦为整合关系。

(四) 志留系

1. 下志留统

黄花沟组：为一套板岩夹粉砂岩、细砂岩组合,下部为灰黄绿色、灰黑色板岩夹黄色板岩；中部为灰绿色、黄绿色细砂粉砂岩与板岩互层；上部为灰绿色、黄绿色粉砂质板岩夹粉砂岩。中、上部产腕足类化石,厚度约400m。

2. 中志留统

八十里小河组：岩性主要为一套杂色海相碎屑岩组合,下部为灰紫色、灰绿色细粒或不等粒杂砂岩、杂砂质石英砂岩、粉砂岩、凝灰砂岩；上部为灰紫色、灰绿色中粒—中细粒杂砂岩、灰色砂砾岩。局部地区在上部夹中性或中基性火山岩及其凝灰岩、火山角砾岩。厚度为200~300m,在卧都河南部可达500m。

3. 上志留统

卧都河组：为一套整合于八十里小河组之上、泥鳅河组之下的砂岩、板岩互层组合。下部为灰绿色粉砂质板岩、粉砂岩、凝灰质板岩；上部为黄色细粒、中细粒杂砂质石英砂岩、厚层状石英砂岩、黄绿色粉砂质板岩夹薄层砂砾岩,以产图瓦贝 *Tuvaella* 为特征,代表以陆源碎屑为主的浅海近岸沉积环境。

(五) 泥盆系

1. 下—中泥盆统

泥鳅河组：岩性以粉砂岩、板岩夹火山岩及大理岩组合为特征,为浅海相碎屑岩夹碳酸盐岩薄层,局部发育火山岩。灰岩多出现在上部和下部；火山岩层不稳定,多见于中、下部,岩性多为英安岩,少为安山岩和流纹岩。

2. 中泥盆统

腰桑南组：岩性以灰紫色、灰绿色杂砂岩、板岩夹凝灰砂岩及灰岩透镜体为特征,产珊瑚、三叶虫等化石,与泥鳅河组上部为同时异相,顶、底界不清。该组岩石颜色以灰紫色、灰绿色交替出现为特点；下部以粗砂岩夹板岩为主,上部出现细砂岩,顶部见中细粒杂砂岩。出露厚度为633~1733m。

3. 中—上泥盆统

大民山组：岩性为一套海相中基性、酸性火山岩、火山碎屑岩及碎屑岩、碳酸盐岩及硅质岩、放射虫硅质岩等。厚度变化较大，由数百米至数千米不等，岩性在纵向和横向上变化也较大。与下伏泥鳅河组平行不整合接触，顶部多被第四系覆盖。

根里河组：岩性为海相沉积灰黑色杂砂岩、杂砂质长石砂岩、绿泥板岩、凝灰砂岩及凝灰岩，上部粉砂岩产腕足类化石。厚度一般为400～500m，最大可达1000m。大河里河组的一部分相当于根里河组。整合于泥鳅河组之上，区域上整合伏于小河里河组之下。

4. 上泥盆统

小河里河组：岩性为黄绿色、黄褐色砂砾岩、杂砂岩、灰黑色板岩及粉砂岩夹碳质板岩组合，产植物和腕足类化石。大河里河组的一部分相当于小河里河组。厚度为871～1015m。

(六) 石炭系

1. 下石炭统

红水泉组：为一套类复理石建造，由杂砂岩、砂板岩、灰岩和凝灰岩组成，产腕足类及珊瑚等化石。厚度为1115m。

莫尔根河组：岩性主要为海底富钠火山岩，部分地区伴生有放射虫硅质岩、硅质粉砂岩、板岩及灰岩。厚度为720m。莫尔根河组在横向上自北西向南东，成分由细碧岩向角斑岩过渡，实际上是蛇绿岩套上部组合特征。据此可以推断大兴安岭地区早石炭世洋壳的存在。

花达气组：主要由灰褐色砾岩、黑色凝灰砂岩夹板岩组成，产较丰富的植物化石。下部为黑色凝灰砂岩、板岩夹黄色细(杂)砂岩及板岩；上部为黑色凝灰砂岩，多含碳质，厚度为265.80m。底部与小河里河组整合接触，顶部被查尔格拉河组覆盖。

查尔格拉河组：岩性下部以黄褐色砾岩为主，中上部为黑色粉砂泥质板岩与杂砂岩互层，产植物化石。厚度约为345m，整合于花达气组之上，顶界不清。

洪湖吐河组：下部以火山碎屑岩为主，上部为正常沉积碎屑岩和凝灰岩交替出现，产杜内期腕足类化石。与库纳尔河组为同物异名。厚度大于1792m，顶、底界不清。

2. 上石炭统

新伊根河组：为一套陆相或海陆交互相的碎屑岩组合，含安格拉型植物化石。现塔源组、伊根河组并入新伊根河组。该组顶部常被中生代火山岩覆盖，底部与红水泉组呈平行不整合接触。新伊根河组分布局限，仅零星见于加格达奇至海拉尔一带，岩性稳定，结构较细，常含铁质结核，为正常沉积的河湖相碎屑岩。下部岩性为中砾岩夹粉砂岩，上部为泥质岩、粉砂岩，厚度为450m。

(七) 二叠系

1. 下二叠统

大石寨组：为哲斯组浅海相碎屑岩及灰岩和寿山沟组海陆交互相碎屑岩之间的海相中酸性熔岩及凝灰岩组合，局部夹正常碎屑岩，含腕足类等动物化石。

2. 中二叠统

哲斯组：为早二叠世包格特组及大石寨组之上的一套浅海相砂岩、板岩和灰岩透镜体的岩石组合，部分地区发育有火山碎屑岩和硅质岩。富含腕足类、珊瑚、蜓类等化石，厚度大于1075m。

3. 上二叠统

林西组：为一套整合或不整合在哲斯组之上的湖相、潟湖相黑灰色为主色调的砂板岩组合，含双壳类 Palaeomutela，Palaeonodonta 及植物化石。底界不详，上界被中生代不同地层单元覆盖。厚度为3000余米。

（八）三叠系

大兴安岭地区已发现下三叠统和上三叠统。下三叠统自下而上分为老龙头组、哈达陶勒盖组，二者呈整合接触，它们零星分布在大兴安岭东坡的奈曼旗至黑龙江省嫩江县一线。老龙头组与下伏林西组（孙家坟组）呈整合接触，哈达陶勒盖组被上覆侏罗系角度不整合覆盖。上三叠统东宫组（原东宫组一段）目前仅见于海拉尔盆地，其上被下侏罗统查伊河组（原东宫组第二段）平行不整合覆盖。

（九）侏罗系

该区侏罗系主体地层自下而上分为下侏罗统查伊河组、红旗组，中侏罗统万宝组、新民组、塔木兰沟组，上侏罗统土城子组、满克头鄂博组、玛尼吐组和白音高老组。大兴安岭地区早侏罗世地层分布局限，而中—晚侏罗世地层广泛分布。

1. 下侏罗统

查伊河组：岩性主要为凝灰砾岩、凝灰砂岩和安山玢岩，可见厚度仅220m。根据所含植物化石将其时代定为晚三叠世。

2. 中侏罗统

万宝组：全区均有分布，其中以兴安盟最为发育，是一套含煤系的碎屑岩地层，上部为砂泥岩互层，夹薄煤层，下部为砂岩与砾岩互层，与上覆地层呈不整合接触，含大量的植物化石。

塔木兰沟组：主要分布于大兴安岭北部，向南延伸至东乌珠穆沁一带，为一套中基性火山熔岩、碎屑岩夹沉积岩，主要岩性为安山玄武岩，凝灰岩及砂砾岩（Wang et al，2006；孟恩等，2011；赵忠华等，2011）。

3. 上侏罗统

满克头鄂博组：全区均有出露，曾被细分为吉祥峰组、木瑞组及上库力组一段，代表岩性为流纹岩、英安岩及酸性凝灰岩和沉凝灰岩、凝灰质砂砾岩，不整合覆盖于塔木兰沟组之上，含植物化石、叶肢介及双壳类动物化石。

玛尼吐组：该组自北部的额尔古纳市到南段的赤峰市均有出露，相当于上力组二段，以中性火山熔岩、中酸性火山碎屑岩夹沉积岩为特征，主体岩性为安山岩、英安岩、凝灰岩夹砂岩及沉凝灰岩，形成于158～146Ma 的晚侏罗世（孙德有等，2011）。

白音高老组：广泛分布于大兴安岭地区，相当于上库力组三段，为一套酸性火山岩夹少量的沉积岩、安山岩，并以包含黑曜岩、珍珠岩为特征，含叶肢介与双壳类动物化石，主体岩石形成于141～139Ma 的晚侏罗世（苟军等，2010）。

（十）白垩系

大兴安岭地区早白垩世早中期火山-沉积地层分布相对广泛，早白垩世中晚期含煤地层主要分布在海拉尔、拉布达林裂谷型盆地及大兴安岭南部平庄-元宝山断陷盆地；晚白垩世地层仅零星分布。该区白垩系自下而上分为下白垩统龙江组(新义)或梅勒图组、甘河组(伊力克得组)、南屯组、大磨拐河组和伊敏组，上白垩统孤山镇组、青元岗组。

1. 下白垩统

龙江组：由安山岩、英安岩及其火山碎屑岩、流纹质火山碎屑岩和沉积碎屑岩组成，局部地区夹油页岩。

梅勒图组：辽宁省区测二队(1976)根据扎鲁特旗阿日昆都楞苏木梅勒图山剖面创名的梅勒图组，岩性以黄绿、灰、紫灰色黑云母安山岩为主，厚度大于280m，不整合在白音高老组之上。

甘河组(含九峰山组)：以玄武岩或安山岩等中基性熔岩为主，岩石颜色多样，气孔、杏仁构造较发育，时见玉髓、玛瑙，一段和二段时有薄煤层或煤线。

南屯组：岩性主要为深灰色砂泥岩互层，常出现泥灰岩和油页岩，边缘地区多夹粗碎屑岩，含孢粉、沟鞭藻、介形类、双壳类和腹足类等化石，厚度为400～600m，最厚达1000m，与下伏地层不整合接触，与上覆大磨拐河组呈整合或平行不整合接触。

大磨拐河组：在海拉尔盆地，大磨拐河组下部以灰黑、深灰色湖相泥岩为主；上部以砂泥岩互层为主，粉砂岩和砂岩较下部明显增多，夹多层煤。该组总体显现为一套河湖相砂泥岩互层的反韵律沉积。

伊敏组：以灰绿、绿灰色泥岩、粉砂质泥岩、泥质粉砂岩和粉砂岩夹煤层为主，偶夹粗砂岩及砂砾岩。一段以浅灰、绿灰色厚层泥岩较发育，夹多层煤；二段为灰、绿灰色泥岩，粉砂质泥岩、泥质粉砂岩与绿灰色粉砂岩、细砂岩；三段主要为浅灰、绿灰色与灰绿色泥岩、粉砂质泥岩、泥质粉砂岩、灰白色粉砂岩与细砂岩，局部地区夹杂色砂砾岩、紫红色泥岩及煤层。

2. 上白垩统

孤山镇组：该组下部为浅灰—棕色流纹质含集块凝灰角砾岩和灰白色流纹岩，厚度为116.51m；中上部为紫、灰绿色粗面岩，厚度为447.16m；该组控厚大于563.67m，未见顶，与下伏甘河组呈不整合接触。

青元岗组(K_2q)：在海拉尔盆地该组为一套杂色、绿灰色砂砾岩与紫红色、绿灰色泥岩组合。青元岗组一段以绿灰、灰白、杂色砂砾岩为主，夹绿灰、紫红色泥岩、粉砂质泥岩、泥质粉砂岩及粉砂岩；二段主要为紫红、砖红、灰绿、绿灰色泥岩、粉砂质泥岩、泥质粉砂岩，普遍含圆球状钙质结核、褐铁矿结核和黑色钙质条带。

(十一)古近系—新近系

渐新世—中新世孙吴组：大兴安岭地区的孙吴组分布于呼玛县、漠河盆地北部及嫩江东部等地，为一套河湖相碎屑沉积。主要由灰、黄褐、灰黄色弱胶结砂砾岩、砂岩夹灰绿、灰色泥岩(黏土岩)组成，局部砂砾岩为铁质胶结或含铁质结核。未见顶底。嫩江地区可见其上与西山玄武岩为平行不整合接触。岩性区域上变化不大，自下而上基本显示出由粗—细的韵律变化，构成多个沉积旋回，且斜层理发育。

中新世呼查山组：岩性为褐黄色、灰白色砂砾岩、砂岩、细砂岩及含砾砂泥岩、含钙质结核，岩石疏松，含孢粉、腹足类、双壳类化石，厚度约为150m。其下部不整合于上白垩统二连组之上，上界被第四系不整合覆盖。

上新世五叉沟组：在五叉沟、呼伦湖东侧、根河上游及伊和布尔一带较为发育。岩性为深灰、黑灰色玄武安山岩、安山岩夹气孔状玄武安山岩，厚度大于300m。属于陆相裂隙喷溢的基性火山熔岩，形成高平台或帽状地貌形态。

二、侵入岩与火山岩

大兴安岭北段岩浆活动频繁，岩浆活动具有多期、次多旋回的特点。岩浆侵入时代主要有中、新元古代、加里东期、海西期、印支期、燕山期和喜马拉雅期。中、新元古代侵入岩主要为超基性岩类和花岗岩类；加里东期侵入岩主要为杂岩类（超基性—基性岩类、闪长岩类、花岗岩类）；海西期侵入岩主要为基性—超基性岩类和花岗岩类；印支期侵入岩主要为改造型花岗岩类；燕山期岩浆作用强烈，主要为中酸性岩浆侵入活动，岩体沿深大断裂和大型坳陷边缘组成大兴安岭大型岩浆构造带。区内的岩浆侵入主要为海西期和燕山期，两期岩浆侵入活动与区内金属矿床的形成关系密切。

区内侵入岩空间分布表现出较明显的集中分布规律。其中在额尔古纳隆起侵入岩类大面积分布；而在鄂伦春晚古生代中期增生带和满洲里-克鲁伦浅火山盆地中主要分布有中生代火山岩及少量侵入岩；上黑龙江盆地内，除一些中生代火山岩外，还有少许侵入岩。

（一）侵入岩时代划分与时空分布

大兴安岭地区是我国东北部重要的成矿带之一，其中岩浆岩非常发育，许多矿产都与岩浆活动（尤其是岩浆侵入活动）有千丝万缕的联系，因此，深入研究该地区岩浆侵入活动规律、侵入岩空间分布、形成时间、物质组成具有重要意义。从形成时间上来看，岩浆侵入作用主要发生于古元古代、新元古代、早古生代、晚古生代和中生代，其中晚古生代和中生代岩浆侵入活动最为强烈。从空间上来看，侵入岩呈北东向展布，可以进一步划分为大兴安岭主脊侵入岩带和漠河-呼伦湖侵入岩带。元古宙岩浆侵入作用主要集中在北部地块区，早古生代集中分布在大兴安岭东北端，晚古生代岩浆侵入作用以中北部地区最为发育，中生代岩浆侵入作用贯穿整个大兴安岭地区。从岩性上来看，侵入岩主要包括闪长岩类、正长花岗岩、二长花岗岩、花岗岩和花岗斑岩以及少量蛇绿混杂岩带中产出的基性—超基性侵入岩，这些侵入岩出露面积占全区总面积的25%左右，构成了我国东北部最为壮观的侵入岩带。

从地质图来看，大兴安岭地区的地质构成，除了大面积的中生代火山岩之外，还有不同时代形成的花岗岩类侵入岩，其他的地质体很少。

大兴安岭地区侵入岩主要形成于古元古代、新元古代、早古生代、晚古生代和中生代。这些侵入体时代的确定，主要是根据野外地质接触关系和一些同位素年代学数据。

（二）大兴安岭北段中生代火山旋回特征

大兴安岭地区位于兴蒙造山带东段，自晚海西期褶皱造山以来，长期处于陆相环境，之后受滨太平洋构造体系的影响，形成了丰富多样的陆相沉积和陆相火山沉积盆地，发育了颇具特色以火山-沉积岩系为主的中生代地层，构成大兴安岭—燕辽地区侏罗系—白垩系的主体。

现就本次工作中对于大兴安岭火山岩的旋回划分及其存在的问题作简要概述。

1. 老龙头期—哈达陶勒盖期火山喷发旋回

老龙头组由黑龙江省区域地质调查二队刘步昌等1976年创建于黑龙江省龙江县济沁河乡孙家坟东山，岩性主要为灰、绿灰、紫色砂岩、粉砂岩、板岩夹酸性凝灰熔岩等，含双壳类化石古米台蚌和古无齿蚌，厚度逾800m，与下伏孙家坟组（即林西组）整合接触。其中酸性凝灰熔岩段位于底部层位，厚度约为100m。

哈达陶勒盖组由吉林省区域地质调查队1980年创建于科尔沁右翼前旗索伦镇哈达陶勒盖，岩性为安山岩、安山质或英安质凝灰岩、熔结凝灰岩、凝灰熔岩夹粉砂岩和页岩,该旋回中,火山岩位于底部与顶部层位,中部层位为砂岩、粉砂岩组合。其中火山岩段主要为安山岩及安山质凝灰岩。

根据火山岩岩性组合分析,老龙头组与哈达陶勒盖组旋回可以作为单独的一个旋回来对待。该旋回的火山-沉积地层是大兴安岭地区中生代最早期的火山喷发旋回,具有多期次、多间歇性和以中性岩浆喷发为主的特点。该旋回的早期阶段,即老龙头组沉积时期,每次火山喷发的时间短,间歇时间长,表现在以正常碎屑岩为主,夹多层中性或中酸性火山岩。火山喷发旋回的中晚期阶段,即哈达陶勒盖组沉积时期,火山喷发活动频繁而强烈,间歇时间相对短,表现在以中性火山岩为主,夹正常碎屑沉积层。

老龙头组时代:根据产于该组的叶肢介化石 Notocrypta sp.(隐背叶肢介)和与之层位相当的孢粉(丁秋红等,2005)、木化石(郑少林等,2005),老龙头组时代为早三叠世。该组零星分布在大兴安岭东坡,西坡的海拉尔盆地布达特群杂色碎屑岩组(万传彪等,2005)有可能相当于老龙头组。到目前为止,还未见关于该旋回中酸性凝灰熔岩的锆石 U-Pb 年龄报告。含常见于三叠纪的叶肢介化石 Dictyostrica sp. 等,最厚可达 1500m,时代被定为早三叠世。

哈达陶勒盖组时代:到目前为止,精细的年代学数据依然很少,这是以后工作的重点。

2. 塔木兰沟期火山喷发旋回的时代问题

该组由黑龙江省区域地质调查二队王荣富等 1981 年创建于呼伦贝尔盟牙克石市绰尔镇塔木兰沟,岩性为灰绿色杏仁状、致密块状玄武岩及其角砾岩,粗安岩夹灰黑色薄层状粉砂质泥岩,最厚达 1640m,与下伏中侏罗统万宝组(南平组)整合接触,与上覆地层满克头鄂博组整合接触,时代为中晚侏罗世。该火山喷发旋回以塔木兰沟组为代表,在大兴安岭中脊和西坡中北部地区,早期主要为基性岩浆活动,中晚期演变成中基性、中性岩浆活动,虽具火山喷发间歇性,但间歇时间相对较短,而东坡中北部地区,早期主要为中性岩浆活动,中晚期为中性和中酸性火山活动,火山喷发亦具较短的间歇性;在大兴安岭中南部地区,相当于该旋回的火山喷发(新民组)则以酸性火山活动为主,且火山喷发间歇既多又长。

塔木兰沟组的时代颇有争议,主要有中侏罗世、中晚侏罗世、晚侏罗世和中侏罗世—早白垩世 4 种观点。我们从地层层序、生物地层角度认为将塔木兰沟组时代定为中侏罗世较妥。主要依据:一是它与下伏含中侏罗世生物化石(主要是植物化石)的万宝组呈整合接触,又被含晚侏罗世叶肢介等化石的满克头鄂博组呈平行或角度不整合覆盖;二是其相当层位,如新民组等,含中侏罗世生物化石;三是据大庆油田资料,海拉尔盆地西侧的塔木兰沟组火山岩同位素年龄大于 158Ma。现已有大量的精细年代学数据。

3. 兴安岭期火山喷发旋回及其时代

该旋回早由赵国龙 1989 年定义,其中包括满克头鄂博、玛尼吐、白音高老 3 个亚旋回。其中大体组成为酸、中性火山岩组合,但是各组中仍夹有不同厚度的中性与酸性火山岩,使得野外的划分与定名变得相当复杂。

1)满克头鄂博火山喷发亚旋回

满克头鄂博组主要由辽宁省区域地质调查二队 1974 年创名于哲里木盟扎鲁特旗阿日昆都楞苏木满克头鄂博山,但地层出露不全。其岩性为杂色酸性凝灰岩、酸性熔结凝灰岩、流纹岩、英安岩夹凝灰质砂岩、凝灰质砾岩、沉凝灰岩,含叶肢介 Nestoria 和 Magumbonia 等化石,厚 500~1500m,不整合在新民组或更老地层之上,被玛尼吐组整合覆盖。满克头鄂博火山旋回,在大兴安岭主脊北西侧火山活动相对较强烈,火山活动以爆发相为主;大兴安岭主脊南东侧火山活动强度相对较弱,火山活动以溢流相为主;而大兴安岭南东坡火山活动较少,火山活动间歇期较多。该火山旋回基本上可以同大兴安岭南部的张家口火山旋回下部火山岩对比。

2)玛尼吐期火山喷发亚旋回

玛尼吐组由辽宁省区域地质调查二队1974年创名于巴林右旗岗根苏木全嘎查玛尼吐西山,岩性以灰紫、紫红色安山岩(粗安岩)及安山质角砾熔岩为主,夹凝灰质粉砂岩、砂岩及少量酸性火山岩,与下伏满克头鄂博组和上覆白音高老组均为整合接触。其层位大致相当于大兴安岭南部地区张家口组中上部地层。在大兴安岭地区分布范围较广,在额尔古纳右旗、额尔古纳左旗、满洲里市、陈巴尔虎旗、牙克石市、东乌珠穆沁旗、乌兰浩特市、赤峰市地区均有出露。

3)白音高老期火山喷发亚旋回

白音高老组由辽宁省区域地质调查二队1974年创名于赤峰市巴林左旗哈达英格乡白音高老。在大兴安岭地区其岩性为灰白色酸性熔岩、酸性熔结凝灰岩及酸性火山碎屑岩,夹碎屑沉积岩,含 $Nestoria-Keratestheria$ 叶肢介群、双壳类、介形类和植物等化石,与下伏玛尼吐组呈整合接触,其上被龙江组或梅勒图组不整合覆盖。在大兴安岭地区,该组分布十分广泛,其相当层位有:任家沟组、宝石组、光华组,大致相当于冀北地区的狭义大北沟组。

4. 龙江期火山喷发旋回及其时代

龙江组于1972年创建于龙江县山泉镇邵家窝棚,但是该组正式命名是由王五力(1974)提出。其表现为一套中酸性火山岩组合,下部为中酸性熔岩及火山碎屑岩;中部为中性熔岩及火山碎屑岩;上部为凝灰岩夹中性熔岩及沉积岩,产热河生物群的叶肢介、介形类、昆虫等化石。其岩石组合特征相当于辽西的义县期火山旋回。该期火山旋回可以分为两个亚旋回。第一亚旋回:火山喷发以中性火山岩为主,多为中心式喷发,火山岩相主要为溢流相,爆发相较少,火山活动较弱,被第二亚旋回火山岩平行不整合覆盖。第二亚旋回:火山喷发以酸性—中酸性火山岩为主,多为中心式喷发,火山岩相较全。火山旋回下部以中酸性火山岩为主,上部以酸性火山岩为主,火山活动由弱到强转弱,中期大量爆发溢流,火山活动较强,至后期火山活动较弱,以沉积为主,最晚期出现侵出相珍珠岩及次火山岩,反映火山活动趋于结束,被后期甘河组平行不整合覆盖。

在本次工作地层对比中,该组与原来定义的上库力组层位相当,现已有大量的精细年代学数据。

5. 甘河期火山喷发旋回及其时代

甘河组主要是指大兴安岭东坡甘河流域(嫩江以西,南自十里金,北至九峰山)中基性火山岩夹含煤沉积岩层,命名地点在黑龙江省嫩江以西的斯马街和依斯坎,其中的煤系地层即为现今所称的九峰山组。其岩石组合主要为一套溢流相,致密—气孔的韵律玄武岩、安山玄武岩、玄武安山岩,主要分布于大兴安岭北段。在有些地区,该旋回火山喷发韵律特征均以溢流相为主,根据其颜色、构造的不同,可以划分为两个火山喷发韵律,自上而下依次为紫褐、棕褐色玄武岩、气孔杏仁状(玻基)橄榄玄武岩、少气孔(杏仁)状橄榄玄武岩、灰绿色橄榄玄武岩、黑—灰黑色致密块状玄武岩。

在本书所述的地层对比中,该组与原定义的伊列克得组层位相当,现已有大量的精细年代学数据。

6. 孤山镇期火山喷发旋回及其时代

孤山镇组由黑龙江省地质调查研究总院齐齐哈尔分院于2005年创名,层型剖面位于内蒙古自治区阿荣旗孤山镇南6km。在阿荣旗孤山镇南,该火山喷发以酸性火山岩为主,多为中心式喷发,火山活动不强,分布局限,多继承甘河期火山分布,晚期出现侵出相珍珠岩。其火山喷发韵律类型可能包括3个小亚旋回:①上部溢流相,下部空落相,常见于喷发带中部的火山机构中,上部溢流相厚度变化大。②上部溢流相,下部溢流相,常见喷发带两侧,每个韵律厚度变化大,岩石成分、结构、构造等多有变化。③由上至下依次为溢流相、碎屑层、空落相,常见于喷发带,南段偏北部位,处于火山机构底部层位。

到目前为止,尚未见到有关该组火山岩的精细年代学报道,这将是下一阶段工作的重点。

(三)大兴安岭北段中生代火山岩年代学研究

众所周知,影响大兴安岭中生代火山岩深入研究的主要制约因素是火山岩年代学问题,表现为以下3个方面:一是受过去火山岩定年方法(K-Ar、全岩Rb-Sr等时线)的局限性,造成火山岩时代测定不准确;二是对晚侏罗世和早白垩世之间年龄界线划分不一致,国内多数学者以135Ma为界线,但目前国际上以145Ma为界线(2018年国际地科联地层委员会制定国际地层表),这就造成了同一套火山岩有早白垩世和晚侏罗世之争;三是对于相同火山岩组不同岩类采用相同(不同)的定年方法,可能也得出不同的年龄数据。但最重要的是采用先进的定年方法,通过系统采样,对比分析结果,尽可能提供火山岩精确的年龄值。最近的研究表明,大兴安岭北段地区火山岩主体年龄小于140Ma,即均为早白垩世,而晚侏罗世火山岩仅分布于大兴安岭的西部(Zhang L C,2008)。

1. 大兴安岭北段中生代火山岩喷发年龄

根据内蒙古地质志表述,大兴安岭中生代火山岩年龄总体位于中侏罗世—早白垩世期间。本次工作通过系统收集总结前人的火山岩精细数据资料,发现大兴安岭北段中生代火山岩并非为中侏罗世—早白垩世时期的产物。

塔木兰沟组火山岩并非前人认为的中侏罗世,而其时代跨度相对较大,形成于186~121Ma之间,更进一步可以划分为4个喷发期次:180Ma左右,165~160Ma,150~140Ma,125Ma。如果从区域地层对比来划分,很可能一部分塔木兰沟组并非其真正的含义,而应该属于龙江组与甘河组。

大多数人认为,龙江组形成时代应该位于晚侏罗世—早白垩世,但是最近几年的精细年代学结果表明,其形成于124.7~120.7Ma之间,应该为早白垩世。龙江组火山岩在大兴安岭北段分布范围较广,其主要岩性为英安岩、流纹岩及其相应的火山碎屑岩。最近关于该组英安岩、流纹岩的定年结果显示其年龄为135~111Ma,集中分布于130~120Ma之间(图1-1)。

甘河组火山岩为位于大兴安岭北部上部的一套火山岩层。其时代一直被认为是早白垩世,通过本次系统收集年龄数据,分析得出:甘河组火山岩年龄为126~106Ma,形成时代为早白垩世晚期。

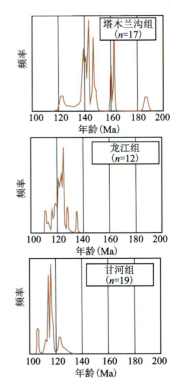

图1-1 大兴安岭北段各组火山岩年龄频率分布图

根据最新的分析结果,可以将大兴安岭火山岩形成时期划分为4个阶段:分别为180Ma左右,165~160Ma,150~135Ma,130~105Ma。前3个阶段代表岩组为塔木兰沟组火山岩,第四阶段代表岩组为龙江组与甘河组火山岩。相对于分布范围来说,火山岩主要形成于第四阶段(130~105Ma),所以,早白垩世是大兴安岭北部火山岩的主要形成时期。

当然,目前的年龄数据与传统的区域地层划分还可能存在一些矛盾。主要表现在:传统上,如果地层中的玄武岩被英安岩、流纹岩所覆盖,大部分划分为塔木兰沟组或者甘河组。但是,在野外产出状态,玄武岩常常是夹于龙江组之间,所以,对于这些玄武岩所代表的年龄如何解释,应该归于何组,仍需要系统的野外观察。另外,根据最近的年代学统计分析,塔木兰沟组、龙江组、甘河组火山岩的年龄数据明显有部分重叠,说明在实际的填图过程中,岩石地层层序在一些地方需要重新厘定——这需要依靠地层、古生物地层学从更大尺度上进行详细对比分析(图1-2)。

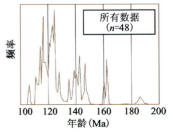

图1-2 大兴安岭北段火山岩总体年龄频率分布图

2. 大兴安岭北段火山岩岩石地球化学特征

1) 早白垩世玄武质、安山质岩石地球化学特征

大兴安岭晚中生代火山岩呈 NE—NEE 向产出分布,出露面积约 100 000km²。这些熔岩包括玄武岩、玄武安山岩、粗面岩、流纹岩及火山碎屑岩。从空间上来说,流纹岩、安山岩及其火山碎屑岩占绝大部分面积。玄武岩在大兴安岭北部主要分布于以下两组。

(1)塔木兰沟组:根据近年来同位素年代学研究的结果,真正意义上的塔木兰沟组主要分布于大兴安岭西部局部地区(Zhang L C,2008);而原 1:20 万图幅及近年来在一些地区开展的不同比例尺的区调项目中所厘定的塔木兰沟组这一填图单元(J_2tm;大部分标注 J_3tm),根据其同位素年代学数据似乎并不是原始定义的塔木兰沟组而大部分属于早白垩世。

(2)甘河组:分布于大兴安岭北部主要区域,形成时代为 125±10Ma。当然在其他岩组相关火山碎屑岩层间仍夹有薄厚不等的玄武岩层。

源区特征:根据同位素地球化学特征对比,大兴安岭北段火山岩显示出与美国盆岭省火山岩的相似性。

美国盆岭省三叠系的火山岩地球化学特征显示,其主要来源于伸展背景下的岩石圈地幔,并且其地幔源区已经被古老的俯冲流体/熔体交代,而与现代太平洋板块的俯冲并无关系。在这种机制下产生的火山岩岩浆,与现代的岛弧火山岩相比,通常具有高的 Sr、Zr/Y、Na_2O。大兴安岭火山岩明显具有这些特征。

所以,大兴安岭火山岩源区可能来源于富集的岩石圈地幔,而非交代的楔形地幔。富集成分主要是在古亚洲洋与鄂霍茨克洋闭合过程中,古俯冲板片流体交代所致。

2) 早白垩世酸性岩类火山岩属性

大兴安岭北段年代学研究表明,早白垩世英安岩、流纹岩主要为龙江组。当然,甘河组与塔木兰沟组中也含有相应的酸性火山岩及其火山碎屑岩。通过系统收集大兴安岭北段中生代酸性火山岩,对其地球化学特征进行了一些简要的概括,由于其相应的同位素数据相对匮乏,因而,对其源区特征拟不作详细阐述。

早白垩世酸性岩类(英安岩、流纹岩)主量元素以 SiO_2 含量较高并且变化范围较大为特征(63.26%~83.26%),Na_2O(0.65%~6.29%)、K_2O(0.9%~7.79%)含量较高,整体上具有低 TiO_2(0.06%~0.83%)、FeO^T(0.5%~5.37%)、MgO(0.01%~2.97%)及 $Mg^\#$(3.2~66.2,绝大多数小于 50)的特征,大多数岩石 Al_2O_3 含量较低(8.11%~17.45%)。值得一提的是,在西部呼伦湖地区还出露有碱性流纹岩,与区内同时期 A 型花岗岩具有相似的性质。

在稀土元素标准化图解上表现出相似的轻稀土丰度,而重稀土元素丰度则变化较大[$(La/Yb)_N$=5.8~20.7],并且具有不同程度的 Eu 负异常(Eu/Eu^*=0.01~1.1)。大离子亲石元素富集而高场强元素亏损,具有不同程度的 Nb、Ta 负异常,而 P、Ti 强烈亏损;这些岩石在微量元素上以 Ba、Sr 丰度的不同为显著特征,从强烈亏损到明显富集(图 1-3)。

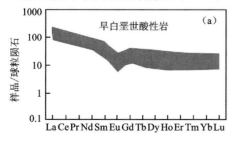
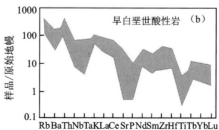

图 1-3 球粒陨石稀土配分图(a)与原始地幔标准化图解(b)

(球粒陨石与原始地幔标准化值引自 Sun and McDonough,1989)

按照稀土、微量元素特征的不同,区内流纹岩可以分为两类:第一类岩石稀土元素含量相对较低,轻重稀土分异较强[$(La/Yb)_N=12.3\sim20.7$],具弱 Eu 负异常($Eu/Eu^*=0.5\sim0.7$),以富集 Ba、Sr、Zr 以及 Th、P、Ti 的相对富集为特征,Nb、Ta 亏损较弱;第二类岩石稀土元素含量较高而轻重稀土分异较弱[$(La/Yb)_N=8.0\sim9.8$],有明显的 Eu 负异常($Eu/Eu^*=0.01\sim0.1$),Rb、Th 明显富集而 Ba、Sr、P、Ti、Nb、Ta 强烈亏损。该类流纹岩与非造山偏碱性岩石的地球化学性质相似,并且类似于大陆裂谷碱流岩。

在主量元素特征上,第二类岩石具有较高的 SiO_2 含量,Na_2O、K_2O 含量较高,而 Al_2O_3、MgO、Fe_2O_3、CaO 相对较低,反映了较高的演化程度。而这种分类也同样存在于晚侏罗世火山岩当中,在微量元素原始地幔标准化图解上体现得非常明显。

3) 晚侏罗世中性、酸性火山岩地球化学特征

根据同位素年代学数据分析,大兴安岭北段地区晚侏罗世火山岩(塔木兰沟组)出露的范围相对很小,主要分布在满洲里地区,而在海拉尔盆地北部及中部扎兰屯地区也有少量出露,其岩石组合大部分为安山岩及少量流纹岩,以及相应的火山碎屑岩。

大兴安岭北段晚侏罗世安山质岩石的 SiO_2 含量介于 $55.60\%\sim61.99\%$ 之间,具有较高的 Al_2O_3 含量($15.38\%\sim17.09\%$),大多具有较高的 K_2O($1.95\%\sim3.87\%$)和全碱含量($5.65\%\sim8.79\%$),而 MgO 含量($0.72\%\sim4.35\%$)和 $Mg^\#$ 值($19.4\sim51.8$)较低,FeO^T 介于 $4.27\%\sim7.72\%$ 之间,而 TiO_2 含量介于 $0.83\%\sim1.7\%$ 之间。稀土含量较高($140.7\times10^{-6}\sim319.6\times10^{-6}$),总体上为轻稀土富集型,大多数样品具有近平行右倾型的标准化曲线[$(La/Yb)_N=16.1\sim28.7$],但是有少量岩石具有较低的轻重稀土分异[$(La/Yb)_N=9.8$]。该岩石具有较老的年龄(186Ma)。这些岩石具有轻微的 Eu 负异常或不出现异常($Eu/Eu^*=0.7\sim1.0$)。大离子亲石元素富集,其中 Ba 元素丰度变化范围较大,高场强元素亏损,具有明显的 Nb、Ta 亏损但是亏损程度不同,具有比较明显的 P、Ti 负异常。

晚侏罗世酸性岩类具有较高的 SiO_2($72.92\%\sim80.46\%$)、K_2O($3.62\%\sim4.13\%$)及全碱($5.52\%\sim8.24\%$)含量,低 Al_2O_3($9.61\%\sim14.47\%$)、MgO($0.04\%\sim0.27\%$)、TiO_2($0.1\%\sim0.31\%$)、FeO^T($0.78\%\sim1.74\%$)含量。稀土元素为轻稀土富集型,但是轻重稀土分异程度不同[$(La/Yb)_N\sim10.9\sim23.9$]。尽管变化范围较大,所有岩石都具有明显的 Eu 负异常($Eu/Eu^*=0.3\sim0.7$)。大离子亲石元素富集,部分岩石具有强烈的 Ba 负异常;亏损高场强元素,亏损 Nb、Ta、Sr、P 及 Ti,但是与同时期安山质岩石相比,Nb、Ta 亏损程度较弱(图 1-4)。

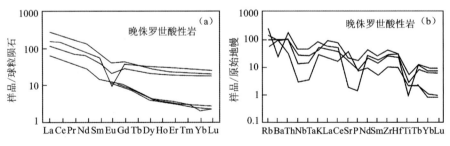

图 1-4 球粒陨石稀土配分图(a)与原始地幔标准化图解(b)

(球粒陨石与原始地幔标准化值引自 Sun and McDonough,1989)

4) 中基性火山岩源区特征

判断岩石源区特征,首先要解决的问题就是原始岩浆的鉴别,即这些岩石是否能够代表其源区的地球化学性质,在岩浆演化过程中是否受到明显的地壳物质的改造。在 SiO_2-$(^{87}Sr/^{86}Sr)_i$、SiO_2-$\varepsilon_{Nd}(t)$ 图解上不具有明显的相关性,表明在岩浆形成及演化过程当中并未受到明显的地壳物质混染改造。同位素地球化学特征显示,在岩浆演化过程中地壳混染作用的影响较小,因而其地球化学性质代表了源区的特征。

大兴安岭北部地区晚侏罗世和早白垩世中基性火山岩主要为碱性系列岩石,总体上具有相似的地球化学特征,在主量元素组成上具有相对较高的 Al_2O_3、CaO、TiO_2、$Fe_2O_3^T$,全碱含量较高,而 MgO、P_2O_5 含量变化范围较大;总体上 $Mg^\#$ 较低,主体集中在 35~50 范围内,最高不超过 60。与晚侏罗世岩石相比,早白垩世岩石的 $Mg^\#$ 略有偏高;稀土元素总体上具有相似的标准化曲线,轻稀土元素富集程度高,且轻重稀土元素分异程度差别较大;只具有很微弱的 Eu 负异常或不具有明显的异常。微量元素以富集大离子亲石元素而亏损高场强元素为特征,大离子亲石元素中以 Ba、Th 变化特征最明显,大多数岩石都具有 K 正异常;Nb、Ta 明显亏损而 P、Ti 值表现出相对较弱的负异常。但是少量早白垩世玄武岩 Nb、Ta 负异常相对较弱,而且具有明显的 Zr、Hf 亏损及 K 负异常。这些岩石高度富集轻稀土元素和大离子亲石元素,其丰度类似于板内碱性玄武岩,但是明显亏损高场强元素这一点类似于火山弧钙碱性玄武岩。

综上所述,高场强元素比值特征表明大兴安岭北部中基性岩石源区主体为富集性质,为俯冲流体/熔体交代的地幔,但是不同岩石类型所代表的源区富集程度不同,也受到亏损地幔成分的影响。同位素特征也表明北部中基性岩石源区具有明显的不均一性,具有多端元混合的特征。例如在 $(^{87}Sr/^{86}Sr)_i$-$\varepsilon_{Nd}(t)$ 图解上,塔河地区岩石主要落在 PM、EMI 和 EMⅡ之间,而根河地区则落在 PM、DM 与 EMⅡ之间。Nd、Hf 同位素模式年龄表明这些具有富集性质的地幔源区形成于前寒武纪期间(T_{DM}=1000~600Ma)。

综上所述,大兴安岭北段存在若干不同性质的地幔源区,即形成类板内碱性系列玄武岩的高度富集大离子亲石元素的富集型地幔源区、形成类岛弧拉斑玄武岩的相对亏损地幔源区和形成类火山弧钙碱性火山岩的过渡型地幔源区。

5)酸性火山岩源区特征

区内占火山岩主体的酸性岩石的成因,是地球化学研究的重点及争论的焦点,争论的问题在于区内大面积分布的酸性火山岩与中基性岩石是同源岩浆演化的产物还是来自于不同的源区。根据稀土微量元素尤其是 Ba、Sr、Ti 等元素丰度特征的不同,大兴安岭北部酸性岩被划分为高 Ba-Sr 和低 Ba-Sr 两类。

已有的研究中,认为高 Ba-Sr 岩类与亚碱性系列玄武质岩石构成连续演化特征,二者为同源演化关系,来源于富集地幔源区的母岩浆经历一系列结晶分异作用形成英安岩-斜长流纹岩-流纹岩组合,在此过程中,斜长石、角闪石、黑云母及钛铁氧化物的分离是导致高 Ba-Sr 岩类化学成分变化的主要原因;而低 Ba-Sr 与碱性系列玄武岩-安山岩构成双峰式岩浆组合,二者之间存在明显的成分间断,其形成与碱性玄武质-安山质岩浆分离结晶作用无关。低 Ba-Sr 岩类具有明显的 Ba、Sr 亏损及 Rb、K 富集,因而葛文春等(2007)认为低 Ba-Sr 流纹岩来自于下地壳斜长角闪岩的非理想熔融的产物,斜长石作为残留相是造成 Ba、Sr 强烈亏损的原因;同时其重稀土元素含量与高 Ba-Sr 岩类相比偏高,也表明岩石形成过程中角闪石作为残留相而未进入熔体,因而下地壳岩石部分熔融可能是其形成的主要原因。而 Fan 等(2000)认为区内火山岩具有统一的岩浆源区,是分异演化的产物,原始岩浆经历了橄榄石、辉石-角闪石、单斜辉石、磷灰石-斜长石的分离结晶作用形成玄武岩-粗面岩-流纹岩组合。而晚侏罗世酸性岩也被认为是岩浆分离结晶作用的产物。

探讨大兴安岭北部酸性岩石的成因,有几个基本地质事实需要强调:第一,大兴安岭地区中生代火山岩以酸性岩石为主,而中基性岩石所占比例较小,虽然在地球化学特征上与中基性岩石表现出相似性,但是如果单纯使用岩浆结晶分异模式很难解释区内如此大规模的酸性岩浆成因;第二,在岩石组合的空间分布上,北区以碱性系列玄武岩-安山岩组合为主,部分岩石则位于碱性与亚碱性的界线上,钙碱性岩石连续演化形成玄武岩-安山岩-英安岩-斜长流纹岩的模式可能并不能代表整体情况;第三,全面的数据总结表明,区内中基性岩石与酸性岩石在主量元素上具有连续演化的特征,在 Harker 图解上表现为连续演化特征,但是低 Ba-Sr 岩类则与整体演化特征有明显差异;第四,在 Sr-Ba、Sr-Ba/Sr 图解上,低 Ba-Sr 流纹岩与其他岩石具有明显不同的演化趋势,表明钾长石是造成低 Ba-Sr 元素丰度特征的主要原因,而大多数中基性岩石及高 Ba-Sr 酸性岩则明显与斜长石关系密切。

综合考虑以上几点可以推断:尽管岩浆分异作用也是区内酸性岩石形成的机制,但是可能规模有限,而大部分酸性岩石尤其是具有高 Ba-Sr 特征的岩石与区内中基性岩石具有不同的来源,相似的稀土及微量元素分配模式及 Zr/Hf、Nb/Ta 比值只表明二者源区上的成因联系,即源区形成于相同的增生事件当中;同位素特征也支持二者在源区性质上的相似性,例如在 $(^{87}Sr/^{86}Sr)_i$-$\varepsilon_{Nd}(t)$ 图解上,这些酸性岩石与中基性岩石具有相似的分布范围,而且这二者具有相同的 Nd、Hf 模式年龄,表明中基性火山岩与酸性火山岩源区形成于相同的增生事件当中。

总体而言,尽管仍有不同的观点,比较一致的认识就是大兴安岭中生代火山岩源区为受到流体交代作用的地幔,而交代流体则来源于俯冲洋壳的脱水作用,并且在源区性质上具有复杂性,即同时具有亏损性质和富集性质。部分岩石还体现了陆壳物质的影响。尽管对于地幔富集的时代还不太清楚,但是模式年龄表明其形成于前寒武纪期间,可能与该时期大洋闭合事件相一致。总体上是源区性质的不均一性及岩浆演化特征造成了区内火山岩岩石组合及地球化学特征的多样性和复杂性。

三、区域构造单元划分

大兴安岭中北段位于西伯利亚板块东南缘,具有增生大陆边缘的性质和特征。出露最老的地层为新元古界佳疙疸组海相中基性—酸性火山岩建造和复理石建造。古生代本区主要处于西伯利亚板块与中朝板块俯冲、碰撞及弧后裂解构造环境中,海西中期发生大面积花岗岩类侵位。中生代以来,大兴安岭中北段受到滨西太平洋和蒙古-鄂霍茨克洋的强烈影响,于侏罗纪、白垩纪形成了宏伟的北北东向大兴安岭火山-侵入岩带(内蒙古自治区地质矿产局,1991)。

大兴安岭的构造演化经历了前中生代古亚洲洋构造域演化和中新生代(包括蒙古-鄂霍茨克洋在内)滨太平洋构造-岩浆作用的强烈改造,其基本大地构造格架和构造单元布局主要是在古亚洲洋演化期间形成。对其构造单元划分存有较大争议,各地质单元的名称也不统一(任纪舜等,1980;内蒙古自治区地质矿产局,1991;赵一鸣 1997;阎鸿铨等,2000)。内蒙古自治区地质矿产局(1991)将额尔古纳和大兴安岭统称为兴安地槽褶皱带,细分为额尔古纳兴凯褶皱带、喜桂图旗(现名为牙克石)中海西褶皱带、东乌旗早海西褶皱带、东乌旗南晚海西褶皱带,各单元之间分别以得尔布干断裂、头道桥-鄂伦春断裂、查干敖包-阿荣旗断裂为界。任纪舜等(1990)由北向南将其划分为额尔古纳兴凯褶皱带、鄂伦春海西褶皱带、红格尔-伊而斯加里东海西褶皱带、索伦山-贺根山海西褶皱带、内蒙古印支残余地槽褶皱带。阎鸿铨等(2000)将其分为额尔古纳元古宙变质地体(被动陆缘)、乌奴尔(-曼达洛瓦)晚古生代岛弧地体、东乌旗(-努贺达瓦)晚古生代岛弧地体、贺根山晚古生代 B 型增生楔、扎兰屯新元古代变质地体、诺拉-多宝山晚古生代岛弧地体,将大兴安岭主脊以东的地区作为扎兰屯元古宙变质岩区单独划出。各种划分方案均将贺根山蛇绿岩带作为兴安褶皱带和内蒙古褶皱带的分界线,以得尔布干断裂为界分出了北部的额尔古纳地块和南部的鄂伦春海西褶皱带。

佘宏全等(2009)在内蒙古自治区地质矿产局(1991)划分方案基础上,将研究区及邻近区域划分为 4 个Ⅲ级构造单元和 15 个Ⅳ级构造单元,分区结果见图 1-5。Ⅲ级构造单元边界一般为前中生代演化时期各个地块的增生边界;次一级构造单元(Ⅳ级)主要依据中新生代以来构造演化特点和主要岩石地层的发育情况划分,其边界一般为区域主干断裂的次级断裂。

中国东北及邻区分布有许多微板块,它们以古老的结晶基底为依托,共同经历了兴凯旋回,于中寒武世开始与西伯利亚板块或华北板块分离,并经过有序的离散、聚敛拼合,最终形成了中国东北及邻区的大地构造格局。

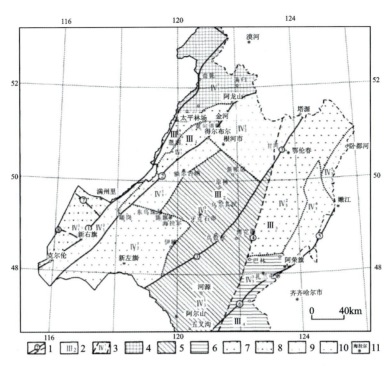

图 1-5　内蒙古大兴安岭北段构造单元分区图(据佘宏全等,2009)

1.主要断裂及Ⅲ级构造单元分区界线;2.Ⅲ级构造单元编号;3.Ⅳ级构造单元编号(构造单元名称见文中叙述);4.元古宙隆起区;5.早古生代隆起区;6.晚古生代隆起区;7.以海西期侵入岩为主体的岩浆杂岩区;8.中生代火山-侵入岩隆起区;9.中生代火山岩盆地;10.白垩纪断陷盆地;11.城镇。主要断裂带:①呼伦湖西-额尔古纳河断裂;②得尔布干(-中蒙)断裂;③鄂伦春-头道桥断裂带;④大兴安岭主脊断裂;⑤嫩江断裂;⑥阿荣旗断裂;⑦木哈尔断裂;⑧哈里沟断裂

本次研究通过对嫩江超大型平移断裂及基底陆块(残块)和缝合带的分析,绘制了大兴安岭前中生代构造示意图(图 1-6)。

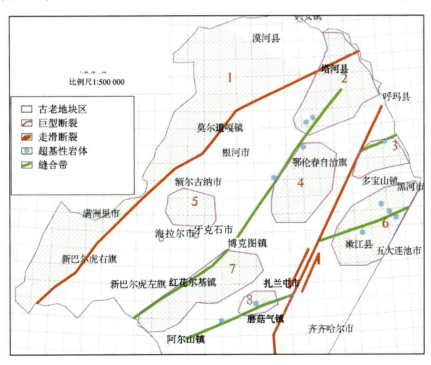

图 1-6　大兴安岭前中生代地质构造示意图(参考杨雅军,2014)

1.额尔古纳地块;2.兴华地块;3.落马湖基底残块;4.加格达奇地块;5.乌尔其汗基底残块;6.嫩江地块;7.博克图地块;8.扎兰屯基底残块

在大兴安岭北部地区的主要基底陆块(残块)如下。

(1)额尔古纳地块:额尔古纳地块位于中国东北的最北端,北东—东西向展布,北侧、西侧与俄罗斯接壤,南东界以得尔布干断裂带为界。在蒙古国境内与Ereendavaa地块相连,在俄罗斯境内与岗仁地块相连(Badarch et al,2002)。它属于中蒙边境的克鲁伦-额尔古纳微板块(谢鸣谦,2000)的一部分。该地块内基底地层包括古元古界兴华渡口群、新元古界佳疙疸组、新元古界额尔古纳河组(Ze)。此外,还有古元古代片麻杂岩(Pt_1gn)、新元古代正长花岗岩($Pt_3\xi\gamma$)、新元古代二长花岗岩($Pt_3\eta\gamma$)、新元古代石英二长闪长岩、新元古代闪长岩-辉长岩($Pt_3\nu-\delta$)和早寒武世二长花岗岩($\epsilon_1\eta\gamma$)等侵入岩,它们构成了新元古代岛弧-岩浆岩带。

Wu等(2012)对漠河以南约50km的黑云母斜长片麻岩研究表明其形成于794Ma,通过Hf同位素研究认为其原岩的模式年龄为中太古代,反映其为中太古代地壳熔融结果。孙立新等(2012)对在兴华渡口群中分布的眼球状花岗片麻岩和条带状片麻岩采用SHRIMP和LA-ICP-MS技术对其中两件花岗质片麻岩进行了锆石U-Pb年龄测定,其中SHRIMP测得$^{205}Pb/^{206}Pb$年龄为1837±5Ma,该年龄被解释为花岗质岩浆的结晶年龄。用LA-ICP-MS测得$^{207}Pb/^{206}Pb$年龄为1741±30Ma和1854±20Ma,被解释为花岗质岩浆的结晶年龄。Wu等(2011)查明塔河—新林一线西北的满归和碧水等地的侵入岩具有927~792Ma的锆石年龄。同时在1853Ma和767Ma之间还存在多个碎屑锆石峰值。Zhou等(2011)报道了石榴子石矽线石片麻岩496±3Ma的变质年龄和从1373±17Ma到578±8Ma的岩浆事件年龄。Wu等(2005)还报道了该地块北缘的504±8Ma和517±9Ma的岩浆事件。Tang等(2013)报道了地块中部851~737Ma的A型花岗岩、辉长岩和辉长-闪长岩,其$\epsilon_{Hf}(t)=+2.5~+8.1$,并指出它们产于与Rodinia超大陆裂解有关的伸展环境。张丽等(2013)研究了地块西缘太平林场花岗片麻岩的时代,表明存在840~830Ma、800~780Ma和730~720Ma等3期岩浆热事件。上述数据说明额尔古纳地块具有前寒武纪基底。

(2)兴安地块:位于本区北部呼玛县至塔河县之间的上黑龙江地区,面积稍小。它也属于克鲁伦-额尔古纳微板块(谢鸣谦,2000)的一部分。其基底地层发育古元古界兴华渡口群,南部发育下寒武统兴隆群,包括高力沟组、洪胜沟组、三义沟组和焦布勒石河组。此外,还有古元古代花岗岩($Pt_1\gamma$)、古元古代辉长岩($Pt_1\nu$)、新元古代二长花岗岩($Pt_3\eta\gamma$)、早寒武世二长花岗岩($\epsilon_1\eta\gamma$)、早寒武世花岗闪长岩($\epsilon_1\gamma\delta$)和早寒武世花岗岩($\epsilon_1\gamma$)等侵入岩,构成早寒武世岩浆弧。

Miao等(2007)报道了韩家园子一带兴华渡口群碎屑锆石最小年龄约为1.0Ga;Zhou等(2011)在韩家园子的兴华渡口群矽线石榴片麻岩中识别了496±3Ma的变质年龄,其锆石核部或碎屑锆石均具有大于6亿年的年龄;李仰春等(2013)报道扎兰屯以西40km处铜矿沟铜山组顶部的最年轻锆石年龄峰值为570±4Ma;周建波等(2014)发现扎兰屯以东约40km的向阳岭地区兴华渡口群中碎屑锆石最小年龄为481±12Ma,并有大量老于530Ma的碎屑锆石。这些资料暗示兴安地块北部韩家园子和南部扎兰屯一带可能有前寒武纪基底(徐备等,2014)。

(3)加格达奇地块:由加格达奇以北的劲松镇,经加格达奇—大杨树,至诺敏镇,呈近南北向展布,面积较大。它属于伊勒呼里微板块(谢鸣谦,2000)的一部分。区内基底地层主要为古元古界兴华渡口群。此外,在北部出露小面积的中元古代超基性岩($Pt_2\Sigma$),在南部发育有早寒武世二长花岗岩($\epsilon_1\eta\gamma$)和花岗闪长岩($\epsilon_1\gamma\delta$)等侵入岩。

(4)嫩江地块:位于爱辉县—嫩江县一带,面积稍小,呈北东—南西向展布。它属于伊勒呼里微板块(谢鸣谦,2000)的一部分。区内基底地层为古元古界兴华渡口群和中元古界新开岭岩群,此外,还有较大面积的中元古代花岗岩($Pt_2\gamma$)侵入。

(5)博克图地块:位于博克图—塔尔气、伊敏镇—阿尔山一带,呈北东—南西向展布,延长300余千米。区内出露基底地层为古元古界兴华渡口群、新元古界佳疙疸组、新元古界额尔古纳河组和下寒武统苏中组。此外,在北部还出露有少量的古元古代角闪辉长岩($Pt_1\varphi\nu$)和中元古代斜长花岗岩($Pt_2\gamma o$)等侵入岩。

(6)乌尔其汉基底残块:位于额尔古纳市与乌尔其汉镇之间,面积较小。区内主要分布古元古界兴华渡口群和新元古界额尔古纳河组,未见侵入岩。

(7)落马湖基底残块:位于黑河市以北,西峰山—卧都河一带,面积较小。它属于伊勒呼里微板块(谢鸣谦,2000)的一部分。区内主要发育古元古界兴华渡口群,还有中元古代花岗岩($Pt_2\gamma$)的少量露头。

(8)扎兰屯基底残块:位于扎兰屯市附近,面积很小。出露基底地层为古元古界兴华渡口群。此外,还有面积很小的新元古代石英二长闪长岩($Pt_3\eta\delta o$)侵入。

四、大地构造演化

大兴安岭地区在元古宙—古生代期间,受西伯利亚板块和中朝板块的碰撞作用影响,构造活动频繁,在不同时期和不同地段表现出性质不同、特征迥异的造山作用,形成各种活动大陆边缘造山带。该地区是研究中国北部(或东亚地区)板块构造的理想场所。根据过去的研究成果,现把大兴安岭地区前中生代的构造演化主要事件做一概述,绘制了前中生代构造演化模式图(图1-7)。

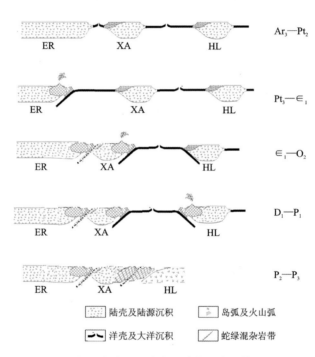

图1-7 大兴安岭地区前中生代构造演化模式图
(ER.额尔古纳地块;XA.兴安地块;HL.锡林浩特地块)

根据造山作用时期和性质,研究区构造发展演化可划分为如下几个阶段。

1. 新太古代—中元古代构造阶段

新太古代晚期,围绕西伯利亚地台南缘存在一些小的微地块,古元古代早期,研究区形成类似于弧后裂谷环境的火山-沉积盆地,沉积了一套火山-碎屑岩组合,即兴华渡口群。中元古代,西伯利亚板块南缘发生第一次裂解,在额尔古纳地块(ER)南北两侧出现海相沉积物。此期间出现多处微板块。

2. 新元古代—早寒武世构造阶段

本阶段兴安海槽(洋壳)向额尔古纳地块俯冲形成额尔古纳岛弧。南华系—震旦系有岛弧性质的佳疙疸组、额尔古纳河组和大网子组沉积-火山岩组合,在岛弧东南缘出露同碰撞强过铝花岗岩组合。

寒武纪末期大洋俯冲后致使其后奥陶纪转化为弧后盆地,沉积有弧后盆地环境基性—中酸性火山岩、细碧角斑岩夹砂岩、板岩、灰岩组合,滨浅海粉砂质、泥质板岩与黄褐色长石石英砂岩互层、微晶灰岩夹板岩、石英砂岩组合。

3. 早寒武世—中奥陶世构造阶段

额尔古纳地块与兴安地块沿鄂伦春-头道桥断裂碰撞拼贴,环宇-新林SZZ型蛇绿混杂岩增生于额尔古纳地块南缘,并有莫尔道嘎同碰撞期陆壳改造型钙碱性花岗岩(王忠等,2005)。在同期或稍后,锡林浩特地块(在嫩江断裂以东为松嫩地块)与兴安地块之间洋壳向兴安地块俯冲,形成多宝山岛弧。

4. 早泥盆世—早二叠世构造阶段

洋壳向锡林浩特地块俯冲,形成大石寨岛弧。西乌珠穆沁旗—大石寨一线为海域中心(冷福荣等,2010)的多岛弧盆地,盆内贺根山、大石寨等地发育新生、源自古洋壳俯冲重熔的SSZ型蛇绿岩(段明,2009),属变质橄榄岩、辉石岩、辉长岩层序组合(型),其中贺根山东侧的朝克山蛇绿岩中的基性岩具岛弧火山岩的地球化学特征,暗示盆内蛇绿岩有可能形成于洋内弧后盆地而不是大陆边缘弧后盆地环境(王树庆等,2008)。成岩时代主要为早二叠世(Miao et al,2008;张能,2013)。

5. 中二叠世—晚二叠世构造阶段

中二叠世早期,兴安古陆与锡林浩特古陆发生拼贴,二叠纪高钾钙碱性过铝质花岗岩广泛侵入后,区内地壳隆升遭受剥蚀,出现沉积间断,间断面之上堆积了中二叠世哲斯组早期具磨拉石建造的陆相粗碎屑岩,标志着洋域演化历史的终结。此阶段完成了洋盆演化历史,使华北地块和西伯利亚板块于二连—贺根山一线碰撞对接,形成了两大地块最后的主缝合构造带。

6. 中生代构造演化阶段

海西晚期古亚洲洋封闭—造山后,除了北部蒙古-鄂霍茨克带为海相环境,研究区其他地区均已转化成大陆。于中生代开始了濒太平洋大陆边缘演化阶段,形成了著名的大兴安岭中生代板内火山岩带。大兴安岭中生代火山岩是中国东部中生代大火成岩带的组成部分,受到古太平洋板块俯冲作用的控制。晚侏罗世期间,俯冲作用造成类似于活动大陆边缘岩石组合的岩浆活动及明显的地壳加厚作用。早白垩世期间,区域构造背景由挤压加厚转换为伸展减薄,加厚的岩石圈地幔拆沉减薄造成大规模岩浆作用,而拆沉作用逐渐向大陆边缘方向迁移。

7. 新生代构造演化

新生代以断块差异升降运动为特征,最终形成现今的构造格局。

第二节 区域地球物理特征

一、岩石物性特征

(一)地层、岩浆岩密度特征

1. 地层密度

纵观地层密度,随地层时代从新到老变化,其密度逐渐增大。大致可分为4个密度层,新生界为第一密度层，密度变化范围为$(1.56\sim2.61)\times10^3\,\text{kg/m}^3$（其中$2.61\times10^3\,\text{kg/m}^3$为第三系（古近系＋新近系）玄武岩），平均为$2.13\times10^3\,\text{kg/m}^3$；中生界为第二密度层，密度变化范围为$(1.22\sim2.94)\times10^3\,\text{kg/m}^3$，平均为$2.41\times10^3\,\text{kg/m}^3$；古生界为第三密度层，密度变化范围为$(1.46\sim2.95)\times10^3\,\text{kg/m}^3$，平均为$2.64\times10^3\,\text{kg/m}^3$；元古宇为第四密度层，密度变化范围为$(2.10\sim3.77)\times10^3\,\text{kg/m}^3$，平均为$2.73\times10^3\,\text{kg/m}^3$。

表1-2数据反映出研究区内岩石各类密度变化范围较大。如白垩系的砂岩密度为$1.22\times10^3\,\text{kg/m}^3$，兴华渡口群斜长角闪岩组的变基性熔岩密度高达$3.06\times10^3\,\text{kg/m}^3$，二者相差$1.84\times10^3\,\text{kg/m}^3$；同一组内不同岩石的密度差异不大，各层之间的密度差异也不大，尤其是古生界与元古宇之间相差仅$0.09\times10^3\,\text{kg/m}^3$，新生界与中生界间相差$0.28\times10^3\,\text{kg/m}^3$，中生界与古生界间相差$0.23\times10^3\,\text{kg/m}^3$。

由此可见，利用重力资料可以圈定中、新生代盆地，为寻找石油、煤、水资源提供依据；亦可以研究基底构造（包括断裂构造），为寻找金属、贵金属矿产提供有用信息；元古宇和古生界密度高，当其分布广且具有一定厚度时，可形成区域重力高值区。中生界除塔木兰沟组、龙江组、甘河组之外，其余各组密度较低，当其具一定的规模时，可引起区域重力低值区。

2. 岩浆岩密度

由表1-3可见，岩浆岩密度从酸性到基性逐渐增大，同类岩性由新到老密度逐渐增大，酸性花岗岩类密度（除加里东期外）一般为$2.60\times10^3\,\text{kg/m}^3$以下，基性、超基性岩体密度一般为$(2.76\sim2.91)\times10^3\,\text{kg/m}^3$，橄榄岩的平均密度为$2.93\times10^3\,\text{kg/m}^3$，辉长岩的平均密度为$2.9\times10^3\,\text{kg/m}^3$，闪长岩的平均密度为$2.73\times10^3\,\text{kg/m}^3$，花岗岩的平均密度为$2.55\times10^3\,\text{kg/m}^3$，而广泛分布的混合花岗岩的平均密度不超过$2.61\times10^3\,\text{kg/m}^3$。

由此可见，前震旦纪混合花岗岩密度较低、分布广并具有一定的规模，能够引起重力低；橄榄岩、辉长岩密度高，但分布范围有限，当它具有一定规模时，可产生有效异常，引起局部重力高；以元古宇或广泛分布的前震旦纪混合花岗岩为基底的中生代坳（断）陷盆地，当其内充填酸性火山岩和碎屑岩时，可形成重力低，当其内充填了中基性火山岩时，可形成局部重力高；当广泛分布的元古宇内有大规模酸性侵入岩侵入时，在布格重力异常平面图上表现为重力低异常，为寻找与中、酸性岩体有关的贵金属、多金属矿产提供了信息；基性、超基性岩在布格重力异常平面图上反映局部重力高异常，是研究与其有关矿产（铬、铂等）的有用信息。

（二）地层、岩浆岩磁性特征

1. 地层磁性

地层的磁性与其岩石组合有关，岩石的磁性与暗色矿物的含量有关，正常碎屑沉积岩或原岩为正常碎屑沉积岩的变质岩，一般无磁性或弱磁性，如砂岩、泥岩、页岩、灰岩、大理岩等。火山岩类地层一般磁性不稳定，在航磁图上表现为跳跃型磁场，如侏罗系火山岩等。原岩为偏基性火山岩的变质岩为强磁性，在航磁平面图上反映块状或条带状正磁场（表1-2）。

元古宇的岩石类型虽然较多，但岩石的磁性变化不是很大，多数岩石的磁化率集中在$0\sim500\times10^{-6}\cdot4\pi\cdot\text{SI}$之间，部分在$(500\sim2000)\times10^{-6}\cdot4\pi\cdot\text{SI}$与$(3000\sim5000)\times10^{-6}\cdot4\pi\cdot\text{SI}$之间，剩余磁化强度多数集中在$0\sim1000\times10^{-3}\,\text{A/m}$之间。就元古宇变质岩而言，原岩为正常碎屑沉积岩的变质岩的磁性强度较弱，不足以引起异常值较高的磁场；原岩为偏基性火山岩的变质岩具有较强的磁性，若集中分布，可引起比较明显的磁异常，若零星分布，可使比较平静的磁场产生波动。

表 1-2 大兴安岭地区地层物性参数汇总表

界	系（群）	代号	岩性	块数	$\kappa(\times 10^{-6} \cdot 4\pi \cdot SI)$ 统（组）均值	范围	均值	$J_r(\times 10^{-3} A/m)$ 统（组）均值	范围	均值	$\sigma(\times 10^3 kg/m^3)$ 统（组）均值	范围	均值
新生界	第四系	Q		135								1.56	1.56
	第三系		玄武岩	30	600	170～3390	51	1600	220～12 500	111	2.61		2.61
			砂岩、砂砾岩、泥灰岩	445									
							51			111			2.13
中生界	白垩系	K_2	砂泥岩、泥岩、砂岩	36	1	0～10	90	1	0～10	190	1.90	1.22～2.66	2.28
		K_1	碎屑岩	304	187	0～1510		383	110～2560		2.34	1.48～2.89	
	侏罗系	J_3	火山熔岩	167	630	1～4920	207	860	0～34 310	866	2.65	1.38～2.81	2.50
			火山碎屑岩	150	60	0～2365		30	0～2178		2.49	1.47～2.76	
		J_2	碎屑岩夹煤层	101	30	0～568		1	0～10		2.42	1.45～2.70	
		J_1	砂岩、砾岩、页岩夹煤层	173	10	0～196		4	0～163		2.51	1.43～2.69	
	三叠系	T_3	砂岩、泥岩	47	600	6～24 090	173	50	0～1780	14	2.31	1.49～2.94	2.27
		T_2	砂岩、泥岩	62	2	0～10		2	0～59		1.85	1.44～2.58	
		T_1	砂岩、砾岩	67	4	0～20		1	0～10		2.28	1.48～2.73	
							157			357			2.41
古生界	二叠系	P_2	火山碎屑岩、碎屑岩	187	310	0～15 500	174	710	0～117 000	444	2～53	1.46～2.90	2.57
		P_1	碎屑岩、火山碎屑岩及灰岩	386	40	0～8850		180	0～51 200		2.62	2.04～2.78	
	石炭系	C_3	中性火山岩、碎屑岩	226	260	0～7730	92	825	0～53 000	279	2.61	2.11～2.90	2.62
		C_2	板岩、灰岩、火山碎屑岩	257	10	0～800		5	0～2540		2.64	2.14～2.75	
		C_1	碎屑岩、千枚岩、灰岩	32	3	0～30		10	0～30		2.61	2.72～2.95	
	泥盆系	D_3	火山碎屑岩、板岩及角岩	128	20	1～64	50	30	1～963	99	2.66	2.34～2.87	2.65
		D_2	碎屑岩、火山碎屑岩	96	90	0～4380		250	0～11 300		2.60	2.22～2.84	
		D_1	碎屑岩、火山碎屑岩	126	30	0～1050		20	0～2650		2.68	2.55～2.82	
	志留系	S_{3-4}	砂板岩、灰岩、碎屑岩	399	80	0～6140	103	110	0～15 000	665	2.65	2.31～3.10	2.63
		S_{1-2}	板岩、砂岩	16	130	0～1160		1220	0～11 390		2.61	2.50～2.68	
	奥陶系	O_3	碳酸盐岩	65	2	0～10	94	2	0～10	45	2.78	2.58～2.84	2.73
		O_2	碎屑岩、火山岩、砂岩及灰岩	124	260	0～7230		130	0～22 700		2.65	2.54～2.87	
		O_1	火山碎屑岩	159	20	0～722		10	0～102		2.74	2.52～3.27	
	寒武系	$\in_3$	灰岩	137	3	0～24	3	2	0～24		2.72	2.33～2.85	
		$\in_2$	碳酸盐岩	117	2	0～23		2	0～14		2.67	2.30～2.81	
		$\in_1$	页岩、砂岩、灰岩	103	3	0～10		5	0～33		2.55	1.82～2.86	
元古宇	倭勒根群		片岩、千枚岩、板岩	32	34	12～56		15	0～2300		2.72	2.59～2.80	2.65
	兴华渡口群		片麻岩、斜长角闪岩、混合岩	58	80	10～2840		91	0～3580		2.79	2.71～3.06	

古生界—新生界沉积地层中各类岩石的磁化率及剩余磁化率较弱,一般岩石磁化率不超过 $1000 \times 10^{-6} \cdot 4\pi \cdot SI$,剩余磁化强度不超过 $1000 \times 10^{-3} A/m$。多为无磁性或弱磁性,常形成低缓平稳的背景场。

中新生界火山岩地层的各类岩石磁性变化较大,偏基性的玄武岩磁性最高,流纹岩、安山岩等中酸性火山熔岩的磁性次之,中酸性火山碎屑岩的磁性最低。由于火山岩磁性变化范围大,加上剩余磁化强度的影响,使其磁场极不稳定,常表现为杂乱跳跃型。

2. 岩浆岩磁性

同一时代的岩浆岩从酸性岩到超基性岩磁性逐渐增大,磁化率与剩余磁化率强度具有较高的正相关性,从超基性岩至酸性岩磁化率和剩余磁化率强度依次降低。不同时代的同一种岩浆岩由老到新磁性也有增强的趋势(表1-3)。

表1-3 大兴安岭地区岩浆岩物性参数汇总表

时代		种类	岩性	$\kappa(\times 10^{-6} \cdot 4\pi \cdot SI)$		$J_r(\times 10^{-3} A/m)$		$\sigma(\times 10^3 kg/m^3)$	
				范围	众值	范围	众值	范围	众值
喜马拉雅期		基性	安山玄武岩、玄武岩、辉玢绿岩	1~16 280	910	1~69 400	2600	2.49~2.97	2.68
燕山期	晚	酸性	花岗岩	1~10	2	1~20	3	2.53~2.58	2.55
	早	酸性	花岗岩、钾长花岗岩	0~1700	20	0~340	10	2.41~2.67	2.56
		中性	花岗正长岩、石英闪长岩	0~5610	950	0~29 000	500	2.52~2.84	2.64
		基性	辉绿岩、石英辉长岩	20~3490	350	1~4210	410	2.66~2.98	2.81
		超基性	黑绿色单斜辉橄岩	660~6410	930	170~62 700	420	2.52~2.71	2.66
印支期		酸性	花岗岩类	0~740	40	0~250	10	2.48~2.61	2.59
海西期	晚中	S型花岗岩	酸性及中酸性花岗岩		40		56		2.58
		I型花岗岩	花岗岩类、闪长岩类		1720		467		2.62
	早	蛇绿岩	二连-锡林浩特纯橄榄岩、辉石岩、蛇纹岩		1968		2295		2.91
		基性岩	辉绿岩、辉长岩		2044		2058		2.83
加里东期	晚	酸性	片麻状花岗岩类	0~3210	590	0~1410	100	2.63~2.85	2.68
		中酸性	片麻状花岗岩闪长岩、闪长岩	0~4340	240	0~133 880	90	2.46~3.05	2.74
		基性	斜长角闪岩、安山玢岩	20~5680	850	0~230 000	240	2.64~2.95	2.77
	中	超基性	滑石蛇纹岩	0~270	6	0~2080	7	2.71~2.95	2.76
元古宙		酸性	片麻状花岗岩	0~1780	70	0~8190	110	2.47~2.98	2.58
		中性	闪长岩、片麻状石英闪长岩	0~7710	870	0~3310	80	2.57~2.99	2.74
		基性	次闪石化辉长岩	30~5490	780	10~22 870	630	2.78~2.97	2.84

花岗岩主要有两种磁性的花岗岩,一类花岗岩(S型)为无磁性或弱磁性;另一类花岗岩(I型)则有磁性。基性、超基性岩体为强磁性。

中生代火山岩也具有较高的磁性,具有磁化率高、剩余磁化率强度大、变化范围幅度大的特点,磁化

率一般在 $(100\sim10\,000)\times10^{-6}\cdot4\pi\cdot SI$ 之间变化,剩余磁化率强度较高,常在 $(100\sim50\,000)\times10^{-3}\,A/m$ 之间变化,甚至超过 $50\,000\times10^{-3}\,A/m$,越偏基性磁性越高,常形成幅度变化较大的跳跃型磁异常。

广泛分布的前震旦纪混合花岗岩磁性不强,磁化率常在 $(300\sim2000)\times10^{-6}\cdot4\pi\cdot SI$ 之间,剩余磁化强度也不大,在 $(300\sim1000)\times10^{-3}\,A/m$ 之间,磁性比较稳定,不会引起异常值较大的磁场。

超基性、基性侵入岩磁化率常见值为 $(10\,000\sim30\,000)\times10^{-6}\cdot4\pi\cdot SI$,剩余磁化率强度为 $(30\,000\sim50\,000)\times10^{-3}\,A/m$,可引起高强度磁异常,中基性侵入岩也具有较高的磁性,磁化率变化范围为 $(1000\sim5000)\times10^{-6}\cdot4\pi\cdot SI$,剩余磁化强度变化范围较大,为 $(100\sim50\,000)\times10^{-3}\,A/m$,也可引起强度较高的磁异常。花岗岩类的磁化率和剩余磁化率强度相对较弱,磁化率的变化范围为 $(500\sim1500)\times10^{-6}\cdot4\pi\cdot SI$,剩余磁化率强度为 $(100\sim10\,000)\times10^{-3}\,A/m$,可以引起一定强度的低缓磁异常。

鉴于以上物性基础,应用航磁资料可以确定花岗岩的类型,圈定基性、超基性岩体,从而可以研究与上述岩体有关的矿床。

二、区域航磁异常特征

纵观大兴安岭北段地区航磁异常等值线平面图(图 1-8)可知,区域上呈现复杂变化磁场分布特征,并且东部复杂程度更高。根据正、负异常群体分布规律及异常区(带)展布特点,研究区内可分为 3 片宽阔负磁异常区,1 条负(低)磁异常带,3 片正、负波动变化升高磁异常区,1 条线性强磁异常带,这 6 处具有不同异常特征的区(带)相互交错分布,显示了该区宏观的磁场面貌,反映出该区大地构造的基本特征。

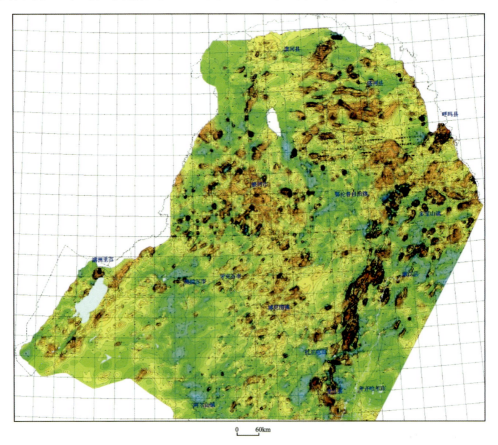

图 1-8 大兴安岭成矿带北段航磁 ΔT 等值线平面图

东南部松嫩盆地、南部海拉尔盆地和北部上黑龙江盆地,三大沉积盆地均以无磁性的中新生代巨厚沉积形成的宽阔负磁场为背景,其上叠加有数量不多的局部正磁异常。其中规模较小的低缓局部正磁异常为燕山期中酸性侵入岩体引起,规模大小不等的波动升高正磁异常为中新生代火山岩所引起。

中部蘑菇气—诺敏—鄂伦春—满归一线分布有一条由北北东向,在鄂伦春转为北西向的弧形负重力异常带,在南段蘑菇气—鄂伦春一线交替分布的负磁异常区与低缓正磁异常区,主要为大范围分布的无磁性的海西期酸性侵入岩体和侏罗系、白垩系火山岩及古生代地层的反映,在北段鄂伦春西部至满归一线的明显负磁异常区主要为无磁性的侏罗系、白垩系火山岩地层引起。

西部额尔古纳岛弧波动升高磁异常区,反映了岛弧造山带的异常特征。位于得耳布尔断裂以西,上黑龙江前陆盆地以南,西部边界为国界。局部正磁异常以北东向居多,北部靠近上黑龙江盆地的区域异常以东西向为主,异常梯度陡,主要为古元古界磁性变质岩基底隆起、晋宁期基性—中性侵入岩体、燕山期侵入岩体及部分侏罗系火山岩引起。

东部塔河-多宝山波动升高磁异常区,反映了岛弧造山带的异常特征。较强正磁异常为火山岩引起,强度稍弱些的磁异常由燕山期中酸性侵入岩体、加里东期—海西期超基性侵入岩体及古元古界磁性变质岩引起,负磁异常为吕梁期花岗岩、加里东期花岗岩及古生界、中新生代沉积地层的反映。

中部根河-博克图波动升高正磁异常区,为大面积侏罗系火山岩引起,异常变化迅速,连续性差、无规律跳跃变化,局部异常数量多、形状不规则、规模小、梯度大。北部根河一带异常走向多样,整体背景高于南部博克图一带。南部磁异常有椭圆状、等轴状及不规则状,但具有明显北东走向特征。

东南部的松嫩盆地和多宝山岛弧造山带的西侧分布有一条沿北北东向伸展的线性强磁异常带,该异常带在龙江西侧向南延出区外,向北经大杨树到内蒙古与黑龙江交界,长约500km,平均宽约45km,为全区强度最高、梯度最陡磁异常,最高值达1755nT。与地表分布的北北东向白垩系光华组安山岩范围大致吻合,仅北端少部分与侏罗系火山岩吻合,说明确实为火山岩引起。

三、区域重力场特征

从布格重力异常等值线平面图上可以看出,大兴安岭北段地区仅在东部嫩江和黑河南部附近有两处规模较小、强度不高的正重力异常,最大值分别为3.88×10^{-5}m/s²、5.58×10^{-5}m/s²,两处不甚醒目的微弱正重力异常完全淹没于全区的广大负重力场区中。该区重力场明显具有北北东—北东向展布,沿北西向分区的基本格局,呈现具有相对独立特征差异的重力场区块及其镶嵌关联组合。在宏观上重力场呈现出东部高,西部低;东部、北东部、北部相连而成弧形重力高,中部北北东向重力低,西部、西南部重力高。东部重力高异常区和西部重力低异常区以扎兰屯—鄂伦春—呼玛一线醒目的北北东向伸展的大兴安岭重力梯度带相隔。在该梯度带重力场值由东向西呈阶跃式下降。

东部重力高异常区为东部松嫩盆地及多宝山岛弧带分布区,西部重力低异常区内南部海拉尔盆地、北部上黑龙江盆地及西部额尔古纳岛弧区重力场相对较高。中部大兴安岭火山岩区为明显的宽阔重力低场分布区,在阿尔山出现全区重力异常最低值,为-122.5×10^{-5}m/s²。全区布格重力异常值变化幅度很大,达128×10^{-5}m/s²。

大兴安岭巨型重力梯度带位于大兴安岭山脉的东坡,贯穿全区,在区内长约600km,宽约80km,平均水平梯度为每百千米55×10^{-5}m/s²,梯度陡,处于地壳由东向西增厚,在深部由东部慢凸向西部慢凹过渡的慢坎部位。为全国著名的大兴安岭—太行山—武夷山巨型梯度带的北端。扎兰屯-多宝山岛弧内的大面积海西期花岗岩体的分布范围与大兴安岭重力梯度带的走向长度及宽度大致相当。大兴安岭重力梯度带应为深大断裂构造带的反应。受此北东向大兴安岭弧盆系及晚三叠世以来滨太平洋活动的影响,重力异常展布方向以北东向、北北东向为主,东西向、南北向、北西向数量较少,仅在漠河前陆盆地以北西西走向较为明显。

这种宏观重力场面貌,概况地反映了区域大地构造的基本特征。

第三节 区域地球化学特征

一、区域地球化学富集特征

将本区水系沉积物中的39种元素和氧化物背景值与全国水系沉积物的39种元素背景值作了简单对比(表1-4)。可见整个地区 Sn、W、Ti、Nb、Au、Y、Li、Fe_2O_3、Co、F、Zn、Th、As、Pb、U、La、Ag、SiO_2、Al_2O_3、Mn、P、Be 元素区域浓集比值为 0.75～1.2,处于正常背景分布状态;Cu、B、Cd、Cr、Ni、Sb、Bi、Hg、V、MgO、CaO 等元素或氧化物区域浓集比值小于0.75,处于相对低背景分布状态;Ba、K_2O、Mo、Sr、Na_2O 等元素或氧化物区域浓集比值大于1.2,处于相对高背景分布状态。

二、区域化探异常的空间分布规律及特征

(一)元素空间组合规律

此次工作编制了1:50万20种元素地球化学图,20种元素按照元素自身地球化学特性可分为黑色金属元素、有色金属及贵金属元素、稀有稀土放射性元素三大类。结合大兴安岭成矿带1:20万水系沉积物20元素聚类分析结果(图1-9),进行了进一步划分。

1. 有色金属及贵金属元素

(1)Sn-W(Mo),高温成矿元素组合。

(2)Cu。

(3)Pb-Zn(Ag),中温成矿元素组合。

(4)As-Sb,低温成矿元素组合。

(5)Au。

表1-4 大兴安岭地区水系沉积物39种元素或氧化物富集系数表

元素	本区参与计算样品数	本区水系沉积物背景值(中位数)	中国水系沉积物背景值(中位数)*	富集系数#
Ag	89 275	71	77	0.922
As	87 873	7.7	10.02	0.768
Au	89 277	1	1.32	0.758
B	85 835	16	47	0.340
Ba	85 183	672.1	491.16	1.368
Be	86 606	2.52	2.13	1.183
Bi	86 610	0.21	0.31	0.677
Cd	86 598	72	135	0.533
Co	86 495	9.2	12.12	0.759
Cr	86 612	28.7	59.39	0.483

续表 1-4

元素	本区参与计算样品数	本区水系沉积物背景值（中位数）	中国水系沉积物背景值（中位数）*	富集系数#
Cu	89 292	13.4	21.83	0.614
F	85 204	430	492.2	0.874
Hg	88 518	25.5	36.12	0.706
La	86 612	37.9	39	0.972
Li	86 192	26.8	31.7	0.845
Mn	86 611	673	670.56	1.004
Mo	86 607	1.17	0.84	1.393
Nb	86 613	13	15.83	0.821
Ni	86 606	12.9	24.68	0.523
P	86 608	556	577.78	0.962
Pb	89 295	22.3	23.53	0.948
Sb	89 292	0.41	0.69	0.594
Sn	85 834	2.48	3.02	0.820
Sr	86 612	211	142.9	1.477
Th	85 837	10.6	11.9	0.891
Ti	86 612	3196	4 103.7	0.779
U	85 420	2.4	2.45	0.980
V	86 613	59	80.41	0.734
W	86 587	1.56	1.83	0.852
Y	86 612	22	24.73	0.890
Zn	89 264	62.3	70.04	0.889
Zr	86 613	208.7	271.4	0.769
Al_2O_3	86 621	13.98	12.83	1.090
CaO	86 609	1.13	1.8	0.628
Fe_2O_3	86 612	3.77	4.5	0.838
K_2O	86 609	3.32	2.36	1.407
MgO	86 609	0.85	1.37	0.620
Na_2O	84 777	2.71	1.32	2.053
SiO_2	85 808	67.512	65.31	1.034

注：* 中国水系沉积物背景值据任天祥等，1996；# 富集系数＝本区水系沉积物背景值/中国水系沉积物背景值。

2. 黑色金属元素

（1）Co－Mn。

（2）V－Fe－Ti。

（3）Ni。

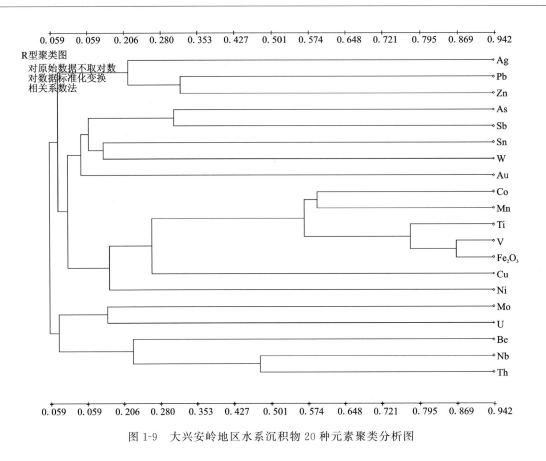

图 1-9 大兴安岭地区水系沉积物 20 种元素聚类分析图

3. 稀有稀土放射性元素

(1) Nb - Th(Be)组合。

(2) U。

(二)区域化探异常的空间分布规律

根据 1:50 万 20 种元素地球化学图,异常的分布总体呈北东向展布,存在北西向异常带,但规模稍逊。这些异常多为 Pb、Zn、Ag、Cu、Mo 等的多金属异常,异常分布面积大,相对峰值高,元素组合发育良好,异常多具浓集中心,浓度分带较为明显,这些异常的分布不仅与一些已知大中型矿床相吻合,也与近年来地质找矿研究工作所确认的一些矿化发育地区相对应,均显示出较好的找矿前景。

现就其区域化探异常的空间分布规律分类叙述。

1. 有色金属元素

(1) W - Sn。

为本区主要成矿元素。异常分布广泛。大兴安岭北部为 W - Sn 的高背景区,异常主要呈北东向带状展布,主要为阿尔山-甘河-碧水异常带,黑山头镇北部异常带;在满洲里西部、陈巴尔虎旗北部也有大面积异常分布。大部分与中酸性岩浆岩带展布方向一致,分布于岩浆岩内及接触带上。浓集中心明显,强度较高,多与中生代岩浆岩关系密切。除北东向展布的异常带以外,W - Sn 异常还存在北西向分布。

(2) Mo。

为本区主要成矿元素。大兴安岭北部为 Mo 的高背景区,异常主要呈北东向带状展布,主要为阿尔山-甘河-碧水异常带,在满洲里西部、陈巴尔虎旗北部太平庄镇一带也有大面积异常分布。大部分与中酸性岩浆岩带展布方向一致,分布于岩浆岩内及接触带上。浓集中心明显,强度较高,多与中生代岩浆岩关系密切。除北东向展布的异常带以外,Mo异常还存在北西向分布。

(3)Cu。

为本区主要成矿元素。异常分布较为分散,主要分布于多宝山地区、莫尔道嘎镇北部地区、额尔古纳—乌尔其汉及呼源—呼玛。异常主要呈北东向和北西向带状展布。

(4)Pb-Zn。

为本区主要成矿元素。Pb-Zn异常套合较好,主要呈北东向带状展布,包括新巴尔虎右旗西南-满洲里-得耳布尔、阿尔山-甘河-碧水-兴安镇两个异常带。与中酸性岩浆岩带展布方向一致,分布于岩浆岩内外接触带上。浓集中心明显,强度较高,多与中生代岩浆岩关系密切。除北东向展布的异常带以外,Pb-Zn异常还存在北西向分布。

(5)Ag。

为本区主要成矿元素。异常主要呈北东向带状展布,包括新巴尔虎右旗西南-满洲里、阿尔山-甘河-碧水-兴安镇两个异常带。与中酸性岩浆岩带展布方向一致,分布于岩浆岩外接触带上。与Pb、Zn异常套合较好,与该区已有铅锌矿床和矿点普遍具有伴生Ag情况基本吻合。

除北东向展布的异常带以外,Ag的异常还存在北西向分布,较之Pb、Zn表现更为明显,浓集程度高。

(6)As-Sb。

为本区主要异常元素。As-Sb异常套合较好,主要呈北东向带状展布,包括新巴尔虎右旗-满洲里-漠河、陈巴尔虎旗-额尔古纳-根河异常带。与中酸性岩浆岩带展布方向一致,分布于岩浆岩内外接触上。浓集中心明显,强度较高,多与中生代岩浆岩关系密切。除北东向展布的异常带以外,As-Sb异常还存在北西向分布,如黑河-韩家园异常带。

(7)贵金属元素Au。

为本区主要成矿元素。异常主要分布于大兴安岭北部地区,异常主要呈北东向和北西向带状展布。与已知金矿床(点)分布特点吻合。区内岩金矿床(点)均与中生代岩浆活动有关,形成于中生代(晚侏罗世—早白垩世)。金矿床(点)具有北东成带,北西成行的分布特征。东西、南北和北东向断裂是主要的容矿构造,多组断裂的交会处是矿化的有利部位。

2. 黑色金属元素

(1)Co-Mn。

Co-Mn异常套合较好,空间分布基本一致,主要呈北东向带状分布,工作区北部为高背景区,异常主要分布在阿荣旗—大杨树—呼玛一带。异常除与基性火山岩有关外,基本上为基性、超基性岩导致的异常。

(2)V-Fe-Ti。

V-Fe-Ti异常套合较好,空间分布基本一致,主要呈北东向带状分布,工作区为高背景区,异常主要分布在莫尔道嘎镇北部、额尔古纳—根河、阿荣旗—大杨树—呼玛。异常除与基性火山岩有关外,基本上为基性、超基性岩导致的异常。

(3)Ni。

Ni异常主要呈北东向带状分布,高强度异常主要分布在阿荣旗周围。异常主要为基性、超基性岩导致的异常。

3. 稀有稀土放射性元素

(1)Nb-Th(Be)。

Nb-Th(Be)异常套合较好,空间分布基本一致,主要呈北东向带状分布,为本区主要成矿元素。异常主要呈北东向带状展布,包括新巴尔虎右旗西南-满洲里-莫尔道嘎、阿尔山-甘河-碧水异常带。与中酸性岩浆岩带展布方向一致,分布于岩浆岩内外接触带上。

(2) U。

异常主要呈北东向带状分布,为本区主要成矿元素。异常主要呈北东向带状展布,包括陈巴尔虎旗-莫尔道嘎、阿尔山-甘河-碧水异常带,与中酸性岩浆岩关系密切。

第四节 区域遥感特征

对大兴安岭北部地区的遥感图像进行构造解译。解译结果如图1-10所示。

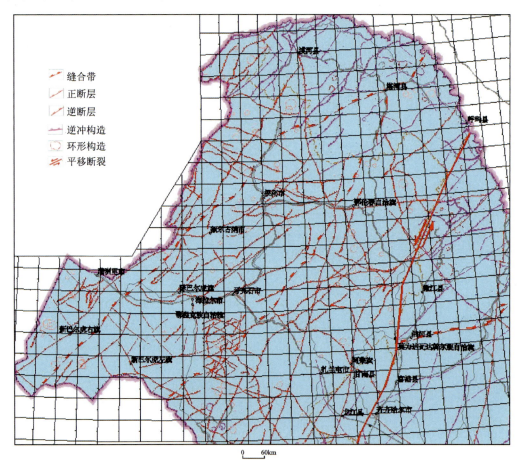

图1-10 大兴安岭北段遥感构造解译图

一、解译标志

按断裂构造形成规模及切割深度分4个级别。

巨型断裂:即板块缝合带(超岩石圈断裂),该种断裂在遥感图像上多表现为较宽的波状密集纹理,局部表现为较大型冲沟或洼地,且多被其他方向断裂错断,形成连续性较差,但规模较大的韧性变形构造带。

大型断裂:深大断裂带(岩石圈断裂),地质构造上多为分区断裂,遥感图像上多为两种大的地貌单元分界线,个别者表现为较大型冲沟及连续分布的陡坎。

中型断裂:属壳断裂,但其成带明显,延伸长达几十千米乃至数百千米,为域内的知名断裂带,且多为与矿化相关性良好的二级导矿控矿断裂。

小型断裂:零散分布,但对图中其他要素有明显影响的壳断裂。

按断裂构造的形成机理分为3种性质。

正断层:上盘下降的断层,遥感图像上多为折线状,延伸短、分布宽。

逆断层:上盘上升的断层,遥感图像上多为直线形或波状,延伸长、分布窄。

平移断层:上下两盘沿水平方向相对运动。遥感图像上多为直线型,断裂两侧的同一地质体有明显的错位现象。

影像无法判别者为性质不明断层。

脆-韧性变形构造:按其形成机理分为节理劈理断裂密集带构造和区域性脆-韧性变形构造。节理劈理断裂密集带构造一般规模小,延伸短,多与中型或小型断裂伴生,区域性脆-韧性变形构造一般规模大,延伸长,多与巨型或大型断裂伴生。

环要素包括由岩浆侵入、火山喷发、构造旋扭、围岩蚀变及沉积岩层或环状褶皱等形成的环状构造,进一步划分为中生代花岗岩引起的环状构造、古生代花岗岩引起的环状构造、闪长岩类引起的环状构造、基性岩类引起的环状构造、与隐伏岩体有关的环状构造、浅层—超浅层次火山岩体引起的环状构造、火山口、火山机构或通道、褶皱引起的环状构造、断裂构造圈闭的环状构造,影像上无法确定成因的定为性质不明的环状构造。

二、断裂构造

(一)巨型断裂

1. 额尔齐斯-得耳布尔断裂带

该断裂带又称得耳布尔超岩石圈断裂。是大兴安岭弧盆系最北部的Ⅲ级构造单元,南东侧新元古代洋壳向北西俯冲消减。中生代沿断裂带有岩浆活动。南西延入蒙古,同蒙古境内的中蒙古深断裂相连,北东延入黑龙江,由呼伦湖东岸经黑山头,沿得耳布尔河及金河河谷呈北东伸展,区内长达660km。沿断裂带有大量的蛇绿岩套构造侵位,构成了北侧兴凯褶皱带与南侧海西海槽的重要分界线。该断裂带所经之处,北西侧多为陡立的高山,并发育一系列断层三角面;南东侧地势平坦,常为负地形。遥感影像图上线性影纹非常清晰,该断裂带与得耳布尔多金属成矿带有密切关系,呈线性影像,沿串珠状湖泊及水系分布。

2. 伊列克得-加格达奇断裂带

地壳拼接断裂带,走向北东,为板块俯冲带,见混杂堆积、双变质带、蛇绿岩。南西延入蒙古,北东延入黑龙江,延伸长620km,控制俯冲带上盘海西期多金属矿床。该断裂带解译位置比已知地质构造位置偏北东10km左右,南西段偏北西20多千米。F1与F2之间构成海拉尔-呼玛弧后盆地。在头道林—伊利克得一带,由数条呈北东向展布的逆断层组成断裂带。在维纳河一带,断裂带北西侧断层三角面清楚。根据地质资料,断裂带北西侧发育有混杂堆积、双变质带、石英闪长岩及花岗岩热轴等,在鄂伦春自治旗一带,也有蛇绿岩零星分布,说明该断裂带可能是一个古俯冲带。该断裂带呈线性影像,沿直线状水系分布,显示负地形,沿沟谷、凹地延伸。

3. 嫩江深断裂

嫩江断裂由吉林省泰赉县进入白城西部，再经洮南伸向黑龙江省，吉林省内延长近 160km。分布在第四系中，为一条隐伏的断裂。该断裂带可能与岭下-永茂断裂带共同组成大兴安岭与松嫩平原分界线。向北经嫩江县、卧都河至呼玛县境内，呈北北东向，长度大于 500km。该断裂向南部延至八里罕和河北沙城地区。

该断裂在黑龙江省内大体沿嫩江河谷分布，地表呈粉红色条带、延伸很长，沿线多处被北西向断裂错切并产生位移。断裂带由南向北变窄，宽 30~50km。断裂以嫩江县为界分南、北两段，南段断裂为山地与平原界线，断裂西侧为山区，地形高大陡峻、基岩裸露，分布有各种地质体，呈深绿色调斑块状影纹，北西向水系居多，属地壳上升区；东侧为平原区、即与松嫩平原接壤，地势低平，遍布泡、沼、耕地，影像呈紫红色星点状影纹、水网紊乱，属地壳下降区；断裂为两种构造单元分界线。

断裂北段都为山区，地貌差异较小，断裂主要控制火山盆地边界、火山口分布。如断裂入呼玛县境内以后便成了呼玛火山盆地东界，沿断裂分布有多个火山口。

断裂两侧重力场不明显，东侧等重力线宽平，西侧重力异常明显增多，推测断裂向东倾、西侧上升、东侧下降，呈阶梯式。断裂以东航磁为平缓负磁场，以西为强烈变化的南北向磁异常。断裂西侧北西向断裂发育，沿断裂发育有中酸性侵入岩、新生代火山岩。

该断裂为一条切割上地幔的张性隐伏断裂。

（二）大型断裂

1. 大兴安岭主脊-林西深断裂带

沿大兴安岭主峰及其两侧分布，向南延入河北境内，与上黄旗-乌龙沟深断裂连为一体。呈北北东向延伸千余千米。根据其成果资料，断裂总体向东倾斜，倾角在 60°~80° 之间。与东部嫩江-八里罕深断裂同步发展，形成巨大的大兴安岭主脊垒、堑构造体系。

2. 得尔布干断裂

该断裂由内蒙古进入黑龙江，经碧水镇、塔河县至富拉罕后入俄罗斯境内沿泽亚河谷分布，区内长约 600km。断裂在大西沟林场—跃进林场—富拉罕一线沿坡洛霍里河、呼玛河（卡马兰—塔河县段）、吴家碑河、富拉罕河河谷分布，沿线见粉红色细条带、格状水网、主流常呈尖锐角状弯曲、河流急拐点、断裂三角面、陡崖、陡坎等。断裂多次被北西向（F212、F271、F250、F208）断裂切割、破坏，使该断裂产生位移、方位改变，从而断裂（F141）相当于数条断裂的联合。断裂西侧地势高峻、东侧相对偏低，呈低山、丘陵地貌。断裂北东段在中生代北西盘相对下降、沉积巨厚中侏罗统火山碎屑含煤建造；南东侧相对上升、剥蚀出露加里东期二长花岗岩、兴华渡口群；西南段两侧不明显，均由火山岩所覆盖，在塔河一带见有基性岩体出露。断裂西侧为强烈升高的线性磁异常、东侧强度低，无明显走向。重力场在碧水、塔河一带沿断裂产生强烈的西南方向扭曲，重力异常走向经过断裂由近东西向改为北西向。

从区域地质特点来看：断裂处在大兴安岭弧盆系（Pt、Pz）与外贝加尔褶皱带之间，大约呈北东向南凸的弧形，北接俄罗斯鄂霍茨克大断裂，南与蒙古东西向超基性岩带相连。该断裂两侧地质发展史有较大差异，在海西期大兴安岭弧盆系（Pt、Pz）从石炭纪以后缺少海相地层，中生界为陆相火山-沉积建造；外贝加尔褶皱系侏罗纪仍为海相沉积。断裂以挤压、拼合为主，向南东倾斜俯冲，在断裂东侧出现钙碱性，形成八大关、八八一铜矿。燕山期断裂以挤压冲断为主，向北西倾斜俯冲，西侧形成钙碱性系列火山岩带，在相对隆起部位与北东、北西向断裂交会处形成乌奴格吐山斑岩铜、钼矿床。新生代以来以拉伸引张为主，形成断陷盆地、盐湖等。

3. 新开岭深断裂

根据遥感影像图解译，断裂北起乌力亚，经727林场、北师河、嫩江农场向南延入内蒙古境内。该断裂呈北北东向，由主干断裂(F605)和北段旁侧分支断裂(F607、F606、F617)所组成。

主干断裂呈北北东向，长约120km。其主要沿法别拉河上游、泥鳅河上游段、北师河发育，沿线见线形河谷、格状水网、河流直拐点、沿河谷分布的采金遗迹。断裂两侧地质体，西侧为碱长花岗岩、腰桑南组、倭勒根群、兴东期花岗岩等。东侧为糜棱岩化花岗岩、二长花岗岩、五道岭组等。沿线多处见玄武岩喷出并见有火山口。在主干断裂北段见旁侧断裂，它们互相平行，间距10km左右、走向北东，长20～40km不等。其影像特征为河流汇流点连线、地形阶梯、河流直拐点等。断裂所处地质体为糜棱岩化花岗岩。断裂所处地形由低到高，呈阶梯状，似叠瓦式构造形式。

航磁图上为线形延伸负异常，西北侧为强烈变化的正磁异常区，走向呈北东或北东东向，东南侧为负异常区，局部异常走行近东西和南北向；区域重力则表现为大面积区域正背景场中的狭长负异常带，构成了大兴安岭地槽褶皱带与小兴安岭-松嫩地块分界断裂。

据1:25万区调资料，断裂西北侧为古生代再生冒—优地槽沉积，一直延伸到晚古生代；东南侧早古生代一直隆起，石炭纪后到晚古生代才有沉积，沿断裂有海西晚期花岗岩侵入及小岭山超基性岩体分布，在门鲁河、科洛等处见有西山玄武岩等喷出，表现断裂深切上地幔，属岩石圈断裂，并表现有继承性活动。

4. 兴华-塔源断裂

沿金山地营子—韩家园镇一线的东西向断裂、沿内倭勒根河谷分布的北东向断裂、沿西里尼汗河谷分布的北东东向断裂以及塔河北东向断裂组成的断裂在省内长约290km，由于北西向断裂切割，断裂不连续，其方位改变并有位移。断裂呈断续的河谷、线形河谷、格状水网、河流直拐点等表现形式。

断裂北西侧地质体为：二长花岗岩、碱长花岗岩、兴华渡口群、光华组、大网子组等；东南侧为二长花岗岩、泥鳅河组、多宝山组、龙江组、安娘娘桥组等，另外，沿断裂带见辉长岩体、超基性岩。

第二章 大兴安岭成矿带找矿勘查及研究进展

通过近年来的基础地质调查和综合研究,大兴安岭北部地区的基础地质工作程度明显提高,为资源勘查提供了重要的基础资料,同时信息化建设和公益性服务也迈出了重要步伐。基础地质方面,进一步查明了大兴安岭北段与成矿关系密切的地层、侵入岩、火山岩、变质岩的成因机制和地质构造演化历史,重新厘定了地层、侵入岩填图单元,建立了区域地质构造格架,加强了岩性、构造填图,1∶25万潜力评价地质图和部分1∶5万地质填图的图面已表示为岩性构造建造图,能较客观地反映地质体的物质组成和结构关系。

对矿产地质也进行了系统调查,重点加强了含矿地层、岩石、构造的调查,总结了各类矿种的成矿地质条件和成矿规律,在1∶5万地质填图过程中,开展了矿点概略性检查和异常查证,大致查明了大兴安岭成矿带的地质背景和成矿条件,新发现了大量的找矿线索和物化探异常,为后续矿产勘查提供了重要的找矿靶区,发挥了基础地质调查在找矿中的先行和引领作用。工作中特别注重了物探、化探、遥感与计算机等新技术、新方法的应用,部分项目已利用高光谱遥感资料,并将遥感解译工作贯穿整个区调工作过程。

第一节 基础地质调查主要成果与进展

大兴安岭北部位于古亚洲洋构造域和环太平洋中生代构造域叠加部位,其间微板块的分离和拼贴作用十分复杂,先后经历了原始陆核形成、古亚洲洋裂解与闭合(各微板块分离、拼贴)、蒙古-鄂霍茨克洋及滨太平洋构造演化等过程,地质演化历史漫长、地质构造十分复杂,沉积作用、岩浆作用、变质作用及成矿作用十分发育。这里广泛分布不同时期的花岗岩和中生代火山岩,大面积的火成岩及其独特的地球化学特征引起了国内学术界的广泛关注,同时该地区断续发育元古宙—中生代的地层系统,其中兴华渡口群、倭勒根群、中生界额木尔河群等曾是国内众多学者的重要关注对象,其特色的地质背景已成为国内地学研究的热点。多年来,国内外很多专家、学者及有关单位对该地区投入了大量的研究及地质调查工作,形成报告、论文300余篇,为该地区地质研究程度的提高和找矿工作的开展提供了重要的基础和理论依据。

一、地层

近年来的基础地质和综合研究工作,使大兴安岭北段的地质图得到不断更新,并相继产生一些新观点和新成果。目前已对出露的地层按构造岩石地层单位、岩石地层单位、地貌地层单位进行了综合厘定和划分,重新理顺了该地区的地层序列,查清了各时代的地层特征,补充了地层定义和划分依据。

兴华渡口群、倭勒根群作为大兴安岭北部的结晶基底和褶皱基底,一直是区调工作研究的重点,这2套变质岩系也是大兴安岭北部金多金属成矿的主要矿源层。新一轮地质大调查工作按构造岩石地层单位解体了古元古代中深变质岩、早加里东期中浅变质岩系,从原划分的兴华渡口群变质杂岩中划分出古元古代表壳岩和新元古代变质深成侵入岩,补充了兴华渡口群、倭勒根群的含义,提出了兴华渡口群为构造片麻岩的新观点,讨论了韧性剪切作用与混合岩化作用的关系。

对兴华渡口群中深变质岩系的研究可知,其下部以基性、中性、中酸性和酸性火山岩为主,上部以中酸性、酸性火山岩为主。初步确定其至少经历了3期变形作用。第一期变形以小型同斜紧闭褶皱、平卧褶皱或片内无根褶皱为特征,变质矿物出现红柱石,属低压低角闪岩相。第二期变形在3期变形中占主体地位,以转折端圆滑的紧闭同斜褶皱为特征,透镜化、香肠化及构造分异现象普遍存在,此期形成石榴子石,局部出现矽线石,表现为低—中压低角闪岩相,局部为中压高角闪岩相,并在角闪岩相区域变质作用下叠加了动力变质作用和混合岩化作用,岩石发育条带状、眼球状、肠状雾迷状构造变质岩系,下部脉体发育较多,以顺层发育为主,为原地重熔而成,向上脉体逐渐减少,以切层发育为主,为沿构造裂隙贯入的半原地花岗岩。由浅而深动力变质作用减弱,混合岩化作用增强,体现了深部构造片麻岩的特点。

兴华渡口群是同变形地壳深熔作用的产物,基底变质岩中富水矿物(黑云母)在较低温(800℃)、H_2O不饱和条件下发生脱水熔融反应产生熔体,深层次的韧性剪切作用形成较大的差应力,促进了熔体的分离和迁移。早期形成的顺层原地脉体与构造片麻岩和新元古代变质深成侵入岩共同遭受了强烈的韧性剪切作用,变形较强,随着深熔作用加强,熔融体沿剪切和拉张裂隙贯入,形成半原地脉体,被持续的顺层剪切作用改造成石香肠。第三期变形形成轴面陡立的开阔褶皱,并发生退变质。

通过对倭勒根群中浅变质岩系变质变形构造的研究,恢复了2期构造变形事件,早期构造变形事件发生在新元古代末期,以伸展机制为主,形成顺层固态流变构造群落,顺层韧性剪切构造发育晚期以由南向北的逆冲机制为主。经原岩恢复,吉祥沟岩组下部以碳酸盐岩和细碎屑岩互层为主,上部以细碎屑岩为主,岩石颜色多呈暗色,并含较多碳质,显示为缺氧的还原沉积环境,构成海相碳酸盐岩-陆源碎屑沉积建造。遭受动力变质作用,出现一些片理化、角砾岩化和糜棱岩化岩石,发育流劈理、拉伸线理。大网子岩组岩石建造表现为浅海相沉积,下部以(酸性)火山岩和细碎屑岩为主,上部以中基性火山岩为主,岩石颜色偏暗且多出现绿色调,受轻微区域变质作用,局部地段叠加热、动力变质作用,形成片理化、角岩化及千糜岩化等,构成海相酸性火山岩夹细碎屑沉积-中基性火山岩建造,海底火山活动频繁,沉积环境不稳定。

漠河盆地是"十二五"以来国家非常规油气(天然气水合物、页岩气)勘查的重点地区之一,此前对盆地的研究限于岩石地层划分,而层序地层的划分对于建立盆地等时性地层格架和油气生储盖的预测具有重要的指示意义。最近的工作在漠河北极村一带天然气水合物资源勘查过程中发现了天然气的存在,为下一步寻找可利用油气资源提供了重要线索。因此,近年来加大了对漠河盆地的中生代额木尔群层序地层内研究。经综合研究,共识别出区域不整合界面、整合界面、最大湖泛面等5种层序界面,划分了2个二级、3个三级构造层序和9个高分辨率长期基准面旋回、22个中期基准面旋回。研究认为,漠河盆地是蒙古-鄂霍茨克洋向南部大兴安岭地区俯冲后伸展所形成的活动大陆边缘前陆盆地,其经历了2次大规模、4次中等规模、11次中小规模和22次较小规模的湖侵-湖退旋回沉积作用。根据额木尔群各组中的岩石颜色、组合、粒度、分选及磨圆、沉积构造、地球化学、古生物等特征,恢复了额木尔群各组的沉积环境,讨论了聚煤、成油条件。其中绣峰组主要为冲积扇、辫状河、曲流河沉积,岩石胶结致密,夹少量煤线,具有找煤前景。二十二站组主要由滨湖、浅湖、三角洲及沼泽相沉积体系组成,含少量酸性凝灰岩夹层,暗色泥岩层较厚,发育有较好的烃源岩,是寻找页岩气的良好层位。漠河组以滨湖、浅湖—半深湖为主,岩相较稳定,岩石成分成熟度高、暗色泥岩层厚,发育很好的烃源岩,是寻找天然气水合物的理想层位。

大兴安岭北段中生代火山岩规模宏大,伴生有丰富的多金属矿产资源,但各地区的地层划分尚不统一,尤其与大兴安岭中南段的对比还不明确。新一轮国土资源大调查补充了大兴安岭北段中生代火山地层的含义,即在解剖同期单个火山机构的基础上建立了单个火山机构的岩石地层层序,将各个火山机构的岩石地层层序进行对比研究,从而确定了同期火山地层的岩石地层层序。在此基础上,重新厘定了大兴安岭北部的中生代地层层序,自下而上将其划分为塔木兰沟组(J_3t)、白音高老组(J_3b)、光华组(K_1gn)、甘河组(K_1g)和孤山镇组(K_2g)。通过古生物的研究对比,将含有 *Nestoria* 叶肢介的中酸性火山地层归为白音高老组(J_3b),含有 *Eoestheria* 叶肢介的酸性火山地层归为光华组(K_1gn),二者之间可能为侏罗系和白垩系的分界线。在大兴安岭北部甘河组(K_1g)中基性火山地层之上新建立了组级岩石地层单位——孤山镇组(K_2g),进一步完善了大兴安岭中生代的火山地层系统,同时为研究大兴安岭火山岩带的岩浆演化及成矿规律提供了新的证据。在漠河盆地边缘(盘中林场)发现晚侏罗世塔木兰沟期中基性火山岩不整合覆盖在绣峰组砂岩之上,说明该期火山活动明显晚于沉积作用,证明大兴安岭火山岩带北部主体喷发活动时间晚于漠河盆地形成时间。在大兴安岭火山岩带内划分出与火山作用同时异相的山间盆地沉积物,划分出古鲁干砾岩、博乌勒山砾岩和卡马兰河砾岩等4个非正式地层单位,对火山地层划分对比、研究火山作用及岩浆、研究构造演化规律提供了重要素材。

对大兴安岭北段第四纪更新世以来的沉积物采用以地貌地层单位研究为主,岩石地层、生物地层、年代地层研究为辅的方法,建立了地貌地层单位,将沉积物划分为阶地、冲积扇、坡积裙、沼泽及河漫滩和河床沉积物等,补充了地层划分依据,也丰富了大兴安岭北部上升山区的新生代地层系统,对于寻找泥炭、砂金矿产等提供了宏观(地貌)标志。

二、侵入岩

新一轮国土资源大调查项目——1:25万、1:5万区域地质调查采用"岩性"加"时代"的划分,对各时期花岗岩的岩浆来源、岩浆演化、就位机制和构造背景等进行了深入的研究,获得了大量的同位素及岩石地球化学数据,为科研和找矿工作提供了丰富的地质信息。

根据最新同位素(U-Pb)测年资料和接触关系厘定了大兴安岭北部侵入岩的相对时序,将其主要划分为8个期次,分别为新元古代、寒武纪、奥陶纪、石炭纪、二叠纪、三叠纪、侏罗纪和白垩纪,以寒武纪—奥陶纪和侏罗纪侵入岩最为发育。新元古代侵入岩相当于与兴华渡口群配套的变质深成侵入体,与兴华渡口群共同遭受了变质变形改造,两者共同构成了额尔古纳地块、兴安地块的结晶基底,具有I型花岗岩的特征,形成于晋宁期古亚洲洋向额尔古纳-兴安地块俯冲背景下的大陆岩浆弧区,属活动大陆边缘构造环境。寒武纪—奥陶纪侵入岩具有同熔型、S型花岗岩特征,相当于与倭勒根群配套的变质深成侵入岩,与倭勒根群共同遭受了变质变形改造,构成额尔古纳-兴安地块的褶皱基底,形成于早加里东期额尔古纳地块与兴安地块拼贴期的陆陆造山环境。新元古代—奥陶纪侵入岩在多期次变质作用中形成丰度较高的金异常,为大兴安岭北部砂金成矿提供了丰富的物源。石炭纪—二叠纪侵入岩主体形成于海西期古亚洲洋闭合过程中兴安地块与松嫩地块同碰撞造山环境,其中石炭纪侵入岩以S型花岗岩为主,具同碰撞造山的特点,二叠纪侵入岩以A型花岗岩为主,形成于造山后伸展环境。石炭纪—二叠纪侵入岩是大兴安岭北部岩金成矿的主要矿源之一。侏罗纪侵入岩主要由一套造山前抬升的闪长岩、石英闪长岩、同造山花岗闪长岩、二长花岗岩和造山晚期正长花岗岩组成,构成了规模宏大的北东向花岗岩带,与大兴安岭火山岩带密切共生,并伴有斑岩型、矽卡岩型、浅成低温热液型矿产。

王洪波等(2013)通过综合区域地质和科研资料,提出了大兴安岭中生代岩浆岩的成因主要与蒙古-鄂霍茨克洋和伊泽纳吉板块向古亚洲大陆双向俯冲形成的陆内造山作用有关的新观点,其中三叠纪的正长花岗岩为古亚洲洋闭合造山后伸展阶段的产物,侏罗纪的闪长岩、石英闪长岩为双向俯冲挤压造山前局部张性环境下,上地幔基性岩浆分异上侵、被动就位形成的,具有面积小、分布零散等特点。侏罗纪花岗闪长岩、二长花岗岩为双向俯冲碰撞造山同期,在挤压环境下沿深部的同构造期深大断裂侵位形成的,分布面积大,具环带状展布特征,与双向俯冲形成的应力机制和时间非常吻合。侏罗纪正长花岗岩和白垩纪正(二)长花岗岩是碰撞造山晚期的产物,主要沿造山后张性断裂被动就位。

三、火山岩

重点对大兴安岭北部中生代火山岩岩浆的来源、形成的大地构造环境及其与成矿的关系进行了研究。塔木兰沟期、甘河期中基性火山岩中的粗面玄武岩、玄武粗安岩中都可见到幔源橄榄石,2期岩石微量元素都具有较高的 K、Ba、Ta、Rb 和较低的 Nb、Ti、P,且 Th>Ta,推断岩浆来源于地幔或下地壳岩石。化学研究反映岩石形成时压力为 0.7~1.4GPa,岩浆房的深度为 23.1~46.2km。地球化学特征反映岩浆来源深度大于 30km,说明岩浆最终来自于下地壳,而原始岩浆应来源于上地幔。同理推断白音高老期中酸性火山岩岩浆来源于中地壳的部分熔融,光华期、弧山镇期流纹岩类岩浆来源于中上地壳古老硅铝质源岩的部分熔融。

提出中生代火山岩带形成的大地构造环境为受蒙古-鄂霍茨克洋盆封闭和伊泽纳吉板块向古亚洲大陆俯冲远程效应联合制约的活动大陆边缘靠板内的观点。中生代火山岩总体为一套高钾钙碱性系列岩石,早期为高钾碱钙性系列的玄武粗安岩、粗安岩组合,属板内及板缘岩石系列,碱度较低,更具板缘特征。晚期为高钾钙碱性酸性岩石系列的英安岩和流纹岩组合,是与板块俯冲作用有关的重要岩石系列,中酸性岩石占 60% 以上,与太平洋沿岸直接由太平洋板块俯冲形成的以中性火山岩为主的俯冲产物不同。火山岩 SiO_2 含量为 54.93%~72.31%,$Fe^*/MgO=3.19$,$K_2O/Na_2O>0.6$,岩石化学、地球化学特征反映地壳厚度为 49.95~88.72km,反映了活动大陆边缘的特征,中基性火山岩岩石化学组成具有消减带区的特点,表明火山岩成岩的地质构造环境为压性,这一结论与 Mg 固结指数(19.5<40)反映的岩浆为演化型的特征非常吻合。中生代火山岩具有富 K、Rb、Ba、Th,贫 Nb、Ti、P、Sr、Ta 的特点,其中早期岩石相对富 Ba、P、Ti、Zr,具板内岩石的地球化学特征。晚期相对富 K、Rb、Ta、Th,而贫 Ba,具大陆边缘火山岩的地球化学特征。从早期向晚期,具板内向大陆边缘迁移的特征。

从区域构造资料分析,大兴安岭地区晚侏罗世火山活动构造线方向为北西西、北东东或近东西向,与古太平洋板块俯冲背景下的构造应力场方向(北东—北北东)相矛盾,表明火山活动并不受其控制。火山岩在时间和构造背景上更接近于蒙古-鄂霍茨克洋在中侏罗世封闭时,洋壳向南部大兴安岭地区俯冲后形成活动陆缘,其所形成的挤压-伸展构造应力场恰好与本区晚侏罗世火山喷发带的形成机制相吻合。谢鸣谦等(2000)认为,大兴安岭晚侏罗世火山岩的形成与蒙古-鄂霍茨克构造带有关,并认为蒙古-鄂霍茨克洋晚三叠世—早侏罗世自西南向东北作剪切式收缩、闭合,此结果与大兴安岭火山岩由南向北年代逐渐变新(J_2—J_3)的特征非常吻合,暗示晚侏罗世火山岩与蒙古-鄂霍茨克洋构造带具有密切的成因关系。早白垩世火山岩形成的构造线方向为北东—北北东向,从时间和形成机制上与伊泽纳吉板块向古亚洲大陆俯冲时远程效应产生的挤压后伸展构造应力场相吻合。

综上所述,大兴安岭地区晚侏罗世火山岩浆作用发生于蒙古-鄂霍茨克洋封闭、碰撞使大兴安岭地区隆升造山之后的伸展构造环境,其造山过程形成了压性火山岩浆弧(早中侏罗世花岗岩),伸展阶段形成晚侏罗世火山喷发活动,早白垩世受伊泽纳吉板块向古亚洲大陆俯冲远程效应作用,在本区形成具有活动陆缘性质的挤压作用,产生压性岩浆弧,随着挤压后伸展,早白垩世火山岩浆喷发,形成北北东—北东向火山岩带。这2个时期火山活动受不同板块作用控制,形成的火山喷发带构造方向及岩浆演化特征也不一致,其间转换阶段在区域上发育一套陆源碎屑沉积建造(木瑞组),表明2个阶段存在明显的火山活动间断,是晚侏罗世与早白垩世火山活动及构造环境划分的重要标志。构造转换阶段是大兴安岭北部中生代岩浆岩成矿的密集期,构造岩浆活动为大兴安岭北部金多金属成矿提供了丰富的导矿、容矿构造和矿源及成矿流体,通过典型矿床(塔源铅锌矿、三道湾子岩金矿)解析,证实白音高老期、光华期中酸性—酸性火山岩是区域上多金属矿的主要矿源,火山期后热液是成矿的主要流体,脆性断裂和火山构造为主要的导矿、容矿构造。

四、地质构造

进一步加强了区域性构造、重点区段具体构造的解析及构造与成矿作用关系的研究,在大兴安岭北部地区断裂、韧性剪切带及新构造运动对成矿的控制作用方面取得了一些新认识,并提出了花岗质糜棱岩(早加里东期侵入岩)、构造片岩(倭勒根群)、构造片麻岩(兴华渡口群)三位一体同构造变形的新观点。

大兴安岭造山带是中国16个重点找矿勘查区之一,不同时代的构造叠加强烈,多期次的构造活动是该地区成矿作用的主导因素,其中断裂构造为主要控矿和容矿构造,北东向区域深大断裂构造控制了成矿带的展布,大部分水系沉积物异常沿北东向断裂带展布,而且区域上沿该方向断裂发育较多的金及多金属矿产。北西、北东、近南北向低序次断裂、裂隙是内生金属矿产的主要容矿构造,很多水系沉积物、土壤异常分布于断裂交会处,矿(化)体、蚀变带多沿北西、北东、近南北向裂隙分布。中生代北东、北西向区域性断裂控制了花岗岩的侵入和火山喷发,为后期金多金属成矿提供了矿源层。中侏罗世,北东、北西向区域性断裂的剪切拉张作用形成陆相断陷盆地,控制了盆地的沉积和聚煤、聚烃作用,盆缘断裂的剪切作用诱发了火山活动,为煤层变质、烃类成油、成气提供了热源。早白垩世,北西向断裂张裂为中低温含矿热液运移和赋存提供了导矿和容矿构造。

位于额尔古纳-兴安地块之间的得尔布干断裂自古生代以来断续活动强烈,控制了多期次含矿地质体和导矿、容矿构造的分布。早古生代,额尔古纳-兴安地块沿得尔布干断裂带汇聚拼贴,造成中酸性岩浆的侵位和火山喷发,在挤压机制及岩浆热效应的作用下,早古生代构造层发生区域热液变质和褶皱造山,使金、铜等多金属元素发生迁移和富集,沿构造拼贴带形成了北东东—东西向展布的地球化学异常带,地球化学异常带内的地质体是古生代—新生代成矿的主要矿源层,在不同阶段构造与岩浆作用下,形成了多种类型的矿产。新生代区域性北东、北西向深大断裂复活,形成差异性升降。北东向深大断裂的差异升降形成了西北和东南低,西南和东北高的地貌格局,为砂金矿的源区剥蚀和沉积富集提供了有利条件和沉积场所。北西、南北向断裂的差异升降作用导致河流向源侵蚀,为砂金矿的源区剥蚀、搬运、富集提供了导矿和容矿条件。

额尔古纳-兴安地块边缘前中生代变质岩系在动力变质作用下形成花岗质糜棱岩、构造片岩(倭勒根岩群)、构造片麻岩(兴华渡口群),三者具有明显的垂向分带性,自上而下依次为糜棱岩、构造片岩、构造片麻岩。三者的产状基本一致,具有同构造应力的特征,且显示了不同层次构造变形的特点。中浅部以糜棱岩和构造片岩为主,向下过渡为构造片麻岩,初步认为构造片麻岩在深部热效应作用下发生深熔,形成混合岩化。主要有以下几种因素:区域上韧性剪切带中的高差应力是强化部分熔融作用的主要条件,表现为长英质物质低熔,变质作用与岩浆作用相互作用。混合岩化原岩是一套富含黑云母、白云母的片麻岩,其脱水反应和片麻理发育也为部分熔融提供了有利条件。糜棱叶理和构造片理与区域上深大断裂带的方向和位置对应,动力变质作用与区域深大断裂带的走滑剪切作用有关。

五、同位素测年

近年来的基础地质和综合研究工作获得了一批新的锆石 U-Pb 同位素年龄,为正确厘定地层、岩石时代和变质、构造期次提供了数据支持。在古元古界兴华渡口群中新获得了4个较老的 U-Pb 年龄(1847Ma、1574Ma、1429Ma、1360Ma),1847Ma 的数据代表了兴华渡口群的成岩年龄,进一步佐证了兴华渡口群划归古元古代的事实,1574～820Ma 的数据代表了兴华渡口群多期次变质年龄,与恢复的3期变质事件吻合。在元古宙变质深成侵入岩中获得的年龄多在 927～792Ma 之间,说明与兴华渡口群配套的变质深成侵入岩以新元古代为主,而非以往划分的古元古代或中元古代。在兴华渡口群由深熔作用形成的混合花岗岩中新获得了432±2Ma的U-Pb年龄,揭示兴华渡口群深熔变质峰期大致在晚奥陶世,与区域上大面积侵位的寒武纪—奥陶纪花岗岩的构造背景相吻合。在漠河盆地中侏罗统绣峰组下部的细砾岩中新获得了163Ma的碎屑锆石U-Pb年龄,暗示漠河盆地下限不超过163Ma,结合在二十二站组火山岩夹层中取得的157Ma的结晶年龄,说明漠河盆地形成于中侏罗世中晚期,绣峰组大致在卡洛夫末期开始接受沉积。在中生代火山岩中新获得了199～160Ma的U-Pb年龄,说明大兴安岭中生代火山岩中有早中侏罗世的组分,为火山地层归属、与大兴安岭中南段地层对比及岩浆演化、构造成矿期次的厘定提供了新的证据。

兴安岭北部的地质调查工作受调查森林覆盖层所限,基础地质方面还存在一些问题。如晚古生代地层是区域上金多金属成矿的重要母岩,但其普遍缺少顶底接触关系,精确定年的化石和同位素样品,岩相和层序划分简单,区域性对比差,根据地层结构反演盆地演化方面研究程度低。中生代大面积沉积岩区缺乏对沉积岩相、沉积盆地、沉积作用和沉积事件类型的划分与对比,以及其中煤与油气储集的研究,缺乏对变质作用和变质事件的划分与对比、叠加和演化、区域构造类型、建造与改造、构造事件等方面的研究,还需要进一步加强动力变质作用与区域成矿作用关系的研究,尤其注重各期次韧性剪切带的构造应力及其对于成矿作用的控制和破坏作用的研究。

以往对成矿区带划分主要以古陆块和古亚洲洋演化消亡阶段为主体来确定,对中生代叠加的金等多金属区域成矿规律、成矿地质构造背景还没有引起足够的重视,也未从理论上做进一步探讨。大兴安岭北部素有黑龙江"金镶边"美誉,但对于广泛分布的砂金矿,特别是对近年发现的与中生代浅成热液有关的岩金矿的空间分带性、区域分布规律性还没有从理论上给予合理的解释,对于具体指导大兴安岭地区找矿理论的针对性、操作性和实用性还有待进一步深化。黑龙江流域及毗邻俄、蒙地区历来有大矿不过江之说,而俄、蒙沿江流域中生代"成矿大爆炸"阶段形成的大型金、铅、锌多金属矿,是否存在独特的区域成矿地质背景,与大兴安岭中生代成矿有无相似的条件等尚不清楚。这些问题都对今后实现找矿突破提出了新课题,客观上要求必须有理论创新,才能指导找矿实践,只有提高对区域成矿背景、成矿条件、成矿规律的认识水平,才能在找矿中实现有效突破。

六、大型走滑移断裂研究

对大兴安岭地区的宏观构造研究,需要在东北亚的基础上开展,特别是通过对大兴安岭及邻区巨型构造的研究,才能更好地解决大兴安岭的构造问题。而在这些构造中,大型平移断裂是重要研究内容。全球范围内分布有一部分洲际走滑断裂带,如阿拉斯加的The Fairweather, Denali 和 Totschunda 断裂(Lanphere,1978;Redfield et al,1993),加利福尼亚的The San Andreas 断裂系统(Argus et al,2001),土耳其的North Anatolian and East Anatolian 断裂(Sengor et al,1979),跨越以色列、约旦和叙利亚的Dead Sea 断裂(Walley,1988),穿越阿富汗和巴基斯坦的Chaman 断裂(Lawrence et al,1981),吉尔吉斯斯坦 Tien Shan 的 Talas-Ferghana 断裂(Burtman et al,1996),西藏高原北缘的 Altyn Tagh 断裂(Bendick et al,20000),台湾的 Longitudinal Valley 断裂(Chang et al,2000),新西兰的 Alpine 断裂(Sutherland,1994)。这些断裂曾以每年几十毫米或更快的速度相对运动,滑距几百千米至上千千米。对于大型陆内走滑断裂的认识有两种极端的观点,一种观点认为是走滑断裂像大洋板块边缘的剪切带一样,只不过是陆壳比较厚而已(Peltzer and Tapponnier,1988;Tapponnier et al,2001);另一种观点则认为走滑断裂不仅仅是记录了速度场的不整合面,而且是脆性岩石圈上部变形域的被动标记,而在岩石圈的深部变形是连续的(Davis et al,1997;England and Houseman,1986;England and Molnar,1997;Flesch et al,2005;Holt,2000)。

随着遥感卫星探地技术的发展,特别是美国陆地卫星 LANDSAT TM/ETM 提供了覆盖东北亚南部地区较高分辨率数据,利用这些遥感数据可以精确进行地质构造解译或者地质体的划分对比。本次研究工作利用合成的遥感影像数据,对东北亚南部地区的地质构造进行了解译。从解译线性构造与环形构造入手,研究其平移构造产生的位移,并从地质、地球物理特征方面进行辅助推断解释。对平移后的地体进行拼贴、复原后,初步提出平移断裂系,简称运动之前的构造格架。

本次研究采用的遥感数据类型为 LANDSAT ETM 镶嵌数据(GEOCOVER)。该数据采用 ETM 数据的 742(RGB)波段组合,在影像中植被基本都呈绿色,草地为淡绿色,森林为深绿色(针叶林色调比阔叶林暗),城市呈现品红色或紫色、蓝色,能区分土壤和植被的含水量。适用于区域地质构造解译等。GEOCOVER 的分辨率为 456m,较适用于研究区域较大的地质构造解译。未采用更高的遥感分辨率数据的原因在于数据量较大,在图像处理方面存在着较大的难度。

将东北亚南部地区的遥感影像经过一系列包括地理配准、图像镶嵌等过程,最终形成遥感影像图,如图 2-1 所示。

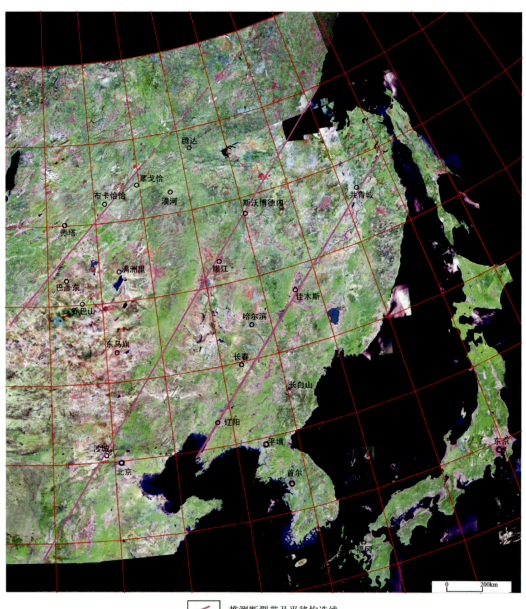

图 2-1 东北亚南部地区遥感影像图及推断的线性构造

对东北亚南部地区的遥感影像进行综合判读,发现遥感影像图上线性构造的解译标志主要有以下几种:颜色、色调差异性,块体影像是否有切断或错开,是否有较为明显的方向性水系等。解译发现存在有 3 条较大的、较明显的线性构造(图 2-1)。线性构造的判别特征分别叙述如下:

(1)辽阳-佳木斯-共青城线性构造。

该构造走向为北北东向,南部从辽阳(因为工作区研究的是东北亚南部地区,以辽阳为界)起,经过沈阳、开原、吉林、方正、佳木斯、共青城(俄)一直到达 Lazarev(俄),全长超过 2000km。在中国东北地区为松辽盆地与东部地体的接触部位。

在遥感影像图(图 2-2)中,推断的线性构造两侧的辽阳西部和东部的块体明显地存在着颜色、纹理特征的不一致性。西边块体呈紫红色调,纹理粗糙,东边块体则总体为黄绿色,纹理较平均。

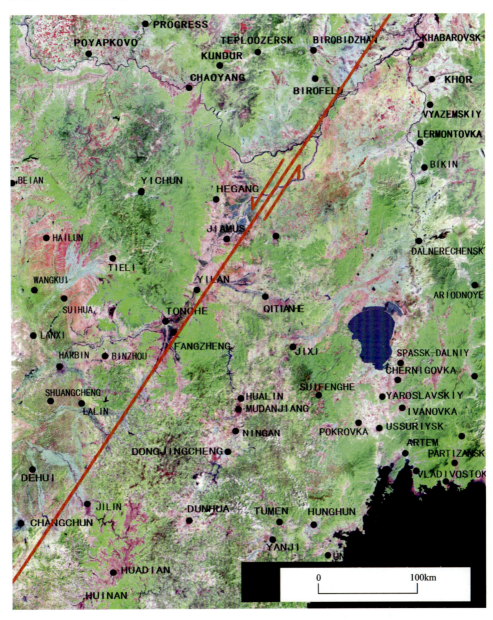

图 2-2 吉林-双鸭山段遥感影像及推断的线性构造

(图中红线为推断的辽阳-佳木斯-共青城线性构造)

另外在北部共青城（俄）东北地区，可见有相对直的水系，与本次研究所画出的构造线方向近一致，这说明从辽阳到共青城属于一个线性构造体系。

以往的研究成果与本次遥感解译均发现辽阳-佳木斯-共青城线性构造（即断裂带）发生了较大的位移。本次研究试用遥感影像图较精确地计算出断层平移的距离。根据平移后水系重合的标志点来确定平移距离。进而通过地貌拼贴，可以进行地貌复原，选择出辽阳-佳木斯-共青城线性构造两侧最佳对比吻合的两个标志点坐标如下：北东侧水系点为北纬46.3627°，东经129.8694°，南东侧水系标志点为北纬43.7486°，东经125.8599°，测量的距离为433.28km。

(2)沙城-嫩江-斯沃博德内线性构造。

该构造走向为北北东向，构造线走向为NE59°，南部起自河北省沙城县，向北通过西拉木伦河上游，经乌兰浩特、龙江县、碾子山、阿荣旗、嫩江、黑河、到达俄罗斯境内的斯沃博德内、Selemdzhinsk、Toron。

在遥感影像图（图2-3）上存在一条色调、色彩分界面，两边颜色明显不同，在西侧为绿色，大部分为大兴安岭西坡部分，而东侧则为紫—灰白色。在南段部分，可见沿线性构造两侧地体具有不同的色调、纹理特征，但是总体上断裂界线并非平直，而是表现为弯曲或者斜列台阶状。在北段可以与海岸线近于相连。

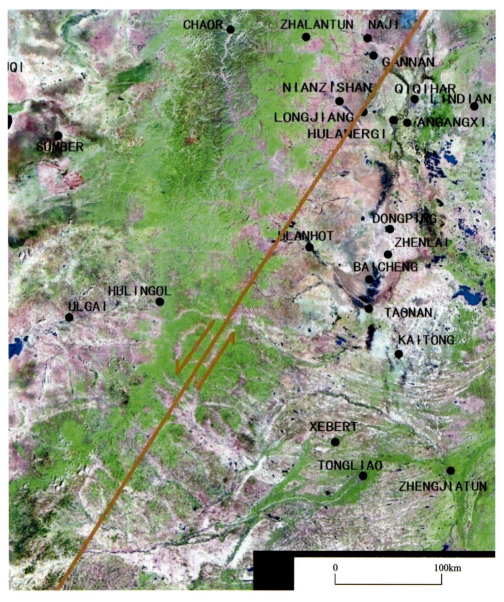

图2-3 沙城-斯沃博德内断裂带中段影像图与推断的线性构造

根据这些特征可以推断出北北东向线状构造，虽然中段部分表现不是很明显，但是平移后在水系、地体颜色与纹理特征方面吻合较好。图 2-3、图 2-4 分别是平移前和平移后的影像。

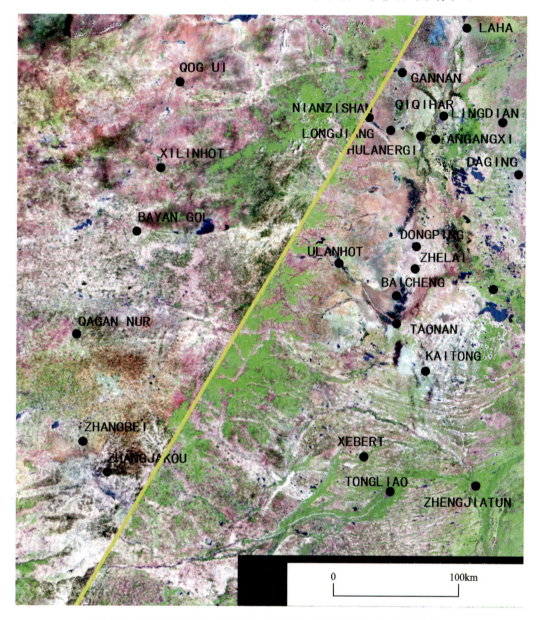

图 2-4　沙城-斯沃博德内断裂带中段平移后地貌复原后遥感影像图
(图中线性构造东南侧沿着构造线由北东向南西平移)

沙城-嫩江-斯沃博德断裂移动距离计算的两个标志点坐标如下：北东侧水系点为北纬 45.5878°，东经 121.7323°，南东侧水系标志点为北纬 43.2156°，东经 119.0791°，测量的距离为 339.32km。

过去很多人认为存在着嫩江断裂，《内蒙古自治区区域地质志》与《黑龙江省区域地质志》均对此断裂进行了描述，后来有学者提出存在着八里罕-嫩江断裂带，与本次研究所画的线性构造具有很大的重合之处。《内蒙古自治区区域地质志》认为嫩江断裂带具有左行张扭性质，邵济安(2001)、张晓晖(2002)、刘伟(2003)等分别论证了这一性质，金巍(2006)等在嘎拉山、金星、腾克和尼尔基等地的韧性剪切构造岩中发现其具有左行性质，进而推断八里罕-嫩江存在着一条大型断裂带。总之过去对嫩江断裂带的研究大部分说明其具有左行性质，但两侧地体相对移动距离研究较少。

平移的地质证据如下。

①古老地块位置对比：经过平移复原后，位于黑河地区的落马湖群和扎兰屯地区的扎兰屯群位置上处于同一纬度。

落马湖群：分布于呼玛县落马湖—宽河一带和五大连池市库伊河流域。该群自下而上划分为：铁帽山组、嘎拉山组和北宽河组。铁帽山组主要由灰色矽线（含石榴）黑云斜长变粒岩、黑云十字变粒岩、矽线（十字）二云片岩、矽线黑云（二云）变粒岩及白色大理岩等组成，构成高角闪岩相矽线石变质带，属中高级区域变质岩，为一套稳定海相细碎屑岩夹碳酸盐岩沉积建造。嘎拉山组由中浅变质的细碎屑岩组成，主要为含十字石、石榴子石的石英片岩、二云片岩、变粒岩，构成低角闪岩相十字石变质带，属中低级变质岩系，为一套稳定海相陆源细碎屑岩建造。北宽河组由灰、灰绿色绢云板岩、千枚岩、片理化凝灰砂岩、灰紫色变质砂岩、含石榴子石微晶片岩、灰绿色片理化（变质）中酸性火山岩组成，其中普遍含有石榴子石和绿泥石，构成低绿片岩相石榴子石变质带和绿泥石变质带，属低级变质岩系，为一套细碎屑沉积夹中酸性火山岩建造（黑龙江省地质矿产局，1997）。落马湖群由姜春潮于1959年在落马湖地区创建。王莹等于1960年将该群的时代置为太古宙—元古宙。1986年，隋连成等将分布于落马湖—宽河一带的落马湖群，自下而上划分为铁帽山组、嘎拉山组和北宽河组，时代为晚元古代—早寒武世。在《黑龙江省区域地质志》中沿用落马湖群，时代置为晚元古代。在《黑龙江省岩石地层》中，沿用隋连成的方案，并将原石炭纪库依河群归入落马湖群，根据该套变质岩系的变质程度及区域对比，将其时代暂置于新元古代—早寒武世（黑龙江省地质矿产局，1997）。

扎兰屯群：扎兰屯群分布于内蒙古自治区的扎兰屯市、阿荣旗及莫力达瓦附近，主要岩石类型有片岩、千枚岩、变泥质岩、变质细砂岩、变质细砂质粉砂质泥岩、变质中粒岩屑砂岩等。在《内蒙古自治区区域地质志》中，将其归入兴华渡口群下部层位（内蒙古自治区地质矿产局，1991）。扎兰屯群变质岩系的时代大多被判定为元古宙。

②蛇绿岩与蓝片岩：早在1994年，叶慧文等认为嫩江县城北柳屯存在的蓝片岩在西南与贺根山的蛇绿岩带可能相连，其主要依据是蓝片岩的年龄为334Ma。

贺根山蛇绿岩带，主要由贺根山、朝克山、小坝梁、崇根山、乌兹尼黑等几个北北东向展布互不连续的岩块组成。蛇绿岩由二辉橄榄岩、斜辉辉橄岩、纯橄岩、含长橄榄岩、辉长岩、玄武岩、橄长岩、硅质岩、辉绿岩及斜长花岗岩组成，构成一个完整的蛇绿岩套剖面（包志伟等，1994；白文吉等，1995）。贺根山蛇绿岩套中的基性熔岩可被看成形成于弧前盆地的基性火山岩熔岩（白文吉等，1995）。包志伟等（1995）在贺根山蛇绿混杂岩中的纯橄岩、斜辉辉橄岩、橄榄岩、辉橄岩、辉长岩等岩石中采用Sm-Nd等时线测年，测得等时线年龄为403 ± 27Ma（早泥盆世），初始值为0.51256 ± 3。$\varepsilon_{Nd}(t)$为+8.7，表明其起源于亏损上地幔，未受明显的地壳物质混染。蛇绿岩形成于大洋中脊环境。

贺根山蛇绿岩含矿性：刘家一（1983）对贺跟山地区蛇绿岩进行了详细研究。根据剖面资料，底部橄榄岩系主要由纯橄岩和斜方辉橄岩组成，含铬铁矿。目前在乌兰浩特地区，在超基性岩中发现有铬铁矿矿点，与其十分对应。

根据这些因素，可以把贺根山蛇绿岩、乌兰浩特蛇绿岩与嫩江县蓝片岩、超基性岩相连接。

③A型花岗岩的对比：在兴蒙造山带东段的小兴安岭西北部黑河—嫩江地区出露大量显生宙花岗岩，特别是大面积分布的碱长—碱性花岗岩（白岗质花岗岩）更为引人注目，孙德友等（2000）的U-Pb同位素年代学及相关的地球化学研究表明，这些碱长—碱性花岗岩形成于晚古生代二叠纪，属于造山后A型花岗岩，与我国新疆准噶尔—蒙古国东南部—内蒙古中部晚古生代A型花岗岩带中的同类岩石形成时代基本相同，反映本区为该花岗岩带的东延所在，是西伯利亚与华北板块间的索伦山-贺根山-扎赉特碰撞拼合带的东北端（图2-5）。

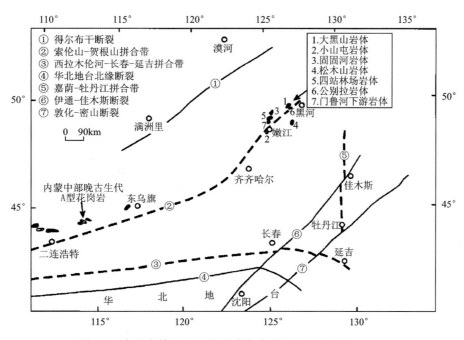

图 2-5 大兴安岭地区 A 型花岗岩位置图(据孙德有等,2000)

小兴安岭地区原定的早海西期碱性花岗岩和晚印支期碱长—碱性花岗岩,实际上形成于 290～260Ma,与我国内蒙古中部、南部和新疆准噶尔地区的晚古生代 A 型花岗岩的形成年龄基本一致,且均具有造山后花岗岩的特点,这说明小兴安岭地区的碱性—碱长花岗岩是上述巨型 A 型花岗岩带的东延部分,这一认识为探讨华北板块与西伯利亚板块间碰撞拼合带的东延去向提供了新的证据。由于东准噶尔和内蒙古中部晚古生代 A 型花岗岩均发育在克拉美丽-贺根山碰撞拼合带附近,暗示该碰撞拼合带也应东延至本区黑河一带。而目前认为造山后 A 型花岗岩与主造山事件的时间间隔大约为 40Ma 或 75～25Ma,表明该拼合带的缝合时间应在 30Ma 左右。结合嫩江附近 334Ma(Rb－Sr 等时线)的蓝闪石片岩的出露,说明华北板块与西伯利亚板块间的索伦山-贺根山-扎资特碰撞拼合带向东经嫩江转向黑河,碰撞拼合的时代大约在石炭纪。

④褶皱构造的对比:对于错开的岩体,对比错开前所形成的构造,也是地体复原的一个证据。

韩军青等(2005)在《中国山河全书》一书中描述了阿尔山-巴林(扎兰屯)之间的隆起,认为是一个呈北东向的中生代短轴褶皱带。在隆起带的中心部分,出露结晶片岩,厚度超过 5000m。所有地层均为轴向北东至北东东的线状褶皱,脊线有向南西倾伏的趋势,翼部倾角很陡,多在 40°以上。

与之相对应,姜春潮等(1963)在《黑龙江流域及其毗邻地区地质》一书中提到小兴安岭北西部存在着一系列复背斜与复向斜。与阿尔山-巴林隆起相对应的位置为铁犁骆驼背子复背斜。从大区域上来看,这个背斜是一个向西南方向倾没的背斜,其核心部分由"正片麻岩、混合岩和副变质岩"类构成,并有面积不大的海西早期花岗岩分布。变质岩的片理走向为北东及北东东,倾角一般在 55°以上。从这两处来说,其褶皱样式具有相似性。

(3)巴彦东-墓戈恰线性构造。

与上述两个线性构造相比,巴彦东-墓戈恰线性构造是较易判别的。该线性构造两侧地质体的颜色、纹理特征存在明显的差异,另外植被(绿色)也有线性分布的特点。由于此断裂分布在俄罗斯与蒙古国内,对其掌握的资料较少。在 1:500 万地质构造图上发育多条北东北向断裂带,这些断裂构造过去被认为是中亚弧形构造的一部分。本次解译推断出的线性构造与这些北东东向断裂相交(图 2-6、图 2-7)。

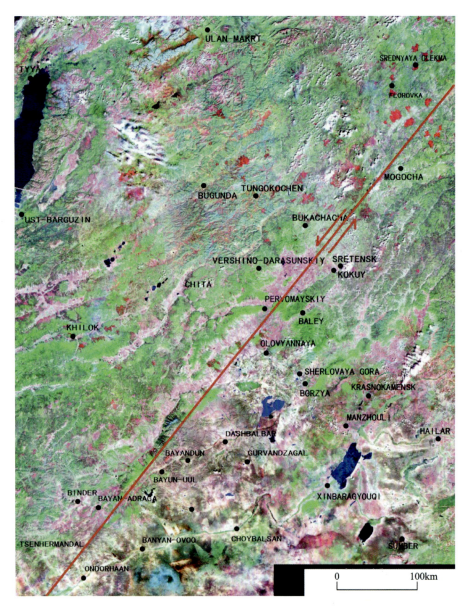

图 2-6 巴彦东-墓戈恰遥感影像图及推断的线性构造

经过线性构造两侧地质体的对比,用于平移距离计算的两个标志点坐标如下:北东侧地物标志点为北纬 55.5487°,东经 122.9514°,南东侧地物标志点为北纬 54.7675°,东经 121.2317°,测量的距离为 140km。

过去曾有学者利用地球物理资料进行区域性大断裂构造的研究,如唐新功等(2006)利用布格重力资料对郯庐断裂带中段部分(沂沭断裂带)进行了研究,断裂带在重力场分布中表现为一条宽度较大的线性布格重力异常带。张兴洲等(2012)从重力资料入手,利用水平总梯度矢量模处理方法,处理结果显示随着延拓高度的增加,深部断裂显示得较为清楚。上延高度以及异常规模越大,幅值越大,断裂的切割深度越大。他们从地球物理角度探讨了区域性深大断裂的存在。

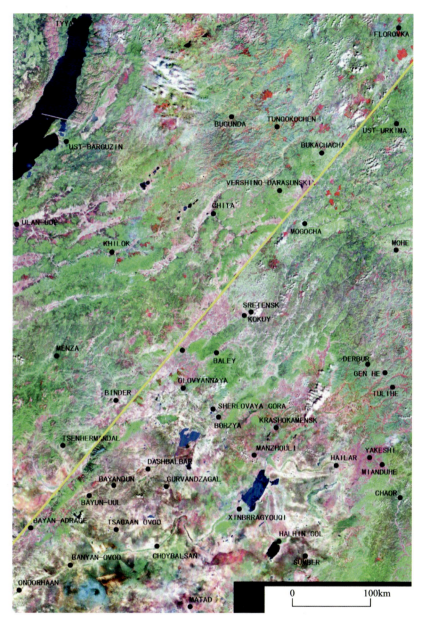

图 2-7　巴彦东-墓戈恰沿线性构造平移后地貌复原后遥感影像图
(图中线性构造东南侧沿着构造线由北东向南西平移)

利用东北地区重力数据形成的剩余重力异常图，发现利用遥感数据推测的线性构造与重力剩余异常展布特征一致，并且对重力异常图(图 2-8)进行平移后(图 2-9)，重组的重力异常也可以达到近似的吻合。利用东北地区的航磁异常进行了线性构造推断与平移构造解译。区域性磁场与地质体的岩石成分等有密切关系，较适合进行地质体的对比分析。过去很多项目利用面积性的高磁辅助地质填图或矿产评价工作。东北地区的航磁 ΔT 等值线平面图(图 2-10)也反映出线性构造特征，其展布方向与遥感推断的线性构造近一致。而在航磁异常 ΔT 等值线平面图沿着构造线进行平移后，与遥感影像拼移后形成的块体具有较好的一致性。还可发现较高数值的航磁异常(红色-粉红色-黄色)整体上连成一个带，与沉积盆地的分布具有较好的吻合性。

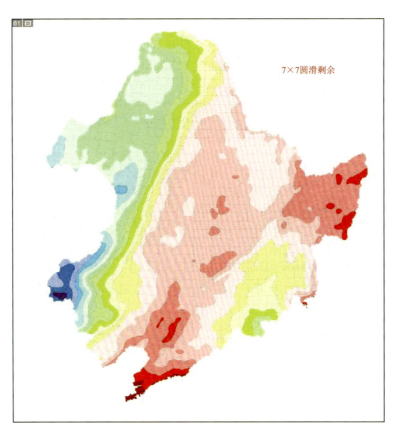

图 2-8 中国东北地区重力剩余异常图

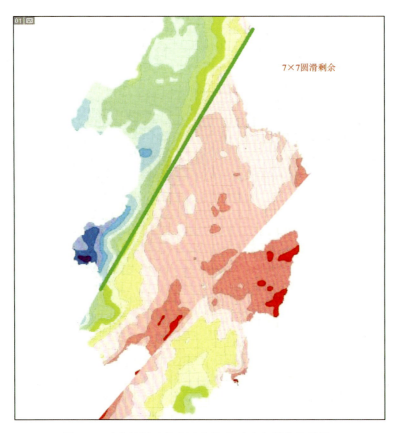

图 2-9 平移复原后的中国东北地区重力剩余异常图
(其中绿线为构造平移线)

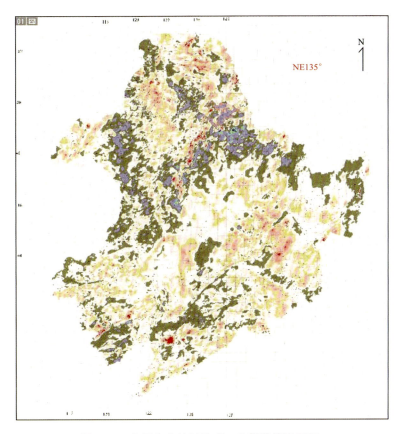

图 2-10 中国东北地区航磁 ΔT 等值线平面图

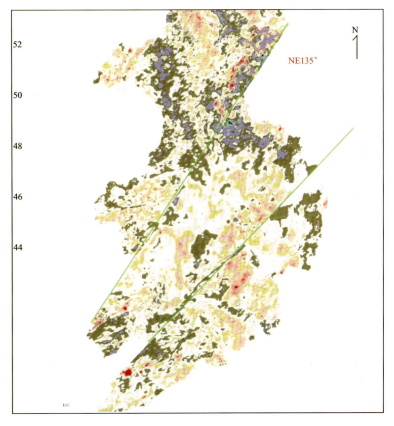

图 2-11 平移复原后的中国东北地区航磁 ΔT 等值线平面图

对比磁法资料与重力资料发现,利用区域航磁异常也能较好地辅助中国东北地区平移断裂体系的构造解译工作。

复原后可以发现有如下特点:遥感影像方面,复原后在地貌单元颜色、纹理特征上大部分达到一致,东北亚南部地区的遥感影像通过平移,可以实现对接。地质块体可以做一定程度的对比,南部的克拉通能连接在一起,表明在中生代以前可能连为一体。后来构造格局发生较大的变化,形成了隆坳相间的构造格架。中生代以来的火山沉积盆地也可以大致相连接。几个重要的盆地沿着近南北向的坳陷展布,环形构造、湖泊等近于线性排列。整体上地理物理场可以得以复原,与地质块体的物性参数保持一致。部分地质单元可以进行对比,辽阳-共青城断裂和沙城-斯沃博德内两条滑移断裂两侧岩石组合和地质建造均可对比。

(4)平移时代探讨。

对东北亚南部地区巨型平移断裂系的平移时代研究相对较少,这与过去部分研究者认为在中国东北地区平移的距离不大有很大的关系。而郯庐断裂带是中国东部的一条巨型断裂带,半个世纪的研究工作表明该断裂带在经历了印支期(Zhu G et al,2005)和早白垩世初(Jiawei X et al,1994)的两次左旋走滑运动之后,在早白垩世表现为强烈的伸展活动,并控制产生了一系列断陷盆地。

对于沙城-嫩江-斯沃博德内断裂带也做过一些年龄测试工作,Han B F等(2001)在八里罕-嫩江段对正断层进行了K-Ar法测年,获得两个年龄为63.1Ma和71.1 Ma;张晓晖等(2002)对韧性剪切带中的单矿物进行了$^{40}Ar/^{39}Ar$测年,在黑云母中获得133Ma,在钾长石中获得126Ma的年龄;刘伟等(2003)获得127~117Ma年龄;王新社(2005)在角闪石和黑云母中获得134~126Ma的年龄测试结果。

郯庐断裂带与八里罕-嫩江断裂带的测年工作显示,其年龄集中在134Ma以后。

本次研究认为东北亚南部地区断裂系发生的时间应该与郯庐断裂带南段发生的时段一致。根据地体恢复的结果,狼林地块与华北地块之间为一整体,海拉尔盆地、松辽盆地、三江盆地及俄罗斯的泽亚盆地可以大致连成一体,形成沉积统一的沉积坳陷槽。根据这一特点来看,郯庐断裂应该发生在沉积坳陷盆地初始沉积同时或者在其后。过去认为三江盆地形成时间为中生代—新生代,松辽盆地形成时间为侏罗纪—新生代,泽亚盆地形成时间为晚侏罗世—第四纪,海拉尔盆地为晚侏罗世—白垩纪。因此初步认为东北亚南部地区的平移断裂系形成的时间为侏罗纪,并在后期不同的构造阶段继续活动。

Engebretson等(1985)和Maruyama S等(1986)提出在180~145Ma年间法拉隆板块向北东向运动,运动速率为10.7cm/a(图2-12),而在145~135Ma间法拉隆板块首先向北东运动,然后偏向北北东向,运动速率达5.3cm/a。这两个时间段的位移从距离上来看与本次解译的辽阳-共青城断裂和沙城-斯沃博德内断裂的走滑距离是相近的,而且位移方向也相似。

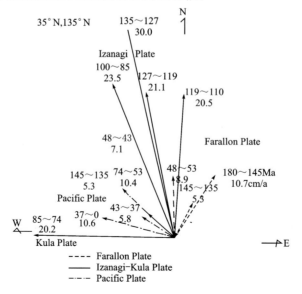

图2-12 Farallon,Izanagi,Kula和大平洋板块相对于欧亚板块的相对运动矢量图

(据Maruyama S等,1986,箭头所指的上部数据为时间段,下部数据为运动速率)

第二节 大兴安岭北段主要勘查进展

一、找矿成果综述

大兴安岭成矿带是我国铅、锌、银、铜、钼、金等金属矿产的主要成矿带之一，找矿潜力巨大。近年来陆续发现了一大批中—大型钼、铅、锌、银矿床，已成为东北地区有色金属矿产资源重要基地。

随着公益性地质矿产调查及商业性勘查工作的深入，该区不同类型及规模矿产地不断被发现，矿化规律也不断显现。据赵不忠等(2014)统计，截至2012年底大兴安岭北段累计发现中型以上内生金属矿产地40处；呼伦贝尔市境内35处，其中28处为2006年以后新发现的；黑龙江省境内5处，2处为新近发现的。钼(铜)矿床16处，铜(钼)矿3处，合计占47.5%；银铅锌矿15处，占37.5%。金矿3处，铁锌矿2处，镍钴矿1处。

根据成因类型，有斑岩型钼(铜)矿17处，占42.5%；热液脉型银铅锌矿8处，钼(铜)矿2处，合计占25%；矽卡岩型铅锌矿4处，镍(钴)矿1处，合计占12.5%；火山-次火山热液型银铅锌矿5处，占12.5%；蚀变岩型及低温热液型金矿3处，占7.5%。

成矿时代从早古生代到晚中生代(485～120Ma)，以中生代为主。在得尔布干成矿带上累计发现中型以上矿床12处，2005年前发现的3处大型矿床和5处中小型矿床经过补充勘探，资源量大幅度增加。其中乌奴格吐山铜钼矿铜储量已由126.8万吨(中国矿床发现史内蒙卷编委会，1996)增至304万吨，规模达到超大型。甲乌拉银铅锌矿规模由中型扩大至大型，与查干布拉根合计铅锌保有资源量达到270万吨，规模达到超大型。三河铅锌矿规模由36.2万吨增至101.4万吨，规模达到大型。三道桥铅锌矿由6.9万吨增至59万吨，规模由小型增至大型。八大关铜钼矿规模由小型达到中型。黑龙江砂宝斯金矿由小型增至大型(32t)。新发现的有太平川钼矿(中型)、布鲁吉山钼矿(中型)、比利亚谷(大型)铅锌矿(资源量74.1万吨)、哈拉圣铅锌矿(中型)。该带上12处内生金属矿包括4处斑岩型钼铜矿，4处热液脉型银铅锌矿(比利亚谷、额仁陶勒盖、哈拉圣、三道桥)，3处火山热液型铅锌矿(三河、甲乌拉、查干布拉根)，1处蚀变岩型金矿。该带钼矿成矿时代为燕山早期，乌奴格吐山辉钼矿Re-Os模式年龄为178±1Ma(谭钢等，2010)，太平川钼矿含矿岩体锆石U-Pb年龄为202±5.7Ma(陈志广等，2010)。银铅锌矿成矿时代为燕山晚期，甲乌拉-查干布拉根锆石U-Pb年龄为139.2Ma，额仁陶勒盖Rb-Sr等时线年龄为120Ma(余宏全等，2010)。大兴安岭西坡成矿带15处大中型矿床中13处为2006年新发现的，其中包括6处钼矿。岔路口超大型钼金属资源量达178万吨(李真真等，2012)，辉钼矿Re-Os等时线年龄为146.96±0.79Ma(聂凤军等，2011)。兴阿超大型钼金属资源量为60万吨(聂凤军等，2011)，成矿岩体锆石U-Pb年龄为129.4±4.3Ma(陈衍景等，2012)。朝泥呼都格钼矿(陈衍景等，2012)、哈达图牧场钼矿(王来云等，2010)呼扎盖吐钼矿、重石山钼矿(侯蕊娟，2011)等4处中型钼矿除重石山钼矿为热液脉型外，其余5处为斑岩型，3处为矽卡岩型。八岔沟西大型铅锌矿Pb+Zn资源量为51.2万吨，环宇铅锌矿为中型，嘎仙镍钴矿为大型。发现3处隐爆角砾岩火山热液型铅锌矿，上坑锅大型铅锌矿Pb+Zn资源量为124万吨，那吉河中型银铅锌矿银资源量为637t，库仑迪为中型银铅锌矿。2处热液脉型七一牧场北山中型资源量为46.15万吨，甘东七运中型铁锌矿(侯蕊娟等，2011)，海相火山沉积改造型谢尔塔拉铁锌矿。钼矿成矿时代较晚，为燕山晚期。嫩江断裂带上13处大中型矿床11处为新发现，内蒙古境内新发现的有7处钼铜矿，大黑山为大型，多布库尔、宜里、鲍家沟、太平沟、花岗山、一十七公里钼矿等中型矿床除花岗山为热液脉型，其他6处为斑岩型。2处矽卡岩型铅锌矿包括那吉坎大型铅锌矿、二道河大型铅锌铜矿。1处蚀变岩型三道沟金矿(中型)。黑龙江境内有低温热液型争光金矿(大型),多宝山斑岩型铜矿(大型)后六九斑岩型钼铜银矿(中型),与大兴安岭西坡不同,该带金矿较丰富,除2处大中型金矿外,多宝山铜矿2号脉伴生金达65 t(中国矿床发现史黑龙江卷编委会,1996)。扎兰屯南新发现的太平川金铜矿规模巨大,金品位稳定,资源量可期。钼铜成矿有3期,即早古生代多宝山485±8Ma(葛文春等,2007),早侏罗世三矿沟175±1.9Ma(楮绍雄等,2012),早白垩世太平沟129.4±3.9Ma(王圣文等,2009),宜里131.8±1.5Ma(黄凡等,2012)。

1. 内蒙古自治区

内蒙古自治区大兴安岭地区2010年以来共实施1∶5万区域地质矿产调查项目125项(2010年1项、2012年33项、2013年26项、2014年38项、2015年27项),1∶5万地质填图累计面积132 186km²,圈定1∶5万化探综合异常2748处,1∶5万地面磁法测量异常163处,共发现矿(化)点255处。2011—2015年,内蒙古自治区地质勘查基金中心在大兴安岭地区共安排矿产勘查项目163个,累计投入资金4.64亿元。项目类型主要为矿产勘查(预查、普查),其次为航磁异常查证、化探异常查证等。

近年来发现的双尖山银矿、比利亚谷铅锌矿、三河铅锌矿、扎拉格阿木铜多金属矿等均已达大型—特大型规模,另有多处中—大型铅锌银金铜钼矿床亦有所突破,包括巴林左旗二道营子-朝阳营子铅锌多金属矿(铅锌有望达到中—大型规模)、巴林左旗胜利屯北铅锌矿(银铅锌有望达到中—大型)、科尔沁右翼前旗巴尔陶勒盖—复兴屯一带铅锌多金属矿(铅锌有望达到中型)、呼伦贝尔市海拉尔区扎罗木德金矿(金有望达到中型)、陈巴尔虎旗哈达图牧场金银多金属矿(铅锌有望达到中型以上)、扎赉特旗登吉屯铜多金属矿(铜有望达到中型以上)、扎鲁特旗沙锡拉特银多金属矿(铅锌有望达到中型以上)、扎鲁特旗伊和布拉格铅锌多金属矿(铅锌有望达到中型以上)、扎赉特旗吉日和钼多金属矿(铅锌钼有望达到中型以上)、东乌珠穆沁旗夏日嘎音铅锌银矿(铅锌银有望达到中—大型)、牙克石市三道沟银铅多金属矿(铅锌银有望达到中型)、苏尼特左旗格少敖包铅锌银矿(铅锌银有望达到中型)。

2. 黑龙江省

黑龙江省近年来在矿产勘查方面取得的进展:漠河县奥古思库耐河铅锌矿,初步圈定铅锌矿体3条,(333)资源量约5t;漠河县霍洛台河中游铅锌矿,初步圈定铅锌矿体23条,(333)级资源量约20万吨;漠河县科波里河钼矿,初步圈定钼矿体6条,(333)资源量约5万吨;漠河县毛家大沟锑矿,初步圈定锑矿体11条,(333)资源量约1.65万吨;塔河县宝兴沟金矿,初步圈定金矿体23条,(333)资源量约15t;呼中碧水铅锌矿,初步圈定铅锌矿体13条,(332+333)资源量约11万吨;呼中下嘎来奥伊铅锌矿,初步圈定铅锌矿11条,(332+333)资源量约23万吨;呼中偃尾山铜矿,初步圈定铜矿9条,(332+333)资源量约12万吨;松岭区岔路口钼矿,初步圈定钼矿体3条,(332+333)资源量179.13万吨。

二、国土资源大调查等项目勘查成果

除了成矿带内已发现的典型矿床外,近几年的找矿勘查过程中亦有突出的找矿勘查成果,下面列举了勘查项目的主要勘探成果。

1. 内蒙古额尔古纳市大梁地区金银多金属矿调查评价

通过2012年实施的ZK2302、ZK701、ZK603孔实现了SⅢ矿化蚀变带的找矿突破,为大梁金矿下一步找矿提供了新的空间。ZK1502、ZK2302、ZK701共探获得矿石量494 828t,矿床平均品位1.3 g/t,334-1级金资源量648.66kg。

2. 内蒙古额尔古纳市胜利林场铜钼多金属矿调查评价

通过胜利林场铜钼矿勘查区槽探、钻探工程揭露,见金属矿物主要有黄铁矿、磁黄铁矿、辉钼矿及少量黄铜矿,主要发育在石英脉中。ZK1201见钼矿体共31层,最高品位为0.84%,最低品位为0.030%;ZK002见8层钼矿(化)体,累加厚度(斜厚)为14.85m,平均(加权)品位为Mo 0.054%;ZK1901见钼矿体共4层,最高品位为0.37%,最低品位为0.14%,加权平均品位为0.25%,累加斜厚度为4.8m。TC1见3条钼矿(化)层,其中最高品位为Mo 0.054%,最低品位为Mo 0.015%,累加水平厚度为6.0m;TC2见2条钼矿(化)层;其中最高品位为Mo 0.094%,最低品位为Mo 0.018%,累加水平厚度为2.0m;TC19见1条钼矿(化)层;品位为Mo 0.021%,水平厚度为1.0m。太平川勘查区施工ZK0003见铜矿体共2层,加权平均品位为0.25%,累加斜厚度为3.35m,见钼矿体共10层,最高品位为0.43%,最低品位为0.03%,加权平均品位为0.086%,累加斜厚度为26.55m;ZK3102所见钼矿化体1层,165.70~167.2m,斜厚度1.50m,品位为Mo 0.019%。

3. 小兴安岭地区航磁异常查证

完成霍龙门沟村北山异常查证区槽探工作量7500m^3和永新北山4165m^3的槽探工作量,其中霍龙门沟村北山圈出2条金矿体,Ⅰ号金矿体长约80m,宽2m,该矿体平均品位为2.37 g/t,最高值为3.26 g/t,岩性为褐铁矿化片理化蚀变闪长岩;Ⅱ号金矿体长约100m,宽1.5m,品位为8.93g/t,岩性为强硅化黄铁矿化的中细粒闪长岩。通过永新北山异常查证区的槽探工作,对矿区脉岩的走向、宽度等信息有了更确切的认识,同时确定了主要矿化蚀变带的范围。完成了永新北山异常查证区2000m钻探工作,其中ZK140-1见有2段较为连续的矿化体,Ⅰ号矿化体连续9m厚,平均品位为0.33 g/t,最高品位为1.76 g/t;Ⅱ号矿化体连续50m厚,平均品位为0.29 g/t,最高品位为2.3 g/t,该孔还见有多条1~2m厚的矿体存在,最高品位达到3.5 g/t,岩性主要为硅化黄铁矿化花岗质糜棱岩,夹有强硅化黄铁矿化角砾岩。ZK160-2钻孔从上至下依次出露正长花岗岩、较厚的千糜岩、眼球状糜棱岩。在正长花岗岩与糜棱岩的接触带岩石破碎严重,硅化黄铁矿化明显增强,据化学分析结果显示,在54~128m之间出现4条金矿(化)体,最宽达17m,最窄处为2m,其中存在4条金矿体,最宽者达3m(55~58m之间),最高品位为4.16g/t,平均品位为1.89g/t,其余3条均为1m宽,品位在1.26~1.46g/t之间。

4. 黑龙江鹿鸣—霍吉河地区矿产远景调查评价

在五一经营所东619高地铜铅锌金查证区施工探槽和钻孔中发现有黄铁矿化、褐铁矿化、硅化(实验分析结果还没有出来);幺河经营所西北478高地钨钼查证区施工钻探中发现有2条银矿体;在新生工段867高地铅锌钼查证区探槽的残坡积中发现铅锌矿化;友谊经营林场东北金异常查证区的探槽中发现了1条金矿体和多条金矿化体;白桦青年队541高地金异常异常查证区的探槽中发现有金矿化体。

对这些勘查成果较好地区有必要开展典型矿床研究,进而了解其成矿要素与预测要素等。

三、找矿蚀变信息

研究总结区域成矿规律,阐明构造-沉积-岩浆-成矿的内在联系、矿床(矿点)的时空分布规律和成因联系、矿化蚀变分带、成矿系列特点等,建立区域成矿模式与成矿谱系。

大兴安岭成矿带北段通过工作项目实施已发现多处矿化蚀变现象,列举如下。

1. 内蒙古1:5万大门德力林场、克里河林场、小河愣、乌尔克奇河幅区域地质矿产调查

新发现萤石矿(化)点1处,黑曜岩矿(化)点1处。萤石矿(化)点发育在伯拉图林场北部晚石炭世中细粒石英闪长岩内。矿体长大于20m,宽1m,萤石品级较好,分析结果CaF 274.90×10^{-2}。黑曜岩矿(化)点出露于克里河林场北东侧的白音高老组中,地表宽约20m,可见长大于100m,总体走向北东。确定了找矿靶区2处,伯拉图林场北多金属及萤石找矿靶区及克里河林场找矿靶区。

2. 内蒙古1∶5万库伦沟林场、图博勒、大时尼奇、德格尔山幅区域地质矿产调查

新发现有进一步工作价值的多金属矿(化)点10处、叶蜡石矿化点1处,其他有矿化蚀变的6处,总共17处。这些矿化点多形成于晚侏罗世火山碎屑岩及花岗岩体中,多金属矿化点多受北北东断裂构造控制,少数亦受北西向断裂构造控制,叶蜡石矿化点则受近东西向断裂构造控制。其中库伦沟林场北多金属矿化点及叶蜡石矿化点最具有进一步工作价值。

3. 内蒙古1∶5万塔班温多尔、乌腊德马达帮库迪、呼顺、贵霍尔京敖包幅区调

在D6727点处的流纹岩中所作的地球化学分析中,铌(Nb)元素的含量为136×10^{-6},钽(Ta)元素的含量为5.52×10^{-6},已达到铌矿的边界品位,该处流纹岩宽约20m,真厚度约为5m,长约100m,因此该处具有寻找铌钽矿的潜力。

4. 内蒙古1∶5万乌克特、大二沟林场、小二沟、三号店林场幅区域地质矿产调查

本次工作在路线地质调查过程中发现多处矿化蚀变信息地,包括黄铁矿化、褐铁矿化、硅化、磁铁矿化等蚀变矿化,并采集了原岩光谱、化学样等样品。

5. 内蒙古1∶5万十二公里工区、东老头山、五岔沟、西口幅区调

地质调查中新发现6处金属矿化信息点和1处黑曜岩矿点,具有进一步工作价值。

6. 内蒙古1∶5万吐列毛都、车家营子、六户、二龙屯幅区调

对测区内的部分矿点和矿化蚀变进行了概略检查,新发现铜、铅、银矿化点1处,其中银含量较高,具有进一步工作价值。

7. 内蒙古1∶5万济沁河林场、毕家店、碰头岭、龙头里幅区调

对区内矿产进行了初步调查,共发现铁、铜铅矿(化)点4处。

8. 内蒙古满洲里-扎赉诺尔地区矿产远景调查

发现1个赤铁矿点、2个黑曜岩矿点。

9. 黑龙江桦皮窑-张地营子地区矿产远景调查

发现黄铁矿化、孔雀石化、硅化等矿化点7处。南区1∶1万土壤测量金、钼元素含量较高,在槽探施工过程中见强烈硅化,通过分析槽探样品,个别已达到工业品位。具有较高的找矿前景。

10. 内蒙古鄂伦春旗宜里地区矿产远景调查

发现矿化蚀变带3处、石英脉2处、黑曜岩1处。

11. 内蒙古1∶5万蘑菇山、柴河源、苏河屯、兴安幅区调

发现钼矿产地1处,初步圈定蚀变带及矿(化)体,具有较好的找矿前景。

12. 内蒙古莫力达瓦旗库如奇地区矿产远景调查

发现诺敏沟钼矿点、兴南镇锌矿化点、楞勃奇铅锌矿化点等。

13. 内蒙古1∶5万哈达岭、1 254.9高地、三根河林场二段、三根河林场幅区域地质矿产调查

发现铁、钼等多金属矿(化)点3处,珍珠岩矿点1处,沸石矿点1处和建筑石材1处,其中较大规模当属图幅南部边缘三根河铁矿点。

14. 黑龙江省星火公社-罕达气地区矿产远景调查

共施工探槽3个。经取样分析后,在TC-E632-1中发现金矿化体4条,发现金矿体1条。与1:2万土壤异常高值点位置基本对应。金水农场八分场(F区)共施工探槽3个。经取样分析后,TC-F832-1中发现金矿化体2条,发现金矿体1条。与1:2万土壤异常高值点位置基本对应。矿南村南465.3高地(G区)共施工探槽3个。在TC-G736-1及TC-G744-1两个探槽内经取样分析后,发现银矿体1条、银矿化体1条。银矿体和矿化体中伴生有铅锌矿。与1:2万土壤异常高值点位置基本对应。罕达气镇571高地(C区)只见有2条金矿化体。

15. 小兴安岭地区航磁异常查证

黑C-2010-20061-1号航磁异常今年通过槽探揭露以WO_3含量0.02%为边界圈定2条矿化体;黑C-2010-20071号航磁异常通过槽探Zn含量以0.2%为边界圈定3条矿化体。

16. 内蒙古科右中旗西南沟一带矿产远景调查

化探综合异常HS16位于屯特格北,探槽TC0001见钼矿化体,宽6m,平均品位0.0268%;化探综合异常HS18NTC0001位于布尔嘎斯台扎拉格南,探槽NTC0001见钼矿化体,宽2m,平均品位0.0155%。德利登芒合查证区1:1万土壤综合异常HZ-3经探槽DTC3101见铅锌矿化体,宽2m,铅品位0.08%~0.34%,锌品位0.26%~0.50%。

17. 内蒙古额尔古纳市加疙瘩地区铜金多金属矿远景调查

加疙瘩西北测区槽探TC7中6件样品基本分析结果Sn 0.018%~0.034%,F 1.99%~4.9%;2件样品基本分析结果Sn 0.016%~0.057%,Bi 0.022%~0.029%,F 3.88%~4.46%,As 0.80%~1.96%,均发育褐铁矿化、云英岩化蚀变。金林东测区TC1-1探槽中刻槽样见含黄铁矿化安山岩Pb+Zn品位分别为0.41%、0.33%和0.36%。

18. 内蒙古莫力达瓦旗塔温敖宝地区矿产远景调查

经槽探工程验证,发现2处矿致异常,并确定至少1处构成进一步寻找斑岩型钼矿的找矿靶区。

19. 黑龙江漠河—塔河地区航空物探异常查证

经地表槽探工程及深部钻探(部分查证区)工程验证在12处查证区内初步圈定了铅锌、铜钼、镍、金银、银及磁铁矿矿体及矿化体。

20. 内蒙古阿荣旗地区金铜多金属矿调查评价

目前发现的多条含金石英脉均产于该断裂上盘流纹质角砾凝灰岩及角砾岩中。

21. 内蒙古鄂伦春自治旗奎勒河地区金铜钼多金属矿调查评价

西陵梯北山测区找到2个金矿化带,地表采样Au 0.1~0.3g/t。异常1捡块Au 15.39g/t,钻孔Au 2.95g/t;异常2捡块Au 85.6g/t。奎源林场南测区找到钨银矿脉,控制长度20m,Ag 16.2g/t,WO_3 0.078%。

22. 黑龙江1:5万1147高地、工队、1302高地、1070高地幅区调

新发现3处硅化、黄铁矿化蚀变带,为后续找矿工作提供了线索。

23. 内蒙古1:5万哈如勒敖包、尹和诺儿幅区调

新发现巴杨山铜、铅、锌、银矿（化）点和马龙特花铜、铅矿（化）点等2处矿化点。

24. 内蒙古1:5万元宝山煤矿、艮兑营子、平庄、马厂幅区调

新发现金、多金属等矿化点12处，萤石矿化点4处。

25. 黑龙江1:25万嫩江县、孙吴县幅区调修测

新发现金、金钼等矿化点2处，矿化信息地6处。

26. 内蒙古1:5万大呼勒气沟、萨马街、干沟子、王巴脖子幅区调

新发现金、银、铜、铅、铁等矿（化）点9处，找矿线索2处。初步总结了测区找矿标志，圈定了5个成矿远景区。

27. 内蒙古1:5万哈布气林场、敖包希、白毛沟防火站、杨树沟林场幅区调

新发现矿化点4处，其中，铅锌矿化点2处、磁铁矿化点1处、多金属矿化点1处。初步分析总结了控矿因素，指出了测区有利的找矿地段。

28. 内蒙古1:25万柴河镇、蘑菇气幅区调修测

新发现矿化蚀变带（或矿化信息地）7处。

29. 内蒙古1:5万特可赉尔、五八七、柯沃尼、新六站幅区域地质矿产调查

新发现矿化蚀变信息地多处，发育黄铁矿化、黄铜矿化、褐铁矿化、硅化、绿泥石化、绿帘石化，其中较为主要的有：晚三叠世—早侏罗世硅化碎裂花岗岩中见黄铜矿化，岩石具较强的硅化，经原岩光谱样分析 Cu 7938×10^{-6}、Ag 21.8×10^{-6}、Bi 850×10^{-6}；下白垩统玛尼吐组安山岩中见星点状黄铁矿化。

30. 内蒙古1:5万克里河、温库吐河、库伦迪、讷门桥幅区域地质矿产调查

新发现矿化线索地：讷门河北岸744.1高地附近玄武岩中发现孔雀石；西日克坦气上游1065高地西流纹岩中发现黄铁矿化、黄铜矿化，呈浸染状分布；温库吐河上游835高地西南流纹岩中发现黄铁矿化，呈浸染状分布；伊腾尼河中游791高地东流纹岩中发现黄铁矿化呈浸染状分布。

31. 内蒙古1:25万牙克石、苏格河、阿尔山幅区调修测

新发现5个有一定意义的矿化蚀变带，初步总结了控矿因素，提出了红花尔基-乌尔其汗北东向构造岩浆带是区内重要多金属成矿带的认识，指出了寻找多金属矿产的有利地段。

32. 黑龙江1:25万开库康、塔河县、新街基幅区调修测

新发现蚀变带2处。

33. 内蒙古1:5万天池、小东沟林场、三十公里、五道沟幅区调

新发现锌、银矿化点1处，地表拣块样化学分析锌 Zn 1.62%，刻槽样品化学分析最高品位 Zn 0.28%；Ag 9.13×10^{-6}。

34. 内蒙古1:5万南木、四道沟、柴河林场、固里河林场幅遥感解译

遥感异常检查发现1处磁铁矿化点，槽探揭露发现3条磁铁矿化脉，各宽0.60～0.80m，围岩为变质安山岩。

35. 黑龙江省逊克县北杨树河-嘉荫县福民屯地区矿产远景调查

以 Zn 含量大于 0.1% 圈定矿化带,控制矿化蚀变带 3 条,宽度最大处大于 50m,最小处大于 15m。以 Zn 含量大于 0.5% 圈定低品位矿体 3 条,其中矿体 I 长大于 100m,宽 13m,平均品位 0.63%,最高品位 0.74%;矿体 II 长大于 200m,平均宽 10m,平均品位 1.20%,最高品位 2.40%;矿体 III 长大于 100m,宽 5m,平均品位 0.98%,最高品位 1.56%。

36. 黑龙江 1:5 万大黑山、大金山、四十里大甸子、卡大汗河幅区调

在 2011 年度的野外工作中,发现矿化点 2 处。

37. 内蒙古罕达盖—巴日图地区铁铜多金属矿调查评价

在巴日图调查区,发现了 2 处磁铁矿点,磁性铁品位约 30%～40%,且位于 1:1 万高磁异常区,显示出该区有进一步发现铁多金属矿的可能。

38. 内蒙古扎鲁特旗永乐屯—西桑根巴达一带地区银多金属矿远景调查

在工农村银钼矿调查区圈定了 5 条银矿化蚀变带,其中一条蚀变带走向约 330°,宽 3m,长度大于 300m,由 2 个槽探工程控制,含 Ag 品位 $(12.9～62.8)\times10^{-6}$;一条蚀变带走向约 320°,宽 4m,含 Ag 品位 $(8.6～52.8)\times10^{-6}$,单工程控制;一条蚀变带走向约 320°,宽 6m,含银品位 $(8.2～41.2)\times10^{-6}$。在玛拉嘎金矿调查区土壤异常查证中经槽探工程揭露,圈定了金矿体一条,含 Au 岩性为石英脉,宽 1.2m,含 Au 3.14×10^{-6}。

39. 内蒙古 1:5 万前他克吐、万宝镇、保安屯、突泉县、陈家屯幅区域地质矿产调查

在明星水库一带、东胜牧场及敖包山新发现矿化蚀变现象。岩石多蚀变褪色,有的强硅化、褐铁矿化及绿帘石化;在夏皮铺、二十一户附近新发现矿化信息点 2 处。

40. 内蒙古 1:5 万炒米房、土城子、新开地、大黑水幅区调

在区内发现了 4 个矿化点(或矿化蚀变带),为进一步开展找矿工作提供了重要线索。

41. 黑龙江 1:5 万孟德河大生产点、龙凤沟、新民林场、八里桥幅区域地质矿产调查

在四道沟哲斯组粉砂岩中新发现硅化、黄铁矿化蚀变,并发育大量石英脉,在大岭公路及四怒河北,发现 6 处黄铁矿化点。

42. 内蒙古莫力达瓦旗巴彦街地区矿产远景调查

张点重点检查区发现石英脉,该脉带由 3～5 条石英脉组成,每条石英脉宽约 2m。该脉具多期次热液活动特点,岩石为块状、脉状、梳状、碎裂、晶洞和晶簇构造,并普遍有褐铁矿化现象。该石英脉位于金元素异常区内,走向南北,多倾向东。该石英脉金品位较高,具金矿化。对这些矿化蚀变信息进行研究,有助于开展区域成矿规律研究。

第三节 找矿勘查技术方法

充分收集与研究大兴安岭成矿带北段的地质、矿产、物化遥信息,在新理论、新方法的指导下,运用综合信息矿产预测理论及方法开展成矿预测,为勘查选区研究提供技术支撑。

一、找矿勘查技术

新一轮国土资源大调查以来,遥感、重磁、化探及数字填图已被广泛应用在1:25万、1:5万地质填图中,通过这些综合方法,在大兴安岭北部应用揭示出覆盖层下以及深部的地质信息,为森林覆盖区的地质体划分、构造解析和找矿工作提供了有利的依据,大大提高了填图质量。

利用区域航磁、重力资料在三大岩类岩性填图中较准确地推断出区域地质构造格架、基底和盖层的分布,有效地圈定了沉积盆地的范围,较详细地划分了变质岩系中强磁性岩层、磁性差异明显的侵入岩、中基性和中酸性火山岩,推断出中生代火山机构、有岩浆活动的断裂及浅层断裂,圈定与划分了中新生界与前中生界沉积岩,确定了基底起伏,划分了基底岩系,圈定了体积较大的花岗岩类和基性、超基性侵入体和隐伏岩体,推断了规模和切割深度较大的断裂带。重磁方法的综合应用,起到了相互补充、印证的效果,减少了推断结果的多解性,提升了解释推断结果的可靠性。

对大兴安岭北部开展的1:5万地质填图进行了1:5万水系沉积物测量和1:5万土壤测量工作,获得了大量的水系沉积物和土壤化探异常,圈出矿化异常百余处,通过异常查证新发现矿体和矿化体60余处,部分勘探工作正在进行,达到矿床规模的已有10余处,为下一步找矿工作开展提供了重要线索和靶区。

大兴安岭北部地区森林覆盖较厚,给遥感地质解译带来一定难度,总体上山势较陡的中生代火山岩区、结晶基底和褶皱基底区、第四纪河谷区有较好的解译标志,平缓的中新生代盆地、晚古生代浅变质岩和花岗岩区解译标志存在偏差。1:25万、1:5万地质填图中通过遥感地质解译,能较好地区分出大兴安岭北部不同时代的酸性和基性侵入岩、火山岩,不同时代及不同变质程度的变质岩、不同时代的沉积岩之间的影像,能较清晰地圈定构造界线,包括大的岩类分区、构造分区大的断裂构造、火山构造等,通过野外实地验证,实际情况与解译结果基本吻合,为重要地质体、构造区划分及中生火山构造解析提供了佐证,提高了工作效率和成果质量。

基础地质大调查以来,黑龙江开展的区调项目均采用数字化填图系统,部分省(资源补偿费)矿调项目也进行了填图试点工作。基础地质路线调查、剖面测制、实际材料图成图、地质图编绘、矿产成果图件制作都采用该程序进行。野外地质调查、填图数字化采集技术、地球物理、地球化学、遥感等多元数据整合技术的应用为地质填图提供了可靠的技术支持,基本实现了地质调查主流程的信息化。数字化填图程序在区域(矿产)调查中将地、物、化、遥、矿产有机地结合在一起,通过地质体划分、化探数据分析,结合物探、遥感异常特征,有效地将相关信息综合起来。该工作方法在地质剖面测制整理、地质图连图、化探数据处理及地球化学图、元素异常图的圈定等综合整理过程中发挥了重要的作用,较以往传统方式更为便利,省去了以往诸多繁琐的步骤,取得的资料可以长期保存,具有突出收集、利用的优越性。利用数字化设备的先进性对相关资料进行了详尽的分析,为基础地质大调查工作提供了详实的数字化资料,也为后续地质勘查和科研工作打下了良好的基础,在基础地质工作中起到了较好的辅助作用,不仅提高了项目工作精度,也提高了工作效率。

二、重力地质解译

1. 重力推断断裂构造

依据上述重力断裂异常标志准则,以地质为先验,结合航磁、遥感有关信息,对布格重力异常图和其电算转换各类过渡性图件中所蕴涵的有关断裂信息,进行了全面系统的判识和提取。经过对其定性、半定量解译,全区共划分出断裂构造447条,其中一级15条(5条一级断裂带),二级41条,三级391条;出露15条,半隐伏245条,隐伏187条(图2-13)。

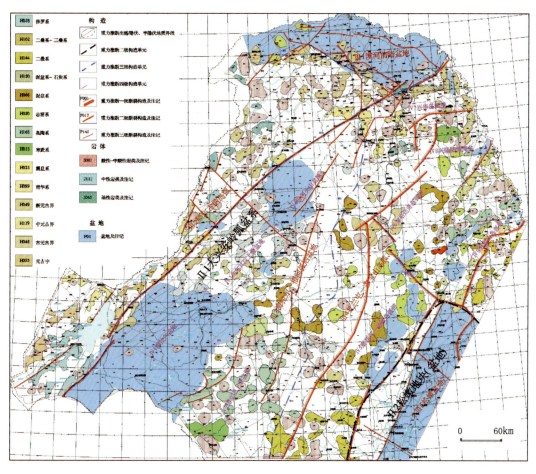

图2-13 大兴安岭成矿带北段重力推断地质构造图

一级断裂中,北东走向8条,北北东走向2条,北西走向2条,南北—北北东走向1条,东西走向2条。二级断裂中,北东走向10条,北东东走向2条,北东北走向1条,北北东走向13条,北北西走向3条,北西走向4条,北西—南北走向1条,北西西走向7条。三级断裂中,东西走向60条,北北东走向1条,北东走向109条,北东东走向5条,北东东—东西走向5条,北东—东西走向2条,北东—北北东走向1条,北东—南北走向5条,北东—南北—北西走向4条,北北东29条,北北东—北北西走向2条,北北西走向25条,北北西—北西走向1条,北西走向80条,北西—北东走向1条,北西—北北西走向1条,北北西走向9条,北西西—东西走向6条,南北走向27条,北西西—东西走向2条,西东走向16条。

断裂构造划分依据性质、规模、走向、出露等特征,详见数据库属性表。

2. 重力推断侵入岩体

推断侵入岩体122个,其中出露17个,半隐伏97个,隐伏8个。

推断基性—超基性岩体12个,其中半隐伏10个,隐伏2个;北西走向2条,北北东走向1个,北北西走向1个,北西走向2个,南北走向2个,西东走向2个,等轴状2个。酸性—中酸性岩体110个,其中出露17个,半隐伏87个,隐伏6个;北东走向6个,北东东走向8个,北北东走向19个,北北西走向7个,北西走向8个,北西西走向3个,南北走向8个,西东走向12个,等轴状39个。

3. 重力推断老地层

共圈定出老地层 184 处,其中出露 5 处,半隐伏 144 处,隐伏 35 处。元古宙地层 81 处,其中出露 1 个,半隐伏 63 个,隐伏 17 个。古生代地层 95 处,其中出露 4 处,半隐伏 73 处,隐伏 4 处。中生代地层 8 处,均为半隐伏。

4. 重力推断盆地

共圈定出盆地 17 个,其中中生界断陷盆地 16 个,新生界断陷盆地 1 个。

三、航磁地质解译

1. 航磁推断断裂构造

以大兴安岭北段地区航磁 ΔT 等值线平面图、航磁 ΔT 化极等值线平面图为基础,参考航磁 ΔT 化极垂向一阶导数等值线平面图,航磁 ΔT 化极水平一阶导数(0°、45°、90°、135°方向)、航磁 ΔT 化极上延不同高度等值线平面图,结合区域地质图及 1:50 万布格重力异常图等,依据断裂构造划分依据及方法,经定性、半定量解释,全区共推断出断裂构造 212 条,其中一级 19 条,二级 19 条,三级 174 条;出露 15 条,半隐伏 53 条,隐伏 144 条。断裂构造分布情况见图 2-14。

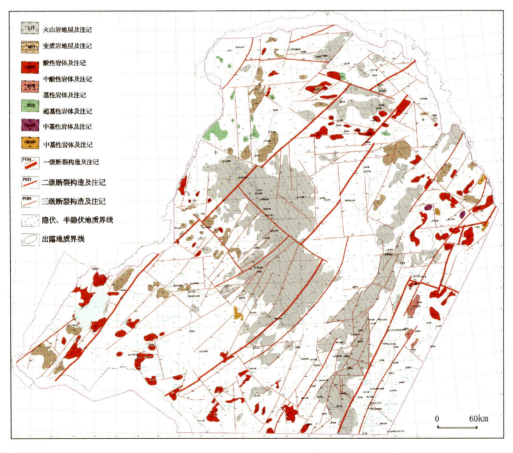

图 2-14 大兴安岭成矿带北段航磁推断地质构造图

一级断裂构造中,出露 5 条,半隐伏 12 条,隐伏 2 条;北东走向 3 条,北北东走向 12 条,北西走向 3 条,北东东走向 1 条。二级断裂构造中,出露 5 条,半隐伏 6 条,隐伏 8 条;北北东走向 8 条,北东走向 4 条,西东走向 2 条,北西西走向 1 条,北西走向 4 条。三级断裂构造中,出露 5 条,半隐伏 35 条,隐伏 134 条;北东走向 58 条,北北西走向 9 条,北北东走向 29 条,北东东走向 2 条,西东走向 29 条,南北走向 16 条,北西西走向 2 条,北西走向 29 条。

2. 航磁推断侵入岩体

共圈定出侵入岩体 101 个,其中出露 11 个,半隐伏 64 个,隐伏 26 个;基性—超基性岩体 16 个,其中半隐伏 10 个,隐伏 6 个;酸性—中酸性岩体 85 个,其中出露 11 个,半隐伏 54 个,隐伏 20 个。

3. 航磁推断磁性变质岩

共圈定出变质岩地层 35 个,其中出露 1 个,半隐伏 17 个,隐伏 17 个;北东走向 10 个,北东东走向 3 个,北北东走向 5 个,北西走向 4 个,西东走向 7 个,等轴状 6 个。

4. 航磁推断火山岩地层

共圈定出火山岩地层 34 处,其中出露 8 处,半隐伏 4 处,隐伏 7 处。北东走向 12 处,北东东走向 3 处,北北东走向 3 处,北北西走向 5 处,北西走向 2 处,北西西走向 1 处,南北走向 1 处,西东走向 5 处,等轴状 2 处。

5. 重、磁分区特征研究

依据重、磁场分区的原则,以重力资料为主,航磁资料为辅,对大兴安岭北段地区进行了重、磁场分区,共划分出Ⅰ级重、磁场区 1 个,Ⅱ级重、磁场区 2 个,Ⅲ级重、磁场区 5 个,Ⅳ级重、磁场区 9 个。

Ⅰ级重、磁场区 1 个,即Ⅰ天山-兴蒙重、磁异常区,划分为Ⅱ1和Ⅱ2两个区。Ⅱ1划分为Ⅲ1、Ⅲ2、Ⅲ3、Ⅲ4四个分区;Ⅱ2内仅Ⅲ5一个分区,两者大小一致。Ⅲ3分区进一步划分出Ⅳ1、Ⅳ2、Ⅳ3、Ⅳ4四个小区;Ⅲ4分区进一步划分出Ⅳ5、Ⅳ6、Ⅳ7、Ⅳ8四个小区(表 2-2)。

表 2-2 大兴安岭北段地区重、磁场分区表

Ⅰ级分区	Ⅱ级分区	Ⅲ级分区	Ⅳ级分区
Ⅰ天山-兴蒙重、磁异常区	Ⅱ1大兴安岭重、磁异常区	Ⅲ1漠河盆地重、磁异常分区	
		Ⅲ2额尔古纳重、磁异常分区	
		Ⅲ3海拉尔-根河重、磁异常分区	Ⅳ1海拉尔盆地重、磁异常小区
			Ⅳ2博克图重、磁异常小区
			Ⅳ3乌尔其汉重、磁异常小区
			Ⅳ4根河盆地重、磁异常小区
		Ⅲ4扎兰屯-多宝山重、磁异常分区	Ⅳ5蘑菇气-诺敏重、磁异常小区
			Ⅳ6加格达奇重、磁异常小区
			Ⅳ7兴华重、磁异常小区
			Ⅳ8兴隆重、磁异常小区
			Ⅳ9多宝山重、磁异常小区
	Ⅱ2松嫩平原重、磁异常区	Ⅲ5松嫩平原重、磁异常分区	

四、地球化学研究进展

1. 元素含量变化特征

以大兴安岭北段1:20万区域化探扫面约$33×10^4 km^2$数据为基础(谢学锦等,2012),补充部分最新分析数据,以1:2.5万图幅为基本单元计算平均值统计计算了39种元素特征值,由于元素的变量参数离差变异系数、极差系数等已经均一化,因此引入"偏离度"概念(反映平均含量对中位数Me的偏离程度)来评价元素含量变化情况,并与全国同类地球化学参数对比。以富集系数、变异系数、偏离度为主要评价指标,分析得出全区元素含量变化特征如下。

(1)主量元素具有Fe、Si含量正常,高度富Na、K,富Al和高度贫Ca、Mg,除Ca都呈近似正态分布特征,基本反映了本区以富碱高铝型花岗岩类和酸性火山岩为主体的地质特征。Ca、Mg变异系数大于0.4,分布不均匀。

(2)亲硫元素Mo较全国平均值高出56.3%,高度富集,偏离度20.1%,显示成矿物质基础丰富,变异系数0.642,呈不均匀型分布;Ag较全国平均值高10.3%,偏离度17.6%,显示成矿物质基础较丰富,变异系数1.209,呈极不均匀型分布,Mo、Ag区域成矿信息最明显。Pb、Zn与全国平均值相近,呈不均匀型分布,但通常分别与其共生元素Ag、Cd呈极不均匀和很不均匀型分布,成矿信息仅次于Mo、Ag、Au、As、Sb、Hg,总体贫化但呈极不均匀型正偏斜分布,局部富集成矿信息比较明显;Cu高度贫化,但变异系数0.572,有局部富集成矿信息。

(3)亲铁元素除Ni外,Co、V、Ti、Cr,亲氧元素W、Sn,稀散元素Li、Be、Nb富集系数小、离散程度低、偏离度小,成矿地球化学信息弱。

(4)稀土和类正偏斜La、Y、Th含量变化分布均匀;U呈不均匀型、强偏斜分布,其背景特征及分布规律值得今后找矿工作中重视。

2. 主要元素空间分布特征

通过对大兴安岭北段主要元素含量等值线图进行分析,得出研究区主要元素具有成区成带分布的特征。得尔布干断裂西侧,以富集造岩元素Si、K、Na和亲硫元素As、Sb、Hg及亲氧元素Ba、Sr为特征,中段和南段还富集Mo、Ag、Pb、Zn、Cd、Be、F、Nb、P、La、Y、Th等亲硫、亲氧和稀土类3组元素,北段只富集Au、As、Sb、Hg,反映中南段地质条件复杂。鄂伦春-伊尔施断裂西侧,造岩元素以北Al南K富集为特征,亲硫元素Mo、Ag、Pb、Zn、Cd,稀土类元素La、Y、Th、U,亲氧元素Li、Be、Nb、W、Mn、F等都在该区明显富集。虽然研究区主要元素的分布总体上受区域性深大断裂的围限而呈现带状展布,但在得尔布干断裂东侧及鄂伦春-伊尔施断裂西侧所围限区域的北段Mo、Ag、Pb、Zn、U等元素在根河—塔河一带总体构成一个总面积约$6.8×10^4 km^2$复杂的巨大地球化学块体(谢学锦等,2002),显示出这些元素在该区具有巨大的找矿潜力。该异常块体的北部塔河地区Ag-Pb-Zn-Cd也构成一个近似环形的浓集带,与中生代火山断陷盆地边缘一致,显示得尔布干断裂北段应为北东走向经过阿龙山,而不是转向北西西经过塔河;鄂伦春-伊尔施断裂南段切割了二道河区域异常,断裂两侧异常元素组合差异较大,显示该断裂带有成矿后活动并且通过伊尔施镇而不是转向南西西经过头道桥(中国地质调查局,2004)。这与伊尔施附近晚古生代花岗岩体展布趋势一致。稀土类元素La+Y+Th衬度累加地球化学图的做法为该点元素含量值除以该元素平均值,多元素衬度值相加得到的衬度累加值清晰表明该带与得尔布干带地质作用有相似处,而与嫩江带具有本质差异。

查干敖包-五岔沟-多宝山深断裂带西侧以造岩元素异常Na西Fe东富集为特征,Fe及亲铁元素Ni、Co、V,亲氧元素Ba、Sr、Mn、P呈北北东向带状集中分布,反映嫩江断裂带以海相岛弧型物质成分为主，Na_2O 沿大兴安岭主脊分布显示晚古生代花岗岩富 Na 轻度富集 Sn。Au 在该带东北部富集，与古元古界等老地层有关，Cu 主要分布于北部 Au 的东侧，具有北东、东西向分布双重性，在多宝山地区最集中。根据 Mo、Ag、Pb、Zn、U 元素分布特征，这些元素除在 F1 与 F2 所夹的北部集中分布外研，究区的其他区域也有小范围零星分布区，相连起来也呈北东东向带状展布，尤其 La+Y+Th 和 Cu 北东东向展布趋势非常明显，推测大兴安岭北段中部地区可能有隐伏的北东东向断裂分布。

综上所述，根据研究区元素分散富集特征可以得出，大兴安岭成矿带北段 Mo、Ag、Pb、Zn、U 具有明显富集的特征，Au、Cu 表现为不均匀的局部富集。元素的空间分布规律则显示出成带（沿北东向 F1、F2、F3 以及北东东向 F6 断裂带）及成区（研究区以北的根河塔河一带）特征。因此大兴安岭北段元素地球化学空间分布规律与该区深部结构及其所围限的隐伏构造成矿单元的分布密切相关。

五、遥感构造解译

大兴安岭北段遥感解译出的线性构造主要包括断裂构造以及脆韧性断裂。其中巨型断裂带 2 条，大型断裂带 3 条，中型断裂带 21 条，小型断裂带 300 余条。脆韧性变形构造共解译出 30 条，主要表现为北东走向，遥感图像上主要显示为北东走向的密集平行纹理，空间分布上有极强的规律性，多集中分布于区域性断裂带附近，或与区域断裂构造相伴生（表 2-3）。

共解译出 153 个环形构造，其中巨形 11 个，大形 56 个，中形 83 个。其中古生代花岗岩类引起的环形构造 13 个，中生代花岗岩类引起的环形构造 14 个，新生代花岗岩类引起的环形构造 8 个，与隐伏岩体有关的环形构造 117 个，火山机构或通道形成的环形构造 2 个。从空间分布来看，工作区内环形构造的分布具有明显的规律性，主要在不同方向断裂构造带交会部位或规模较大的断裂构造带附近形成一系列环形构造群。

六、各项目取得的技术方法成果

各地质调查项目进行了有关地质与矿产的技术方法研究，特别是在大兴安岭北段地区，取得了一些进展。下表列举了各项目取得的主要的技术方法成果。

1. 内蒙古 1:5 万库伦沟林场、图博勒、大时尼奇、德格尔山幅区域地质矿产调查

对全区进行了 1:5 万遥感地质解译和蚀变提取工作，共划分为 5 个蚀变异常区。其中 2 个异常区内发现有矿化蚀变找矿信息，对找矿工作起到了一定的指导作用。

2. 内蒙古 1:25 万扎鲁特旗幅区调修测

编制了测区 1:25 万地质简图，根据区域主要不整合面与假整合面等区域构造界面划分地质构造层与构造亚层；再依据区域物性资料和地球物理探测方法的有效性，按岩性和岩性组合进一步归并三维地质填图单位。

3. 内蒙古 1:5 万哈如勒敖包、尹和诺儿幅区调

对测区开展了 1:5 万伽马能谱测量，初步圈定了 3 个铀异常区，并进行了初步评价；在航磁异常区应用钻探工程进行了深部验证，取得部分深部地质资料。应用可控源大地电磁测深，解剖了测区一个典型的火山机构。采用 SPOT 数据，对测区进行了遥感地质解译，初步圈定了 5 个环形构造，初步建立了测区地层、侵入岩、断层的解译标志。

表 2-3　大兴安岭北段成矿单元遥感构造解释

I级成矿单元	II级成矿单元	III级成矿单元	IV级成矿单元	遥感影像特征
I-4：滨太平洋成矿域（叠加在古亚洲成矿域之上）	II-12：大兴安岭成矿省	III-46：上黑龙江（边缘海）Au（Cu-Mo）成矿带（Ye；Q）	III-46-①：老沟-依西肯-富拉罕（逆推带）Au（CuMo）成矿带（Ym；Q）	断裂构造：共 66 条，其中北东向 41 条，北西向 5 条，其他方向较少。额尔古纳断裂带沿成矿带中部呈北东向斜穿成矿带，该带两侧发育与之平行的脆韧性变形构造；光安镇-漠河县断裂带呈北东向分布于该成矿带东南部，并имеет与之平行的脆韧性变形构造，该带附近见有铁矿点，同时见有一系列金矿点，与金矿关系密切的断裂构造带。带内有 12 个环形构造，漠河环形构造群分布于该带内
			III-46-②：长缨-二十一站 Cu（Au，Mo）成矿带（Ym；Q）	北东向断裂有 8 条，北西向断裂 5 条，局部见近东西向及近南北向断裂。额尔齐斯-德尔布干断裂沿该成矿带的中部呈北东向展布，并伴有与之平行的脆韧性变形构造；乌奴尔-鄂伦春自治旗深断裂通过该带的东南部，同时伴有脆韧性变形构造。在不同方向断裂交会部位形成多处环形构造群
		III-47：新巴尔虎右旗-根河（拉张区）Cu，Mo，Pb，Zn，Au，Ag 萤石煤（铀）成矿带（Yt，Ye，Ym-l；Q）	III-47-①：额尔古纳 Cu，Mo，P，B，Zn，Ag，Au 萤石成矿带（Ye；Ym-l；Q）	带内发育 17 条北东向断裂，约 10 条北西向断裂，局部发育近东西向断裂，额尔齐斯-得尔布干断裂斜穿成矿带，该带西侧为脆韧性变形构造，有不同方向小断裂，环形构造发育。带呈北东向斜穿成矿带，该带西侧为脆韧性变形构造，有不同方向小断裂交汇部位，环形构造会合部位，环形构造交汇部位。分布，中部为遥感浅色调异常区
			III-47-②：陈巴尔虎旗 Au，Fe，Zn 黄铁矿萤石成矿带（Cl；Ym-l）	北东向断裂约 15 条，北西向断裂 14 条，局部见近南北向断裂及近东西向断裂，塔尔根-额尔古纳断裂，塔尔根，甘河北，莫尔道嘎，宝日希勒，原林镇等 7 个环形构造群
			III-47-③：海拉尔盆地煤石油成矿带（Yl）	4 条北东向断裂分布于此带，1 条北西北东向断裂
		III-48：东乌珠穆沁旗-嫩江（中强挤压区）Cu，Mo，Pb，Zn，Au，W，Sn，Cr 成矿带（Pt3，Vm-1，Ye-m）	III-48-①：呼玛弧后盆地 Au-Fe-Ti 成矿带（Pt3；Vm；Hl）	北东向断裂约 6 条，北西向、北北东向断裂 4 条，局部见近东西向断裂。在不同方向断裂交会部位，形成韩家园南，古龙镇西南，古利库等 3 个环形构造群。环形构造群附近多显示为遥感浅色调异常
			III-48-②：多宝山（岛弧）Cu-Au-Mo-W-Fe 成矿带（Vm-l；Ye；Ym；Hl）	北东向断裂 13 条，北西向断裂 5 条，北西北东向断裂 6 条，近东西向断裂 3 条，北西向成矿带呈北北东北东向通过此带，在不同方向断裂交会部位，形成韩家园中部呈北东向通过，宫格-秦来断裂密集分布此带。该带中部呈北东向通过，宫格-秦来断裂密集分布此带，在不同方向断裂交会部位，形成卧都河，多宝山，霍龙门等 3 个环形构造群
			III-48-③：朝木楞-博克图 W，Fe，Zn，Pb 成矿带（V，Y）	北东向断裂约 20 余条，北西向断裂 23 条，南部及北部有东西向断裂，克拉麦里-二连断裂带，中南北及北部的局部地段发育北北东向克拉麦里-二连断裂带与博克图遥多耳断裂在此带中的小型断裂分布，不同方向断裂密集分布，并在不同方向断裂交会部位。博克图南，巴林，梨儿山，三号洞，红花尔基西南，沟东南等 8 个环形构造群。环形构造群附近多为遥感浅色调异常区

4. 内蒙古1∶5万大呼勒气沟、萨马街、干沟子、王巴脖子幅区调

结合遥感影像特征,采用岩性-岩相-火山构造三重填图方法对区内火山岩进行了填图,重点调查了中生代火山构造特征,研究了火山喷发韵律及旋回,初步划分了火山盆地、火山机构,编制了测区火山岩相构造图。获取了中生代火山岩较可靠的测年数据,为区域地层对比提供了资料。

5. 内蒙古1∶5万济沁河林场、毕家店、碰头岭、龙头里幅遥感解译

进一步细化了遥感解译,解译出多条构造、火山机构及斑岩体,补充修改了地质填图结果。总结了植被覆盖区矿化蚀变信息提取的技术流程。

6. 黑龙江漠河—塔河地区航空物探异常查证

通过全区的地质、物探、化探、遥感、矿床、矿点、矿化点等资料的综合研究,采用"综合筛选"方法,全区共圈定航磁异常1124处,根据规范要求初步划分了四大类七小类,划分出甲2类异常3处;乙类异常455处,其中乙1类异常4处,乙2类异常55处,乙3类异常396处;丙类异常491处;丁类异常175处。

7. 内蒙古1∶5万十二公里工区、东老头山、五岔沟、西口幅区调

利用ALOS卫星影像数据,划分了不同的影像地质单元,初步确立了解译标志,初步解译出一批线性和环形构造,为下一步断裂构造和火山机构的调查研究提供了信息。

8. 内蒙古1∶5万自兴屯、上护林幅区调

通过1∶1万伽马能谱测量,新发现放射性异常区1处,面积约1.1km^2,大致分出4条异常带,产于火山机构边缘,异常岩石为流纹斑岩。取样分析(2件)铀含量均达到最低工业品位,具有一定的成矿潜力。

9. 内蒙古1∶5万天池、小东沟林场、三十公里、五道沟幅区调

通过地面伽马总量测量,共采集6807个测点的放射性强度数据,共圈出偏高场10处,高场9处,异常场3处,异常点2处。不同岩性的放射性强度不同,岩性从基性—中性—酸性放射性强度逐渐升高,且在地层分界线附近变化尤为明显,这对地质界线的确定有很重要的参考作用,对于探索浅覆盖区地质填图方法具有十分重要的地质意义。

10. 黑龙江1∶5万大黑山、大金山、四十里大甸子、卡大汗河幅区调

通过对航磁资料解译,全区共圈出6个地质体,1个火山构造单元,4条北东向断裂带、2条北西向断裂带以及1条南北向断裂带。通过初步解译,暂建立5个影像地质单元、19条断裂构造、4个环形影像单元。

11. 黑龙江1∶5万二站、二龙、三站、额裕畜牧场幅区域地质矿产调

遥感解译截取了两景RapidEye数据,通过图像正射校正、色调调整、影像镶嵌等一系列预处理工作后,进行相关的遥感地质解译工作。共解译出9个填图单位,5条断裂,2处环状构造。填制遥感解译卡片50张。

12. 内蒙古1∶5万营林区、六十公里联防站、巴升河、济沁顶幅区调

依据卫片解译和地质填图所确定的多个火山机构,发育良好,基本反映了本区中生代火山活动的主要特征。利用不同类型的数据特别是遥感数据、航磁资料及放射性资料均可以在大兴安岭北段地质矿产工作中取得了一定的效果,因此在成矿预测时需要把这些作为预测要素加以考虑。

大兴安岭成矿带北段除了铜铅锌金钼等主要矿种外,铀、稀土等存在矿化显示,有望发展为优势矿种。

13. 内蒙古1:5万大门德力林场、克里河林场、小河愣、乌尔克奇河幅区域地质矿产调查

本次填图中新发现萤石矿(化)点1处,黑曜岩矿(化)点1处。萤石矿(化)点发育在伯拉图林场北部晚石炭世中细粒石英闪长岩内。可见长大于20m,宽1m,萤石品级较好,分析结果 CaF 274.90×10^{-2}。黑曜岩矿(化)点出露于克里河林场北东侧的白音高老组中,地表宽约20m,可见长大于100m,总体走向北东。确定了找矿靶区2处——伯拉图林场北多金属及萤石找矿靶区和克里河林场找矿靶区。

14. 内蒙古1:5万营林区、六十公里联防站、巴升河、济沁顶幅区调

本次野外路线调查和实测剖面中新发现矿化异常现象点8处。其中萤石化矿化异常信息点1处,钛铁矿矿化异常信息点2处,金属硫化物矿化信息现象点5处。

第三章 典型矿床及区域成矿规律研究

大兴安岭成矿省按主矿种矿床数量统计约 317 处,矿床数量以铅锌矿占绝对优势,其次为煤炭和砂金矿(表 3-1,图 3-1)。矿床规模统计见表 3-1,主要为中小型矿床,特大型矿床 2 处,大型矿床 43 处(煤炭 30 处,砂金 8 处,其他仅 5 处)。矿床类型主要为斑岩型、火山—次火山热液型、矽卡岩型、岩浆型、冲积型及沉积型,次为岩浆热液型、海底喷流沉积型、沉积变质型等。

表 3-1 大兴安岭成矿省重要矿床数量与成矿规模统计

规模	金矿	硫铁矿	煤	钼矿	砂金	石墨	锑矿	铁矿	铜矿	银矿
矿点	2						2	1		
小型矿床	9		30	3	47			14	18	8
中型矿床	4	3	3	9	20			2	2	1
大型矿床			30		8	1				1
特大型矿床				1					1	
合计	15	3	63	13	75	1	2	17	21	10
规模	铅锌矿	独居石	重晶石	钛磁铁矿	钨矿	稀土矿	铬矿	锡矿	萤石	镍矿
矿点		1	1		1	2				2
小型矿床	58			1	1		1		6	
中型矿床	17			1				2	2	
大型矿床	2					1				
特大型矿床										
合计	77	1	1	2	2	3	1	2	8	2

第一节 典型矿床研究

对大兴安岭北段分别选择优势矿种进行了主要典型矿床研究。另外为了在大兴安岭北段进行矿产预测,需要补充大兴安岭南段的一些典型矿床(如巴尔哲稀有稀土矿床)已往研究成果。

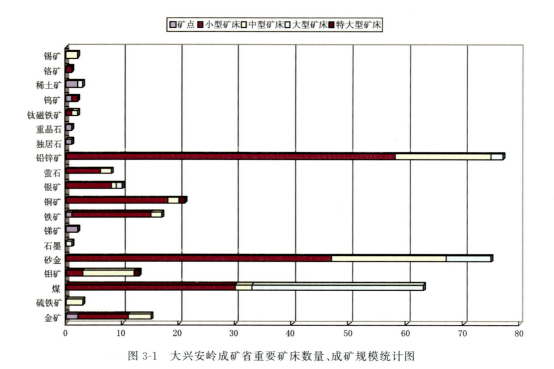

图 3-1 大兴安岭成矿省重要矿床数量、成矿规模统计图

一、内蒙古谢尔塔拉铁矿床

1. 矿区地质特征

出露地层主要有下石炭统莫尔根河组（C_1m）、上侏罗统玛尼吐组（J_3mn）、白音高老组（J_3b）及第三系和第四系。莫尔根河组（C_1m）：第一岩段（C_1^1m）主要由酸性凝灰熔岩、角砾凝灰岩、角砾凝灰熔岩组成。第二岩段（C_1^2m）自上而下分为中酸性火山碎屑岩-砂岩亚段（$C_1^{2-1}m$）；含矿火山碎屑岩-碳酸盐岩亚段（$C_1^{2-2}m$），该Ⅱ段出露广，地层以灰白色生物碎屑灰岩为主，夹钙质砂岩、黏土岩等薄层，夹数层菱铁矿透镜体，是主要的含矿地层，其累计厚度264m,含矿地层总厚度504m；火山碎屑岩-砂页岩亚段（$C_1^{2-3}m$）分布于含矿火山碎屑岩-碳酸盐岩亚段（$C_1^{2-2}m$）外侧，主要为黑色黏土质页岩、砂质页岩、黄绿色细砂岩，夹灰岩、泥质灰岩透镜体,近矿处相变为凝灰质砂岩、凝灰岩及凝灰熔岩薄层。矿区出露的侵入岩主要有海西中期斜长花岗岩（$γo_4^2$），海西晚期次火山岩：辉长辉绿岩（$νη_4^3$）、花岗闪长岩（$γδ_4^3$）、岗斑岩（$γπ_4^3$）、石英斑岩（$oπ$）、闪长玢岩（$δμ$）、辉绿玢岩（$βμ$）等。少量燕山期石英斑岩（$oπ$）呈脉状侵入火山岩地层或充填于火山口。褶皱构造不发育,断裂主要为成矿后断裂,对矿体有一定的破坏。

2. 矿体特征

矿床分上、下两个矿带,由5个主要矿体群组成。分布在北北西向长600m、宽500m的范围内。矿体赋存在莫尔根河组中部含矿火山岩段的一套中基性—中酸性火山岩层中。矿床由大小不等的15个矿体组成,其中包括5个主要矿体和10个从属矿体。上述矿体呈似层状、透镜状、薄层状。矿体产于石榴子石岩、石榴子石透辉石岩中。Ⅰ、Ⅱ、Ⅲ号矿体：各长450m,厚2.12～111.87m,平均厚30.70～41m,矿体与围岩产状一致。走向北北西,倾向东,倾角10°～30°,矿石品位以贫铁矿为主,矿体中心部位有薄层富矿。普遍含闪锌矿,含锌已达工业要求。矿体含铁品位较均匀,平均品位30.80%～

36.21%,3个矿体总储量4300万吨,其中富矿为1500万吨。矿体呈似层状、透镜状。Ⅳ号矿体:长350m,平均厚30.66m,呈似层状,与岩层产状基本一致。走向北北西,倾向东,倾角20°~30°,平均品位33.39%,矿体沿走向两端较贫,沿倾向上贫下富,以富矿为主,储量约5万吨。Ⅳ-1号矿体:长350m,平均厚11.30m,矿体呈透镜状,走向北北西—南北,倾向东或北东,倾角30°,主要为富铁矿,储量300余万吨。ⅤⅠ-8号矿体:为锌矿体。

3. 矿石类型及矿物组合

矿石类型包括铁矿石、铁锌矿石、锌矿石三类。铁矿石:主要由穆磁铁矿、赤铁矿组成,可分为低硫富矿、高硫富矿和贫矿。低硫富矿 TFe 为 44.5%,含硫 0.3% 以下;高硫富矿含 TFe 44.5%,硫平均 1.07%;贫铁矿含 TFe 33.33%。铁锌矿石:主要由穆磁铁矿后又叠加闪锌矿。铁平均品位34.20%,锌平均品位1.01%,二者均具工业意义。锌矿石:主要由闪锌矿组成,构成Ⅰ-8号及Ⅱ号矿体,全矿区锌平均品位2.81%。其矿物成分中金属矿物主要有穆磁铁矿、闪锌矿、黄铁矿,其次有赤铁矿、镜铁矿等。非金属矿物主要有石榴子石、透辉石、方解石、次有石英、绿泥石、绿帘石。矿石化学成分中含 TFe 为 20%~50%,最高为61.10%,硅酸铁含量较高,达 3%~7%,在锌矿石中,一般含锌0.7%~2%,最高23.08%。矿石中达工业要求可回收的元素有镉和铟,主要分布在闪锌矿中。

4. 矿石结构和构造

穆磁铁矿、赤铁矿都具自形—半自形板状结构,呈蕾状、束状、放射状集合体及块状构造。富铁矿石,即穆磁铁矿集合体,具半自形—他形粒状结构,斑状或团块状构造。磁铁矿、黄铁矿多呈此种结构、构造。贫铁矿石具交代残余结构,浸染状构造、条带状构造、角砾状构造。

5. 成矿要素(表 3-2)

表 3-2 内蒙古陈巴尔虎旗谢尔塔拉式海相火山岩型铁矿成矿要素表

成矿要素	描述内容			要素类别
储量	7 315.5 万吨	平均品位	TFe 34.51%	
矿床类型	海相火山岩型铁矿床			
岩石类型	下石炭统莫尔根河组为中酸性火山碎屑岩、碳酸盐岩和砂页岩,侵入岩为海西中期斜长花岗岩			必要
岩石结构	火山沉积岩为火山碎屑结构和结晶结构,侵入岩为中细粒结构			次要
成矿时代	早石炭世			必要
地质背景	大兴安岭弧盆系,海拉尔-呼玛弧后盆地			必要
构造环境	海拉尔-呼玛弧后盆地			必要
矿物组合	金属矿物以穆磁铁矿为主,次为赤铁矿、闪锌矿;脉石矿物主要为石榴子石、透辉石、方解石、绿帘石和绿泥石			重要
结构构造	自形—半自形板状结构、半自形—他形粒状结构、交代残余结构等,块状、斑状及团块状构造,浸染状、角砾状			重要
围岩蚀变	石榴子石化、透辉石化、碳酸盐化等			重要
控矿条件	北东向得尔布干和桥头-鄂伦春深大断裂,次级北西向和北东向断裂带交会处			必要
风化				

6. 矿床成因机制

在火山喷发过程中,铁、碱和挥发分一起富集,某些游离铁于喷发中以富铁安山岩喷发至地表。在火山喷发间歇期,有大量的火山射气喷出,这些射气带出大量的铁,上升后与地下水混合形成富铁的热水溶液,当含铁的热水溶液流入海底时,温度急剧下降,溶解度降低,从水溶液中沉淀下来,形成胶状赤铁矿矿石,是矿区的主要铁矿石类型。火山喷发沉积铁矿体形成后,在火山活动晚期,由于次火山岩的侵入,带来大量富含铁、镁的热水溶液,对已形成的矿体和围岩进行广泛的交代,使原胶状矿石进一步富集,并形成新的交代矿石。闪锌矿成矿属火山热液阶段,产于铁矿体和蚀变岩石中,与铁矿是不同成矿阶段产物(图3-2)。

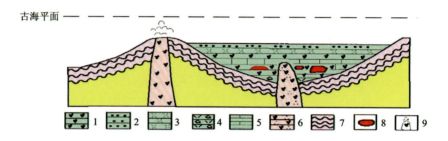

图 3-2　谢尔塔拉铁锌矿矿床成矿模式图

1.安山岩;2.凝灰质粉砂岩;3.流纹岩;4.凝灰角砾熔岩;5.碳酸盐;6.石英斑岩;7.基底;8.矿体;9.火山口及喷发物

二、内蒙古乌奴格吐山铜钼矿床

乌奴格吐山大型—超大型铜钼矿床位于内蒙古自治区新巴尔虎右旗呼伦镇,满洲里市南西22km。

1. 矿区地质特征

少量中泥盆统乌奴尔组碳酸盐岩地层零星残留于花岗岩中。矿区外围上侏罗统安山岩、英安岩、流纹岩及其碎屑岩广泛分布。矿区中生代火山-岩浆活动频繁而剧烈,有多期次火山喷发和浅成岩浆侵入。印支期黑云母花岗岩(蔡宏渊等将其置于海西晚期)以较大的岩基形式产出,是主要的赋矿围岩。燕山期以二长花岗斑岩(部分报告及文献称为斜长花岗斑岩、花岗闪长斑岩)为主的杂岩体,为同源不同期的中酸性火山岩、浅成侵入岩形式的复式杂岩体,是矿区的主要"成矿母岩",产于北东向与北北西向断裂交会处。平面上呈北西向拉长的椭圆形,剖面近于陡立略向北西侧伏。分三期侵位:①成矿早期为充填于火山通道中的流纹质角砾凝灰岩;②主成矿期为沿火山管道侵位的二长花岗斑岩;③成矿期后为英安角砾岩,此外还有花岗斑岩、石英斑岩及闪长玢岩等脉岩充填于四周环状裂隙中。

本区铜钼成矿作用主要与二长花岗斑岩关系密切,围绕二长花岗斑岩四周分布着环状蚀变带和环状矿体。这是因为斜长花岗斑岩的侵入导致环状裂隙系统的形成,本身构造裂隙的发育又成为深部热液上升的通道,故以其为中心形成了循环流体,形成筒状的蚀变交代柱和筒状矿体。本矿床距得尔布干断裂仅25km,受该深大断裂的继承性影响,北东向次级断裂及北西向或北西西向张扭性断裂发育,但以北东向断裂为主。北西向断裂和北东向断裂交叉复合部位形成贯通构造,与深部岩浆房连通时,往往形成中心式火山通道,并控制了浅成侵入岩的侵入及其热液成矿活动。

2. 矿体特征

全区共探明铜矿体33条,钼矿体13条,由于断裂的破坏而使矿区分为南北两个矿段。

北矿段:位于F7断层以北,矿体主要受二长花岗斑岩及其与围岩的接触带构造控制,赋存在含矿岩体周边或外接触带中。共查明5条铜钼矿体。

A1号铜矿体:围绕含矿岩体外接触带呈环形筒状展布。在三维空间上该筒状矿体位于钼矿体外侧;总体产状向北西倾斜,倾角60~85°。垂向上表现为上薄下厚,上缓下陡。平面上呈马蹄形展开,东西直径为1700m,环长2550m,延深260~600m,厚10~200m。含矿围岩为蚀变流纹质晶屑熔岩、蚀变斜长花岗斑岩和蚀变黑云母花岗岩。

A2号钼矿体:位于A1号铜矿体内侧。矿体赋存于石英—钾化带外侧,其内侧为强蚀变无矿核心。含矿围岩主要是强蚀变的斜长花岗斑岩和黑云母花岗岩。平面上矿体亦呈马蹄形展开,环长2150m,倾斜延深大于600m,厚70~190m。垂向上厚度向深部逐步增大,矿化增强。

南矿段:是被F7断裂破坏的小半环,圆环直径约1100m。矿体被F7、F8破坏,东南部分又被英安质角砾熔岩侵入破坏,因此矿体规模较小。由于F7使南盘抬升剥蚀,这小半环表现的石英钾化带范围相对较大,内环钼矿体与铜矿体有相间分布的特点,但以钼矿体为主,外环仍为铜矿体,但低品位矿体较多,矿化连续性不如北矿段。

3. 矿石类型及矿物组合

矿石类型主要为原生矿石,氧化矿石和混合矿石仅局部发育。原生矿石的矿石成分主要为黄铜矿、辉钼矿、黄铁矿、铜蓝、斑铜矿、黝铜矿、辉铜矿;次为赤铁矿、方铅矿、闪锌矿、磁铁矿、毒砂等。矿石氧化后,矿石成分为褐铁矿、黄钾铁矾、孔雀石、蓝铜矿、钼华。脉石矿物有石英、绢云母、绿泥石、钾长石、斜长石、方解石、伊利石、硬石膏、褐帘石、高岭石等。

4. 矿石结构构造

矿石结构以他形—半自形粒状结构为主,其次有交代结构、包含结构、镶边结构、叶片状结构、半自形—自形粒状结构、固溶体分离结构。矿石构造为细粒浸染状、细脉浸染状构造、少量团块状构造。矿石具有明显的分带性,由蚀变中心向外从细粒浸染状为主到细脉浸染状为主。

5. 矿化蚀变

矿区具有典型的斑岩铜钼矿床的蚀变特征,蚀变分带明显,与矿化关系十分密切。矿床南北两矿段应该是一个统一的环形蚀变带,但被晚期F7平移正断层和次英安质角砾熔岩所破坏。本区蚀变可划分为3个蚀变带:

石英—钾长石化带(Q—K):主要发育在斜长花岗斑岩和黑云母花岗岩中,主要标型蚀变矿物为钾长石(局部见黑云母),蚀变矿物组合主要为石英、钾长石、绢云母及少量硬石膏。并伴有后期蚀变叠加改造的水白云母、伊利石和方解石。在黑云母花岗岩外接触带中钾长石化交代原岩长石呈环边状、树枝状,交代强烈时呈云雾状,次之为复合小脉产出。斜长花岗斑岩中钾长石化主要呈各种复合小脉产出,其中钼矿化与含硫化物石英钾长石小脉关系密切。

石英—绢云母—水白云母化带(Q—S—H):此带位于石英—钾长石化带外侧,主要发育在黑云母花岗岩、次流纹质晶屑凝灰熔岩或斜长花岗斑岩的小岩枝中。此带中含硫化物石英、绢云母网脉发育,脉壁不平直,界限模糊,在脉壁两侧产生较宽的蚀变晕圈,与成矿关系密切。

伊利石—水白云母化带(I—H):位于石英—绢云母—水白云母化带外侧,主要发育在黑云母花岗岩和次流纹质晶屑凝灰熔岩中。标型蚀变矿物为伊利石和水白云母,此带一般不见或少见石英细脉,而石英脉多呈白色,脉壁平直,脉壁两侧不见蚀变晕圈,有时可见铜及铅锌矿化。

乌奴格吐山铜钼矿床矿化分带明显受热液蚀变分带制约,是由成矿温度变化造成的。由蚀变中心向外金属元素水平分带是:Mo—Mo、Cu—Cu—Cu、Pb、Zn—Pb、Zn。根据金属矿物组合发育特征,从蚀变中心向外,依次可大致划分为4个金属矿化带:

黄铁矿—辉钼矿带:主要发育在石英—钾长石化带外圈,部分扩展到石英—绢云母—水白云母化带中,是钼矿体主要赋存部位。金属矿物主要为辉钼矿、黄铁矿、黄铜矿。

（辉钼矿）—黄铁矿—黄铜矿带：主要发育在石英—绢云母—水白云母化带中，是铜矿体的主要富集部位。金属矿物主要有黄铜矿、黄铁矿、辉钼矿，另外还有少量斑铜矿、铜蓝、辉铜矿、黝铜矿等矿物。

黄铁矿—黄铜矿带：主要发育在石英—绢云母—水白云母化带外侧或与伊利石—水白云母化带之间的过渡带中。金属矿物以细脉状为主，星散状、团块状次之，主要金属矿物为黄铁矿、黄铜矿，少见方铅矿、闪锌矿和辉钼矿。

黄铁矿—方铅矿—闪锌矿带：不均匀地发育在最外带的伊利石—水白云母化带中。金属矿物以脉状为主，次为散粒状、团块状，主要金属矿物为黄铁矿、闪锌矿、方铅矿，另外见有少量黄铜矿、辉钼矿，偶见磁黄铁矿及毒砂等。

6. 成矿物理化学条件

1) 同位素

矿床金属硫化物的硫同位素组成多为偏离陨石硫不大的正值。$\delta^{34}S$ 为 $-0.2‰ \sim +3.5‰$，平均 $+2.568‰$，极差小，离散度小，频数统计，直方图呈塔式分布明显。矿区样品显示没有明显的同位素分馏，硫化物基本上是在同位素平衡条件下产生的，硫源应为上地幔或地壳深部大量地壳物质均一化的结果（张海心，2006）。

矿石铅同位素组成为：$^{206}Pb/^{204}Pb=18.327\sim18.526$，$^{207}Pb/^{204}Pb=15.436\sim15.633$，$^{208}Pb/^{204}Pb=37.997\sim38.421$，比值波动不大。$^{238}U/^{204}Pb$ 变化为 $9.26762\sim9.42292$，表明铅源来自深部岩浆房（邵和明等，2002）。

石英—钾化带 $\delta^{18}O$ 为 $+6.27‰$，稍低于岩浆水数值（$+7‰\sim+9.5‰$），表明成矿热液以岩浆水为主，但有天水加入。石英绢云母化带与伊利石—水白云母化带 $\delta^{18}O$ 为 $+3.23‰$ 和 $+1.31‰$，表明天水的影响越来越大。这些大致说明，含矿热水溶液从深部上来后，在向外渗虑扩展运动中有天水的加入，共同组成了热液循环体系（张海心，2006）。

2) 流体包裹体及成矿物理化学条件

石英中流体包裹体十分丰富，流体包裹体类型主要有气体包裹体、液体包裹体、多相包裹体 3 种类型。多相包裹体中含多种子矿物，如 $NaCl$、KCl（岩盐）、Fe_2O_3、Fe_3O_4（赤铁矿）、$CaSO_4$（硬石膏）等子晶，石英—钾化带多相包裹体见含 $KCl+NaCl$ 两种子晶共存。石英—钾化带中气相与多相包裹体较常见，其他两种蚀变带以液体包裹体和气体包裹体为主。在垂直方向大于 300m 处，偶见含液态 CO_2 的多相包裹体。流体包裹体的均一温度变化范围为 $180\sim795℃$。但在不同矿体、不同接触带是有差别的。钼矿体均一温度大致为 $317\sim445℃$，平均 $380℃$；铜矿体均一温度为 $324\sim410℃$，平均 $364℃$，矿体以外，均一温度就小于 $319℃$。从表中可见不同蚀变带的均一温度逐步降低。矿床形成后，英安质角砾熔岩的均一温度为 $312℃$。这一温度普遍低于铜钼矿体形成温度。

矿床形成的压力，各蚀变带也不相同，变化范围在 $50\sim100$bar（$1bar=10^5Pa$）之间。石英—钾化带压力为 $200\sim300$bar，甚至大于 1000bar；石英—绢云母化带 <200bar；伊利石—水白云母化带 $50\sim180$bar；现在假定矿床形成时的压力为近 300bar，那么从盐度与均一温度的关系来看，本矿床形成的温度可推断为 $330\sim450℃$。

根据测定结果，本矿床流体包裹体的盐度有高有低，大部分为 $9\%\sim14\%$ 范围内，高者可达 $42\%\sim68\%$，低者为 $3.2\%\sim6.8\%$。不同矿体流体包裹体盐度也有差别，钼矿体平均 11.1%；铜矿体平均 11.2%，在矿体之外盐度为 $3.2\%\sim12.8\%$。可见矿体之间盐度差别不大。各蚀变带流体包裹体的盐度也有差别。

石英—钾化带：$7.3\%\sim68\%$；石英—绢云母化带：$7.9\%\sim15.5\%$；伊利石—水白云母化带：$3.2\%\sim13.2\%$

可见，3 个蚀变带的温度、压力、盐度、密度、气液比值等，由内带（钾化带）向外带递减。成分趋于简单，多相包裹体向液相包裹体过渡（张海心，2006）。

酸碱度：总的说来，成矿流体的酸碱度变化不大，在弱酸性条件下成矿，故缺乏泥化带的发育。

氧逸度：利用矿物平衡反应可以估算成矿的 fo_2。从成矿早期到成矿中晚期，fo_2 值变化范围为

$10^{-13} \sim 10^{-44}$ Pa，表明成矿流体向氧逸度降低的方向演化。

成矿流体的演化：从斑岩岩浆房分馏出来的成矿流体最早高达 $800 \sim 900$ ℃，并富 Cl^-、F^-、SO_2、CO_2 等挥发性组分，还携带碱质 K^+、Na^+ 和重金属元素。早期成矿流体与二长花岗斑岩、黑云母花岗岩和火山岩等发生交代反应，形成黑云母化和钾长石化。这种超临界状态的成矿流体冷凝后形成高盐度流体，其盐度 $\omega(NaCl)$ 可达 60%，均一温度达 $800 \sim 500$ ℃，压力达 1.0×10^8 Pa，有时可见到含子晶的气相包裹体，金属硫化物辉钼矿为主。

早期成矿流体向上向外运移，温度和压力逐渐降低，从岩浆熔融体中分馏出来的 SO_2 发生水解，产生 H_2S 和 SO_4^{2-}，同时由于物理化学条件的骤变，使金属硫化物大量析出和沉淀。首先是 $[Mo_2O_7]^{2-}$、$[MoO_2S_2]^{2-}$ 等配合物的分解，生成辉钼矿矿体，随后生成铜硫化物矿体，此时温度为 $340 \sim 430$ ℃，压力为 $(200 \sim 300) \times 10^5$ Pa，盐度 $\omega(NaCl)$ 可达 42%~68%。此阶段有部分钾长石分解成绢云母，导致石英—绢云母化叠加于石英—钾长石化之上。

成矿体系进一步开放，循环天水大量的参与，在大量酸性介质（Cl^-、F^- 等）的影响下，钾长石、斜长石和黑云母分解为绢云母和水云母，形成石英—绢云母化带和水云母化带，同时 $[CuCl_3]^-$、$Cu[S_2O_3]^{3-}$、$Cu_2S_2O_3$ 等络合物分解，生成大量黄铜矿，形成主要铜矿体。此时的温度为 $240 \sim 340$ ℃，压力大于 200×10^5 Pa，盐度 $\omega(NaCl)$ 可达 12%~50%。

成矿流体演化的晚期，对流循环的天水大量加入，其温度、压力和含盐度大大降低，硅酸盐矿物进一步水解，最终生成水云母化带，矿体边缘及外围生成铅锌硫化物，如方铅矿和闪锌矿，此时的温度为 $180 \sim 310$ ℃，压力为 $(50 \sim 180) \times 10^5$ Pa（黄崇轲等，2001）。

7. 矿床成矿要素（表 3-3）

表 3-3 乌奴格吐山式斑岩型铜矿乌奴格吐山典型矿床成矿要素表

成矿要素		描述内容			要素类别
储量		1 850 668t	平均品位	0.431%	
特征描述		斑岩型铜钼矿床			
地质环境	构造背景	Ⅰ天山-兴蒙造山系、Ⅰ-1 大兴安岭弧盆系、Ⅰ-1-2 额尔古纳岛弧（Pz1）、Ⅰ-1-3 海拉尔-呼玛弧后盆地（Pz）			必要
	成矿环境	①铜多金属成矿主要与燕山早期的中性—酸性及燕山晚期酸性、中酸性侵入岩和次火山岩有密切的成因关系。②区内金属成矿带的展布严格受北东向得尔布干深大断裂的控制			必要
	成矿时代	燕山早期			重要
矿床特征	矿体形态	整个矿带呈哑铃状、不规则状、似层状			次要
	岩石类型	黑云母花岗岩、流纹质晶屑凝灰熔岩、次斜长花岗斑岩			重要
	岩石结构	岩石结构：半自形—他形粒状为主，斑状结构			次要
	矿石矿物	金属矿物：黄铜矿、辉铜矿、黝铜矿、辉钼矿、黄铁矿、闪锌矿、磁铁矿、方铜矿			重要
	矿石结构构造	矿石结构：粒状结构、交代结构、包含结构、固溶体分离结构、镶边结构。矿石构造：浸染状和小细脉状为主，局部见有角砾状构造			次要
	围岩蚀变	主要蚀变类型主要有石英化、钾长石化、绢云母化、水白云母化、伊利石化、碳酸盐化，次为黑云母化、高岭土化、白云母化、硬石膏化，少见绿泥石化、绿帘石化和明矾石化等			重要
	主要控矿因素	①携矿岩体是成矿的主导因素；②火山机构是成矿和矿化富集的有利空间；③矿化明显受蚀变控制；④矿化富集的物理化学条件			必要

8. 矿床成因机制

乌奴格吐山斑岩铜钼矿床的成矿模式可概括如图 3-3 所示。印支期—燕山早期，受太平洋板块向西推挤（或鄂霍次克海的闭合），得尔布干深断裂复活，黑云母花岗岩侵位，带来铜、钼等成矿元素的富集。燕山早期受北西向拉张断裂的影响，形成许多中心式火山喷发机构，二长花岗斑岩沿火山管道侵位，导致铜、钼等成矿元素的富集。

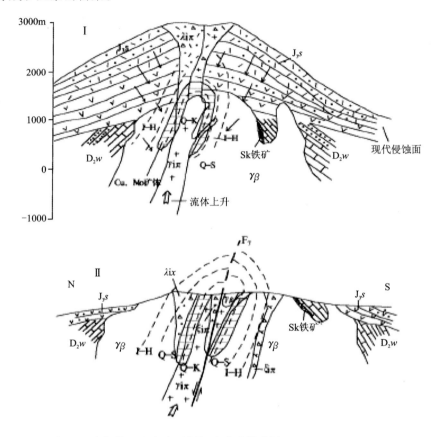

图 3-3　乌奴格吐山斑岩型铜钼矿成矿模式图（据张海心，2006，修改）

由于本区多期次的构造岩浆活动，引发了深源岩浆水与下渗的天水对流循环，这种混合热流体由于既富挥发分又富碱质，同时对围岩具强裂的萃取和交代反应能力，从而导致围绕斑岩体形成环带状蚀变分布的矿化分带。蚀变分带表现为石英—钾长石化带—绢云母化带；矿化分带表现为 Mo—Mo、Cu—Cu—Cu、Pb、Zn 带。乌奴格吐山含矿二长花岗斑岩的锆石 U-Pb 年龄为 204～188Ma，为岩体成岩年龄。矿区辉钼矿 Re-Os 年龄为 183～177Ma，与蚀变岩中的绢云母 K-Ar 年龄（183.5±1.7Ma）在误差范围内基本一致，反映了流体成矿年龄（表 3-4）。因此乌奴格吐山斑岩型铜钼矿的成矿时代为早侏罗世晚期。

表 3-4　乌奴格吐山斑岩铜钼矿床同位素年龄值一览表

测试对象	测试方法	年龄（Ma）	资料来源
二长花岗斑岩	单颗粒锆石 U-Pb	188.3±0.6	秦克章等，1999
二长花岗斑岩	全岩 Rb-Sr 等时线	183.9±1.0	秦克章等，1999

续表 3-4

测试对象	测试方法	年龄(Ma)	资料来源
(含矿)蚀变岩绢云母	K-Ar	183.5±1.7	秦克章等,1999
矿石辉钼矿	Re-Os 模式	155±17	赵一鸣和张德全,1997
矿石辉钼矿	Re-Os 等时线	178±10	李诺,2007
矿石辉钼矿	Re-Os 等时线	180±2.7	王登红,2010
二长花岗斑岩	SHRIMP U-Pb	202.5±2.2	王登红,2010
二长花岗斑岩	锆石 U-Pb	202.9±2.8	佘宏全,2009
二长花岗斑岩	LA-ICP-MS	204.2±2.8	佘宏全,2009
辉钼矿	Re-Os 等时线	177.4±2.4	佘宏全,2009

三、黑龙江多宝山铜钼(银)矿床

1. 区域地质背景

多宝山铜矿床及铜山铜矿床位于大兴安岭弧盆系的扎兰屯-多宝山岛弧区内。该区北西侧为呼玛弧后盆地,东南侧为嫩江-黑河构造混杂岩带。早古生代多宝山岛弧的弧基底为兴华渡口群为一套高绿片岩相—低角闪岩相的火山—沉积岩系)和铜山组和宝山组(属绿片岩相海相碎屑岩-火山岩建造)。之后,本区北西向弧型构造体系发育,伴随花岗闪长岩浆的被动侵位,并多期活动形成复式岩体及大面积的蚀变。晚古生代在岛弧之上叠加了罕达气弧间裂谷,中生代盆岭构造岩浆活动强烈。

2. 矿区地质特征

多宝山和铜山矿床赋存在北西向多宝山弧形构造带的转折处,多宝山倒转背斜的中部。北西向弧形构造由压扭性断裂、片理化带和褶皱组成,长 15～20km,宽 4～7km。多宝山背斜轴面向南西陡倾,并向矿床北西倾没收敛,向南东背斜撒开,多宝山 6 条片理化带也同样向北西收敛,向南东撒开。在多宝山矿床中,背斜核部出露多宝山组一段,其南西翼为多宝山组二段、三段,北东翼(倒转翼)由多宝山组二段及瑷珲组构成。多宝山花岗闪长斑岩、568.3 高地更长花岗岩沿背斜核部被动侵位于上述地层及花岗闪长岩中。

多宝山组地层与成矿关系密切,特别是该组下部的安山岩及紫灰色凝灰质碎屑岩。通过岩石化学分析,多宝山组安山岩为钙碱性系列。其安山岩和凝灰岩含铜丰度分别达 $151×10^{-6}$ 和 $142×10^{-6}$,形成明显的高背景场,是区内铜的主要矿源层。据多宝山矿田地球化学测量资料,在已知铜矿区及大面积青磐岩化蚀变的地区,多宝山组铜丰度明显降低为 $58×10^{-6}$,甚至更低,铜出现明显的降低场。经概算,青磐岩化作用从地层中迁移出铜不少于 5000 万吨,说明铜矿床中铜有部分来自围岩(即多宝山组安山岩及凝灰碎屑岩等)。

多宝山矿床北西向压扭性断裂及片理化带极为发育,并基本上沿近背斜轴的两翼对称分布,尤其是北西向弧形断裂及片理化带的弧顶向南西凸起处,恰好位于矿床中部的3号矿带部位,形成厚大矿体(X号)。该北西向弧形构造带是矿床最主要的控岩控矿构造。

本区成矿岩体的岩石化学成分：SiO_2变化于$63×10^{-2}\sim70×10^{-2}$之间,高碱(Na_2O+K_2O变化于$5.72×10^{-2}\sim8.34×10^{-2}$之间),且$Na_2O>K_2O$,与我国斑岩铜矿床成矿成岩的化学成分较为相似。区内有三期侵入岩构成复式岩体($9km^2$),其中花岗闪长岩沿区域北西向和北东向断裂交会部位侵入,并占据矿床绝大部分,略呈北西-南东向延长,岩体与多宝山组接触带呈犬牙交错状,且岩体中部有一北西向多宝山组顶垂体带,沿岩体与多宝山组接触带,不但蚀变强而且常成为铜矿体最佳产出部位。其后,花岗闪长斑岩沿北西向断裂侵入于花岗闪长岩岩体中部,其斑岩体顶面形态极为复杂,凹凸不平,因强烈蚀变,与花岗闪长岩界线变得模糊不清,矿床以斑岩为核心,发育一套典型的斑岩型条带状蚀变及铜、钼矿化。最后,更长花岗岩或英云闪长岩(245Ma)呈小岩株侵入花岗闪长岩中,该岩株向深部即切穿花岗闪长斑岩,也切穿3号矿带。

3. 矿体特征

多宝山矿床由4个北西向矿带组成[已圈出215个铜(钼)矿体],已查明铜资源储量3 044 777t,钼资源储量119 677t。它们全部分布于花岗闪长斑岩两侧及弧形片理化带中,并大多数赋存于绿泥绢英岩化和绢英岩化蚀变围岩(花岗闪长岩和安山质火山岩)内。矿体成条带状或透镜状,走向310°～330°,倾角70°～80°,多数矿体空间上雁行侧列,构成沿北西向弧形构造分布的矿带。斑岩下盘的矿体构成1号矿带,上盘矿体由北西向南东依次构成3号、2号、4号矿带,其中3号带X号矿体规模最大,长1400m,宽23～340m,延深300～1000m,铜金属储量173万吨,占全矿床储量一半以上。矿床内大多数矿体都围绕斑岩体分布,且矿体一般距斑岩0～500m,而在50～150m范围内矿化最强。斑岩岩墙剥蚀深度与矿化强度关系密切,岩墙上盘矿化优于下盘矿化。矿体以铜矿体为主,少量钼矿体,其中铜矿体多分布于距斑岩较远的绿泥绢英岩化和绢英岩化蚀变带,而钼矿体则见于距斑岩较近的绢英岩化和钾长石黑云母化蚀变带中。另外,厚大的矿体往往伴生有热水角砾岩等。

铜山矿床距多宝山矿床北西4km,由4个主矿体和76个从属矿体组成,呈北西向带状展布。一条东西向压扭性断层把铜山矿床断为两部分,断层上盘多宝山组安山岩内发现1号矿体和2号矿体,在断层下盘发现3号矿体。其中3号和2号矿体规模较大,呈大脉状产出。3号矿体长1140m,宽30～266m,厚115m,陡倾。该矿床的蚀变与矿化模式与多宝山矿床相同。该矿床现已查明资源储量铜57.06万吨(122b+2S22+333),钼18 200t(2S22)。

4. 矿石类型及矿物组合

矿石自然类型主要为原生硫化矿石(氧化铜/总铜<10%),次为氧化矿石(氧化铜/总铜>30%)和混合矿石(氧化铜/总铜=10%～30%)。矿石工业类型主要为细脉浸染型矿石,次为浸染型矿石和细脉型矿石。矿石地质类型主要为蚀变花岗闪长岩矿石,次为蚀变安山岩质火山岩型矿石。

本矿床金属矿物总含量并不高,在原生矿中,一般只占矿石总量的2%～3%。其中以黄铁矿、黄铜矿较多,斑铜矿、辉钼矿次之。其含量及组合,随产生的部位不同而异。在矿体边缘及上盘,以黄铁矿-黄铜矿组合为主,一般为5%～10%,含量高时可达30%～40%;在矿体内,以黄铜矿-辉钼矿组合为主,含量一般为2%～4%;在矿体中心以黄铜矿-斑铜矿组合为主,含量约为4%～5%。脉石矿物平均约含95%,以石英、绢云母、绿泥石、碳酸盐为主,其次为绿帘石、黑云母、钾长石、钠长石等。

5. 矿石结构、构造

矿石以半自形—他形晶粒状结构、交代残余结构、斑状变晶结构和压碎结构为主。其中黄铜矿交代压碎状的黄铁矿,斑铜矿交代黄铜矿和黄铁矿,不但黄铁矿具有碎裂结构,黄铜矿亦见碎裂结构。表明矿物的形成具多阶段的特点。矿石构造以细脉浸染状、浸染状、细脉状为主，尚见有块状、条带状和角砾状构造。

6. 成矿阶段划分及分布

本矿床作用总体上可划分为3个主要阶段，即早期接触带热液型成矿阶段、中期斑岩型成矿阶段、晚期热液脉型成矿阶段。

早成矿阶段发生在中加里东期(485Ma)，花岗闪长岩在北西向褶皱轴部的北西向断裂与北东向断裂交会部位被动侵位，在北西向断裂及侵入接触构造部位，形成以浸染状为主的细窄条透镜状铜矿体，显示为接触带热液型矿化和蚀变的特点。中期矿化阶段发生在中—晚加里东期(479.5Ma)，花岗闪长斑岩沿北西向断裂被动侵位，北西向弧形断裂及密集的裂隙片理化带控矿，围绕斑岩体形成以细脉浸染状为主的大型、低品位宽带状透镜状铜(钼)矿体，显示出斑岩型矿化和蚀变的特点。晚成矿阶段发生在晚海西期(246~220Ma)，晚期花岗闪长岩沿北西向弧形断裂侵位，北西向弧形片理化带及其构造张开部位控矿，形成了以脉-细脉状为主的脉状透镜状铜矿体，显示出热液脉型矿化和蚀变的特点。三阶段叠加形成了大型多宝山铜(钼)矿床。

7. 多阶段成矿的叠加改造

上述三期矿化，在空间上基本都沿北西向同一构造带进行，在时间上跨越50多百万年。在同一空间及充分的地质时间内，后期蚀变和矿化，往往改造和叠加于前期蚀变和矿化之上，使同一空间矿化反复聚集，因而能形成多宝山大型铜(钼)矿床。该矿床成因类型因多期成矿叠加改造而应称为碎裂岩-热液型矿床。

8. 矿化蚀变带划分及分布

根据区内构造岩浆活动，将蚀变作用划分为四期：第一期是在奥陶纪火山岩形成之后，早期花岗闪长岩岩浆凝固之前的一期蚀变，主要表现为在多宝山地层大面积的青磐岩化。第二期是与花岗闪长岩浆活动伴生的蚀变作用，有黑云母化、青磐岩化、钾长石化、钠长石化、绢云母化和矽卡岩化。第三期是与花岗闪长斑岩熔浆活动伴生的蚀变，有黑云母化、绿帘石化、绿泥石化、钾长石化、硅化、绢云母化、碳酸盐化、硫酸盐化及高岭土化。第四期是与晚期花岗闪长岩(更长花岗岩或英云闪长岩)伴生的蚀变，有硅化、绢云母化、局部同化混染并伴生刚玉、红柱石及矽线石等接触变质矿物。

以上四期蚀变相互呈叠加关系，即后期蚀变矿物穿插交代前期蚀变矿物构成了蚀变矿物新组合，形成蚀变岩。与区内斑岩铜矿有密切关系的是第三期蚀变，第一期和第二期蚀变是成矿作用的背景蚀变，第四期是成矿后蚀变。与斑岩有关的蚀变形成6个蚀变矿体组合(蚀变带)并有明显的分带性，它们在空间上以花岗闪长斑岩岩墙为中心，构成了面型的、前进式的斑岩铜矿型蚀变分带。其中心是强钾化硅化的花岗闪长斑岩，往两侧依次是钾长石化带、钾长黑云母化带、绢英岩化带、绿泥绢英岩化带和青磐岩化的花岗闪长岩或安山岩。

9. 成矿物理化学条件

成矿温度：据流体包裹体测温资料，花岗闪长岩接触带热液型蚀变和矿化形成的主要温度区间为310~470℃；花岗闪长斑岩斑岩型蚀变和矿化形成的主要温度区间为200~300℃；晚海西期热液脉型蚀变和矿化形成的主要温度区间为150~200℃。成岩期压力上限为1600atm(1atm=101 325Pa)左右；矿化期压力小于500atm。矿床成矿流体属于Na^+-K^+-Cl^-体系，直接沉淀矿石的流体则属于Na^+-K^+-SO_4^{2-}-Cl^-体系。矿液的酸碱度(pH值)为4~6，属弱酸性溶液。据硫同位素计算该矿主成矿期矿液酸碱度开始为弱酸性，晚期向弱碱性方向变化。花岗闪长岩和花岗闪长斑岩的$^{87}Sr/^{86}Sr$初始值均为 0.705，微量元素特征相似，说明二者具同源性，属同熔型。花岗闪长岩中 V、Ni、Co 等含量较维氏值高 2 倍左右，反映了岩浆具深源特点。在流体包裹体内子矿物中见有较多赤铁矿和石膏等，表明热液的氧逸度较高，对铜形成络合物在热液中迁行搬运非常有利。并在运移到局部还原环境条件下形成硫化物沉淀成矿。

10. 矿床成因机制

多宝山铜（钼）矿床成因机制和描述性模式可概况如下。

地质构造背景：沿元古宙古陆边缘的早古生代裂陷最深的北西向海盆中，由于深部洋壳和亏损的上地幔物质熔融上升，形成钙碱性安山质岩浆，导致喷发沉积了中奥陶统巨厚的火山-沉积岩系（形成矿源层的矿源岩）。中加里东期，北东向的碰撞造山运动，使北西向基底深部构造再度张开，产生了与中奥陶统火山岩同源的岩浆侵位并成矿。

控岩控矿构造：长期活动的北西向深断裂及北东向断裂控制加里东期岩浆侵位和热液的流向。侵入接触带、北西向断裂和北西向弧形片理化带是最主要的 3 种控矿构造。

矿源层和矿源岩：中奥陶统火山-沉积地层为矿源层，尤其以多宝山组安山质火山岩含铜最高，构成矿源岩。

与成矿有关的岩浆活动：起源于上地幔，有 3 次侵入活动。即中加里东期花岗闪长岩（485Ma），中—晚加里东期（海西期）花岗闪长斑岩（479.5Ma、283Ma），晚海西期花岗闪长岩或英云闪长岩或更长花岗岩（245Ma）。

成矿时代：三期为 485(292～283)Ma，479.5Ma，283～246Ma、240～220Ma。

矿化组合：①中加里东期花岗闪长岩接触带热液型；②中晚加里东期（海西期）花岗闪长斑岩型；③晚海西晚期热液脉型。

主要成矿机理：①中加里东期（海西期）花岗闪长岩侵位，与其相关的深成高温热液流体驱动周围岩层中的地下水对流，形成一个庞大的对流和水/岩反应系统，在围岩大面积青磐岩化的过程中，其铜被水热流体萃取，形成富铜流体，并进入侵入接触带（热中心），产生高含铜的黑云母、绢英岩化蚀变。随着水岩反应的继续进行，黑云母被绿泥石和绢云母取代，同时析出铜，形成第一次铜的工业矿化（图 3-4）。

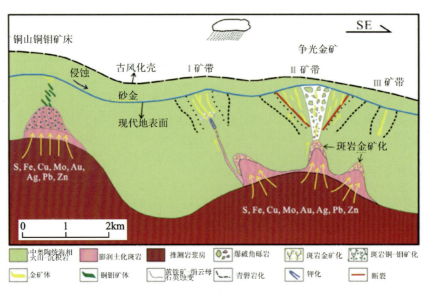

图 3-4　成矿机理

②中—晚加里东期(海西期)斑岩体,沿原有的构造通道补充侵位到中加里东期(海西期)花岗闪长岩中。高盐度碱性的岩浆期后水热流体,其与围岩及已冷凝的上部斑岩柱反应生成钾硅酸盐蚀变核。与此同时,高温流体驱动地下流体构成庞大的对流循环系统,被加热的地下水与围岩交换反应,形成稀溶液,这种碱金属卤水和稀溶液之间的对流系统又进一步加大了对围岩中成矿组分的萃取,当循环流体进入到斑岩两侧的北西向断裂裂隙系统之后,因构造减压而沸腾,产生不混溶的酸性流体,与其岩石反应,形成绿泥石绢英岩化和绢英岩化蚀变,并沉淀出大量的铜矿物,体系达到暂时的平衡。③晚海西期区域及矿田中原有的造山系统再次活动,并出现大规模的花岗闪长岩、英云闪长岩(更长花岗岩)侵入。矿田北西深部岩浆房提供的热及上升的深成高温热流体,再次驱动地下水的对流,并又一次与围岩反应,从而又一次萃取围岩(包括前期蚀变岩)中的成矿组分,形成富含成矿物质的中—低温远程热液。当矿田中北西向断裂系(叠加于斑岩期绿泥绢英岩化或绢英岩化带之上)处于挤压状态后时,晚海西期热液进入其中,形成强片理化的绢英岩化带和铜矿物沉淀。其后,该构造再次张开,已经处于退缩的流体(已碱化)形成钾长石-石英充填脉及铜矿物沉淀。

上述三期矿化,基本上都沿同一构造带进行,后期蚀变和矿化,往往改造和叠加于前期蚀变和矿化之上。矿床成因类型应为斑岩-热液型矿床,成矿模式如图3-5所示。

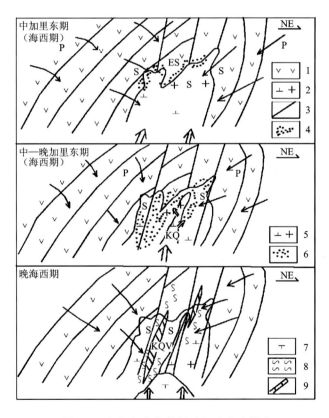

图 3-5 多宝山式斑岩铜(钼)矿成矿模式

1.中奥陶统海相火山-沉积岩;2.中加里东期(海西期)花岗闪长岩;3.断裂及裂隙系统;4.中海西期接触热液型矿化;5.中晚加里东期(海西期)花岗闪长斑岩;6.中晚海西期斑岩型矿化;7.晚海西期花岗闪长岩或英云闪长岩或更长花岗岩;8.强片理化带;9.铜工业矿体蚀变岩相代号:P.青盘岩、S.绢英岩和绿泥绢英岩、ES.黑云母绢英岩、KQ.钾硅酸盐化、KQV.钾长石-石英脉;图中双线箭头表示深成高

11. 找矿标志

地层标志:中奥陶统多宝山组下部(含铜山组上部)安山质火山岩及紫灰色凝灰质碎屑岩。

侵入岩标志：加里东中期被动侵位的与火山活动同源的花岗闪长岩和花岗闪长斑岩,是本区重要的找矿标志。呈复式岩体找矿更有利。

构造标志：北西向背斜和断裂组成的构造带转折处；几组构造交会或两组构造交叉部位；先压后张的片理化带及压碎构造带；侵入岩的顶部接触带及各类角砾岩带。

围岩蚀变标志：具有分带的面型蚀变是斑岩型铜矿的找矿标志之一,围岩蚀变规模大、强度大、分带明显,是最好的找矿标志。

矿化标志：主要是黄铁矿化和铅锌矿化及碳酸盐脉、石英脉等。

次生氧化带标志：铁染或土状物（褐铁矿化带）、蓝铜矿、孔雀石、黑铜矿、沥青铜矿等铜的次生氧化带。

地球化学标志：铜、钼、银组合异常的外带,并伴有铅、锌、锰异常,是寻找矿带的标志；在出现铜、钼、银中、外带异常的基础上,再出现 $K_2O>3\%$、$K_2O/Na_2O>1$ 时,则是找矿有利地段；铜、钼出现中、内带异常,并伴有银异常出现时,其异常部位为矿体赋存部位；具有铜、钼、银外带异常和铅锌钴外带异常,但上述元素组合异常分带不明显,是寻找盲矿体的标志。

地球物理标志：形态规则,梯度变化不大,峰值一般为 6%～10%左右的激电异常；当厚大矿体中矿物分带间隔能被激电法分辨时,铜矿物集中的矿体中间部位异常低缓,黄铁矿集中的矿体边部异常峰值明显；当矿体较小、矿物分带间隔比较小时,黄铜矿、黄铁矿将一起形成较高的异常,峰值可达 10%～12%。

四、内蒙古甲乌拉铅锌银矿床

甲乌拉铅锌银矿床隶属内蒙古自治区呼伦贝尔市新巴尔虎右旗管辖。

1. 矿区地质特征

地层主要有中生界中侏罗统万宝组碎屑岩。塔木兰沟组中基性火山岩夹少量火山碎屑岩；上侏罗统满克头鄂博组中酸性火山岩和碎屑熔岩。矿区构造既有中生代褶曲又有较发育的断裂构造,同时还有受构造控制的火山与次火山斑岩的活动中心。但这些构造现象多数明显地受控于北西向木哈尔断裂带。该断裂带由若干北西向断裂大致平行排列组成。矿体产在构造带内,均受断裂破碎带控制。矿区岩浆活动强烈而频繁,时代分布包括海西晚期及燕山晚期。海西晚期以花岗岩类侵入活动为主,燕山晚期以强烈的火山喷发作用和浅成超浅成侵入为主,岩石类型复杂,分异作用明显,特别是岩浆演化较晚期的次火山侵入体,常伴有金属矿产出现。

2. 矿体特征

按矿体分布情况可分为几个含矿区段。甲乌拉本区包括1号、2号、3号、4号、12号等主要矿体；西山区包括30号、29号矿体群；南区包括20号、14号、9号等矿体；北山区包括29号、34号、40号矿体群。其中,甲乌拉本区工业储量所占比例为85%左右。该矿区现已圈出40余条矿体,矿体主要为稳定的脉状,总体走向330°～350°,局部有所变化。主矿体旁侧发育分支及平行小矿体。1号、2号、3号矿体均赋存于北北西向及北西或北西西向张扭性破碎带中,其中以2号矿体最大,约占探明储量的80%。

2号矿体：位于北西向次火山岩体群之东侧,侏罗系塔木兰沟组安山岩与砂砾岩层间构造大致吻合的北西向破碎蚀变带中,走向320°～350°,倾向南西,倾角50°～70°,地表断续分布,深部相连。主矿体旁侧有平行矿脉和分支矿体,品位厚度变化大,近岩体区段矿体厚且富,远离岩体变薄、变贫。矿体受F2断裂控制,为破碎带石英脉含矿,因受构造控制矿体为脉状形态的板状体具呈尖灭再现、分支复合、膨缩变化等特点。厚大矿脉往往中间出现硫化块状矿石,且银较富；边部为细脉浸染状矿石。附近平行的小构造、引裂构造又控制一些附属小矿体,组成2号矿体群。2号矿体总体上为脉状形态的板状体,矿体长1700m,平均厚度约5.18m,最厚达20m,局部延深大于600m(图3-6)。

2号矿体沿走向及倾斜方向其厚度与品位均有明显变化,品位变化系数88%～127%,厚度变化系数81%。2号矿体成矿元素分带有一定规律:10线以北以Pb、Zn、Ag为主,10～16线Pb、Zn、Ag、Cu均较多,18～26线以Cu、Zn、Ag为主。银矿体平均品位为Cu 0.59%、Pb 3.37%、Zn 6.39%、Ag 168.75×10^{-6}。银矿体之外铅锌表内矿平均品位Pb 1.06%、Zn 3.00%、Ag 28.75×10^{-6}。

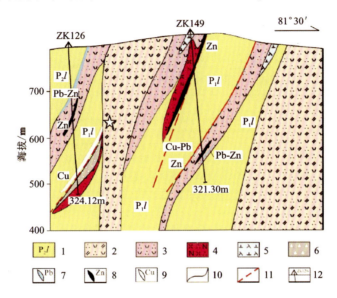

图3-6 甲乌拉矿区38线剖面图

1.二叠系砂岩;2.石英二长斑岩;3.石英斑岩;4.石英长石斑岩;5.闪长玢岩;6.隐爆角砾岩;7.铅矿体;8.锌矿体;9.铜矿体;10.地质界线;11.推测断裂;12.钻孔及编号

3.矿石类型及矿物组合

矿石自然类型有铅锌矿石、银铅锌矿石、铜铅银锌矿石、铜锌矿石、铜银矿石、锌矿石。矿石矿物主要有方铅矿、闪锌矿、黄铁矿、白铁矿、磁黄铁矿、黄铜矿,其次还有磁铁矿、赤铁矿、斑铜矿、毒砂等,少量的铜蓝、白铅矿、菱锌矿、褐铁矿等,含银矿物有硫锑银矿、含银辉铋铅矿、含银铅铋矿、银黝铜矿、自然银、辉银矿、碲银矿、含硫铋铅银矿等和极少量的自然金微粒。

脉石矿物主要有石英、绿泥石、伊利石、水白云母、绢云母、辉石、角闪石、绿帘石、斜长石、方解石、白云石,个别处还有纤维闪石、重晶石、玻璃质等。

4.矿石结构构造

矿石构造有块状构造、团块状构造、角砾状构造、浸染状构造和脉状、细脉状构造等。一般富厚矿段以块状和团块状矿石为主,如2号矿体多见块状及团块状矿石。矿石结构主要有以下几种:①自形、半自形、他形粒状结构;②包含结构;③共生结构;④交代结构;⑤乳浊状结构—固溶体分解结构;⑥镶边结构。

5.矿化蚀变

甲乌拉银铅锌矿床以脉状矿体为主,围岩蚀变一般局限于构造破碎带内和2～5m的近矿围岩中,蚀变一般以含脉状矿体的断裂破碎带最强,向两侧逐渐减弱,以至消失。与铅锌银矿化有关的蚀变多为硅化、碳酸盐化、绿泥石化;与铜矿化有关的多以硅化、绢云母化、萤石化为主。

6. 矿床成矿要素(表3-5)

表3-5 甲乌拉式中低温热液铅锌矿甲乌拉典型矿床成矿要素表

成矿要素		描述内容		要素类别
储量		134.88t	平均品位　Pb+Zn 6.88%	
矿床类型		火山、次火山活动有关的中低温热液脉状铅锌多金属矿床		
地质环境	构造背景	Ⅰ天山-兴蒙造山系、Ⅰ-1大兴安岭弧盆系、Ⅰ-1-2额尔古纳岛弧(Pz1)		必要
	成矿环境	Ⅲ-5:新巴尔虎右旗(拉张区)Cu-Mo-Pb-Zn-Au萤石-煤(铀)成矿带,Ⅲ-5-①:额尔古纳Cu-Mo-Pb-Zn-Ag-Au萤石成矿亚带(Y,Q)		
	成矿时代	燕山晚期,130~100Ma		必要
矿床特征	矿体形态	脉状		
	岩石类型	中生界中侏罗统塔木兰沟组砾岩、灰黑色、黄褐色凝灰质砾岩、含砾粗砂岩、凝灰质砂岩、长英质杂砂岩、粗砂岩、细砂岩、粉砂岩夹薄层泥岩等		必要
	岩石结构	粒状变晶结构		次要
	矿石矿物	①矿石矿物:主要有方铅矿、闪锌矿、黄铁矿、白铁矿、磁黄铁矿、黄铜矿,其次还有磁铁矿、赤铁矿、斑铜矿、毒砂等,少量的铜蓝、白铅矿、菱锌矿、褐铁矿等,含银矿物有硫锑银矿,含银辉铋铅矿、含银铅铋矿、银黝铜矿,自然银、辉银矿、碲银矿、含硫铋铅银矿等和极少量的自然金微粒。②脉石矿物主要有石英、绿泥石、伊利石、水白云母、绢云母、辉石角闪石、绿帘石、斜长石、方解石、白云石,个别处还有纤维闪石、重晶石、玻璃质等		重要
	矿石结构构造	矿石构造有块状构造、团块状构造、角砾状构造、浸染状构造和脉状、细脉状构造等。一般富含厚矿段以块状和团块状矿石为主。①自形、半自形、他形粒状结构;②包含结构;③共生结构;④交代结构;⑤乳浊状结构—固溶体分解结构;⑥镶边结构		次要
	围岩蚀变	蚀变有硅化(石英脉)、绿泥石化、碳酸盐化、水白云母伊利石化、绢云母化、萤石化。与成矿有关的蚀变主要有硅化、碳酸盐化、绿泥石化、水白云母化、绢云母化及萤石化		次要
	主要控矿因素	主要矿体均产于塔木兰沟组安山玄武岩中。甲乌拉矿床则受控于甲乌拉断凸,在不同方向构造交会处产生的火山,次火山活动中心决定了甲乌拉矿床的形成,北西西向甲-查剪切构造带是重要的导矿和容矿构造,北北西、北西向张扭性断裂是良好的容矿空间;循环通道,破碎岩石的高渗透性有利渗流。次火山斑岩体多期次序列式演化侵入对成矿起到重要作用		重要

7. 成矿物理化学条件

矿床成矿物质具多来源特征,成矿元素Ag、Pb、Zn、Cu等及矿化剂主要来自燕山期火山岩、次火山岩深源岩浆,侏罗纪地层补给部分矿质。成矿流体也主要来源于深部岩浆,天水(包括地下渗入水)随演化进程所占比例越来越大,成矿晚期天水比例大于岩浆水。

该矿床中各种金属硫化物(黄铁矿、黄铜矿、方铅矿、闪锌矿、毒砂、磁黄铁矿等)硫同位素值变化范围为-2.86‰~4.01‰,变化范围较小,总的变化区间在3‰左右,在硫同位素组成直方图上呈"塔式分布",接近陨石硫的分布范围。硫同位素特征表明,成矿热液活动中硫的来源与深部岩浆活动有关,岩浆来自地壳深部和上地幔。

铅同位素组成绝大多数较稳定,$^{206}Pb/^{204}Pb$为18.229~18.758,$^{207}Pb/^{204}Pb$为15.457~15.880;$^{208}Pb/^{204}Pb$为37.841~39.049。其同位素组成较均匀,比值变化范围小。均为正常铅,具单一演化模式特征。铅同位素比值大部分(占74%)投影于中央海岭拉斑玄武岩铅范围内,根据单一演化模式φ值计算的年龄值在135~89Ma之间,平均为119.47Ma,其他几个样品年龄值偏高,平均为236Ma,相当于古生代末期。以上数据说明本区成矿物质大部分来源于上地幔,少部分来自于地壳围岩。矿区成矿次火山斑岩、长石斑岩、石英长石斑岩、石英斑岩、石英二长斑岩等的年龄值为122~109Ma,说明岩体与成矿的同源性和密切关系。其成矿年龄在燕山晚期,说明成矿与斑岩的形成具同时性。

甲乌拉矿区δD_{H_2O}值变化范围在$-109.58‰ \sim -160‰$之间,$\delta^{18}O$为$-11.8‰ \sim +13.09‰$,表明成矿流体来源于岩浆水,但在运移过程中也加入了相当数量的地下热雨水和岩石封存水。

流体包裹体测温和成分分析资料显示,成矿温度为中低温,温度随深度增加而升高,随远离次火山斑岩体侵入中心,流体温度递减,原始热液以液态搬运为主,具高盐度、高密度、富含Cl^-、Na^+、SO_4^{2-}、CO_3^{2-}、F^-等离子,且富含大量Pb、Zn、Ag、Cu等金属元素,成矿金属元素的搬运方式以硅碱络合离子为主,沿断裂裂隙带以紊流方式运移为主,向两侧渗滤为次,在适当的温度、压力、浓度变化条件下迅速沉淀。

8. 矿床成因机制

根据上述地质特征的论述,甲乌拉银铅锌矿床形成于燕山晚期构造-岩浆活动演化过程中,主要受控于北西向张扭性构造破碎带及次火山斑岩体边缘构造,与浅成—超浅成相次火山斑岩体侵入有关,成矿热液有多中心来源,并以液态紊流方式为主在构造裂隙中运移、沉淀,成矿热液及成矿物质来源与次火山斑岩体具同源性,成矿热液的热源、矿源、水源主要与地壳深部上地幔岩浆活动有关,同时在上侵运移过程中从围岩中淬取了部分活化的金属元素和岩石封存水,吸收浅部地表水等参与其成矿活动,成矿温度属于中温—中低温热液类型,成矿为多阶段叠加形式,因此认为甲乌拉矿床属次火山热液脉状矿床——破碎带石英脉型。矿石铅模式年龄值集中在102.39~133.05Ma,石英二长斑岩K-Ar年龄为121.02Ma,石英脉Rb-Sr等时线年龄为140Ma,成矿时间在早白垩世。

矿床成矿模式简要说明:印支期—燕山早期,构造-岩浆活动加剧,伴随有黑云母花岗岩在矿区西北部大规模侵位,伴有中酸性火山喷溢覆盖于矿区北部;燕山晚期,地壳进一步活化,北东向区域主构造的次级横向(北西向、北西西向)木哈尔断裂带继承活动。北东向的甲乌拉背斜轴受右旋应力作用转为北西向并造成强烈的层间破碎。与深部有联系的高位富水岩浆房,分异产生中性—中酸性—偏碱性系列岩浆,主动侵位或发生潜火山作用,造成断面上锥状、平面上辐射状分布的裂隙体系,它们与区域性断裂重叠、交接、复合进一步加剧岩石破碎,又给岩浆活动造成通道,形成裂隙式或中心式火山喷溢,或岩浆沿构造通道上侵、定位,形成与成矿密切相关的多斑安山岩、次英安岩、石英斑岩和花岗斑岩等。岩浆给矿区带来多个热动力源,带来矿质和热流体,并有地表水下渗汇合组成携矿质的成矿流体,沿构造通道运移、富集、沉淀成矿。

早期的中偏高温矿化活动,主要发生在矿区南部辐射状断裂收敛区段的次火山岩体边部;中期矿化作用发生在早期岩浆半固结状态下,再次构造和岩浆上侵的冲破下,使裂隙多期次活动,并生成熔结凝灰岩。中期矿化作用普遍,形成主工业矿体,银矿化可延续在中晚期,即中低温阶段。

甲乌拉矿区可能存在由浅至深:Ag(Pb、Zn)→PbZnAg→CuPbZnAg→CuZn(Ag)→Cu(Mo)的元素组合垂直分带,与之对应,有大脉体→小脉体→细脉体、网脉带的矿体分布规律。

五、黑龙江省砂宝斯金矿床

1. 区域地质背景

砂宝斯金矿床位于上黑龙江(边缘海)Au-Cu-Mo成矿带内(Ⅲ-46),其大地构造位置隶属于天山-兴蒙造山系、大兴安岭弧盆系中漠河前陆盆地(Ⅰ-1-1),该盆地是在额尔古纳地块基底之上发育起来的中生代前陆盆地。盆地基底为古元古界兴华渡口群(Pt_1xh)片麻岩、斜长角闪岩、变粒岩、混合岩、大理岩,新元古界—下寒武统倭勒根群吉祥沟组($Pt_3\in_1 j$)浅变质细碎屑岩和上志留统—中泥盆统泥鳅河组(S_3D_2n),以及新元古代花岗岩类和晚寒武世—早奥陶世二长花岗岩、石英闪长岩。盖层为中生代沉积,自下而上划分为下—中侏罗统绣峰组、中侏罗统二十二站组和漠河组,为一套陆相砾岩、砂岩、粉砂岩等组成的陆源湖沼相碎屑岩沉积建造。盆地内出露的侵入岩较少,早白垩世花岗斑岩、花岗闪长斑岩、石英闪长岩及石英闪长玢岩多数呈小岩株状产出。漠河推覆构造西起洛古河,经漠河、北红、马伦、东达西尔根气河口子岛,全长大于220km,宽大于70km,沿黑龙江南岸的整个漠河前陆盆地分布,控制了砂宝斯、砂宝斯林场、老沟、二根河、三十二站、八里房、八道卡等金矿床(点)的产出。

2. 矿区地质特征

砂宝斯金矿床赋存在中侏罗统二十二站组(J_2er)内,赋矿岩石为砂岩—粉砂岩,以中细粒砂岩为主。东西向分布的漠河推覆构造为区域性控矿构造,砂宝斯金矿床产于漠河推覆构造内。矿区内断裂构造发育,主要有北北东、北东、北西和南北向,具有多期活动性,矿体主要受南北、北北西向断裂构造控制。矿区内岩浆岩未见大面积出露,仅见有闪长岩、石英斑岩、花岗闪长斑岩、霏细斑岩等脉岩和火山岩。这些脉岩的Rb-Sr等时线年龄为133±5Ma,早白垩世中—酸性岩脉与金矿成矿关系密切,成矿时代应属早白垩世。

3. 矿体特征

砂宝斯金矿床已发现5条矿化蚀变带,圈定工业矿体5条。各矿体总体走向为南北向,大致平行产出,矿体西倾,Ⅰ号矿体整体为近水平状,Ⅱ-1、Ⅱ-2号矿体倾角10°～30°,Ⅲ-1、Ⅲ-2号矿体倾角60°～70°。金矿(化)体主要赋存在中细砂岩中,矿体形态呈透镜状、条带状、似层状和脉状等,矿体沿走向及倾向具有分支复合、收缩膨胀及尖灭再现现象。

Ⅰ号矿体长350m,出露宽2.00～35.00m,平均厚度为11.40m,金品位1.03×10^{-6}～13.06×10^{-6},平均品位为3.50×10^{-6}。Ⅱ-1号矿体长600m,最大延深1400.00m,厚1.00～39.26m,平均厚度为7.41m,金品位为1.71×10^{-6}～19.57×10^{-6},平均品位为3.21×10^{-6};Ⅱ-2号矿体长450m,最大延深265.00m,平均厚度为2.40m,金品位为1.02×10^{-6}～11.61×10^{-6},平均品位为2.73×10^{-6}。Ⅲ-1号长550m,最大延深150.00m,厚0.50～8.83m,平均厚度为7.14m,金品位为0.37×10^{-6}～11.80×10^{-6},平均品位为3.15×10^{-6};Ⅲ-2号长260m,最大延深100.00m,平均厚度为4.02m,金品位为0.25×10^{-6}～15.28×10^{-6},平均品位为3.72×10^{-6}。

4. 矿石类型及矿物组合

矿石自然类型为蚀变砂岩型和构造破碎蚀变岩型金矿石,按蚀变砂岩粒度,可将蚀变砂岩型金矿石进一步分为粗粒蚀变砂岩型金矿石、中细粒蚀变砂岩型金矿石及蚀变粉砂岩型金矿石。矿石工业类型为贫硫化物微细粒浸染型原生金矿石及少量微细粒浸染型氧化矿石。

矿石中金属矿物含量很少,占矿石总量的1.44%～1.95%,但种类较为复杂。金属矿物主要有黄铁矿、毒砂、辉钼矿、辉锑矿、黄铜矿、方铅矿、磁铁矿,自然金属矿物有金、银金矿等;非金属矿物主要为石英、长石,其次为方解石、重晶石、黑云母、白云母、绿泥石、绿帘石等。

矿石中有益组分为金,全矿区金品位1.00×10^{-6}～19.57×10^{-6},平均金品位3.32×10^{-6}。矿区内多为低品位矿石,沿矿体走向和倾向金品位变化无规律性,金品位与矿体厚度之间无对应关系,但与矿石类型及矿化强度有明显的关系。矿石中还含有少量的银(0.42×10^{-6})、铜(0.002%)、铅(0.02%)等,均不具有综合利用价值。有害组分砷(0.13%)和碳(0.44%)含量低,对矿石选冶性能影响较小。

5. 矿石结构及构造

矿石具有自形—半自形晶结构、他形结构、包含结构、共结边结构、填隙结构、交代结构、碎裂结构及骸晶结构；具浸染状或细脉浸染状构造、角砾状构造、团斑状构造、网脉及脉状构造、束状或发状构造、球（似莓球）状构造及放射状构造。

6. 矿化阶段及分布

该矿床成矿可划分为两个主要矿化阶段，即中侏罗世初始矿源层形成阶段及早白垩世岩浆热液金成矿阶段。砂宝斯金矿床容矿围岩主要为中侏罗统二十二站组（J_2er）中细砂岩，金矿（化）体主要赋存在中细砂岩中。经对矿体围岩的含金性进行化学分析，中细砂岩中 Au 含量为 $0.98 \times 10^{-9} \sim 19.5 \times 10^{-9}$（76 件，刘少明，2002），平均值为 3.4×10^{-9}。据黎彤的研究，地壳中砂岩的金丰度值为 2.5×10^{-9}。由此可以看出，中细粒砂岩在金矿的形成过程中提供了主要成矿物质，为初始矿源层。砂宝斯金矿床发育有早白垩世闪长岩、花岗闪长岩、花岗斑岩和霏细斑岩等脉岩。在脉岩内及与围岩接触处均普遍发育浸染状黄铁矿化，其中在闪长岩脉的局部具有强烈的金矿化，品位可达 $0.46 \times 10^{-6} \sim 2.89 \times 10^{-6}$，但不形成工业矿体。对上述脉岩的微量元素分析表明，其金含量为 $15.00 \times 10^{-9} \sim 27.00 \times 10^{-9}$，说明脉岩含金量较高，可能提供了部分成矿物质。早白垩世中—酸性侵入岩浆期后含矿热液沿漠河推覆构造运移至其南北向等次级张性断裂构造，在浅成环境下发生蚀变矿化，形成金矿床。矿床的形成经历了 4 个成矿期和 6 个成矿阶段，即前锋成矿期浸染状黄铁矿—石英阶段；成矿早期粗粒黄铁矿—石英阶段；主成矿期多金属硫化物—石英阶段、黄铁矿—石英—黏土矿物阶段、黄铁矿—石英阶段；成矿晚期石英—方解石阶段。

7. 矿化蚀变带划分及分布

砂宝斯金矿区划分出 5 条矿化蚀变带，总体呈南北向分布，西倾。矿化蚀变带的展布受漠河推覆构造的次级张性断裂构造控制。围岩蚀变主要类型有硅化、黄铁矿化、碳酸盐化、绢云母化、绿泥石—绿帘石化、黏土化、石墨化和褐铁矿化。其中，硅化—黄铁矿化（多金属硫化物矿化）与金矿化关系密切。

8. 成矿物理化学条件

1）成矿温度

采用法国产 Chaixmic 冷/热台（$-180 \sim +600$℃）测定砂宝斯金矿床石英中的流体包裹体均一温度。所测流体包裹体全部为液相，共测得 26 个均一温度数据，其变化范围为 $124.5 \sim 284.5$℃，均值为 206.9℃。均一温度直方图显示为多峰型，表明成矿具有多阶段性；250℃左右峰值与早期石英—黄铁矿化有关，$200 \sim 230$℃峰值与主成矿期多金属硫化物阶段有关，$130 \sim 190$℃峰值与黄铁矿—硅化—黏土化有关。因此，认为砂宝斯金矿床的成矿温度为 $200 \sim 230$℃，属中—低温范畴。

2）成矿流体的盐度与密度

用冷冻法测得砂宝斯金矿床流体包裹体的冰点值变化范围为 $-5.9 \sim -0.3$℃，求得流体包裹体的盐度（NaCl%）值变化范围为 $0.8\% \sim 9.2\%$，平均为 5.0%，属低盐度流体。砂宝斯金矿床流体包裹体平均均一温度为 206.9℃，流体包裹体的平均密度为 $0.895 g/cm^3$。可见，砂宝斯金矿床流体包裹体的密度较低，与大多数岩浆热液密度（$\rho < 1.0 g/cm^3$）相当。因此，砂宝斯金矿床成矿流体与岩浆热液有关。

3）成矿压力及成矿深度

砂宝斯金矿床流成矿压力为 $400 \times 10^5 Pa$，成矿深度为 $1.33 km$。这与地质情况基本吻合，表明矿质是在浅部低压环境下沉淀的。

4）成矿流体的成分

用气相和液相色谱仪测定石英中流体包裹体成分。流体包裹体中气相成分以 H_2O 为主，其次为 CO_2、H_2、N_2、O_2 等含量甚微。液相成分中阳离子以 K^+、Na^+、Ca^{2+} 为主，且 $Ca^{2+}>K^+>Na^+$，阴离子以 F^-、Cl^-、SO_4^{2-} 为主，且 $SO_4^{2-}>F^->Cl^-$，属于富硫型水溶液，即 Ca^{2+}（K^+、Na^+）—SO_4^{2-}（F^-、Cl^-）型流体。Roedder 及许多地质学家经过多年研究认为，$Na^+/K^+<2$、且 $Na^+/(Ca^{2+}+Mg^{2+})>4$ 是典型的岩浆热液；$Na^+/K^+>10$、且 $Na^+/(Ca^{2+}+Mg^{2+})<1.5$ 属热卤水。经计算砂宝斯金矿床的成矿流体 $Na^+/K^+=0.42\sim0.51$，均小于 2；$Na^+/(Ca^{2+}+Mg^{2+})=0.15\sim0.18$，均小于 1.5。由此可见，砂宝斯金矿床成矿流体的来源是多源的，既反映出岩浆热液的性质，亦表现出地下热卤水的介质特征。

5）流体包裹体的 pH 值、Eh 值和 $\lg fo_2$ 值

利用流体包裹体气、液相成分分析资料，计算出成矿流体的 pH 值为 8.05～8.26，明显偏碱性；Eh 值为 −0.71～−0.68，属相对还原环境；$\lg fo_2$ 值为 −39.4～−39.2，显示氧逸度偏低。由此可见，砂宝斯金矿床成矿流体具有偏碱性、氧逸度偏低和相对还原的特点。

综上所述，砂宝斯金矿床是在成矿流体处于中低温、低盐度、低压浅成、偏碱性、高硫低氧、相对还原的物理化学条件下形成的。

9. 矿床成因机制

1）成矿物质来源

（1）同位素特征。

砂宝斯金矿床的矿石由金属硫化物黄铁矿、毒砂、方铅矿、闪锌矿等和脉石矿物石英、长石、方解石等组成，因此，测定其组成物质的硫、碳、铅、氢和氧等稳定同位素含量，可推断其成矿物质的来源。根据前人稳定同位素研究资料，砂宝斯金矿中黄铁矿 $\delta^{34}S$ 值变化于 −8.3‰～+5.6‰ 之间，极差 13.9‰，平均 +0.06‰，具岩浆硫同位素组成特点，且离散性较大。可见，成矿流体中的硫主要来自深源岩浆流体，并有容矿地层硫的加入。矿石中黄铁矿的 $^{206}Pb/^{204}Pb$ 比值变化于 17.752～18.453 之间，平均为 18.209；$^{207}Pb/^{204}Pb$ 比值变化于 15.476～5.625 之间，平均为 15.563；$^{208}Pb/^{204}Pb$ 比值变化于 37.756～38.395 之间，平均为 38.158，表现出造山带铅同位素特征。两件矿石样品的 $\delta^{13}C_{PDB}$ 值分别为 −21.2‰、21.1‰，平均值为 −21.15‰，其组成与近代沉积物中有机质碳的 $\delta^{13}C_{PDB}$ 值（−27‰～−20‰）相吻合，反映成矿热液中的碳来源于围岩沉积地层。3 件脉石矿物石英中的 $\delta^{18}O$ 值变化范围为 18.3‰～23.9‰，平均值为 20.3‰；$\delta^{18}O_{H_2O}$ 值变化范围为 6.6‰～12.6‰，平均值为 8.8‰；δD 值变化范围为 −104‰～−89‰，平均值为 −96‰。表明成矿流体是岩浆热液与大气降水的混合流体。

（2）微量元素特征。

对矿区内大理岩、砂岩、闪长岩、霏细岩及花岗斑岩中微量元素的测试分析表明：硅化大理岩的微量元素随含金量的增高，Ag、Pb、Mo、Ni、Sr、Ba、Zr 增高，As、Sb、Co、V、Ti、Rb、Cr、W、In 降低。闪长岩相对富集 Co、Cr、Ni、V、Ti、Sr、Ba，霏细岩和花岗斑岩相对富集 Pb、Co。矿化砂岩中的 As、Sb、Rb 的含量要高于其他各类岩石，Co、Ti、Sr 的含量低于其他各岩石，V 的含量低于侵入岩而高于大理岩，Ba 的含量低于闪长岩而高于其他各类岩石，Rb/Sr 比值也高于其他岩石。因此，该矿床成矿物质主要来源于与矿体空间关系密切的中侏罗统二十二站组中细砂岩。岩（矿）石微量元素聚类分析结果表明：Au 与 Tl、Sn 相关程度最高，相关系数为 0.797，其次与 As、Sb、Rb 的相关系数为 0.532，与 Ag 的相关系数为 0.144，而与其它元素不相关，也就是说 Tl、Sn 具指示找金作用最大，其次为 As、Sb、Rb。

2）成因类型探讨

砂宝斯金矿床是大兴安岭北部唯一的大型岩金矿床，先后有"新类型"金矿、蚀变砂岩型金矿、沉积

型中低温热液金矿和浅成造山型金矿等观点。砂宝斯金矿床受区域性的漠河推覆构造控制,矿体严格受漠河推覆构造派生的近南北向次级张扭性断裂构造控制,矿(化)体赋存于中侏罗统二十二站组中细砂岩中;矿体形态呈透镜状、条带状、似层状和脉状;金矿石中金属硫化物以黄铁矿为主,硫化物含量一般不超过3%,为少硫化物型矿石;围岩蚀变发育,主要有硅化、黄铁矿化、碳酸盐化、绢云母化、绿泥石化、黏土化、石墨化和褐铁矿化。矿床的稳定同位素研究表明,砂宝斯金矿中黄铁矿δ^{34}S值变化于$-8.3‰\sim+5.6‰$之间,极差13.9‰,平均$+0.06‰$,具岩浆硫同位素组成特点,并有容矿地层硫的加入;铅同位素组成表现为造山带铅同位素特征;碳同位素组成显示砂岩中的碳质在成矿过程中发生过活化、迁移;氢、氧同位素组成显示成矿流体是岩浆热液与大气降水的混合流体。矿床的流体包裹体研究表明,主成矿期成矿流体具有低盐度($0.8\%\sim9.2\%$,平均为5.0%)、中低温($200\sim230℃$)、低压(400×10^5Pa)、低密度(平均为0.895g/cm^3)、偏碱性、氧逸度偏低的特点,属于富硫型水溶液,即Ca^{2+}(K^+、Na^+)—SO_4^{2-}(F^-、Cl^-)型流体。

上述特征与低硫化型浅成低温热液金矿床特征相似,因此将其划分为低硫化型浅成低温热液金矿床。依据矿产预测评价技术要求中金矿床类型划分原则,砂宝斯金矿床属破碎-蚀变岩型金矿床,成矿模式见图3-7。

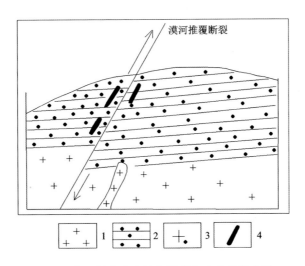

图3-7 砂宝斯式破碎蚀变岩型金矿成矿模式图
1.基底;2.碎屑沉积岩;3.花岗斑岩;4.Au矿体

10. 找矿标志

(1)断裂构造找矿标志:有规模较大的南北向断裂及与其配套的次级断裂,且在次级断裂发育地段为成矿的有利地段。发育于中侏罗统二十二站组(J_2er)砂岩与基底接触面之上的砂岩中的缓倾角断裂构造。

(2)地层找矿标志:中侏罗统二十二站组(J_2er)含火山碎屑的粗—粉砂岩对成矿有利。

(3)地球化学找矿标志:Au元素的水系及土壤异常,且异常规模大,强度高,浓集中心明显。出现Au、As、Sb或Au、As元素组合异常,异常套合紧密,Au、As元素组合异常可能指示深部有隐伏矿(化)体存在。

(4)蚀变找矿标志:出现硅化、黄铁矿化、碳酸盐化、绢云母化、黏土矿化、褐铁矿化等,且以硅化、黄铁矿化找矿指示作用最大。

(5)矿物找矿标志:出现黄铁矿化、毒砂、方铅矿、闪锌矿、黄铜矿等金属硫化物。

六、内蒙古岔路口钼（银铅锌）矿床

1. 区域地质背景

矿区区域大地构造部位处于额尔古纳地块，大兴安岭中生代火山岩带边部隆起处。地壳发展经历了早加里东期、海西期、燕山期等数次大的构造运动，陆壳多次裂解沉陷、褶皱回返、上升剥蚀等；特别是中生代中晚期受滨太平洋陆缘活动影响，再次发生强烈构造-岩浆活动，并伴随有较广泛的围岩蚀变和成矿作用。区域上呈北东东（近东西）向展布的伊勒呼里山隆起带，矿点、矿化异常点分布密集，是大兴安岭成矿带上资源潜力巨大的多金属成矿集中区。

2. 矿区地质特征

1) 地层

区域地层发育较全，从元古宇至新生界都有出露。中生界分布最广泛，古生界、元古宇多出露于测区东南的环宇—那都里河、长青村一带，呈北东走向带状或呈捕房体零星分布，新生界仅于沟谷中发育。主要有新元古界—下寒武统倭勒根群大网子组（$Pt_3\epsilon_1 d$）变粒岩、变长石石英砂岩；中生界上侏罗统白音高老组（J_3by）中酸性含砾凝灰岩。区内岩浆活动主要为早白垩世，岩性为二长花岗岩（$\eta\gamma K_1$）、正长斑岩（$\xi\pi K_1$）。潜火山岩主要为流纹斑岩（$\lambda\pi K_1$）。潜火山岩与成矿关系密切。

2) 侵入岩

区域上岩浆侵入活动显示出多期次、继承性、持续活动的特点，自加里东期至燕山晚期均有表现。加里东期为超基性岩侵入活动；海西晚期为石英闪长岩、花岗闪长岩、二长花岗岩等侵入活动；燕山早期有黑云母二长花岗岩、钾长花岗岩、花岗斑岩的中深成侵入，燕山晚期超浅层火山侵入活动广泛发育，有石英斑岩、花岗斑岩、闪长玢岩等。区域上燕山晚期阶段的岩浆-火山活动强烈，特别是中生代白垩纪光华期中酸性火山旋回产物广泛发育，主要岩性为流纹岩、流纹质晶屑岩屑凝灰熔岩，流纹质角砾熔结凝灰岩，英安岩、英安质晶屑岩屑凝灰熔岩为主，夹有少量灰紫色含杏仁安山岩等。其中超浅成相侵入的次火山岩（斑岩）系列及隐爆作用与该区的有色贵金属成矿关系尤为密切。元古宙以来，该区经历了大陆基底（硅铝壳）形成阶段、古亚洲洋陆缘增生演化（西伯利亚板块南部边缘发展）阶段、滨太平洋大陆边缘活动（板内发展）三大发展阶段。

区域上依据沉积建造、岩浆活动和构造变动等可划分出 5 个构造层，该地区主要发育有古元古代（下）构造层和中生代（上）构造层。由于岩浆-构造旋回的叠加造就了复杂的构造格局，构造线方向总体上呈现以北东为主，叠加发育了一系列北西、北东东及北北东向构造。受北东—北北东向深大断裂的控制及影响，沿断裂两侧及其次级断裂交叉部位发育有成批、成群的火山构造，为有色贵金属提供了良好的成矿空间。

3) 构造

区内构造以断裂为主，见北东和北西向两组断裂，在两条断裂构造的交会处，形成了火山-岩浆活动的中心，同时也形成了岔路口次火山穹隆构造-岔路口钼多金属矿床的控矿构造，其长轴方向为北东，长约 9km，宽约 3km，北西、南东两侧出露了大网子组，周围出露白音高老组，地层产状相背而倾，核部侵入了早白垩世二长花岗岩和流纹斑岩，并形成了隐爆角砾岩，同时发生了强烈的围岩蚀变和钼多金属成矿作用。围岩蚀变主要见硅化、钾化、绢云母化、水白云母化、碳酸岩化、绿帘石化、绿泥石化。矿化见褐铁矿化、黄铁矿、辉钼矿、闪锌矿化、方铅矿化，局部偶见星点状黄铜矿化。

对岔路口钼多金属矿床中 8 件辉钼矿样品进行了 Re-Os 同位素分析，数值特征，等时线图所获等时线年龄为 146.96±0.79Ma(2σ)，MSWD 值为 1.2，Os 初始比值 0.032±0.038，钼多金属矿体的形成时间为晚侏罗世，属燕山中期构造岩浆作用及相关流体活动的产物。

3. 矿体特征

地表主要为钼矿化体，赋存在流纹斑岩内。岩体总体走向为北东向，呈楔形、向南西倾覆，北东、北西侧已基本控制，南东、南西侧地势较低，探槽不到底，未控制边界。地表圈出 5 条 Mo 矿化体，Ⅰ号矿化体 Mo 最高品位 $1133×10^{-6}$、Ⅱ号矿体 Mo 最高品位 0.17%、Ⅲ号矿化体 Mo 最高品位 $1337×10^{-6}$、Ⅳ号矿体 Mo 最高品位 0.135%、Ⅴ号矿体 Mo 最高品位 0.056%。

深部通过钻探工程揭露，在 3～19 线钼矿段用 200m×200m 网度施工 25 孔，有 20 孔见到钼矿体，其中一孔见到铅锌银矿体。钼矿体控制长度 1800m，控制宽度 200～800m，控制最大延深 713m。钻孔中钼矿体平均品位 0.08%，其中工业矿体平均品位 0.12%，低品位矿体平均品位 0.04%。主矿体埋深较大，一般在 200～300m 左右。

钼矿体赋存在早白垩世流纹斑岩、流纹质隐爆角砾岩体（孔内所见，地表未出露且包含于流纹斑岩体中）内，并严格受其控制。矿体呈似层状，走向北东-南西、倾向南东，倾角 20°～38°，流纹斑岩体总体走向北东，北东窄南西宽，上部窄下部宽。

在剖面图上显示，钼矿体总体特征南东侧矿体厚，品位高、埋藏深。工业矿体与低品位矿呈互层出现，矿体之间的矿化段大部分尺段的钼品位在 0.015% 左右。且 3～19 线钼矿体延长、延深、连续性均较好。故将本区矿体视为一条矿体。

4. 矿石类型及矿物组合

金属矿物主要为黄铁矿、闪锌矿、磁黄铁矿、方铅矿，少量黄铜矿、辉钼矿等。非金属矿物主要为石英、绢云母、少量萤石、方解石等。

5. 矿石结构、构造

矿石结构主要为半自形及他形晶粒状结构。矿石构造以脉状构造与裂隙充填状构造为主，浸染状次之。

1) 矿石结构

鳞片状自形、半自形晶结构：主要见于辉钼矿，呈集合体产出，是钼矿石中主要结构。

自形至半自形晶粒状结构：主要见于早期形成的黄铁矿，矿物切面呈多边形，正方形，其间有少量半自形石英镶嵌，部分聚集成块状及条带状，是矿石中分布较多的结构。

他形晶粒状结构：在矿石中主要见于闪锌矿、方铅矿、磁黄铁矿及少量黄铜矿，它们彼此呈他形粒状嵌连相结合而成之结构，是矿石中分布最多的结构。

碎裂结构：在矿石中主要见于部分黄铁矿、石英受力破碎成大小不等的带棱角状的碎屑，其间有部分闪锌矿充填胶结，此结构在矿石中也较多。

乳浊状结构：少量黄铜矿微粒被包于闪锌矿之中，系为二者固溶体分离而成，总的分布不太多。

交代包含结构：在矿石中见少量黄铁矿被闪锌矿交代呈不规则状，且部分黄铁矿被交代残余包含于闪锌矿之中，此结构较少。

2) 矿石构造

块状构造：在矿石中由磁黄铁矿、闪锌矿、方铅矿等金属矿物为主聚集成团块状，其中仅见少量非金属矿物石英、绢云母而构成之矿物集合体之构造。

浸染状构造：由辉钼矿、少量黄铁矿、闪锌矿呈稀疏星点状较均匀地散布于非金属矿物之间而构成之构造,该构造在矿石中较普遍存在。

条带状构造:由辉钼矿、少量闪锌矿、方铅矿、黄铁矿聚集成条带状分布在矿石中,或沿非金属矿物之裂隙充填成脉状而构成,该构造在矿石中分布较普遍。

角砾状构造:在由早期生成之黄铁矿、石英被压碎呈大小不等呈角砾状碎屑,被后期闪锌矿与自形石英等矿物组成充填胶结而成之构造,此构造部分地段可见。

6. 成矿阶段划分

根据组成石英金属硫化物复合小脉的穿插关系、金属矿物的共生组合关系,将本区成矿分为两个阶段。即石英-黄铁矿阶段和石英-钾长石-辉钼矿阶段。

7. 矿化蚀变带划分及分布

本矿段的矿石类型为硫化钼矿石。根据野外编录观察,将矿区划分为3个矿化带,即方铅矿、闪锌矿、黄铁矿化带,少量黄铜矿、黄铁矿矿化带,辉钼矿、黄铁矿矿化带。矿区的矿化分带明显受热液蚀变分带互相制约,岩体的蚀变中心向外,金属元素水平分带 Mo→Mo、Zn→Pb、Zn、Ag。

8. 地球化学特征

1)主量元素特征

通过对矿区内主要侵入岩和火山岩岩石地球化学成分分析及 CIPW 标准矿物计算得出如下结果。

岩石化学类型:花岗岩、花岗斑岩、石英斑岩 SiO_2 含量 65.20%～70.01%,为酸性岩类,$K_2O/Na_2O>1$,相对富钾;里特曼指数(σ)花岗岩、石英斑岩分别为 2.88、2.64,为钙碱性岩石,花岗斑岩为 3.58,为碱性岩石,在 $Na_2O+K_2O-Al_2O_3$ 图解中样品落在钙碱性区内;分异指数(DI)为 84.00～88.72,固结指数(SL)为 5.58～8.24,表明岩浆分离结晶程度较高,岩石的酸性程度较高。标准矿物出现刚玉,为铝过饱和型花岗岩类。

侵入体的成因类型:花岗岩为深成侵入的岩基,石英斑岩、花岗斑岩体规模较小,呈岩株状产出,与围岩有明显的侵入界限,属侵入成因。在 Q-Ab-Or 图解中投影点投在低温槽附近,说明区内侵入岩为深熔岩浆成因的花岗岩。从岩石化学分析及 CIPW 标准矿物计算结果可看出,区内花岗岩、石英斑岩 SiO_2、Al_2O_3 含量与 S 型花岗岩含量相当,Na_2O 含量在 3%左右,花岗岩标准矿物出现刚玉并且含量大于1%,未见透辉石。在 A-C-F 岩石类型图解上,花岗岩、石英斑岩投点均落在 S 型花岗岩区,说明它们是由沉积岩源岩经部分熔融形成的;花岗斑岩投点落在 I 型花岗岩区内,说明该岩石是由岩浆岩源经部分熔融形成。

2)火山岩成因

流纹岩、粗安岩据 SiO_2、Al_2O_3、K_2O+Na_2O 之间关系,本区火山岩属铝过饱和、SiO_2 过饱和类型。标准矿物组合为:$Q+Or+Ab+An+C+Hy$。K_2O+Na_2O 为 7.38%,$K_2O/Na_2O>1$;分异指数(DI)高,固结指数(SL)低,说明形成该期火山岩的原始岩浆分异程度高;里特曼指数(σ)为 1.98,小于 3.3,为钙碱性系列。在 $Na_2O+K_2O-SiO_2$(TAS)图解中样品落入流纹岩区内。在 K_2O-SiO_2 图解中可以看出流纹岩在 SiO_2-AR 图解中投点落在碱性区内,属高钾酸性火山岩。据 SiO_2、Al_2O_3、K_2O+Na_2O 之间的关系,本区火山岩属正常系列 SiO_2 低度不饱和类型。标准矿物组合为:$Or+Ab+An+En+Fs+Hy$ 类型。K_2O/Na_2O 大于 1;分异指数(DI)为 23.14,分异程度弱;里特曼指数(σ)为 8.69,大于 3.3,岩石为碱性系列。在 $Na_2O+K_2O-SiO_2$(TAS)图解中样品落入粗面玄武岩区内,与岩石学定名不一致。在 K_2O-SiO_2 图解中样品投在高钾区内。在 SiO_2-AR 图解中投点落在过碱性区内。利用康迪计算公式 $=1092\times\dfrac{K_2O}{SiO_2}+0.45$,求出该区火山岩岩浆来源为:流纹岩 63.9km,粗安岩 94.8km。从岩浆来源深度看基本位于下地壳下部及上地幔。本次研究得出,岔路口钼矿床矿区花岗岩岩石化学特征:岩石 SiO_2 含量在 60.12%～70.28% 之间,平均为 65.62%, Na_2O+K_2O 在 5.93%～9.57% 之间,而且 $K_2O>Na_2O$; Al_2O_3 变化范围多在 14.74%～16.65% 之间。在 R1-R2 的构造环境判别图解中花岗岩样品投点在火山弧花岗岩区,在构造环境判别图中,花岗岩样品投点在碰撞后隆起和同碰撞的接触部位,说明其形成应与造山活动相关。

3) 稀土元素地球化学特征

本次研究得出,岔路口矿区二长花岗岩稀土配分曲线上轻重稀土分异明显,呈较陡的右倾配分曲线,不具有明显 Eu 负异常,显示出壳幔型花岗岩特征。

4) 微量元素地球化学特征

岔路口钼矿床各岩性的微量元素大离子亲石元素 Rb 含量 $(85.9～96.5)×10^{-6}$, $Sr(660.0～680.2)×10^{-6}$, $Ba(280～1228)×10^{-6}$。Rb/Ba 比值较高,Nb 含量较低,为 $(8.99～24.42)×10^{-6}$。在原始地幔标准化微量元素蛛网图上可以看出,花岗岩中 Rb、Hf、Th、U、Ta 等大离子亲石元素富集,K、Nb、P、Ti 等高场强元素亏损,Nb 含量很低,反应该花岗岩具有大陆壳的特征,可能这种花岗岩来源于增生在大陆边缘的新生地壳。

9. 矿床成因

本矿区目前所控制钼矿体呈似层状,主要分布于流纹斑岩体中。Pb、Zn、Ag 矿化体赋存在外围老地层的构造破碎带中。岔路口矿床的形成,与早白垩世光华期火山喷发旋回后期超浅成相侵入的次火山岩体及隐爆作用紧密相关。

1) 赋矿围岩条件

矿体主体赋存在早白垩世光华期火山岩及次火山岩中。

2) 控矿因素

次火山穹丘构造的控制:矿床位于北东侧的 1029 高地火山喷发中心边部,早白垩世火山喷发期后,多期次火山岩侵入在其边部形成次火山穹丘。次火山穹丘构造主体酸性火山岩,成为主要赋矿岩体,控制了矿床的产出位置。

次火山岩的控制:石英斑岩中微量元素 Pb、Zn、Ag 等含量高出区域背景值 3 倍,花岗斑岩 Mo 含量高出区域背景值 15 倍。石英斑岩超浅层侵入,在空间上与 Pb、Zn、Ag 矿体关系密切(Pb、Zn、Ag 矿体均赋存在 -200m 标高以上),其被动侵入局部隐爆所形成的裂隙成为 Pb、Zn、Ag 矿体的赋矿构造,因其富含 Pb、Zn、Ag 元素又为成矿提供物质来源;花岗斑岩与 Mo 矿体紧密相伴,钼矿体赋存于花岗斑岩体内或酸性火山岩围岩内,其侵入及隐爆活动是形成钼矿体的重要因素。

3) 矿体形态、矿化类型及矿石构造特征

铅锌银矿体呈脉状产出,呈石英-方铅矿-闪锌矿-黄铁矿组合充填于岩层构造空间中,矿石以条带状、团块状、块状构造为主,少量有细脉状;钼矿为厚大层状、似层状产出;常以单一的辉钼矿细脉或石英-辉钼矿细脉充填或交代赋存于岩石微裂隙和蚀变岩中,矿石多为细脉、网脉状,少量为浸染状。

4) 蚀变分带特征

围绕次火山斑岩侵入活动中心部位,发育有大范围的热液蚀变晕。按蚀变矿物共生组合关系,由内向外大致分 4 个带:钾化带为石英-绢云母-钾长石化组合,石英绢云母化带为石英-绢云母-萤石化等组合,泥化带为石英-蒙脱石-高岭石等,青磐岩化带为石英-绿泥石化-绿帘石化-碳酸岩-黄铁矿化组合。

因此,矿床成因归属为斑岩型钼多金属矿床。赋存在上部外圈的脉状铅锌银矿体,与富集在斑岩体周围的钼矿体均为同一成矿机制下所形成的,应同属于斑岩型成矿系列分带富集的产物。图 3-8 为岔路口钼矿床成矿模式图。

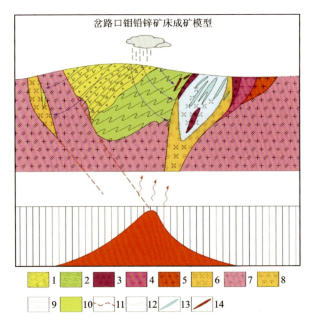

图 3-8 岔路口式斑岩型钼矿成矿模式图

1.白音高老组中酸性含砾凝灰岩;2.大网子组变粒岩、变长石砾岩;3.火山角砾岩;4.正长斑岩;5.花岗岩;6.流纹斑岩;7.二长花岗岩;8.青磐岩化;9.绢英岩化;10.钾化;11.断裂;12.地质界线;13.钼矿;14.铅锌矿体

10. 找矿标志

(1)中生代火山—岩浆活动带上火山穹隆或火山断陷盆地边缘次火山岩多期次侵入活动发育处,特别是有隐爆作用(热液角砾岩)的地段,是寻找火山热液脉型及斑岩型矿床的先决条件。

(2)大范围发育的面状分布的热液蚀变具有分带性。由中心向外逐步过渡:石英-钾长石-绢云母化带,石英-绢云母-萤石化带,石英-水白云母-高岭土化带,石英-绿泥石-绿帘石-碳酸盐-黄铁矿化带。

(3)具有土壤 Cu、Mo、Pb、Zn、Ag 等多元素组合异常,与物探自电、激电异常相符合部位,是矿体赋存的有利地段。

(4)地表发育的褐铁矿化、铁帽等是铅锌矿体的直接标志;大面积发育的铁锰染(火烧皮)钼华等是钼矿体的直接找矿标志。

(5)具有石英-钾长石化及石英-绢云母-水白云母化等典型的 Si^{4+}、K^+、OH^- 交代型面状蚀变晕。

(6)坡积层泥土或露头岩石呈特征的淡褐黄色。

七、内蒙古额仁陶勒盖银矿床

额仁陶勒盖银矿位于内蒙古自治区内蒙古新巴尔虎右汗乌拉苏木,是一个以银为唯一有用组分的大型独立银矿床。

1. 矿区地质特征

矿区出露地层主要为侏罗系塔木兰沟组中基性火山岩地层、白音高老组白色流纹质熔岩及角砾岩夹凝灰角砾岩,其次为局限于低谷中分布的第四纪堆积物。侵入岩比较发育,主要为花岗岩,其次有长石石英斑岩、流纹斑岩等次火山岩。石英脉较发育。区内构造以断裂构造为主,褶皱发育不明显。矿区断裂总体呈北东-南西走向,延长均在千米以上,均系得尔布干断裂带的组成部分。包括走向北西的汗乌拉断裂、走向北东的额仁陶勒盖断裂。它们的数条次级断裂呈等距离的网格状分布，构成本区独特的棋盘状构造的格局，并直接控制着矿区银矿体的分布。

2. 矿体特征

通过详查地质工作，在额仁矿区共划分为Ⅱ～Ⅸ 8 个矿段，共圈定 31 条有工业意义的矿体，均呈脉状产出，呈北东—北西向展布。其中 21 号、25 号、32 号、41 号、42 号、72 号、73 号、74 号、75 号及 81 号矿体规模较大。21 号矿体长 1240m，平均厚 6.81m；矿体走向 345°，倾向南西，倾角 39°～59°，最大延深 550m；矿体厚度变化系数为 88.67%；银品位变化系数为 120.43%；25 号矿体，长 230m，平均厚 5.04m；矿体走向 335°，倾向 245°，倾角 42°；矿体厚度变化系数为 89.73%；银品位变化系数为 120.43%。32 号矿体长 800m，平均厚 7.52m，矿体走向 0°，倾向 270°，倾角 40°～43°；矿体厚度变化系数为 120.56%；银品位变化系数为 120.37%。41 号矿体长 500m，平均厚 1.76m，矿体走向 30°，倾向 300°，倾角 42°～45°；矿体厚度变化系数为 62.43%；银品位变化系数为 119.26%。42 号矿体长 165m，平均厚 1.60m；矿体走向 30°，倾向 300°，倾角 42°～45°；矿体厚度变化系数为 67.88%；银品位变化系数为 120.43%。72～75 号矿体长 240～520m，平均厚度 1.32～3.37m；矿体走向 41°～50°，倾向 317°～320°，倾角 41°～60°；矿体厚度变化系数为 63.67%～133.57%；银品位变化系数为 63.67%～128.93%。81 号矿体长 240m。矿体走向 18°，倾向 288°，倾角 40°～41°，矿体局部呈膨缩现象，沿倾向延长具舒缓波状。矿体厚度变化系数为 122.69%；银品位变化系数为 122.69%。

3. 矿石类型及矿物组合

矿石自然类型：根据矿石中有用组分的含量可划分为银矿石和银锰矿石。根据矿石的氧化程度划分为氧化矿石和原生矿石。根据矿石中矿石矿物的种类可划分为石英脉型矿石，冰长石—菱锰矿—石英脉型矿石和锰硅型矿石。根据矿石结构构造可划分块状矿石、角砾状矿石、脉状矿石、浸染状矿石和葡萄状、肾状矿石等。

矿石工业类型：根据矿石中有用组分的共生组合规律和选冶特点，将矿石划分为银矿石和银锰矿石两种类型。

银矿石主要矿物有辉银矿、螺状硫银矿、黄铁矿、方铅矿、闪锌矿，脉石矿物主要有石英、长石、菱锰矿。其次有角银矿、碘银矿、硬锰矿、软锰矿、方解石等，含少量的自然银、自然金、金银矿、银金矿、黄铜矿、磁铁矿及副矿物锆石、磷灰石等。

银锰矿石主要矿物为角银矿、硬锰矿。脉石矿物为石英，其次有辉银矿、碘银矿、锰钾矿、软锰矿、长石等，含少量的溴银矿、自然金、自然银、菱锰矿、方铅矿、闪锌矿、方解石等。

4. 矿石结构构造

银矿石：相对比较简单，以隐晶结构和块状、浸染状构造为主要特征。

银锰矿石：主要有同心环带状结构、条带状结构、自形—他形粒状结构；蜂巢状构造、多孔状构造、胶体葡萄状肾状构造。

5. 矿化蚀变

矿区围岩蚀变较强，种类多，多呈带状分布。主要有硅化、银锰矿化、绢云母化、绿泥石化、方解石化、黄铁矿化，次为绿帘石化、高岭土化、冰长石、菱锰矿化。具如下特点：①蚀变程度随矿体产出部位而变化，近矿蚀变强，种类多，空间上重叠；远离矿体蚀变弱，种类少。②与矿化有关的蚀变均为中低温热液蚀变。③蚀变类型可归纳为"面型"和"线型"两种，且二者共存。④蚀变阶段较为清晰，从早到晚可分为青磐岩化、方解石绿泥石绢云母化、硅化 3 个阶段。⑤晚期蚀变叠加于早期蚀变之上。由于多期蚀变在空间上互相叠加而变得复杂化，但早期蚀变弱，分布广，而晚期蚀变强，分布范围小，时间上的先后顺序表现较为明显,据此可划分出面型和线型热液蚀变带。

"面型"蚀变分带如下。

青磐岩化带:分布广泛,从矿区到外围均可见到,宏观上岩石未发现明显变化,蚀变矿物为绢云母、绿泥石、黄铁矿、方解石。绢云母呈微晶磷片状交代斜长石边部,绿泥石、方解石呈细小片状,纤维鳞片状交代暗色矿物及隐晶质。黄铁矿自形程度好,星点状分布。该蚀变带无矿化。

方解石绿泥石绢云母化带:以绢云母化为主,分布于矿区范围内,宏观上岩石显著褪色,硬度变软,蚀变矿物主要为绢云母,其次为绿泥石、方解石、石英。绢云母呈细小鳞片状强烈交代斜长石、绿泥石、方解石呈片状、不规则粒状交代暗色矿物及隐晶质,石英呈不规则粒状嵌于斜长石粒间,矿化微弱。

硅化带:岩石碎裂强烈,硅质呈脉状,网脉状充填于岩石裂隙中,蚀变矿物以石英为主,次为菱锰矿、冰长石及方铅矿、闪锌矿、黄铜矿、黄铁矿,石英呈隐晶—显晶粗粒状,他形—半自形,沿裂隙充填分布,并向两侧渗透交代。局部地段石英脉内含有冰长石、菱锰矿和金属硫化物。银矿体主要赋存于该带内。

由于各蚀变带先后叠加,各带之间逐渐过渡。

"线形"蚀变分带:分布范围小,发育于含矿石英脉两侧。由中心向两侧为:含矿石英脉→硅化带→绢云母化带。由于含矿热液多次充填,使各带之间呈渐变过渡。

蚀变与矿化的关系:早期青磐岩化为成矿前蚀变,与矿化无直接关系。矿区银克拉克值高于地壳平均值7~14倍,为银元素迁移、富集提供了一定的有利条件。中期方解石、绿泥石、绢云母化伴有弱的银矿化,晚期硅化为主,其伴随的银锰矿化、铅锌矿化使银更进一步富集,形成了主要的工业矿体。在空间上,蚀变强的地段常为银矿体富集地段,向两侧蚀变变弱,矿化也相应变弱,矿化与蚀变联系密切。

6. 成矿物理化学条件

硫同位素特征:据15件硫同位素样品测试结果,$\delta^{34}S$值皆分布于$-3.96‰\sim+4.451‰$之间,平均值为2.29‰,以正值较多,偏离零体值不大,反映了以单一的深源为主要来源。

铅同位素特征:$^{206}Pb/^{204}Pb$值在18.078 8~18.567 6之间,$^{207}Pb/^{204}Pb$值在15.539 2~15.885 3之间;$^{208}Pb/^{204}Pb$值在38.059 6~38.531 5之间变化。铅同位素组成稳定均匀,变化幅度小,说明矿源稳定,成矿物质来自同源。

据16件石英样品均一法测温,温度在199~383℃之间,平均294℃。据20件爆裂法测温结果统计,黄铁矿的爆裂温度为300~310℃。与硫化物共生的菱铁矿爆裂温度320~380℃之间;与共生的石英气液包裹体均一测温温度基本一致。说明矿床在中—低温的条件下形成。

7. 矿床成矿要素(表3-6)

表3-6 额仁陶勒盖式火山热液型银矿额仁陶勒盖典型矿床成矿要素表

成矿要素		描述内容			要素类别
储量		Ag金属量:2354t	平均品位	Ag:180.607g/t	
矿床类型		大型热液型银矿床			
地质环境	构造背景	Ⅰ天山-兴蒙造山系、Ⅰ-Ⅰ大兴安岭弧盆系、Ⅰ-Ⅰ-2额尔古纳岛弧(Pz1)			必要
	成矿环境	Ⅱ-12:大兴安岭成矿省;Ⅲ-5:新巴尔虎右旗(拉张区)Cu-Mo-Pb-Zn-Au-萤石-煤(铀)成矿带(Ⅲ-47);Ⅲ-5-①:额尔古纳Cu-Mo-Pb-Zn-Ag-Au-萤石成矿亚带(Y、Q)			必要
	成矿时代	燕山期			必要

续表 3-6

成矿要素		描述内容			要素类别
储量		Ag 金属量:2354t	平均品位	Ag:180.607g/t	
矿床类型		大型热液型银矿床			
矿床特征	矿体形态	主要呈脉状,少数透镜状,矿体连续、稳定,无自然间断或被错开			重要
	岩石类型	安山岩、安山玄武岩、气孔状杏仁状安山质熔岩、角砾岩、安山质凝灰角砾岩、凝灰砂砾岩及流纹质熔岩			必要
	岩石结构	斑状结构、气孔状杏仁状结构、块状构造			次要
	矿石矿物	①银矿石主要矿物有辉银矿、螺状硫银矿、黄铁矿、方铅矿、闪锌矿。脉石矿物主要有石英、长石、菱锰矿。其次有角银矿、碘银矿、硬锰矿、软锰矿、方解石等;少量的自然银、自然金、金银矿、银金矿、黄铜矿、磁铁矿及副矿物锆石,磷灰石等。②银锰矿石主要矿物为角银矿、硬锰矿。脉石矿物为石英;其次有辉银矿、碘银矿、锰钾矿、软锰矿、长石等;少量的溴银矿、自然金、自然银、菱锰矿、方铅矿、闪锌矿、方解石等			重要
	矿石结构构造	①银矿石:结构为隐晶结构,构造为致密块状构造、角砾状构造、浸染状构造。②银锰矿石:结构为同心环带状结构、条带状结构、自形—他形粒状结构、半自形—他形粒状分布,构造为蜂巢状构造、多孔状构造、胶体葡萄状肾状构造、葡萄状构造			次要
	围岩蚀变	①蚀变程度随矿体产出部位而变化,近矿蚀变强,种类多,空间上重叠;远离矿体蚀变弱,种类少。②与矿化有关的蚀变均为中低温热液蚀变。③蚀变类型可归纳为"面型"和"线型"两种,且二者共存。④蚀变阶段较为清晰,从早到晚可分为青磐岩化,方解石绿泥石绢云母化,硅化 3 个阶段。⑤晚期蚀变叠加于早期蚀变之上			重要
	主要控矿因素	①中侏罗统塔木兰沟组。②矿体受主干断裂次一级北西、北东向断裂控制(NS350°~360°,NNE20°~30°,NE40°~50°)构造交结部位的岩体与围岩外接触带,或断层交叉地段往往是矿体的集中部位。③广泛的中生代火山岩背景是此矿床形成的先决条件,石英脉和硅化是找矿的最直接标志。④在岩体附近寻找高阻、高极化率异常			必要

8. 矿床成因机制

本矿床近矿围岩为中生代中基性火山岩,矿床严格受控于断裂构造,矿石呈脉状、块状构造。主要矿化与充填—交代形成的石英脉密切相关;其硫、铅同位素显示矿质来源于深部,流体包裹体测温结果表明成矿温度为中—低温。因此,初步认为矿床属与火山-岩浆活动有关的中—低温热液脉状矿床。矿床成矿时代为晚侏罗世。在燕山期受太平洋板块的边缘影响,先存的北东向的额尔古纳-呼伦湖断裂再次活动并诱发强烈的岩浆活动,岩浆的形成及岩体与矿带的分布受该断裂控制。北西与北东向的断裂交会处控制着矿田和矿床的分布和就位。形成于地壳深部及上地幔的岩浆在上侵过程中与壳源物质发生同化混染作用或使之发生部分熔融而形成矿区的花岗岩浆。该岩浆在岩浆房中发生强烈的结晶分异作用形成花岗岩浆及其派生物石英斑岩岩浆,分异出大量的富含 Cl^-、S^{2-}、Pb^{2+}、Ag^+ 的高盐度矿液,天水的加入使矿液量大增,而且水与岩浆相互作用,可能发生 OH^- 取代 Cl^-,使得岩浆中的 Cl^- 转移入高盐度矿液中,增强了流体萃取岩浆中 Ag^+ 的能力,矿液上侵后沿裂隙充填成矿。

八、内蒙古巴尔哲稀土矿床

巴尔哲位于大兴安岭南缘内蒙古自治区扎鲁特旗境内,大地构造上属于中亚造山带东部的兴蒙造山带。

1. 矿区地质特征

矿床位于巴尔哲扎拉格东西向断裂构造和北北东向背斜的复合部位。北北东向背斜为矿区主体构造。北北东向断层只有一条并切穿矿体,其倾向北西西,倾角30°~50°。矿区出露地层为晚侏罗统满克头鄂博组,为一套酸性火山熔岩及其碎屑岩,其上覆盖有第四系砂砾层,黄土、亚黏土及冰川漂砾等。巴尔哲地区碱性花岗岩由801和802两个岩体组成:801岩体为典型的稀有稀土矿化碱性花岗岩,其中锆和稀土元素的储量已达超大型矿床规模;802岩体稀土元素和某些稀有元素含量也较高,但未形成工业矿床。岩浆岩主要为侵入晚侏罗统地层的含矿钠闪石花岗岩。岩体 Rb - Sr 等时线年龄为127.2Ma,I_{sr}=0.707 1。脉岩有花岗细晶岩脉、闪长玢岩脉、长石斑岩脉及石英斑岩脉等。脉岩走向北东,个别走向北西,脉岩长30~50m,宽1~5m。含矿钠闪石花岗岩岩体特征:为东、西两个小岩体。西岩体近圆形,面积0.11km²,东岩体呈亚铃状,面积0.24km²,经证实,东西两岩体至深部汇合成一体。岩体向深部膨大,与围岩的侵入接触面均倾向围岩,倾角29°~57°。根据岩体内部结构、构造及蚀变强弱差异,在垂向和水平方向均有分带现象。水平方向从岩体边缘向中心依次出现:晶洞状钠闪石花岗岩带、伟晶状花岗岩带、强蚀变钠闪石花岗岩带。在垂直方向自上而下为:强蚀变钠闪石花岗岩带、弱蚀变似斑状花岗岩带、似斑状钠闪石花岗岩带。

2. 矿体特征

钠闪石花岗岩体中钇、铌、钽等稀有、稀土金属矿化普遍,矿化富集部位在岩体顶部自变质交代作用强烈部位。已查明东岩体顶部为一富含钇、铌、钽的厚大板状矿体。

矿体分三元素矿体和二元素矿体。三元素矿体含钇、铌、钽三元素,产于东岩体顶部,与强蚀变钠闪石花岗岩带相吻合。自地表向深部达110~150m,地表出露长1090m,宽90~347m,平面呈亚铃状,矿体产状与东岩体产状一致,向四周倾伏,倾角35°~60°。其与二元素矿体呈渐变关系。矿体四周倾伏部位有8m厚的伟晶岩体(贫矿体)。普遍硅化、角岩化,近矿体处见有萤石、钠闪石、石英等细脉。矿体稀有、稀土金属矿化均匀,在水平方向由南西向北东矿体增厚,品位增高。在垂直方向,地表品位高,向下逐渐降低,矿石品位与蚀变强弱呈正相关关系。二元素矿体产于蚀变钠闪石花岗岩岩体深部,即三元素矿下盘。矿化自上而下逐渐减弱。矿体长1090m,宽300~478m,厚206~245m。具明显的水平分带和垂直分带。在水平方向上自边部向内部分为3个相带:晶洞状钠闪石花岗岩带,伟晶状花岗岩带,强蚀变钠闪石花岗岩带。垂向上自上而下分5个带:晶洞状钠闪石花岗岩带,伟晶状花岗岩带,强蚀变钠闪石花岗岩带,弱蚀变似斑状钠闪石花岗岩带,似斑状钠闪石花岗岩带。东矿体从地表到深部分伟晶状钠闪石花岗岩带,强钠长石化钠闪石花岗岩带,弱钠长石化钠闪石花岗岩带,未被交代的钠闪石花岗岩带。

3. 矿石类型和矿石矿物

矿石自然类型为钠闪石花岗岩型矿石(稀疏浸染状矿石)。矿体中共有44种矿物,其中稀有、稀土、放射性矿物12种,其他金属矿物17种,硅酸盐矿物11种,其他矿物4种。稀有、稀土矿物主要为羟硅铍钇铈矿、铌铁矿、锌日光榴石、烧绿石、独居石、锆石,次要的为铈铀钛铁矿、黑稀金矿、氟碳钙铈矿、钍石、硅铅铀矿、方解石。

矿物生成顺序:稀有、稀土、放射性矿物,从岩浆期原生结晶阶段的晚期开始形成,但主要在岩浆晚期交代阶段形成。矿物生成顺序是:造岩矿物→铁矿物→稀有、稀土、放射性矿物→金属硫化物→次生矿物。

4. 矿石结构、构造

矿石具半自形粒状结构,斑状结构,包含结构。矿石构造为稀疏浸染状构造、斑杂状构造。

5. 围岩蚀变

岩体与围岩接触处围岩普遍遭受蚀变,主要蚀变类型有硅化、角岩化、钠闪石化,少量萤石化、碳酸盐化、绿泥石化、霓石化等。硅化普遍分布在岩层近岩体处,其蚀变分两种形式:一是面型渗透交代,二是呈细脉状沿围岩节理裂隙充填交代。蚀变宽度达20~30m。角岩化,分布在含矿岩体外接触带边缘,厚5~10m,与岩体接触处局部遭受强烈的同化混染作用,形成10~20cm的交代或混染岩。钠闪石化,主要分布在近岩体处的围岩中,呈细脉状,脉厚1~2mm。萤石化、碳酸盐化等多呈细脉状见于岩体上部及近岩体之围岩中。钠长石化是含矿岩体的重要蚀变类型,蚀变均匀,但主要分布于岩体的上部。

微量元素:钠闪石花岗岩中Nb和Ba达工业品位,Zr和Ta可综合利用。都具有独立工业矿物:兴安石、烧绿石、铌铁矿、锆石、黑稀金矿和铌金红石等。

6. 矿床成矿要素

矿床成矿元素见表3-7。

表3-7 巴尔哲岩浆分异型稀土矿巴尔哲典型矿床成矿要素表

成矿要素		描述内容		要素类别
储量		氧化物 Y_2O_3:37.81万吨,Ce_2O_3:40.62万吨	平均品位 REO:Y_2O_3:37.81%,Ce_2O_3:40.62%	
矿床类型		岩浆晚期分异型稀土矿床		
地质环境	构造背景	Ⅰ-1大兴安岭弧盆系、Ⅰ-1-7锡林浩特岩浆弧		必要
	地质环境	Ⅲ-8林西-孙吴Pb-Zn-Cu-Mo-Au成矿带(V1、I1、Ym),Ⅲ-8-②神山-白音诺尔铜、铅、锌、铁、铌(钽)成矿亚带(Y)		必要
	成矿时代	侏罗纪,全岩Rb-Sr等时线年龄125.2~127.2Ma		必要
矿床特征	矿体形态	地表出露不连续,一部分出露在矿区西南端,而主要岩体出露在矿区东半部,呈北北东向展布,前者平面呈近圆形,后者平面上呈亚铃状		重要
	岩石类型	晶洞状钠闪石花岗岩、伟晶状钠闪石花岗岩、强蚀变钠闪石花岗岩、弱蚀变似斑状钠闪石花岗岩、钠闪石花岗岩		重要
	岩石结构	半自形晶粒状结构、似斑状结构		次要
	矿石矿物	稀有稀土及放射性矿物:羟硅铍钇铈矿、铌铁矿、锌晶石榴石烧绿石、独居石、锆石;金属矿物:钛铁矿、赤铁矿、磁赤铁矿、磁铁矿、磁性钛铁矿;硅酸盐矿物:条纹长石、钠长石、钠闪石、霓石;其他矿物:石英萤石、碳硅石方解石		重要
	矿石结构构造	矿石结构:半自形晶粒状结构、斑状结构、包含状结构 矿石构造:主要有稀疏浸染状构造,其次为斑杂状构造		次要
	围岩蚀变	主要蚀变类型有硅化、角岩化、钠闪石化、钠长石化,也见有萤石化和碳酸盐化		次要
	主要控矿因素	东西向巴尔哲扎拉格断裂为碱性花岗岩浆上侵提供通道,区内短轴背斜是岩浆定位的良好空间,良好的封闭条件使矿液不易逸散,发育的岩浆收缩节理裂隙利于矿液的聚积与交代作用		必要

7. 成矿物理化学条件

Nd 和 Sr 同位素组成：$^{87}Sr/^{86}Sr$ 初始比值为 $0.698\pm7(2\sigma)$，等时线年龄为 125.2 ± 2Ma。$^{143}Nd/^{144}Nd$ 为 $0.512\,706\sim0.512\,761$，从深部到浅部 $\varepsilon_{Nd}(t)$ 略有增加，为 $+1.88\sim+2.40$。

氧同位素：巴尔哲钠闪石花岗岩东矿体 ZK001 钻孔未蚀变钠闪石花岗岩—强钠长石化花岗岩，石英 $\delta^{18}O$ 值为 $5.59‰\sim5.99‰$。ZK004 钻孔伟晶状花岗岩石英 $\delta^{18}O$ 值为 $5.77‰$。西矿地表霓石钠闪石花岗岩，石英 $\delta^{18}O$ 值为 $5.03‰\sim5.15‰$。石英在岩石形成后比较稳定，不易与大气水作用而发生同位素交换，因此它基本上保留了初始的氧同位素组成。巴尔哲钠闪石花岗岩石英 $\delta^{18}O$ 值基本上落在幔源岩石 $5.5‰\sim7.0‰$ 的范围内，说明花岗岩来源于地幔。

Nd、Sr、O 同位素组成特征表明巴尔哲钠闪石花岗岩来源于地幔，未受地壳混染。

石英中流体包裹体特征：以气液包裹体为主，由气体和少量液体组成，气液比大于 50%，一般均一到液相，形态呈椭圆形，大小为 $8\sim50\mu m$，有子矿物石盐，均一温度 $290\sim440$℃，流体盐度为 $31\%\sim33\%$ NaCl。氢同位素钠闪石花岗岩石英 $\delta^{18}O$ 值为 $5.59‰\sim5.99‰$，伟晶状花岗岩石英 $\delta^{18}O$ 值为 $5.77‰$，总体说来，该岩体石英 $\delta^{18}O$ 值为幔源岩石 $5.5‰\sim7.0‰$ 范围内，说明花岗岩来源于地幔。

8. 矿床成因机制

为岩浆晚期分异交代矿床，矿床成矿模式图如图 3-9 所示。全岩 Rb-Sr 等时线年龄 127.2Ma，$(^{87}Sr/^{86}Sr)_i=0.707\,1$（袁忠信等，2003）；全岩 $\varepsilon_{Nd}(t)=+1.88\sim+2.40$（王一先等，1997）。东矿体 Rb-Sr 等时线年龄为 125.2 ± 2Ma。杨武斌（2011）获得 801 岩体 Rb-Sr 等时线年龄为 121.6 ± 2.3Ma。

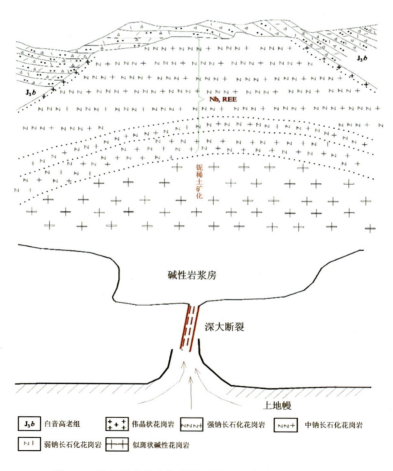

图 3-9 巴尔哲岩浆晚期分异型稀土矿床成矿模式图

九、黑龙江新街基硫铁矿床

1. 区域地质背景

新街基硫铁矿地处大兴安岭岩浆弧（Ⅱ级）锡林浩特火山—侵入岩段，古元古界兴华渡口群变质岩和晚寒武—早奥陶纪二长花岗岩分布在矿区周围，花岗岩较发育，兴华渡口群被花岗岩侵入破坏，沿黑龙江边分布，岩性主要以片麻岩和大理岩为主，后期被第三系孙吴组局部覆盖。

2. 矿区地质特征

矿区及其附近出露的主要地层是兴华渡口群（$Pt_{2-3}xh$），为一套海相沉积变质岩，岩性主要为斜长片麻岩和大理岩，受到区域地质作用，形成强烈的褶皱和片理化和脆性断裂，为后期的岩浆热液成矿创造了条件。与晚寒武世—早奥陶世侵入的二长花岗岩接触边部普遍发育有接触交代现象（图3-10）。

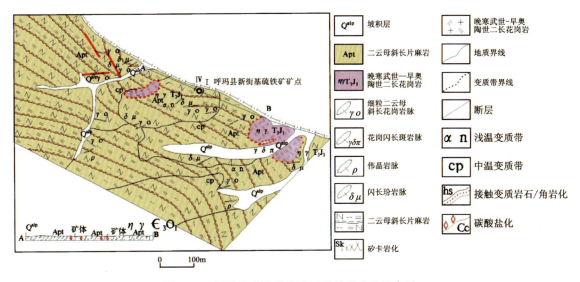

图3-10　新街基式岩浆热液型硫铁矿成矿要素图

在晚寒武世—早奥陶世有岩浆侵入，面积较大侵位强烈，将兴华渡口群的岩石吞噬，同时岩浆热液带有硫铁矿在兴华渡口群中的断裂和裂隙中富集成矿。

倭勒根河隆起之东南边缘为大面积出露之前寒武系片麻岩及花岗岩。褶皱发育强烈，沿其背斜的轴部有北西向和南东向的小的背斜和向斜，矿区发育两组断裂，分别为南东向和北西向断裂，沿断裂有小规模岩株侵入，为成矿前断裂，为成矿提供了储存空间。

矿区构造极为复杂，褶皱和断裂极为发育，矿体产在褶皱和断裂裂隙中。片麻岩发生强烈的褶皱，有的呈波浪的弯曲，有的形成直立，片麻岩中的小型褶皱，在轴部产生较多的裂隙，片理产状不一，多走向北东20°～330°，倾向南东120°～160°，倾角50°～60°，仅有少数走向北西310°～330°，倾向北东40°～60°，倾角在30°～52°之间，沿片理有很多斜长花岗岩脉侵入。片麻岩发生了强烈的褶皱。

矿区岩层节理、片理、裂隙极为发育，矿脉受北东南西向的片理裂隙所控制。

3. 矿体特征

矿床由5个矿体构成，矿体共同点是规模不大，呈脉状产出，产状变化大，倾角一般地表缓，向深部变陡，近于直立。

Ⅰ号矿体：长 100m，厚 2.7m，在平面上呈豆荚状，倾向 150°，倾角 52°，向深度变陡为 60°～70°。

Ⅳ号矿体：长 19m，厚 3.3m，脉状产出，倾向南东 200°，倾角 28°～45°。

各矿体硫平均品位：Ⅰ号矿体 10.3%，Ⅱ号矿体 15.9%，Ⅲ号矿体 13.8%，Ⅳ号矿体 9.3%，Ⅴ号矿体 9.4%。

各矿体硫 C2 级储量：Ⅰ号矿体 23 114.2t，Ⅱ号矿体 9937.2t，Ⅲ号矿体 51 612t，Ⅳ号矿体 10 533.6t，Ⅴ号矿体 26 262.6t。总储量 121 459.6t

4. 矿石类型及矿物组合

矿石主要金属矿物为磁黄铁矿、黄铁矿、磁铁矿、闪锌矿、黄铜矿、白铁矿、针铁矿；非金属矿物主要有方解石、角闪石、黑云母、石英、绿泥石等。

5. 矿石结构、构造

矿石多数为他形粒状结构、交代残余结构、胶状结构、环带状结构。

构造有块状、浸染状、角砾状、似条带构造。

6. 矿化阶段及分布

矿石分带不明显，垂向具分带性，0～3m，均为一些非常疏松的硫化物氧化后形成的褐铁矿铁帽，有一些次生矿物如褐铁矿、针铁矿、白铁矿及少量星点状黄铁矿、磁铁矿。在 3～5m 之间是一些烟灰色、灰白色少量褐红色松散物及氧化残留下来的一些黄铁矿、磁黄铁矿、磁铁矿，其脉石矿物为方解石、绿泥石、角闪石等。大于 5m 深几乎都是由磁黄铁矿组成。

7. 矿化蚀变带划分及分布

近矿围岩蚀变比较强烈，而且种类较多，大都产在矿体及其附近，主要蚀变类型为碳酸盐化、绿泥石化、绿帘石化、矽卡岩化、黑云母化，其中以碳酸盐化、绿泥石化和矽卡岩化分布最广，各种蚀变分布方向大都与矿体延伸方向一致，但界线不明显，与未蚀变岩石呈渐变过渡关系。总的蚀变顺序是：碳酸盐化—绿帘石化—绿泥石化—矽卡岩化。

碳酸盐化：主要为方解石脉，分布在矿体附近及矿体中，方解石脉宽一般 0.5～2cm，最宽可达 6～7cm，方解石脉中有较多完好的黄铜矿晶体，直径大者可达 1cm，另含有星散装和浸染状黄铜矿和磁黄铁矿及磁铁矿，在矿体中也含有细脉状、颗粒状方解石。

绿帘石化：分布不普遍，很少单独出现，与其他蚀变密切共生，仅见于矿体附近，呈细脉状和不规则的粒状绿帘石，沿岩石裂隙发育，脉宽 1～2cm，最宽者达 40～50cm，接触带附近的岩石也发生轻微的绿帘石化现象。

绿泥石化：多产于破碎带中，而且伴随有金属硫化物，与矿化关系密切。

矽卡岩化：发育在Ⅰ矿体中，矽卡岩化矿物有石榴子石、辉石、磁铁矿、磁黄铁矿、少量黄铜矿和黄铁矿。

8. 成矿物理化学条件

流体包裹体测温显示硅化岩石的流体包裹体平均温度为 343℃、绿泥石化绿帘石化硅化岩石为 337℃、黄铁矿化绿泥石化绿帘石化硅化岩石为 310℃、Ⅶ号矿体锌矿体中黄铁矿形成平均温度为 290℃，Ⅷ号矿体锌矿体形成温度 290℃；而脉石矿物石英形成温度 355℃；含 Cu、Zn、S 铁矿中黄铁矿形成平均温度为 298℃。三期黄铁矿形成温度：Ⅰ期为 255℃，Ⅱ期为 290℃，Ⅲ期为 340℃。围岩中石英形成温度为 352℃，围岩全岩形成温度为 333℃。

9. 矿床成因机制

本区岩层在成矿前已发生强烈的褶皱断裂和破碎，寒武纪—奥陶纪二长花岗岩、伟晶岩沿其断裂破碎带及岩层脆弱部位侵入，后期有强烈的含矿热液活动与围岩发生接触渗透交代和充填，在片麻岩、大理岩裂隙产生分化富集而形成矿床。而后又有含矿中性闪长玢岩脉穿过矿体，侵入在片麻岩中，在内外接触带又一次产生轻微的矿化和蚀变现象，见图3-11。

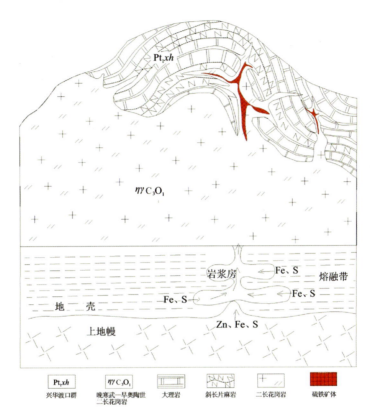

图 3-11　新基街式岩浆热液型硫铁矿成矿模式图（据韩振兴，郝正平，1996，修改）
（矿石中不同金属硫化物中的硫同位素组成差别不大，δS‰值变化于+2.0～+4.5之间，平均值为+3.61）

十、内蒙古东方红萤石矿床

1. 区域地质背景

东方红萤石矿床位于额尔古纳地块，处于新巴尔虎右旗-根河（拉张区）Cu-Mo-Pb-Zn-Ag-Au-萤石-煤（铀）成矿带（Ⅲ-47）西部，成矿区域有较厚的陆壳，张性构造发育。成矿与早白垩世钙碱质、次碱质酸性及中酸性岩浆关系密切。

2. 矿区地质特征

矿区主要出露下寒武统胡山组（$\in_1 h$）、下石炭统安庆泰河组（$C_1 a$）和上白垩统龙江组（$K_1 l$）。胡山组分布在矿区中南部，由二云母片岩、绢云母千枚岩组成，呈层状产出。安庆泰河组分布在胡山组西侧，不整合在该组之上，主要由板岩和变质泥岩组成。龙江组分布在胡山组东侧，不整合于胡山组之上，主要由火山碎屑岩组成。侵入岩为燕山期石英闪长岩和海西晚期花岗闪长岩,分布有闪长岩脉和石英斑岩脉。矿区位于额尔古纳地块中白卡鲁山火山弧的南部,北西向断裂及破碎带为控矿构造。

3. 矿体特征

矿体规模不一,呈脉状产出,产状变化不大,倾角30°~50°。主要矿体特征如下。东方红萤石矿由4个主矿体和7个从属矿体组成,矿体分布受构造裂隙控制。Ⅰ、Ⅱ、Ⅲ号矿体充填在F3断裂带中。矿体平面形态是向西撒开呈分支状,向东合拢在一起。在剖面上看,3个矿体在横向上近于平行,上部产状较陡,下部变缓;纵向上矿体向北东方向倾没,向南西方向翘起,尤其是Ⅲ号矿体更明显。Ⅳ号矿体充填在F2断裂南段的裂隙中,呈脉状,倾向东,倾角45°~55°,沿走向南西端略显倾没。

Ⅰ号矿体为矿区中最大的矿体,长200m,最厚9.36m,平均3.50m,最大延深220m。矿体呈脉状,总体走向70°~85°,倾向南东,倾角35°~45°。矿体厚度沿倾向及走向变化较稳定,矿体倾角近地表处较陡,达45°左右,沿倾向逐渐变缓,为20°左右。矿体分贫富矿两种类型,富矿略多于贫矿。富矿平均品位85%,贫矿品位多在50%。沿走向品位变化不大,沿倾向有由上至下由富变贫的趋势。矿体的顶板为硅化萤石矿化砂板岩,底板为石英闪长岩。由于成矿后期构造作用,矿体及其顶底板较破碎。矿体总储量12.8万吨,占全矿区总储量的47.6%。

Ⅱ号矿体长150m,平均垂厚1.10m,最大延深180m。矿体呈脉状,总体走向60°~70°,倾向南东,倾角30°~45°,局部可达50°,沿走向矿体略呈"之"字形弯曲,显示追踪张的特征。品位及厚度不论横向还是纵向均较稳定。矿体规模小,但矿石质量较好,富矿品位多在90%。矿体总储量3万吨,占矿区储量的11%。

Ⅲ号矿体长190m,平均厚度2.10m,最大延深210m。矿体呈脉状,总体走向北东35°,倾向南东,倾角25°~40°。矿体西端呈分支状,北部分支走向60°,南部分支走向25°左右,其北部分支近地表处矿体倾角变陡,局部可达60°左右。品位及厚度变化均较稳定。矿体顶底板均为砂板岩。矿体沿走向西端翘起,倾没端与Ⅰ号矿体合拢在一起。矿体总储量4.7万吨,占矿区总储量的17.4%。

Ⅳ号矿体分布在矿床北段的F2断裂带中,矿体展布受构造裂隙控制。走向北北东向,倾向105°,倾角50°左右。矿化带较长,但矿化不均匀,仅有5段可供工业利用,均为贫萤石矿。其中规模较大的Ⅳ②号矿体长125m,平均厚度4.30m,最大延深65m左右。矿石品位较低,最高75%。由于矿体产在地层与侵入体接触带的裂隙中,所以矿体的直接顶底板变化较大,但大体可以确定,顶板为砂板岩,底板为花岗闪长岩。矿体储量6.4万吨,C级储量2.2万吨。从属矿体分布在主矿体上下及两侧,其形态、产状等特征与主矿体相似,只是规模较小。

4. 矿石类型及矿物组合

1) 矿石类型

矿石基本属同一种类型,即以块状构造为主的石英萤石型。按工业指标要求将其按品级划分为富萤石矿及贫萤石矿。富萤石矿多呈绿色、翠绿色、紫色,少数呈浅红色,块状构造,也见有角砾状构造者,矿石主要由矿石矿物萤石组成,含量80%以上,脉石矿物含量较少,主要为石英,局部见有极少量方解石细脉及星点状黄铁矿,矿石质纯、性脆,相对密度较大。贫萤石矿多分布在矿体边部。矿石呈浅绿色、浅红色、白色,或呈花斑色。CaF_2含量50%左右,由于SiO_2含量较高,矿石多呈他形粒状或隐晶质结构,致密块状、角砾状、条带状构造。脉石矿物主要为石英及少量方解石细脉,局部见有星点状黄铁矿。矿石硬脆,比重较富萤石矿小。

2) 矿物组合

矿石矿物为单一的萤石,呈自形、半自形及他形粒状,局部见有立方体、八面体等规则的晶体外形。

多为绿色、翠绿色,也见有紫色、浅红色及白色的萤石,性脆、解理发育。脉石矿物主要为石英,偶尔见黄铁矿、磁铁矿及围岩中残留的石墨、斜长石、磷灰石、岩屑。石英呈细粒状、隐晶状集合体,也见细脉状分布于矿石中。石英和萤石相伴,呈紧密镶嵌分布,或分布于萤石颗粒间隙中。脉石矿物中还见有少星点状黄铁矿及方解石细脉。除此之外尚见有硅化变质粉砂岩及板岩、花岗闪长岩等脉石呈角砾状及条带状分布于矿石中。

3) 矿石化学成分

矿石化学成分主要为 CaF_2 及 SiO_2,这两种物质组分占95%以上,其余为 Al_2O_3、Fe_2O_3、MgO、S、$CaCO_3$ 等,占5%左右。矿石中有益组分主要为 CaF_2,含量20%~98.65%,平均含量65%。矿石有害组分为 SiO_2,其他有害杂质如 S、Ba、Zn、Pb、P 等均在允许含量范围内。萤石和石英相伴生,在含量上互为消长关系。富萤石矿中 SiO_2 含量在5%~15%,贫萤石矿中 SiO_2 平均含量在35%左右。

5. 矿石的结构及构造

矿石结构较简单,主要有全晶质粒状结构和隐晶质结构两种。富矿中萤石含量较高,多呈自形、半自形及他形粒状,少量石英呈他形粒状集合体分布在萤石粒隙间及萤石脉边缘,因此多为自形、半自形及他形粒状结构。贫萤石矿中石英含量较高,多呈微细粒状,隐晶状集合体与他形萤石颗粒镶嵌在一起,因此多为他形粒状及隐晶质结构。也见有界于二者之间的结构类型,但以前两种结构类型为主。矿石的构造主要以块状构造为主,还见有角砾状构造和条带状构造。条带状和角砾状构造的矿石多分布在矿体边部。由于矿液脉动式充填及结晶分异作用形成条带状矿石,角砾状矿石的形成较简单,萤石矿液充填并胶结围岩角砾形成角砾状矿石,或矿石受成矿后期构造破碎使矿石呈碎裂构造。

6. 成矿阶段及分布

组成矿体的矿石矿物生成顺序为:第一阶段主要形成石英脉;第二阶段萤石与石英同时形成,并胶结第一阶段形成的石英脉岩碎屑的围岩的残余碎屑;第三阶段紫色萤石形成,呈细脉状穿插前两次形成的石英、萤石;第四阶段形成的石英呈细小晶体晶出,并包围前三阶段晶出矿物。

7. 矿化蚀变及分布

蚀变较强烈,种类较多,分布不普遍,大都产生在矿体中及其附近,主要蚀变包括硅化、绢云母化、石英化、绿泥石化、绿帘石化、阳起石化、黑云母化、碳酸盐化、高岭土化。

8. 矿床成因探讨

矿床发育在花岗闪长岩体与上古生界安清泰河组砂板岩接触带后期构造裂隙中。矿体的生成严格受构造裂隙控制,成矿母岩为早白垩世石英闪长岩小侵入体,呈岩株及岩枝状沿裂隙上侵,侵入在花岗闪长岩体及砂板岩地层中。由于侵入岩浆温度逐渐降低,在冷凝的过程中,大量硅酸盐矿物析出,促使含矿气水溶液中挥发份相对增加。当压力大到一定程度时,矿液便冲开阻碍,向压力低地方运移,充填在构造裂隙中形成脉状萤石矿体(图3-11)。含矿热液自下而上的运移过程中,围岩砂板岩及花岗闪长岩这些"惰性"岩石对含矿热液成分影响不大。因此,形成的萤石矿化学成分单一,矿石为石英-萤石组合。由于围岩为非钙性岩石,因此含矿热液对围岩的蚀变作用也只限于硅化、钠长石化、绿泥石化、绢云母化、高岭土化及微弱的碳酸盐化。这些蚀变矿物为典型的中低温热液蚀变矿物组合。

综上所述,本矿床为中低温热液充填型萤石矿床,成矿与早白垩世石英闪长岩小侵入体有关,受控于构造破碎带,成矿模式见图3-12。

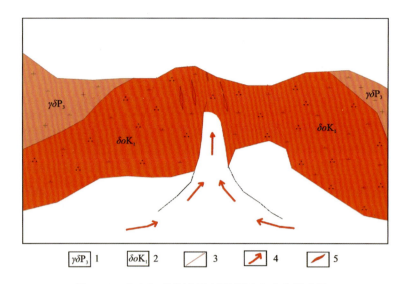

图 3-12　东方红式热液填充型萤石矿成矿模式图
1. 花岗闪长岩；2. 石英闪长岩；3. 断裂；4. 含矿热液运移方向；5. 萤石矿床

十一、黑龙江门都里石墨矿床

1. 区域地质背景

门都里石墨矿床位于兴蒙造山带、额尔古纳地块、富克山-兴华变质基底杂岩相中的兴华变质杂岩亚相（Pt_{2-3}）内。富克山-兴华变质基底杂岩相位于额尔古纳地块中部，属于额尔古纳地块的主体构造层。由中—新元古代片岩、大理岩、变质表壳岩与中元古代—早奥陶世变质深成侵入体与陆缘弧侵入杂岩、早石炭世碎屑岩构成。

兴华变质杂岩亚相（Pt_{2-3}）主要出露在额古纳地块中部门都里河与东老槽河山之间，在地块南部的多里尼河西、北极村河、塔河县南—兴华—韩家园一带断续出露，多呈孤岛状分布于晚期侵入岩中。由经历了高角闪岩相变质作用的火山-沉积岩系组成，主要岩石组合为兴华片岩-石英岩-大理岩、变质表壳岩-片麻岩、兴安桥斜长角闪岩-变粒岩-片岩-石英岩-大理岩、变质表壳岩-片麻岩，总厚度大于2000m。原岩为钙碱性基性与中—中酸性火山岩及少量碱性玄武岩组成，伴有含硅、镁、碳质碳酸盐岩及含铁硅质岩，属活动陆缘型建造组合。

新元古代末结束了陆缘建造的活动历程，地壳隆升并发生褶皱，形成近东西向的复式背斜构造，岩石普遍遭受低压区域变质作用，形成以低角闪岩相为主、局部发育高绿片岩相的变质岩组合。该变质基底杂岩形成后，先后经历了晚寒武世—早奥陶世岩浆侵入、早奥陶世—早志留世裂陷拉张、中生代强烈的岩浆侵入与火山-断陷活动的破坏，出露不连续。兴华变质杂岩亚相（Pt_{2-3}）与铁矿和石墨矿关系较密切。

2. 矿区地质特征

该矿床初始形成于中—新元古代浅海环境，兴华渡口群原岩为一套富碳碎屑岩及硅铁质岩建造，经区域变质作用形成石墨矿，成矿环境为中高温、高压环境。赋矿层位为中—新元古界新华渡口群，赋矿岩石为石墨绢云母片岩、石墨石英片岩，分布于矿区中部及东北部，呈东西—北东向展布。矿区内兴华渡口群呈单斜状态产出，被北东、北东东、北西向断裂切割，断层亦切割矿体，破坏了矿体的连续性。

3. 矿体特征

矿区内分布有42条石墨矿体，分为3个矿带。矿体呈层状、带状及扁豆状，总体呈北东-南西向展布，少部分为东西向展布。矿体大部分倾向355°～30°，少部分倾向0°～5°，倾角41°～70°。矿体在走向及倾向方向延伸较稳定，矿体长59～647m，平均延长231m，矿体厚2.5～28.6m，平均7.74m。矿石固定炭含量4.96%～5.49%，一般为贫矿，少数为中矿，极少数为富矿。

4. 矿石类型及矿物组合

矿石矿物为石墨，脉石矿物为石英、绢云母、黑云母。

5. 矿石结构构造

矿石结构主要为鳞片结构、残余花岗变晶结构、粒状变晶结构、花岗变晶结构、似斑状变晶结构、交代残留结构；矿石构造主要为块状、浸染状构造、条带状—片状构造、条带状—片麻状构造、条带状—块状构造。

6. 矿床成因机制

门都里石墨矿原岩为一套富炭细碎屑岩建造，该建造部分层位为富含碳质的页岩，碳质来源于有机质，形成环境为浅海环境。新元古代遭受区域变质作用，原岩经变质作用形成千枚岩、片岩、片麻岩等。同时，原岩中的碳质经变质作用氧化溢出，重新富集、结晶形成石墨，在区域定向压力作用下形成定向排列的鳞片状石墨，富含碳质的原岩层变质形成石墨矿体。因此，该矿为沉积变质型石墨矿。成矿时代为中—新元古代，成矿作用包括沉积作用及变质作用，赋矿层位为中上元古界新华渡口群，成矿模式见图3-13。

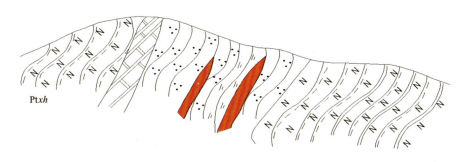

图3-13 门都里式沉积变质型石墨矿成矿模式图

7. 找矿标志

地层标志：门都里石墨矿床赋存于中—新元古界新华渡口群，该岩群是寻找门都里式石墨矿床的重要标志。

岩性标志：门都里石墨矿赋存于兴华渡口群中，赋矿岩石为绢云母石墨片岩、石墨绢云母片岩、石墨绢云母石英片岩、绢云母石墨石英片岩，上述岩石是寻找门都里石墨矿床的直接标志。

十二、黑龙江三道湾子金(银碲)矿床

1. 区域地质背景

三道湾子金矿床位于东乌珠穆沁旗-嫩江(中强挤压区)成矿带、多宝山-黑河成矿亚带(Ⅲ-48①)

内,其大地构造位置隶属于天山-兴蒙造山系、大兴安岭弧盆系中扎兰屯-多宝山岛弧(Ⅰ-1-4)。

区内发育有古元古代兴华渡口群(Pt_1xh)片麻岩、片岩、变粒岩、大理岩等及古元古代花岗岩,构成陆壳的结晶基底。新元古代早期,本区中部裂陷为海槽,至早寒武世早加里东运动使该区隆起,新元古代—早寒武世落马湖群($Pt_3\epsilon_1l$)浅变质细碎屑岩及火山岩构成结晶基底的盖层,中晚寒武世地层缺失。奥陶纪本区裂解为洋,沿嫩江-新开岭俯冲带向北俯冲,在多宝山一带形成岛弧型沉积。奥陶系主要为海相碎屑岩-火山岩建造,其中下—中奥陶统多宝山组以中基性火山岩为主,夹有细碎屑岩和碳酸盐岩,钼、铜等元素含量高,为区内的矿源层。志留系为一套砂泥质沉积海相复理石建造,泥盆纪海侵扩大,泥盆系为浅海相碎屑岩沉积夹碳酸盐岩、火山岩沉积。晚泥盆世晚期全区隆升为陆,早海西运动,使地层呈北东向褶皱,并伴随北东向和北西向断裂,海西早期花岗岩类广泛侵入。下石炭统由陆相碎屑岩及酸性火山岩组成,中海西运动在多宝山地区形成北西向背斜及北西向弧型构造带(糜棱岩发育),北东向断裂叠加,海西中期及中晚期花岗闪长岩及花岗闪长斑岩侵入,形成热液蚀变带及钼、铜矿床。晚二叠世末—早三叠世,局部张裂形成内陆湖盆,形成陆相碎屑岩及中酸性火山岩,晚三叠世末晚印支运动使陆壳裂解,重熔岩浆喷发及花岗岩侵入。中燕山期早期,受滨太平洋构造域构造活动的控制,先期断裂复活,并有火山岩喷发和同源岩浆侵入,形成晚侏罗世陆相中酸性火山岩。中燕山晚期,沿北北东向断裂带形成了中基性—酸性火山岩及同源潜火山岩、花岗岩侵入,主要为早白垩世陆相酸性火山岩、碎屑岩及中基性火山岩,并伴有热液活动,形成热液金矿床和火山—次火山岩型金矿床。

2. 矿区地质特征

三道湾子金矿床赋存在侏罗系塔木兰沟组内,岩性为粗面安山岩、粗安质火山角砾岩、安山岩、安山质自碎角砾岩、安山质火山角砾岩、含角砾岩屑晶屑凝灰岩、角砾熔岩等。塔木兰沟期火山活动以中心式喷发方式为主,岩相为喷溢相和爆发相,以喷溢相为主。在矿区附近地有塔木兰沟期古火山口,环状火山机构发育良好,爆发相位于火山口附近,呈环带状围绕火山中心分布。赋矿岩石为粗面安山岩、粗安质火山角砾岩及英安岩。下白垩统光华组覆盖于塔木兰沟组之上,岩性为流纹质含角砾凝灰岩、火山角砾岩、凝灰岩、英安岩、流纹岩等。厚度变化较大,以爆发空落相及喷溢相为主。火山机构主要为中心式,后被甘河期潜火山岩侵入。矿区以北西向断裂为主,北东向次之,含金石英脉主要充填在北西向断带中。断裂走向290°～320°,倾向北东,倾角50°～70°。断裂在空间上相距不远,具左行斜列分布特征,长120～560m,宽1～10m,在平面上略呈反S型。断裂空间分布特征显示为张(扭)性。北东向构造为控矿构造,北西向构造是导矿和容矿构造。矿区南部和东部出露的侵入岩为晚三叠世中粒二长花岗岩,岩体呈北东向不规则岩席状产出,矿区外北大沟金矿区出露晚三叠世细粒石英闪长岩,脉岩仅见有甘河期辉绿玢岩($\beta\mu$)和流纹(石英)斑岩($\lambda\pi$),均侵入塔木兰沟组粗面安山岩中,为成矿期后脉岩。三道湾子金矿赋存于侏罗系塔木兰沟组内,受构造控制较明显,燕山中期北东向盆缘大断裂强烈活动,引起了大规模火山喷发,源于深部的成矿物质(金、硫等),随断裂通道进入浅源岩浆房,北西向张性断裂带为含矿热液提供了运移和沉淀的场所,矿床形成于近地表浅成中—低温环境,其成因属于与光华期火山活动有关的火山热液型金矿床。据1:5万区调资料,光华组K-Ar同位素年龄为140.8Ma,故成矿时代属早白垩世。

3. 矿带及矿体特征

三道湾子金矿体受北西向张性断裂控制,石英脉为含金载体,次为硅化粗面安山岩。矿体形态以脉状、透镜状为主,沿走向和倾向有膨胀和狭缩现象,产状总体呈北西—南东走向,南西向侧伏。圈定出Ⅰ、Ⅱ、Ⅲ3条矿带,圈出40条矿体,其中盲矿体21条。

Ⅰ号金矿带与Ⅰ号石英脉在空间位置上基本一致,水平长度510m,总体走向310°,倾向北东,倾角53°～77°,宽2.00～12.00m,平均宽4.50m,沿走向和倾向都有膨胀和狭缩现象。矿体均赋存于侏罗系塔木兰沟组粗面安山岩、粗安质火山角砾岩中,金的载体主要为石英脉。Ⅰ2矿体为Ⅰ号矿带中主矿体,形态呈脉状,北西—南东走向延伸呈锯齿状,向西侧伏,倾向40°,倾角58°～77°。矿体地表出露长度为212.6m,最大延深180m,深部有分支,水平厚度0.81～14.30m,平均6.06m。矿体品位变化较大,1.13×10^{-6}～84.58×10^{-6},平均品位为8.03×10^{-6}。

Ⅱ号矿带位于Ⅰ号矿带南60.0m,产状与Ⅰ号矿带基本相同,走向上呈追踪张形态,断续分布,地表矿带长约210.0m,平均宽0.56m。

Ⅲ号金矿带地表出露长度为400.0m,平均宽70.0m,赋存于侏罗系塔木兰沟组安山岩中,受一组雁行斜列式张性断裂控制,矿带空间分布与石英脉基本一致,载矿岩石主要为石英脉,少量硅化安山岩。矿带由15条金矿体组成,Ⅲ1矿体为Ⅲ号矿带中主矿体,呈脉状,走向上呈波状弯曲,延伸长230m,水平厚度0.97～11.30m,平均3.81m,延深大于60m,走向产状变化较大,主体呈北西—南东向,倾向15°,倾角45°～72.5°,矿体向深部延深局部地段产状变缓。矿体品位0.43×10^{-6}～254.72×10^{-6},变化较大,平均品位14.15×10^{-6}。

4. 矿石类型及矿物组合

矿石工业类型比较简单,为含金石英脉型中的石英单脉型和石英网脉及复脉带型,局部为含金蚀变火山岩型。由于氧化带不发育,本矿区不存在氧化矿石及混合型矿石。矿石工业类型按有益元素类别划分为高硅低硫型银金矿石。

矿石中金属矿物主要为黄铁矿(含量1.76%)、磁铁矿(含量1.82%)、赤铁矿、黄铜矿、闪锌矿、方铅矿、毒砂、自然金、银金矿、辉银矿和自然银;金银主要以碲化物的形式存在,包括碲金矿、斜方碲金矿、针碲金银矿、碲金银矿、碲银矿、六方碲银矿等,与之共生的碲化物还有碲铅矿($PbTe$)和碲汞矿($HgTe$)。脉石矿物有石英、长石、高岭石、绢云母、绿泥石和方解石等。

矿石中有益组分为金,全矿区低品位及工业品位矿石平均金品位7.69×10^{-6}。矿石中伴生有益组分主要是银、铜、铅和锌。银含量较高,与金呈正相关关系,矿床平均含银27.29×10^{-6}。镉(Cd)的含量较高,3个矿石全分析样品分析结果分别为0.290%、1.13%和0.97%,而镉(Cd)的工业品位为0.002%～0.09%。因此银、镉有综合利用价值,可在金矿的开采和选冶中同时回收。铜、铅、锌因含量较低,分别为0.003%、0.003%、0.007%,暂无综合回收价值。另外,矿石中有害成分含量极少,硫仅占0.99%,赋存在金属硫化物中。

5. 矿石结构及构造

矿石具有自形、半自形及他形结构、交代结构、包含结构及碎裂结构等;具致密块状、浸染状、细(网)脉状、显微细脉浸染状、梳状、晶簇状及角砾状构造。

6. 矿化阶段及分布

早白垩世光华期火山热液活动导致了三道湾子金矿床的形成。根据三道湾子及北大沟岩金矿床矿物组合及生成顺序,将金矿化划分为3个阶段,第一阶段为石英-黄铁矿阶段,主要形成石英、黄铁矿、磁铁矿等,该阶段矿物构成了石英脉的主体。早期含矿热液沿北西向张性裂隙带充填交代围岩,形成了含少量黄铁矿的石英脉,本阶段热流体活动性强,对围岩产生了强烈的影响,但流体含金浓度低,构不成矿体,该阶段为弱金矿化阶段。第二阶段为石英-金-多金属阶段,含矿热液沿围岩及前期石英脉裂隙进行交代,胶结了前期石英脉及围岩角砾,局部形成角砾岩型矿石,金矿物大部分充填于在石英脉内的微裂隙中,形成了显微细脉-浸染型金矿化,热液中含少量黄铜矿、闪锌矿、方铅矿等金属硫化物,与金矿物紧密共生,为主要金矿化阶段。密集的含金石英细脉及网脉,叠加在主石英脉之上,组成矿体的富矿段。第三阶段为石英-碳酸盐阶段,主要生成方解石、石英、褐铁矿等矿物。方解石、石英细脉沿早期岩石和矿体的裂隙及空洞进行穿插和充填。此阶段热液温度较低,交代能力差,几乎不含金,为无矿化阶段。

此外,矿石中的蚀变矿物绢云母、高岭石和绿泥石、绿帘石等,分别主要由围岩角砾中的长石类矿物和角闪石蚀变而成,多形成于第一和第二矿化阶段。

7. 矿化蚀变带划分及分布

围岩蚀变主要有硅化、黄铁矿化、绢云母化、高岭土化、绿泥石化、绿帘石化和碳酸盐化。三道湾子矿区Ⅰ号矿带钻孔岩芯中还见萤石化。

硅化:见于石英脉两侧粗安岩、粗安质角砾岩、英安岩中。呈脉状、网脉状、细脉状和晶簇状,沿围岩裂隙进行充填和交代。硅化有三期,第一期为深灰色—黑灰色硅质脉,多被后期的石英脉穿切呈角砾状,主要成分为玉髓,角砾大小不等,多在1~5cm之间,呈次棱角状,一般与后期的石英脉界线较清晰;第二期为灰白色石英脉,该期石英脉规模较大,在地表工程、坑探工程、钻探工程中均清晰可见,脉宽窄不一,多在0.1~5m之间,成分主要由2mm左右的微晶石英颗粒组成,该期石英脉为主成矿期,构成了Ⅰ、Ⅱ、Ⅲ号矿带中含金石英脉的主体;第三期为白色—无色石英细脉—微细脉,该期石英脉规模较小,但脉壁较清晰,脉宽多在0.5~2cm之间,成分主要为微细粒石英,在坑探、钻探工程中均清晰可见第三期白色石英细脉穿切第一期深灰色石英细脉及第二期灰白色主石英脉的现象。金矿化与硅化关系密切,硅化强烈的地段矿化亦好。按交代程度蚀变岩石可划分出强硅化和弱硅化两种类型。强硅化岩石在显微镜下可见到不规则玉髓-石英微细脉及石英团块交代粗面安山岩中的斑晶和基质,交代而成的硅质含量可达40%以上,原岩成分及结构已经改变。弱硅化岩石则基本保持原来组构,在显微镜下可见到少量不规则玉髓-石英微细脉穿插于粗面安山岩、粗安质火山角砾岩中。

黄铁矿化:见有两期,较早一期主要见于粗面安山岩、粗安质火山角砾岩及石英脉中,呈黄白色,星点状、浸染状产出,晶形多呈自形、半自形,正方形、不完整粒状,反光显微镜下双反射多色性未见,均质内反射不显,具麻面,高硬度,粒度一般在0.01~0.2mm之间,少数在0.2~0.8mm之间,个别颗粒大者见骸晶结构。较晚一期见于石英脉中,颗粒细小,含量较少,多呈半自形粒状、他形粒状,反射率较前者偏高。含量一般为3%~5%,各别达10%。

黄铜矿化:分布少,仅见于ZK2钻孔、ⅢCM4穿脉和Ⅱ号矿带265TC63探槽中,黄铜矿呈铜黄色,半自形粒状,反光显微镜下双反射多色性未见,弱非均质性,内反射不显,低硬度,粒度在0.15~2mm左右。

绢云母化、高岭土化主要发育在蚀变带粗安岩中,蚀变使岩石颜色变浅,镜下可见到新生成的细小绢云母、高岭石交代长石等造岩矿物。

绿泥石化和绿帘石化主要见于粗面安山岩和粗安质火山角砾岩中,以绿泥石化为主,呈鳞片状交代暗色矿物,强度较弱。

碳酸盐化主要见于深部坑道及钻孔中,常见灰白色、灰黄色方解石细脉及网脉充填在粗面安山岩、粗安质火山角砾岩及石英脉裂隙中。

矿区围岩蚀变强度分带比较明显,从规模上看,石英脉体越大,其两侧的热液蚀变越强;从分布上看,越靠近石英脉体,蚀变越强,围岩蚀变总体呈带状,围绕石英脉两侧不对称分布,下盘蚀变带略宽。蚀变分带较明显,自石英脉向两侧依次为含金石英脉—强硅化带—弱硅化带—黄铁矿化带—黏土化带—碳酸盐化带—绿帘石、绿泥石化带。各种蚀变相互叠加,石英、黄铁矿、绢云母、高岭土、绿泥石、绿帘石多数相伴出现,由矿体向两侧蚀变逐渐减弱。碳酸盐化主要分布于构造裂隙较发育部位。

8. 成矿物理化学条件

普查阶段在主矿体采集了流体包裹体和稳定同位素样品。流体包裹体样品采自Ⅰ号矿带含金石英脉(矿体)及强蚀变岩石,石英中原生包裹体十分发育,流体包裹体测温资料及物理化学参数见表3-8,流体包裹体直径一般为2~9μm,多为气液盐水包裹体,少量液相盐水包裹体、气体包裹体。流体包裹体均一温度变化范围为181~267℃,流体包裹体盐度$\omega(NaCl_{eq})$变化范围为15.6%~16.9%,平均16.1%,盐度中等。

表 3-8　三道湾子金矿流体包裹体特征及物理化学参数表

样号	岩石名称	流体包裹体	测试矿物	包裹体大小（μm）	气液比（％）	均一温度（℃）	盐度 ω（％）
BT2	强硅化安山岩	液相盐水包体 15％，气液盐水包体 80％，气体包体 5％	石英	2～9	15～40	267	15.6
BT3	石英脉	液相盐水包体 10％，气液盐水包体 75％，气体包体 15％	石英	2～7	20～40	262	16.2
BT6	强硅化安山岩	液相盐水包体 25％，气液盐水包体 70％，气体包体 5％	石英	2～5	20～40	201	
BT7	强硅化安山岩	液相盐水包体 10％，气液盐水包体 75％，气体包体 15％	石英	2～7	20～30	181	
BT8	石英脉	液相盐水包体 10％，气液盐水包体 70％，气体包体 20％	石英	2～6	10～50	232	15.8
BT9	石英脉	液相盐水包体 15％，气液盐水包体 80％，气体包体 5％	石英	2～6	20～40	206	
BT10	石英脉	液相盐水包体 15％，气液盐水包体 80％，气体包体 5％	石英	2～7	20～30	262	16.9

注：测试单位为国土资源部矿产资源研究所。

稳定同位素样品采自Ⅰ号和Ⅲ号矿带含金石英脉（矿体），硫同位素样测试选定矿石中的黄铁矿，氢氧同位素样测试则取自石英中的流体包裹体。分析结果表明，$\delta^{34}S$ 值为 $-1.1‰$～$1.7‰$，极差 $2.8‰$，均值为 $1.1‰$，分布范围集中，接近陨石硫，具有明显的幔源硫特点，说明矿体中硫来源于深部岩浆。对比国内几个金矿床硫同位素分布情况，本矿床最接近陨石型，硫的来源较单一，在从深部向上迁移，乃至进入含矿热液的过程中基本没有异源硫混入，见图 3-14。三道湾子金矿含金石英脉氢氧同位素测试结果显示（表 3-9）$\delta^{18}O_{V-SMOW}$ 变化范围：$-2.3‰$～$-0.2‰$，$\delta D_{V-SMOW}‰$ 变化范围 $-110‰$～$-85‰$。

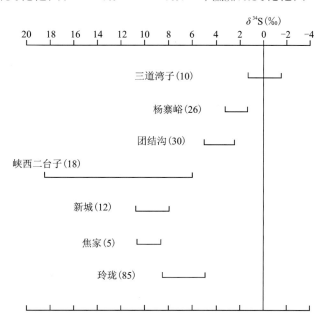

注：括号中数字为样品数

图 3-14　国内部分金矿床硫同位素分布图

表 3-9　三道湾子金矿氢氧硫稳定同位素分析结果一览表

样号	测定对象	T_h (℃)	$\delta D_{V\text{-}SMOW}$ (‰)	$\delta^{18}O_{V\text{-}SMOW}$ (‰)	$\delta^{18}O_{H_2O}$ (‰)	样号	测定对象	$\delta^{34}S_{V\text{-}CDT}$ (‰)
TZ11	石英	181	−110	−2.3	−15.3	TZ1	黄铁矿	−1.1
TZ12	石英	232	−107	−2.0	−11.9	TZ2	黄铁矿	0.5
TZ13	石英	206	−97	−1.8	−13.1	TZ3	黄铁矿	1.0
TZ14	石英	262	−86	−0.2	−12.0	TZ4	黄铁矿	0.8
TZ15	石英	264	−94	−1.8	−10.1	TZ5	黄铁矿	−0.8
TZ16	石英		−103	−2.2		TZ6	黄铁矿	−0.2
TZ17	石英		−95	−0.7		TZ7	黄铁矿	0.0
TZ18	石英	201	−85	−1.5	−13.1	TZ8	黄铁矿	−0.3
TZ19	石英	267	−89	−1.7	−9.9	TZ9	黄铁矿	−0.5
TZ20	石英	262	−92	−1.9	−10.3	TZ10	黄铁矿	1.7

注：测试单位为国土资源部矿产资源研究所，表中 T_h 为实测平均值。

采用分馏方程计算可得，$\delta^{18}O_{H_2O}=-15.3‰\sim-9.9‰$。所有 $\delta D_{V\text{-}SMOW}$ 均低于 −85‰，与本区中生代雨水（张理刚，1985）和现代雨水的组成相近，反映成矿流体明显受大气降水的影响。在 $\delta D_{V\text{-}SMOW}$ - $\delta^{18}O_{H_2O}$ 关系图上，投影点落在大气降水线附近，表明成矿流体主要由大气降水组成，见图 3-15。

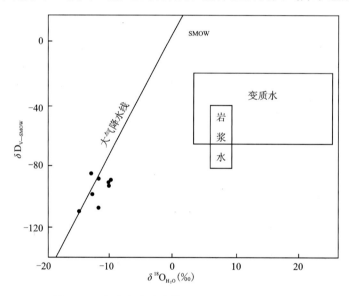

图 3-15　金矿床成矿流体 $\delta D_{V\text{-}SMOW}$ - $\delta^{18}O_{H_2O}$ 图

9. 矿床成因机制

三道湾子矿床已发现的石英脉、矿体和矿化体，多呈北西向展布，表明三道湾子金矿床明显受北西向断裂构造控制。北西向断裂系统是其矿液运移和赋存的有利空间。金矿化富集规律表现为金主要富集在灰白色石英脉、硅质胶结构造角砾岩和强硅化安山岩中，以硅化与金矿化关系最为密切，含金石英脉均赋存在侏罗系塔木兰沟组火山岩北西向次级张性断裂带中。

光华期火山活动晚期，残留于岩浆房中的深源热流体沿张性断裂上升，与以天水为主的流体汇合，在萃取深部及围岩中金、银等成矿元素的基础上，逐渐演化成了富硅贫硫的含矿热液。在上升过程中，随着大气降水不断大量加入，导致流体成分不断改变，同时温度、压力也随之发生变化，在浅成偏低温环境下,沿北西向张性断裂系统金元素沉淀富集成矿。矿床成因为与燕山中期光华期火山活动有关的浅成中—低温热液型金矿床。

依据矿产预测评价技术要求金矿分论金矿床类型划分原则,三道湾子金矿床属火山热液型金矿床,见图3-16。

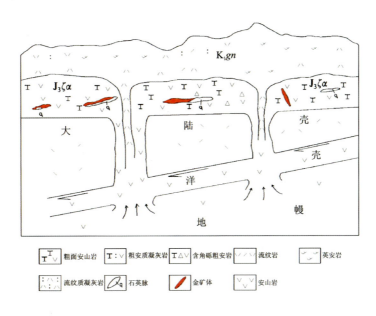

图3-16　三道湾子式火山热液型金矿床成矿模式图

10.找矿标志

地质标志:灰白色石英脉、硅质胶结构造角砾岩和强硅化安山岩;围岩蚀变有硅化、黄铁矿化、黏土化、绿泥石化、绿泥石化、碳酸盐化,以硅化与金矿化关系密切,原岩面貌较模糊;矿体沿北东向深大断裂的北西向分支断裂分布,北西向分支断裂是容矿构造;下白垩统光华组分布区。

地球化学标志:金、银、砷、锑套合好,金异常强度高之组合异常中金异常内带。

地球物理标志:带状展布的视电阻率高异常带。

时代标志:产于中生代早白垩世。

十三、黑龙江砂宝斯金矿床

1.区域地质背景

砂宝斯金矿床位于上黑龙江(边缘海)Au-Cu-Mo成矿带内(Ⅲ-46),其大地构造位置隶属于天山-兴蒙造山系、大兴安岭弧盆系中漠河前陆盆地(Ⅰ-1-1),该盆地是在额尔古纳地块基底之上发育起来的中生代前陆盆地。盆地基底为古元古界兴华渡口群(Pt_1xh)片麻岩、斜长角闪岩、变粒岩、混合岩、大理岩,晚元古界—早寒武统倭勒根群吉祥沟组($Pt_3\in_1 j$)浅变质细碎屑岩和晚志留统—中泥盆统泥鳅河组(S_3D_2n),以及晚元古代花岗岩类和晚寒武世—早奥陶世二长花岗岩、石英闪长岩。盖层为中生代沉积岩,自下而上划分为下—中侏罗统绣峰组、中侏罗统二十二站组和漠河组,为一套陆相砾岩、砂岩、粉砂岩等组成的陆源湖沼相碎屑岩沉积建造。盆地内出露的侵入岩较少,早白垩世花岗斑岩、花岗闪长斑岩、石英闪长岩及石英闪长玢岩多数呈小岩株状产出。漠河推覆构造西起洛古河,经漠河、北红、马伦、东达西尔根气河口子岛,全长大于220km,宽大于70km,沿黑龙江南岸的整个漠河前陆盆地分布,控制了砂宝斯、砂宝斯林场、老沟、二根河、三十二站、八里房、八道卡等金矿床(点)的产出。

2. 矿区地质特征

砂宝斯金矿床赋存在中侏罗统二十二站组(J_2er)内,赋矿岩石为砂岩—粉砂岩,以中细粒砂岩为主。东西向分布的漠河推覆构造为区域性控矿构造,砂宝斯金矿床产于漠河推覆构造内。矿区内断裂构造发育,主要有北北东、北东、北西和南北向,具有多期活动性,矿体主要受南北、北北西向断裂构造控制。矿区内岩浆岩未见大面积出露,仅见有闪长岩、石英斑岩、花岗闪长斑岩、霏细斑岩等脉岩和火山岩。砂宝斯金矿床发育有闪长岩、花岗闪长岩、花岗斑岩和霏细斑岩等脉岩。这些脉岩经 Rb-Sr 法年龄测试,其形成时间为 133 ± 5Ma,由于这些岩脉与金矿成矿关系密切,成矿时代应属早白垩世。

3. 矿体特征

砂宝斯金矿床已发现5条矿化蚀变带,圈定工业矿体5条。各矿体总体走向为南北向,大致平行产出,矿体西倾,Ⅰ号矿体整体为近水平状,Ⅱ-1、Ⅱ-2号矿体倾角10°～30°,Ⅲ-1、Ⅲ-2号矿体倾角60°～70°。金矿(化)体主要赋存在中细砂岩中,矿体形态呈透镜状、条带状、似层状和脉状等,矿体沿走向及倾向具有分支复合、收缩膨胀及尖灭再现现象。

Ⅰ号矿体长350m,出露宽度2.00～35.00m,平均厚度11.40m,金品位1.03×10^{-6}～13.06×10^{-6},平均品位3.50×10^{-6}。Ⅱ-1号矿体长600m,最大延深1400.00m,厚1.00～39.26m,平均厚度为7.41m,金品位为1.71×10^{-6}～19.57×10^{-6},平均品位为3.21×10^{-6};Ⅱ-2号矿体长450m,最大延深265.00m,平均厚度2.40m,金品位1.02×10^{-6}～11.61×10^{-6},平均品位为2.73×10^{-6}。Ⅲ-1号长550m,最大延深150.00m,厚0.50～8.83m,平均厚度7.14m,金品位为0.37×10^{-6}～11.80×10^{-6},平均品位3.15×10^{-6};Ⅲ-2号长260m,最大延深100.00m,平均厚度4.02m,金品位为0.25×10^{-6}～15.28×10^{-6},平均品位为3.72×10^{-6}。

4. 矿石类型及矿物组合

矿石自然类型为蚀变砂岩型和构造破碎蚀变岩型,按蚀变砂岩粒度,可将蚀变砂岩型金矿石进一步分为粗粒蚀变砂岩型金矿石、中细粒蚀变砂岩型金矿石及蚀变粉砂岩型金矿石。

矿石工业类型主要为贫硫化物微细粒浸染型原生金矿石,另有少量微细粒浸染型氧化矿石。矿石中金属矿物含量很少,占矿石总量的1.44%～1.95%,但种类较为复杂。金属矿物主要有黄铁矿、毒砂、辉钼矿、辉锑矿、黄铜矿、方铅矿、磁铁矿,氧化物有褐铁矿等,自然金属矿物有金、银金矿等;非金属矿物主要为石英、长石,其次为方解石、重晶石、黑云母、白云母、绿泥石、绿帘石等。矿石中有益组分为金,全矿区金品位1.00×10^{-6}～19.57×10^{-6},平均金品位3.32×10^{-6}。矿区内多为低品位矿石,沿矿体走向和倾向金品位变化无规律性,金品位与矿体厚度之间无对应关系,但与矿石类型及矿化强度有明显的关系。矿石中还含有少量的银(0.42×10^{-6})、铜(0.002%)、铅(0.02%)等,均不具有综合利用价值。碳(0.44%)和有害组分砷(0.13%)含量低,对矿石选冶性能影响较小。

5. 矿石结构及构造

矿石具有自形—半自形结构、他形结构、包含结构、共结边结构、填隙结构、交代结构、碎裂结构及骸晶结构;具浸染状或细脉浸染状构造、角砾状构造、团斑状构造、网脉及脉状构造、束状或发状构造、球(似莓球)状构造及放射状构造。

6. 矿化阶段及分布

砂宝斯金矿床容矿围岩主要为中侏罗统二十二站组(J_2er)中细粒砂岩,金矿(化)体主要赋存在中细粒砂岩中。经对矿体围岩的含金性进行化学分析,中细粒砂岩中 Au 含量为 $0.98×10^{-9}$~$19.5×10^{-9}$(76 件,刘少明,2002),平均值为 $3.4×10^{-9}$。据黎彤的研究,地壳中砂岩的金丰度值为 $2.5×10^{-9}$。由此不难看出,中细粒砂岩在金矿的形成过程中提供了主要成矿物质,为初始矿源层。

砂宝斯金矿床发育有早白垩世闪长岩、花岗闪长岩、花岗斑岩和霏细斑岩等脉岩。在脉岩内及与围岩接触处均普遍发育浸染状黄铁矿化,其中在闪长岩脉的局部具有强烈的金矿化,品位可达 $0.46×10^{-6}$~$2.89×10^{-6}$,但不形成工业矿体。对上述脉岩进行微量元素分析,其金含量为 $15.00×10^{-9}$~$27.00×10^{-9}$,说明脉岩含金量较高,可能提供了部分成矿物质。

早白垩世中—酸性侵入岩浆期后含矿热液沿漠河推覆构造运移至南北向次级张性断裂构造,在浅成环境下发生蚀变矿化,形成金矿床。矿床的形成经历了 4 个成矿期和 6 个成矿阶段,即前锋成矿期浸染状黄铁矿-石英阶段;成矿早期粗粒黄铁矿-石英阶段;主成矿期多金属硫化物-石英阶段、黄铁矿-石英-黏土矿物阶段、黄铁矿-石英阶段;成矿晚期石英-方解石阶段。

7. 矿化蚀变带划分及分布

砂宝斯金矿区划分出 5 条矿化蚀变带,总体呈南北向分布,西倾。矿化蚀变带的展布受漠河推覆构造的次级张性断裂构造控制。

围岩蚀变主要类型有硅化、黄铁矿化、碳酸盐化、绢云母化、绿泥石-绿帘石化、黏土化、石墨化和褐铁矿化。其中,硅化-黄铁矿化(多金属硫化物矿化)与金矿化关系密切。

8. 成矿物理化学条件

1)成矿温度

采用法国产 Chaixmic 冷/热台(-180~$+600℃$)测定砂宝斯金矿床石英中流体包裹体均一温度。所测包裹体全部为液相,共测得 26 个均一温度数据,其变化范围为 124.5~$284.5℃$,均值为 $206.9℃$。均一温度直方图显示为多峰型,表明成矿具有多阶段性;$250℃$ 左右峰值与早阶段石英-黄铁矿化有关,200~$230℃$ 峰值与主成矿阶段多金属硫化物阶段有关,130~$190℃$ 峰值与黄铁矿-硅化-黏土化有关。因此,认为砂宝斯金矿床的成矿温度为 200~$230℃$,属中—低温范畴。

2)成矿流体的盐度与密度

用冷冻法测得砂宝斯金矿床流体包裹体的冰点变化范围为 -5.9~$-0.3℃$,求得流体包裹体的盐度 $\omega(NaCleq)$ 值变化范围为 0.8%~9.2%,平均为 5.0%,属低盐度流体。砂宝斯金矿床流体包裹体平均均一温度为 $206.9℃$,求得流体包裹体的平均密度为 $0.895g/cm^3$。可见,砂宝斯金矿床流体包裹体的密度较低,与大多数岩浆热液密度($\rho<1.0g/cm^3$)相当。因此,砂宝斯金矿床成矿流体与岩浆热液有关。

3)成矿压力及成矿深度

砂宝斯金矿床流体包裹体平均均一温度为 $206.9℃$,平均盐度为 5.0%,成矿压力为 $400×10^5$ Pa,成矿深度为 1.33km。这与地质情况基本吻合,表明矿质是在浅部低压环境下沉淀的。

4)成矿流体的成分

用气相和液相色谱仪测定石英中流体包裹体成分。流体包裹体中气相成分以 H_2O 为主,其次为 CO_2、H_2、N_2、O_2 等含量甚微。液相成分中阳离子以 K^+、Na^+、Ca^{2+} 为主,且 $Ca^{2+}>K^+>Na^+$,阴离子以 F^-、Cl^-、SO_4^{2-} 为主,且 $SO_4^{2-}>F^->Cl^-$,属于富硫型水溶液,即 $Ca^{2+}(K^+、Na^+)$-$SO_4^{2-}(F^-、Cl^-)$ 型流体。

Roedder 及许多地质学家经过多年研究认为,$Na^+/K^+<2$,且 $Na^+/(Ca^{2+}+Mg^{2+})>4$ 是典型的岩

浆热液；$Na^+/K^+>10$，且 $Na^+/(Ca^{2+}+Mg^{2+})<1.5$ 属热卤水。经计算砂宝斯金矿床的成矿流体 $Na^+/K^+=0.42\sim0.51$，均小于 2；$Na^+/(Ca^{2+}+Mg^{2+})=0.15\sim0.18$，均小于 1.5。由此可见，砂宝斯金矿床成矿流体的来源是多源的，既反映出岩浆热液的性质，亦表现出地下热卤水的特征。

5）流体包裹体的 pH 值、Eh 值和 $\lg fo_2$ 值

利用流体包裹体气、液相成分分析资料，按照有关公式，计算出成矿流体的 pH 值为 $8.05\sim8.26$，明显偏碱性；Eh 值为 $-0.71\sim-0.68$，属相对还原环境；$\lg fo_2$ 值为 $-39.4\sim-39.2$，显示氧逸度偏低。由此可见，砂宝斯金矿床成矿流体具有偏碱性、氧逸度偏低和相对还原的特点。

综上所述，砂宝斯金矿床是在成矿流体处于中低温、低盐度、低压浅成、偏碱性、高硫低氧、相对还原的物理化学条件下形成的。

9. 矿床成因机制

1）成矿物质来源

（1）同位素特征。

砂宝斯金矿床的矿石由金属硫化物黄铁矿、毒砂、方铅矿、闪锌矿等和脉石矿物石英、长石、方解石等组成，因此，测定其组成物质的硫、碳、铅、氢和氧等稳定同位素含量，可推断其成矿物质的来源。

根据前人稳定同位素研究资料，砂宝斯金矿中黄铁矿 $\delta^{34}S$ 值变化于 $-8.3‰\sim+5.6‰$ 之间，极差 13.9‰，平均 $+0.06‰$，具岩浆硫特点，但离散性较大。可见成矿流体中的硫主要来自深源岩浆流体，并有容矿地层硫的加入。矿石中黄铁矿的 $^{206}Pb/^{204}Pb$ 比值变化于 $17.752\sim18.453$ 之间，平均为 18.209；$^{207}Pb/^{204}Pb$ 比值变化于 $15.476\sim5.625$ 之间，平均为 15.563；$^{208}Pb/^{204}Pb$ 比值变化于 $37.756\sim38.395$ 之间，平均为 38.158，表现出造山带铅同位素特征。两件矿石样品的 $\delta^{13}C_{PDB}$ 值分别为 $-21.2‰、21.1‰$，平均值为 $-21.15‰$，其组成与近代沉积物中有机质碳的 $\delta^{13}C_{PDB}$ 值（$-27‰\sim-20‰$）相吻合，反映成矿热液中的碳来源于围岩沉积地层本身。3 件脉石矿物石英中的 $\delta^{18}O$ 值变化范围为 $18.3‰\sim23.9‰$，平均值为 20.3‰；$\delta^{18}O_{H_2O}$ 值变化范围为 $6.6‰\sim12.6‰$，平均值为 8.8‰；δD 值变化范围为 $-104‰\sim-89‰$，平均值为 $-96‰$。表明成矿流体是岩浆热液与大气降水的混合流体。

（2）微量元素特征。

对矿区内大理岩、砂岩、闪长岩、霏细岩及花岗斑岩中微量元素的测试分析表明：硅化大理岩的微量元素随含金量的增高，Ag、Pb、Mo、Ni、Sr、Ba、Zr 增高，As、Sb、Co、V、Ti、Rb、Cr、W、In 降低。闪长岩相对富集 Co、Cr、Ni、V、Ti、Sr、Ba，霏细岩和花岗斑岩相对富集 Pb、Co。矿化砂岩中的 As、Sb、Rb 的含量要高于其他各类岩石，Co、Ti、Sr 的含量低于其他各类岩石，V 的含量低于侵入岩而高于大理岩，Ba 的含量低于闪长岩而高于其他各类岩石，Rb/Sr 比值也高于其他岩石。因此，该矿床成矿物质主要来源于与矿体空间关系密切的中侏罗统二十二站组中细粒砂岩。

岩（矿）石微量元素聚类分析结果表明：Au 与 Tl、Sn 相关程度最高，相关系数为 0.797，其次与 As、Sb、Rb 的相关系数为 0.532，与 Ag 的相关系数为 0.144，而与其他元素不相关，也就是说 Tl、Sn 具指示找金作用最大，其次为 As、Sb、Rb。

2）成因类型探讨

砂宝斯金矿床是大兴安岭北部唯一的大型岩金矿床，对矿床成因类型的认识很不一致，先后有"新类型"金矿、蚀变砂岩型金矿、沉积型中低温热液金矿和浅成造山型金矿等观点。

砂宝斯金矿床受区域性的漠河推覆构造控制，矿体严格受漠河推覆构造派生的近南北向次级张扭性断裂构造控制，矿（化）体赋存于中侏罗统二十二站组中细粒砂岩中。矿体形态呈透镜状、条带状、似层状和脉状。金矿石中金属硫化物以黄铁矿为主，硫化物含量一般不超过 3%，为少硫化物型矿石。围岩蚀变发育，主要有硅化、黄铁矿化、碳酸盐化、绢云母化、绿泥石化、黏土化、石墨化和褐铁矿化。

矿床的稳定同位素研究表明，砂宝斯金矿中黄铁矿 $\delta^{34}S$ 值变化于 $-8.3‰\sim+5.6‰$ 之间，极差 13.9‰，平均 $+0.06‰$，具岩浆硫特点，并有容矿地层硫的加入；铅同位素组成表现为造山带铅同位素特征；碳同位素组成显示砂岩中的碳质在成矿过程中发生过活化、迁移；氢、氧同位素组成显示成矿流体是

岩浆热液与大气降水的混合流体。

矿床的流体包裹体研究表明，主成矿期成矿流体具有低盐度（0.8%～9.2%，平均为5.0%）、中低温（200～230℃）、低压（400×10⁵Pa）、低密度（平均为0.895g/cm³）、偏碱性、氧逸度偏低的特点，属于富硫型水溶液，即 $Ca^{2+}(K^+、Na^+)-SO_4^{2-}(F^-、Cl^-)$ 型流体。

上述特征与低硫化型浅成低温热液金矿床特征相似，因此将其划分为低硫化型浅成低温热液金矿床。

依据矿产预测评价技术要求金矿床类型划分原则，砂宝斯金矿床属破碎-蚀变岩型金矿床，成矿模式见图3-14。

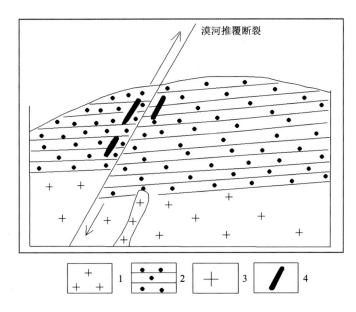

图 3-17 砂宝斯式破碎蚀变岩型金矿成矿模式图
1. 基地；2. 碎屑沉积岩；3. 花岗斑岩；4. Au矿体

10. 找矿标志

（1）断裂构造找矿标志：有规模较大的南北向断裂及与其配套的次级断裂，且在次级断裂发育地段为成矿的有利地段。发育于中侏罗统二十二站组（J_2er）砂岩与基底接触面之上的砂岩中的缓倾角断裂构造。

（2）地层找矿标志：中侏罗统二十二站组（J_2er）含火山碎屑的粗—粉砂岩对成矿有利。

（3）地球化学找矿标志：Au元素的水系及土壤异常，且异常规模大，强度高，浓集中心明显。出现Au、As、Sb或Au、As元素组合异常，异常套合紧密，Au、As元素组合异常深部可能有隐伏矿（化）体存在。

（4）蚀变找矿标志：出现硅化、黄铁矿化、碳酸盐化、绢云母化、黏土矿化、褐铁矿化等，且以硅化、黄铁矿化找矿指示作用最大。

（5）矿物找矿标志：出现黄铁矿化、毒砂、方铅矿、闪锌矿、黄铜矿等金属硫化物。

十四、内蒙古碧水铅锌（银）矿床

1. 区域地质背景

碧水火山岩型铅锌矿床地处大兴安岭弧盆系额尔古纳岛弧中的白卡鲁山火山弧南部。矿区出露与成矿有关的地层主要为中生界下白垩统光华组（K_1gn）和甘河组（K_1g）的中酸性火山熔岩和碎屑岩类。盘古河断裂与呼马河断裂均为北东走向，两断裂间形成了卡马兰河地堑，控制了中生界火山岩的喷发，为控岩构造。地堑内的北西向断层或构造破碎带为主要控矿构造。

2. 矿区地质特征

矿区出露的主要地层为下白垩统光华组（K_1gn）和甘河组（K_1g）。两组岩石为主要赋矿围岩。光华组（K_1gn）地层分布于矿区中部、南部、西部，大面积出露，主要岩性为流纹质凝灰岩、流纹质凝灰熔岩、流纹质角砾凝灰岩、流纹质含砾凝灰熔岩、流纹岩、凝灰岩、英安质凝灰岩、英安质含砾凝灰岩、英安岩、含砾凝灰岩、凝灰角砾岩、细砂岩、凝灰砂岩等。甘河组（K_1g）在矿区中、东北部零星出露，主要岩性有安山岩、玄武安山岩、气孔状和杏仁状玄武岩、安山质凝灰岩、安山质凝灰熔岩、安山质角砾凝灰岩，其不整合覆盖在光华组之上。

矿区内侵入岩主要为脉岩，有花岗斑岩脉、闪长岩脉，以闪长岩脉出露较多，均分布在光华组和甘河组火山岩地层岩石中，多呈北西向展布，规模小，长几十米，宽几米至10余米，多为脉状或扁豆状。闪长岩脉局部发育蚀变和铅锌矿化现象。脉岩形成时代层为燕山晚期。

矿区位于盘古河-卡马兰河北东向断裂和呼玛河北东向断裂带之间。具体位置在呼玛河断裂带的次级构造东西向上埃基西马亚河断裂与北西向中埃基西玛亚河断裂之间。更次一级的断裂有东西向、南北向、北西向。其中北西向断裂和构造破碎带控制了本矿区主要蚀变带和矿化带，同时也严格控制脉岩的分布。

3. 矿体特征

共有13条矿体出露，其中地表矿体9条，盲矿体4条，矿体均产于Ⅰ号矿化蚀变的破碎带内。该构造破碎带长1.5km，宽300m。矿体多呈北西向展布，倾向南西，倾角60°～80°。矿体多呈脉状、似脉状。局部具分支复合现象，矿化富集成高品位处呈囊状或扁豆状。

金属资源量（333）锌59 564t，品位3.4%，铅10 342t、品位0.59%，铜650t、品位0.04%，金94kg、品位0.05g/t，银18 117kg、品位10.34g/t。

4. 矿石类型及矿物组合

按自然类型划分，以原生矿为主，氧化矿、混合矿少。按工业类型划分，有闪锌矿矿石、闪锌矿方铅矿矿石、黄铜矿矿石。按矿石构造类型划分，以浸染状、稠密浸染状为主，块状矿石为次，局部见网脉状和条带状矿石。主要金属矿物有闪锌矿、方铅矿、磁铁矿、黄铁矿，其次为黄铜矿、磁黄铁矿。脉石矿物有石英、绢云母、绿泥石、绿帘石、方解石，次为角闪石、黑云母、白云母、钾长石。

5. 矿石结构构造

矿石结构以他形粒状、半自形粒状结构为主，自形粒状结构为次。矿石构造以块状构造、浸染状构造为主，细脉状构造和条带状构造少见。

6. 围岩蚀变

矿区蚀变带长约1.5km，宽300m，受多次火山热液活动影响，蚀变较强。

绢云母化、绿泥石化：呈显微鳞片状集合体，以短带状、波纹状、不规则团状集合体密集分布。在区内各种火山岩中普遍存在。

绿帘石化：与绿泥石化相伴形成，呈面状斑点状及沿裂隙形成细脉状，安山岩中常见。

碳酸岩化：呈隐晶—微细粒方解石集合体，呈小团块、短带状填隙，区内各种岩性均具碳酸盐化现象。

黑土化(一种软锰矿化)在地表风化岩石中明显,多沿裂隙和节理面形成,在英安岩、蚀变安山岩中普遍发育。

在近矿围岩中硅化、绢云母化尤为强烈,在裂隙发育处蚀变增强,亦可见沿裂隙充填铅锌矿细脉及浸染状铅锌矿化。另外矿区内的各种岩石均可见黄铁矿化,尤其是流纹岩、英安岩及流纹质碎屑岩中,黄铁矿化尤强。

蚀变与矿化的关系:早期硅化相伴磁铁矿化、黄铁矿化;中期硅化、绢云母化、绿泥石化相伴黄铁矿化、闪锌矿化、方铅矿化;晚期硅化、绢云母化、绿泥石化相伴闪锌矿化、方铅矿化、黄铜矿化。

7. 矿化阶段及分带性

矿化阶段主要有4个阶段。磁铁矿-石英阶段:主要形成磁铁矿和石英,少量黄铁矿。早期硫化物阶段:主要形成石英、黄铁矿、闪锌矿、黄铜矿。晚期硫化物阶段:主要形成黄铁矿、闪锌矿、黄铜矿、方铅锌。表生氧化阶段:主要由风化作用形成氧化矿物孔雀石、蓝铜矿、褐铁矿、矿石呈蜂窝状、土状构造。

矿物生成顺序:磁铁矿、石英→石英、黄铁矿、闪锌矿、黄铜矿→黄铁矿、闪锌矿、黄铜矿、方铅矿→孔雀石、蓝铜矿、褐铁矿。

矿化具有分带性,近地表方铅矿化较强,随深度增大方铅矿化渐减少,而闪锌矿化增强。

8. 矿床形成机理

矿床位于白卡鲁山火山弧南部。盘古河-卡马兰河北东向断裂与呼玛河北东向断裂间,为一地堑型火山沉积盆地环境,盆地中为白垩系火山熔岩及其碎屑岩溢流沉积。受上述断裂控制,产生的派生和次生构造亦很发育,其中北西向断裂和破碎带为本矿床形成创造了良好的条件,是火山岩浆后期热液的充填交代的有利空间。

据围岩和夹石的含矿性分析结果,围岩中英安岩锌含量在0.019%~0.68%,铅含量在0.02%~0.261%;流纹岩锌含量在0.01%~0.6%,铅含量在0.079%~0.23%;流纹质含砾凝灰熔岩锌含量在0.026%~0.52%;铅含量在0.019%~0.236%;安山岩锌含量在0.011%~0.42%,铅含量在0.011%~0.49%。夹石中,锌含量在0.048%~0.64%,铅含量在0.19%~0.2%。另外经微量元素分析,除Pb、Zn较高外,Cu、W、Bi、Hg、Au、Ag等元素丰度值也较高。

由此推断碧水铅锌矿的形成是在早白垩世火山岩浆期后的含矿热液沿着的北西向的断裂及破碎带经多次充填交代而成,成矿元素来源于含矿火山热液和交代了的围岩。矿床成因为火山热液充填交代型(图3-18)。

9. 控矿因素及找矿标志

北东向盘古河-卡玛兰河断裂与呼玛河断裂之间形成的地堑,控制了下白垩统光华组和甘河组中酸性火山岩的喷发溢出。继承和派生的后期断裂以北西向断层和破碎带为主,为火山含矿热液创造了良好空间条件。下白垩统光华组的酸性火山岩和甘河组的中性火山岩不仅是矿体围岩,也为矿体形成提供了部分成矿物质来源。

10. 找矿标志

早白垩世中酸性火山岩分布及断裂构造发育区;中酸性火山岩硅化、绢云母化、绿泥石化、绿帘石化、碳酸盐化发育地带;物探电法激电极化率较高背景段(>8%)对应视电阻率相对较低(800Ωm)地段,且与化探异常相吻合;土壤测量圈定的Zn、Pb异常地段。

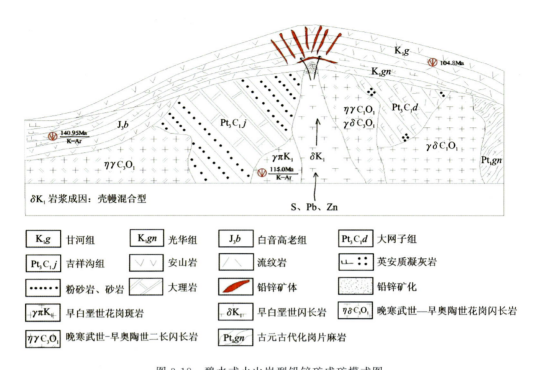

图 3-18 碧水式火山岩型铅锌矿成矿模式图
(据社向荣,黑龙江省邻区主要硫化物矿床(点)硫同位素地质特征专题报告,1983)
硫同位素:$\delta^{34}S$‰值平均+2.9‰。图中同位素年龄依据预测工作区火山岩性岩相构造图,该资料并确定光华组(K_1gn)、
甘河组(K_1g)火山岩为壳幔混合型

十五、内蒙古六一硫铁矿床

1. 矿区地质特征

矿区大面积出露宝力高庙组(C_2P_1bl),岩性为绢云母石英片岩、流纹岩、流纹质角砾熔岩、安山质角砾熔岩、安山质凝灰熔岩,硫铁矿床赋存在片岩带中。

矿区为一倾向130°,倾角50°~75°的单斜构造;断裂构造发育,多平行于区域断裂并被后期脉岩贯入。受后期构造挤压而造成的片理化及轻微破碎的构造岩分布广泛,并多为矿体的直接顶板。

2. 矿体特征

硫铁矿体赋存在片岩带中。片岩带则赋存与酸性熔岩和凝灰质中酸性熔岩的过渡带中,此带与上下熔岩大致呈过渡关系。片岩带在地表出露2330m,宽285m,走向北东,倾向南东130°,倾角66°~76°。

片岩带主要由绢云石墨片岩、石英绢云母片岩、绢云母片岩、次生石英岩、片理化中酸性凝灰熔岩等几种岩石组成。上述几种岩性普遍遭受强烈的绢云母化、叶蜡石化、硅化、绿泥石化、黄铁矿化等蚀变作用。

矿区中V号矿体为主矿体,走向长900m,储量占矿区的73.72%。矿体形状为扁豆状透镜体,沿走向矿体厚度发生变化,致使矿体呈膨缩相间之扁豆状。矿体平均厚度为10.10m,平均品位19.67%。地表氧化带长225m,平均氧化深度43m,控制最大垂深389m。矿体矿石类型为单一的黄铁矿型。

3. 成矿时代及成因类型

成矿时代为石炭纪,矿床成因类型为海相火山岩型。

4. 矿床成矿模式

矿床形成于强烈的酸性火山喷发之后。成矿流体由海水、原生水和岩浆水三者组成。矿质源于火山沉积层。在深部岩浆房和浅部火山机构热能的驱动下,上述流体发生对流循环,并且从火山碎屑沉积层中溶解成矿物质形成成矿热液,当成矿流体沿断裂及火山机构上升至浅部时,以充填-交代形式形成不整合矿体及围岩蚀变(蚀变筒),当其喷出海底时即形成喷气-沉积型整合矿体(图 3-19)。

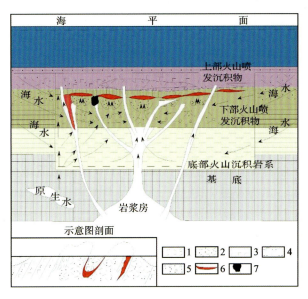

图 3-19 六一硫铁矿典型矿床成矿模式图

1.酸性熔岩;2.酸性火山碎屑岩;3.基性熔岩;4.基性火山碎屑岩;5.火山粗碎屑岩;6.硫化物沉积层;7.矿化石英钠长斑岩

第二节 大兴安岭成矿带区域成矿条件

一、地层及岩性对成矿的控制

大兴安岭的地层以前寒武纪岩层为结晶基底,早、晚古生代岩层为褶皱基底,中生代盆-岭构造层为盖层,具有"三层式"地层结构。古元古代至新元古代地层,分布于乌玛-八道卡、鄂伦春、扎兰屯、满洲里-漠河地区、兴隆地区和陈巴尔虎旗北部地区。古元古代地层为新华渡口群、宝音图群,主要为斜长角闪岩,由各类片麻岩、变粒岩、片岩、大理岩和混合岩组成。新元古代地层为佳疙疸群、零点群、新峰山群及额尔古纳河群,主要由云英石英岩、片岩、变泥砂质岩及火山碎屑岩、大理岩等组成。元古宙岩层中金平均含量 $6×10^{-9}$(1026 件样品),最高达 $0.21×10^{-6}$,说明元古宙基底岩层中含 Au 较高,为成矿提供了较丰富的物质来源(黄建军等,2010)。中—新元古代的沉积变质型石墨矿床赋矿地层为兴华渡口群,受该岩群中富炭细碎屑岩层及后期区域变质作用控制。

早古生代地层主要分布在额尔古纳河右岸、伊尔施、苏呼河及多宝山等地,主要岩性为大理岩、结晶灰岩、变粒岩、变长石石英砂岩、片岩、粉砂质板岩、凝灰质板岩及碎屑岩等,原岩主要为陆源碎屑岩组成的类复理石建造。晚古生代地层主要分布在大兴安岭中南部地区东乌期、牙克石市乌奴尔、扎敦河、免渡河、贺根山、鄂伦春、扎赉特旗至索伦镇及多宝山等地区,以二叠纪为主,主要岩性为浅海相砂岩夹火山岩、碳酸盐岩、中基性—中酸性火山岩、泥灰岩、杂砂岩、凝灰岩夹板岩及河湖相碎屑岩等，变质较浅，分布较广。古生代地层中Au的平均含量达45.3×10^{-9}（990件样品），最高达6.42×10^{-6}，说明褶皱基底岩层含金较高，为形成与热液作用有关的金矿提供了丰富的物质来源。

地层对成矿所起的作用为成矿物质的初始预富集。许多成矿物质在火山喷发沉积过程中或在沉积过程中并未能富集成具有经济价值的矿体，只有再经历后期的变形变质作用和岩浆作用的再活化而富集成矿体，如六一硫铁矿床，地层在形成过程中可使某些成矿元素预富集，而为以后不同地质时期的地区成矿作用而活化、迁移、富集成矿提供丰厚的矿质。东乌旗-嫩江成矿带内，许多有色金属矿床的围岩为奥陶纪地层，这与奥陶纪地层本身富含火山岩、大理岩等相对富铁、钙、铜、钼等元素有关，其中所富集的元素恰恰是该地区内的成矿元素，在后期构造岩浆作用下，成矿物质溶解、迁移、富集成矿，形成不同类型的矿床，这反映地层可能提供了矿质来源。

在突泉-翁牛特成矿带内，许多有色金属矿床的围岩为二叠纪地层，根据前人的研究认为二叠纪地层，特别是大石寨组和哲斯组地层富集Pb、Zn、Sn、Ag等金属元素，浓集比值Pb、Zn在1～2之间，Sn、Ag均大于2，在某些岩石类型中高达3～4或更高。Cu在二叠纪地层中含量低于克拉克值，但在基性大山熔岩、细碧岩和玄武岩中，Cu含量大于克拉克值，浓集比值可达1～3。地层中所富集的元素恰恰是该地区内的成矿元素。在成矿带南部地层中以富Sn、Zn为特征，故在南部地区主要产出Sn多金属矿床，如黄岗矿床和大井矿床。北部地区地层中富Ag、Pb，故北部地区较发育Pb、Zn、Ag和锡多金属矿床。这反映地层可能提供了矿质来源。

地层与成矿流体发生水岩反应，为成矿流体沉淀提供空间。地层中某些岩石具有较高的孔隙度，再加上构造变形而产生的裂隙，从而提高了它们的渗透性，故有利于成矿流体的进入而发生流体与岩石的物质交换反应，而使成矿物质富集沉淀成矿，尤其碳酸盐岩地层，往往与岩浆热液发生水岩反应而形成矽卡岩，在水岩反应过程中，改变了成矿流体的pH值、Eh值，从而促使成矿物质的沉淀成矿，例如梨子山铁钼矿床、罕达盖铁铜矿床等。

上述资料表明，地层在形成过程中可使某些成矿元素预富集，而为以后不同地质时期的地区成矿作用的活化、迁移、富集成矿提供丰厚的物质基础。

(一)前古生代地层

1. 古元古界兴华渡口群

出露于额尔古纳隆起区和北兴安地块内，原岩含碳质较高地段，在区域变质过程中可形成石墨矿。在北兴安地块内，兴华渡口群中的磁铁石英岩建造中局部可形成低品位铁矿。兴华渡口群一直被认为是大兴安岭北部最重要的金矿矿源层，在其出露地区产出有大量的砂金矿。

2. 青白口系佳疙疸组

分布于额尔古纳地块内的一套浅变质片岩夹大理岩组合，具有较高的金地球化学背景。近年来，在额尔古纳地块佳疙疸组地层分布区发现了八道卡金矿床。该矿床的金矿化带产于燕山期闪长岩—石英闪长岩杂岩体与糜棱岩化的佳疙疸组地层及二云母花岗岩的外接触带上。佳疙疸组变质程度虽较浅，但该组地层经历了强烈的构造运动，地层内韧性变形带发育，使金元素等发生了富集，也被认为是金的矿源层。

(二)古生代地层

1. 下寒武统兴隆群、倭勒根群和额尔古纳河组

兴隆群和倭勒根群集中分布于北兴安地块内。兴隆群为一套在裂谷边缘浅海环境下形成的细碎屑-

碳酸盐岩-火山复理石沉积建造,具有碳、泥、硅、灰组合建造特征,该群地层分布区内,形成了一些中小型砂金矿,从已发现的岩金矿点特征和岩性组合分析,兴隆群具有金矿成矿的初始矿源层意义。倭勒根群为一套在深水还原环境下形成的细碎屑-碳酸盐岩建造,该群的各类岩性中金元素含量最高的是变砂岩、黄铁矿化变流纹岩、黑云母微晶片岩、阳起石板岩,其次是绢云板岩、变细碧岩、变安山岩和糜棱岩,区内一些有色、贵金属矿床与该岩群的成矿关系表明,其具有有色、贵金属成矿初始矿源层的意义,尤其是碳、泥、灰组合建造对成矿最有利。

额尔古纳河组浅海碎屑岩-碳酸盐岩组合主要分布于额尔古纳隆起区的莫尔道嘎以北地区,在上黑龙江盆地和满洲里-克鲁伦浅火山盆地也有零星分布。该组碳酸盐岩与后期侵入岩的接触部位见有矽卡岩型铅、锌、铜矿化,是形成矽卡岩型矿床的有利条件。如洛古河钨锡钼多金属矿点和奇乾东铜(金)矿点。俄罗斯赤塔州境内的鲁戈卡因、贝斯特里和库尔图明矽卡岩型铜金矿均沿额尔古纳河北西岸分布,构成一个北东向矽卡岩型铜金矿带,矿床均产于晚侏罗世花岗岩类(花岗闪长岩、花岗闪长斑岩、花岗正长斑岩和闪长斑岩)与早寒武世大理岩接触带。其中鲁戈卡因矿床铜储量为169.8万吨,金储量达167t;库尔图明矿床铜储量预计为250万吨(沈存利,1998)。

2. 下—中奥陶统多宝山组

研究区奥陶系地层较为发育,在不同的构造环境形成了不同的建造类型。其中,分布于鄂伦春晚古生代中期增生带内的下—中奥陶统多宝山组为一套海相中酸性火山岩夹页岩、板岩的沉积组合,属产于火山岛弧带的海底火山喷发-沉积建造。控矿地层为多宝山组角岩和大理岩,为多宝山斑岩型铜矿床的含矿岩体侵位地层,并为斑岩型铜矿床的形成提供了部分矿质。在花岗岩与多宝山组大理岩的接触带内,矿化钙矽卡岩中有含钼磁铁矿体产出,形成梨子山钙矽卡岩型铁(钼、多金属)矿床。

3. 下—中泥盆统大民山组和泥鳅河组

在满洲里-克鲁伦浅火山盆地内的北西向哈尼沟成矿亚带的基底隆起中,泥盆系下—中统大民山组碳酸盐岩与燕山期花岗岩接触带,形成了矽卡岩型Au、Cu多金属矿床。在上黑龙江盆地内局部基底隆起区出露泥鳅河组灰岩、泥灰岩、结晶灰岩和变粉砂岩,在其附近往往产出造山型金矿。

4. 下石炭统莫尔根河组

分布于鄂伦春晚古生代中期增生带内的莫尔根河组,为海相火山岩,该套火山岩富钠,成分从基性到酸性(细碧-角斑质)均可出现,属大兴安岭北部地区重要的含矿建造。在莫尔根河组海相中基—中酸性火山熔岩中赋存有"谢尔塔拉式"热水喷流沉积型铁锌矿床;在浅变质绢云母石英片岩及片理化中酸性凝灰熔岩中产出有似层状"六一牧场式"大型块状硫化物型层控含铜硫铁矿床。

(三)中生代地层

近年来,在上黑龙江盆地内发现了砂宝斯、老沟等岩金矿床及众多金矿点和矿化点,大兴安岭北部中生代地层主要包括下—中侏罗统额木尔河群,上述金矿的赋矿围岩主要为中生代二十二站组陆相碎屑岩。前人多认为额木尔河群为上述金矿的矿源层(权恒等,1998;韩振新等,2003)。

武广(2005)研究表明,塔木兰沟组中基性火山岩有利于形成Ag、Pb、Zn和Au等矿产,是Au、Ag、Pb和Zn等矿产的矿源层,得耳布尔铅锌银矿床、西吉诺铅锌银多金属矿点、四五牧场金(铜)矿床和马大尔金矿等的赋矿围岩均为塔木兰沟组中基性火山岩。田世良等(1995)论述了额尔古纳成矿带脉状银铅锌矿床与塔木兰沟组火山岩的关系,认为塔木兰沟组中基性火山岩是银铅锌矿床成矿的必要条件之一;赵明玉等(2002)认为,塔木兰沟组对Pb、Zn、Ag和Cu的成矿起到了矿源层的作用。上库力组酸性火山岩和次火山岩对Ag、Pb、Zn和Mn等矿床的形成有利,如额仁银(锰)矿床。而伊列克得组基性火山岩具有较高的 Ag、Pb、Zn 等元素含量。可见,大兴安岭北部中生代火山岩可做为 Ag、Pb、Zn 和 Au 矿床的矿源层。

二、构造对成矿的控制

大兴安岭成矿带矿床的空间分布主要受大地构造演化、区域构造、岩浆作用的控制。

(一)区域构造与成矿

隆-陷构造格局是晚中生代矿床分布最重要的控制因素,矿床主要分布在隆坳交接带的两侧,并构成特征的分带,隆-凹构造格局是晚中生代矿床分布最重要的控制因素。工作区的Ⅳ构造单元一般可以划分为次一级(Ⅴ级)断隆区和断陷区,呈现隆中坳或坳中隆的构造格局(佘宏全等,2009)。目前已发现大中型矿床往往分布在次一级隆坳交接带的两侧,少数位于火山岩盆地区。如乌奴格吐山斑岩铜矿、甲乌拉矽卡岩型铅锌矿分别分布于乌奴格吐山断隆区和甲乌拉断隆交接带。此外,不同类型矿床与隆坳交接带的分布出现明显分带性。总体上,矽卡岩型矿床主要分布于断隆区内部,距隆坳交接带较远的隆起区内(谢尔塔拉铁锌矿),斑岩型和斑岩-矽卡岩型矿床一般分布于距隆坳交接带较近的隆起区内(乌奴格吐山、鲁戈坎),隆坳交接带部位主要发育潜火山热液型状矿床(甲乌拉),距隆坳交接带较近的火山岩盆地一侧主要发育浅成热液矿床(四五牧场、斯特列措夫),距隆坳交接带较远的火山岩盆地主要发育浅成热液矿床(巴列依)。

(二)断裂构造与成矿

矿床受北东、北西向断裂构造系统控制明显。本区北东向和北西向断裂最发育,它们按一定的距离成群分布,组成了网格状的断裂系统。这种网格状的断裂系统控制了本区主要成矿区的分布,使本区矿床呈现北东成带、北西成列分布的特点。工作区北东向断裂具有延伸长、切割深度大的特点,既是重要的三级或四级构造单元或成矿区带的分界线,也是重要的控岩控矿构造,其中著名的有得尔布干断裂带、呼伦湖断裂带、鄂伦春-头道桥断裂带。根据地球物理资料,这些北东向主干断裂带已切穿壳层达到上地幔,形成于古生代蒙古-鄂霍次克洋的开合过程中,中生代时期太平洋板块北西向推挤过程中又进一步活化,在中生代构造动力推动下,造成深部岩浆房的物质分异、岩浆上侵及成矿物质迁移沉淀,导致北东向多金属成矿带的形成。与主干深断裂相配套的有一系列北西向和北西西向张性和张剪性断裂,这些断裂通常称之为穿透性断裂,其延长和延深不及北东向断裂,但仍具有较大深度和影响,如木哈尔断裂带和哈尼沟断裂带,控制了重要的成矿带(Ⅴ级成矿区带)的发育(王之田等,1993)。受北东和北西向网格状断裂两盘的上升和下降的联合控制,该区形成了一系列基底隆起区(断隆区)和断陷火山盆地(断陷区)。北东和北西向断裂成为控制断陷火山盆地的盆缘断裂和控制断隆区的边界断裂。从而控制了次一级构造区的构造-岩浆活动及相应的成矿作用。也正是由于北东和北西向网格状断裂的联合控制,最终形成了断隆带和断陷带在空间上的北东成带、北西成列的行列式分布格局,这一规律在得尔布干成矿带的新右旗—满州里一带表现特别显著。

火山构造或环状构造是控制矿田或矿床的重要构造条件。中心式火山构造/火山机构通常是重要的矿田和矿床构造,如火山洼地、破火山、火山岩穹等,这在与本区相邻的俄罗斯和蒙古境内的矿床或矿田中是常见的,如斯特列措夫铀矿田以及查夫、乌兰等矿区。在得尔布干成矿带中的乌奴格吐山矿区、甲-查矿田和额仁陶勒盖矿区具有明显的遥感影像环形构造,很可能是深部岩浆-流体的反映。中心式火山构造总是显示为环状遥感影像,而且多次侵入形成的侵入岩岩穹,也显示出环状遥感影像,例如达腊宋矿田等。遥感环状构造在本区及俄罗斯和蒙古邻区均十分发育，它们通常由一个大环和许多小环相互配套，在一个地区构成一个遥感环形影像群，这种构造（遥感环形影像群）与中生代火山岩浆作用及岩浆期后调整作用关系密切。这种规模十分相近的环形构造群，直径可达数十千米，很可能是深部岩浆-流体的反映。本区及相邻的俄罗斯和蒙古大型—超大型矿床的形成与这一背景不无关系。

得尔布干断裂带：得尔布干、额尔古纳河等北东向深大断裂和大型断裂是重要的聚矿带。得尔布干地区的岩浆活动、沉积作用明显受北东向构造带控制。伴随岩浆侵入和火山活动，形成了众多与其有关的银、铅、锌、金、铜、钼、铁、锰、明矾石、沸石、珍珠岩、玛瑙等内生矿产。所发现的矿床大部分沿北东向深大断裂带分布，构成北东向金属成矿带。北东向断裂是区内重要的导岩和导矿构造。北西向断裂以张性和张扭性为主，是区内主要的容矿构造。得耳布尔铅锌矿、甲乌拉铅锌银矿、查干布拉根银铅锌矿、额仁银矿、下吉宝沟金矿等主矿体皆为北西向。由于研究区内北东向断裂和北西向断裂均具有"等间距"排列之特点，加之它们分别为主要的导岩、导矿和容矿构造，这就使得尔布干断裂带内有色、贵金属矿床具有北东成带、北西成行的特点。

塔源-乌奴耳断裂带：塔源-乌奴耳断裂带分布于研究区的东南部，呈北东—北北东向展布，在研究区仅出露很少一部分，前中生代时控制了海西期侵入岩的分布，在乌奴耳—海拉尔一带形成矽卡岩型铁多金属矿床，如梨子山等。中生代时期，与北西侧得尔布干断裂遥相呼应，构成了根河—海拉尔盆地的东缘盆缘断裂。从控盆和控岩方面看，该断裂与得尔布干断裂具有相同的作用，通过工作应能发现与得尔布干成矿带相近的矿种和矿床类型，值得深入研究。

（三）韧性剪切带与成矿

上黑龙江盆地及额尔古纳地块和北兴安地块的部分地区属蒙古-鄂霍茨克造山带的一部分。上述地区的特点是中侏罗世末期受到了蒙古-鄂霍茨克海剪刀式闭合-碰撞-造山的强烈影响，形成了多条近东西向的韧性剪切带和逆冲-推覆构造，并对前期构造进行改造。主要的东西向韧性剪切带包括老沟-二根河-双合站韧性剪切带、满归-西吉诺-塔河-十八站韧性剪切带、新林-兴隆-韩家园子韧性剪切带、塔源-四道沟韧性剪切带。另外，在额尔古纳地块西部额尔古纳河东岸的黑山头、室韦地区还发育北北东向额尔古纳河剪切带；在莫尔道嘎地区发育北北东向佳疙瘩剪切带（张宏等，1998）。上述韧性剪切带和剪切带控制了本区造山型金矿床的产出。近年来发现的砂宝斯、老沟、老沟西、三十二站和二根河等金矿床、矿点均位于老沟-二根河-双合站韧性剪切带内，金矿带呈近东西向展部；新林-兴隆-韩家园子韧性剪切带控制了黑龙沟、瓦拉里和十五站金矿床（点）的分布；额尔古纳剪切带控制了小伊诺盖沟金矿床和下吉宝沟金矿床的分布。

三、岩浆活动对成矿的控制

由于在大兴安岭地区地壳构造活动具有多旋回特征，该区广泛分布了不同时期的侵入岩及火山岩，而以海西期花岗岩及印支—燕山期的中—酸性侵入岩、次火山岩及火山岩分布最广，活动较强烈。

元古宙的岩浆侵入岩在本区仅见于兴安地槽褶皱系、喜桂图旗复背斜及罕达气地槽褶皱带两侧的古陆块中，主要岩性为片麻岩和片麻状花岗岩。加里东期的岩浆活动主要表现为中—晚加里东时期，以海底火山喷发活动为主，见于额尔古纳褶皱带、红格尔-伊尔施-多宝山褶皱带和温都尔庙-翁牛特旗褶皱带，主要岩性为超镁铁岩、闪长岩—石英闪长岩、二长花岗岩及正长花岗岩等。

海西期的岩浆活动主要形成于西伯利亚古板块与中朝古板块在晚泥盆世—早石炭世碰撞、挤压环境及其后再裂解—拉张环境，有大量花岗岩类侵入，构成一系列北东向花岗岩带。海西早期以海底火山喷发为主，形成大民山组的中基性—酸性火山岩，主要分布在喜桂图旗复背斜的卧都河、乌尔其汉、煤窑沟及北翠山等地,主要岩性为辉长岩、闪长岩类、斜长花岗岩和二长花岗岩、正长花岗岩等;海西中期侵入岩分布较广,主要呈北东向分布在喜桂图旗中海西地槽褶皱带和东乌旗早海西地槽褶皱带,以花岗岩和二长花岗岩为主;晚海西期2个古陆最终拼合对接,是一次涉及范围较大的造山运动,岩体分布范围较广,主要分布于锡林浩特-乌兰浩特中—晚期海西褶皱带,岩体总体走向北东,多侵入于北东向黄岗—乌兰浩特深大断裂带与区域性东西向大断裂的交会部位,主要岩性为花岗闪长岩、黑云花岗岩、二长花岗岩、花岗岩及钾长花岗岩等。

印支期岩浆岩活动较弱,主要为黑云母花岗岩和二长花岗岩,分布于嫩江—扎赉特旗等地。

燕山期在大陆边缘构造环境下,发生了强烈的陆间断块活动,因此大规模分布的燕山期花岗岩明显受断裂控制,并与海西期花岗岩一起构成规模巨大的复合花岗岩带。燕山期岩浆活动以陆相火山喷发为主,形成广泛的侏罗纪火山岩,侵入岩多形成浅成—超浅成相小侵入体,以中酸性、酸性花岗岩类为主,常呈北东向串珠状分布,燕山期花岗岩以中期分布较广,数量较多,活动强烈。主要沿得尔布干断裂、查干敖包-五叉沟及头道桥-鄂伦春等断裂分布。燕山早期主要形成 Cu、Mo、Pb、Zn 等矿产,燕山中期主要形成 Cu、Au、Mo、Pb、Zn、Ag 等矿产,燕山晚期主要形成 Pb、Zn、Ag 及稀土、Nb－Ta 等矿产(黄建军等,2010)。

与成矿有关的岩浆岩主要为超浅成—浅成、高位、中酸性、酸性岩脉或小岩株。本区域发现的矿床(点)绝大多数与岩浆侵入作用有关。总结各矿床(点)中与成矿有关的岩体,发现其主要特征是:中酸性、酸性、超浅成—浅成、高位侵入体,岩体出露面积小、产状为小岩株、岩脉等,这些岩浆岩为成矿提供了热源、部分提供了物质来源和水源。对斑岩型矿床而言,浅成、高位侵入体是最必要的成矿条件,乌奴格吐山斑岩型铜钼矿床的成矿岩体是面积极小的二长斑岩(局部为花岗闪长斑岩),矿床中围绕该小岩体形成特征的蚀变分带,显示了岩体提供的热能和岩浆水与大气降水对流循环系统。太平沟斑岩型钼矿床为隐伏小斑岩体;矽卡岩型矿床中,矿体通常产于侵入体与围岩接触带的矽卡岩中,如梨子山、下护林矿区,与成矿有关的是花岗斑岩。得耳布尔、甲乌拉等潜火山热液矿床中,中酸性、酸性、超浅成—浅成、高位侵入体也是必不可少的成矿控制条件。即使是浅成热液矿床,如额仁陶勒盖银矿床,矿脉的上下盘通常有石英斑岩脉或流纹斑岩脉相伴(佘宏全等,2009)。

中侏罗统河湖相碎屑岩中金丰度值较高,为区域金矿成矿的矿源层。与成矿有关的侵入岩为早白垩世闪长岩、闪长玢岩、花岗斑岩等中性、酸性岩脉或小岩株,形成破碎蚀变岩型金矿。

斑岩型铜金矿床与早白垩世超浅成的花岗闪长岩、花岗闪长斑岩岩株侵入就位有关,矿体多分布在岩体或侵入接触带外侧,具有面状矿化蚀变。在早白垩世火山岩分布区 Au、Cu、Pb、Zn 也具有较高丰度值,其为成矿提供了部分物质来源,为区域成矿的矿源层。

岩浆岩对成矿作用的控制表现如下几点。

(1)火山岩浆成分的不同而形成不同的矿床。

晚古生代海相火山-沉积作用形成的铁矿床,都与中基性—中酸性火山—侵入岩相关,例如谢尔塔拉铁锌矿床。谢尔塔拉铁锌矿床中铁的成矿与海相中基性火山岩浆相关,而锌矿的形成却与中酸性火山岩浆活动有关。

(2)岩浆岩成分对成矿的控制作用。

岩浆岩成分的控矿作用主要表现为岩浆岩的成矿专属性。

与铬铁矿有关的超基性—基性侵入岩:形成铬铁矿床的超基性岩为斜辉橄榄岩,它的岩石化学成分特征为:SiO_2(30.55%～33.33%)、TiO_2(0.004%～0.03%)、Al_2O_3(0.34%～1%)、Cr_2O_3(0.11%～0.36%)、Fe_2O_3(3.13%～5.43%)、FeO(2.43%～4.71%)、MnO(0.1%～0.142%)、CaO(0.09%～0.28%)、MgO(39.23%～42.29%)、Na_2O(0.031%～0.16%)、K_2O(0.008%～0.01%)、H_2O(14.61%～17.99%)。由此可见,含矿纯橄岩的化学特点是:Si_2O、Al_2O_3 低,贫 Ca,富镁及 Cr_2O_3、H_2O 含量高。

与斑岩型铜矿床有关的中酸性侵入岩:它们为中酸性超浅成—浅成侵入岩,岩性为闪长玢岩—花岗闪长斑岩—斜长花岗斑岩，呈岩株、岩枝状产出。它们的岩石化学成分特点为：SiO_2 含量 64.94%～69.2%，K_2O 含量为 2.4%～3.88%，Na_2O 含量为 3.88%～4.67%，$\omega(K_2O)/\omega(Na_2O)$ 值为 0.83，蚀变后 $K_2O>Na_2O$，铁、镁、钙组分稍低。常见指数 CA 为 56.5，δ 为 1.96～2.64，AR 为 2.29～3.25，FL 为 82.97，MF 为 82.25，属钙碱性碱质偏高类型，SI 为 2.76～9.88，DI 为 72.54～94.67。花岗闪长斑岩的 $^{87}Sr/^{86}Sr$ 初始值为 0.7064，并且 ΣREE 值低，ΣCe/ΣY 值高，δEu 值高，稀土分布模式为右倾曲线，Cu、Mo、Pb、Zn、Ag、Pt、Pd 等元素丰度高，并富含 Cl^-、F^-、SO_2、CO_2 等挥发组分。资料表明，这类岩浆基性程度高，来源深，是起源于下地壳—上地幔岩浆的衍生物。它们侵位于中生代陆相火山盆地靠断隆一侧。

与斑岩型锡银铜矿床有关的酸性侵入岩：与斑岩型锡、银、铜矿床有关的超浅成—浅成酸性侵入岩侵位于中生代断隆区一侧，其岩石类型为花岗斑岩、花岗闪长斑岩和石英正长斑岩。它们呈不规则状岩脉、岩墙状产出。它们的岩石化学成分表现为：花岗斑岩以硅低，富 K_2O+Na_2O(8.35%)且 $K_2O>Na_2O$，贫钙，富铝为特征；花岗闪长斑岩则以富硅($SiO_2=69.00\%$)，富 K_2O+Na_2O(8.53%)，且 $K_2O>Na_2O$，贫镁、钙为特点。岩浆起源于下地壳—上地幔的过渡性岩浆的衍生物。岩石中黑云母成分特点为富 FeO(30.20%)，贫镁(8.29)。微量元素特征为高 Sn(10.9×10^{-6}～13.2×10^{-6})，高 Rb(195×10^{-6}～286×10^{-6})，低 Sr(13×10^{-6}～26×10^{-6})。

与锡钨矿床有关的酸性侵入岩：这类酸性侵入岩主要为黑云母花岗岩、花岗岩、钾长石花岗岩和花岗斑岩。分布在中生代断隆区。它们的岩石化学成分表现为 SiO_2 较高，含量为 75.21%～75.37%，Al_2O_3 为 12.20%～12.46%，K_2O+Na_2O 为 8.31%～8.85%。富含挥发组分 Cl(103×10^{-6}～1043×10^{-6})，F(1650×10^{-6}～2668×10^{-6})；并且富含 Sn(23.5×10^{-6}～37.8×10^{-6})，W(15×10^{-6}～150×10^{-6})，Rb(150×10^{-6}～303×10^{-6})；稀土元素特征为 ΣREE 含量较高(260×10^{-6}～307×10^{-6})，LREE/HREE 值变化较大(0.94～4.51)，δEu 值为 0.03～0.06。岩体黑云母的化学成分相对富 Fe^{2+}、Mn^{2+} 而贫 MgO，其 Sn 含量为 62×10^{-6}～250×10^{-6}，平均值为 130×10^{-6}，花岗岩岩浆起源于下地壳，但混染了上地壳物质。

与铅锌矿床有关的中酸性侵入岩：这类中酸性侵入岩主要岩性为石英二长岩—石英二长闪长岩—花岗闪长岩—黑云母二长斑岩—花岗闪长斑岩，次为黑云母二长花岗斑岩，为超浅成—浅成岩石，呈小岩株、岩枝和岩脉产出。其岩石化学成分特征为：SiO_2 含量 63.45%～67.43%，Al_2O_3 含量 14.76%～16.20%，Na_2O+K_2O 为 6.10%～9.29%，FeO+MgO 为 4.34%～7.63%，富含挥发组分 F(475×10^{-6}～540×10^{-6})，Cl(165×10^{-6}～384×10^{-6})，岩石富 Sr(348×10^{-6}～436×10^{-6})，贫 Rb 富 Zn(69×10^{-6}～141×10^{-6})，其 ΣREE 丰度低(115×10^{-6}～130×10^{-6})，轻稀土强烈富集(ΣCe/ΣY 值为 3.4～6.2)，弱负 Eu 异常(δEu 平均值 0.73)。$^{87}Sr/^{86}Sr$ 初始比值 0.706～0.707，全岩 $\delta^{18}O$ 为 $-8.1‰$～$1.0‰$。岩浆起源于下地壳。岩石中的角闪石成分贫镁(MgO=9.89%～15.34%)，而富铁(ΣFeO=12.23%～20.63%)，黑云母化学成分为贫镁(MgO=9.6%～12.44%)而富铁(ΣFeO=16.94%～21.86%)。

与稀有稀土有关的碱性花岗岩：该类岩石呈岩株状产出，富含钠闪石，并具有晶洞构造。其岩石化学成分特征为：SiO_2 含量 67.98%～75.36%，Al_2O_3 含量为 8.86%～11.57%，Na_2O+K_2O 为 7.58%～9.12%，(FeO)+MgO 为 6.29%～7.81%，CaO<1%，Na_2O+K_2O/Al_2O_3 比值为 1.03～1.25，$Na_2O/CaO>29$，属碱过饱和系列的碱性花岗岩，并且富 Rb(514×10^{-6}～1269×10^{-6})，贫 Sr(7×10^{-6}～24×10^{-6})和 Ba($<15\times10^{-6}$～62×10^{-6})。岩石微量元素特征为高 Nb(216×10^{-6}～1563×10^{-6})，Ta($<3\times10^{-6}$～116×10^{-6})，Zr(1128×10^{-6}～$18\,826\times10^{-6}$)，U(11×10^{-6}～115×10^{-6})，Th(51×10^{-6}～458×10^{-6})。稀土总量(ΣREE)$>1000\times10^{-6}$，且 LREE/HREE 值小，δEu 为 0.03～0.04，Eu 强烈亏损。$^{87}Sr/^{86}Sr$ 初始比值为 0.707，$^{143}Nd/^{144}Nd$ 为 0.512 7，$\varepsilon_{Nd}(t)$ 为 +1.88～+2.4，岩石 $\delta^{18}O$ 为 $-8.1‰$～$-5.2‰$。

(3)岩体形态产状对成矿的控制作用。

中酸性侵入岩体与围岩接触带的形态对成矿有控制作用。一般地讲,港湾状形态有利于矿体形成。另外,岩体的前缘部位有利于成矿,这是因为前缘部位具有很强的热动力作用。再有,岩体的突然膨胀部位亦有利成矿。

与成矿有成因联系的岩体都呈岩株、岩枝、岩墙、岩脉状产出,而且规模不大。

(4)岩体一方面对成矿提供成矿流体和成矿物质,另一方面提供热动力而加速水岩反映,从围岩中淬取、活化成矿物质而提高成矿流体中成矿元素的浓度而有利成矿物质的沉淀、富集而形成有经济价值的工业矿体。

第三节　成矿时代及演化

一、成矿时代

大兴安岭北段有色、贵金属及铁多金属矿床的成矿时代主要为海西期和燕山期,其中尤以燕山期成矿最为重要。

(一)海西成矿期

海西期矿床主要分布于研究区南部的乌奴耳和海拉尔一带,主要矿床类型为热水喷流沉积型矿床和矽卡岩型矿床,包括六一牧场含铜硫铁矿床、谢尔塔拉铁锌矿床、梨子山和神山铁多金属矿床。六一牧场含铜硫铁矿床产于下石炭统莫尔根河组安山质火山岩中;谢尔塔拉铁锌矿床亦赋存于该组火山岩中,两个矿床均为热水喷流沉积型矿床,因此其形成时代应与赋矿火山岩地层的时代一致,其形成时代为早石炭世。梨子山铁多金属矿床产于花岗岩与奥陶纪多宝山组大理岩接触带;神山铁多金属矿床产于花岗闪长岩与下二叠统大理岩接触带,其花岗岩和花岗闪长岩的 K-Ar 年龄为 290~240Ma,在唤岭地区可见到晚二叠世老龙头组不整合覆盖其上(许文良等,1999),表明梨子山和神山矽卡岩型矿床形成于早二叠世与晚二叠世之间,为海西晚期。

(二)燕山成矿期

除上述少数矿床属于海西期成矿外,研究区内绝大部分矿床、矿点、矿化点的容矿围岩为中生代火山—侵入岩,如甲乌拉铅锌银矿、查干布拉根铅锌银矿、额仁陶勒盖银(锰)矿、乌奴格吐山铜钼矿、小伊诺盖沟金矿、下吉宝沟金矿、得耳布尔铅锌(银)矿、二道河子铅锌(银)矿、下护林铅锌矿、卡米奴什克铜多金属矿点、莫尔道嘎金矿、毛河金矿、二十一站铜(金)矿、奥拉奇金矿、西吉诺山铅锌铜矿、龙沟河铜矿、马大尔金矿、砂宝斯林场金矿等,它们在宏观上都与燕山期(尤其是晚侏罗世—早白垩世)侵入岩、次火山岩、火山岩密切伴生。又如砂宝斯金矿、老沟金矿、二根河金矿等,其矿化容矿围岩为下—中侏罗统额木尔河群陆源碎屑岩。我们由此推测,这些矿床均形成于燕山期的晚侏罗世—早白垩世。

二、成矿时代演化规律

成矿受构造-岩浆活动控制,因此成矿时代的演化与构造演化密切相关,不同的大地构造环境控制了不同的沉积作用和岩浆作用,形成了不同的矿种和矿床类型。研究区内有色和贵金属矿床形成于两大时期(海西期和燕山期)和3个阶段(海西中晚期阶段、燕山早期晚阶段和燕山晚期早阶段),分别对应着海西海槽裂陷-碰撞-造山阶段、蒙古-鄂霍茨克造山阶段和大陆板内伸展-火山喷发阶段。

(一)海西期

奥陶纪—石炭纪时期,在额尔古纳—兴安地块与松嫩地块之间存在陆间海槽沉积盆地。在海拉尔和乌奴耳地区,该海盆于早石炭世期间发生强烈裂陷作用,海底火山喷发强烈,形成细碧—角斑岩建造,形成了"六一牧场式"和"谢尔塔拉式"热水喷流沉积块状硫化物矿床。海西中期(390～310Ma)发生碰撞造山作用,并于海西晚期(290～240Ma)转入晚造山和造山后的伸展环境,形成后碰撞二长花岗岩—正长花岗岩组合。海西晚期花岗岩类侵入到中奥陶统多宝山组或下二叠统大理岩地层中,在两者接触带发生矽卡岩化,形成"梨子山式"和"神山式"矽卡岩型铁多金属矿床。此后,研究区转入板内环境,结束了海西期成矿作用。

(二)燕山期

燕山期是大兴安岭北段最重要的成矿期,矿床主要形成于晚侏罗世—早白垩世。但该时期研究区存在两种明显不同的构造背景,相应地形成不同的矿床类型和矿种。中侏罗世末期,蒙古-鄂霍茨克洋盆闭合,在上黑龙江地区发生陆-陆碰撞作用,并于晚侏罗世期间转入后碰撞、逆冲-推覆、走滑阶段,形成了砂宝斯、老沟、小伊诺盖沟为代表的造山型金矿床,二十一站为代表的斑岩型铜(金)矿床和"洛古河式"矽卡岩与中高温热液脉复合型钨、锡、钼、多金属矿点。该时期矿床主要呈近东西向展布于研究区北部的上黑龙江盆地。洛古河矿点辉钼矿Re-Os年龄为150.9～135.6Ma,表明该期成矿作用主要发生在晚侏罗世。晚侏罗世—早白垩世,研究区总体处于伸展环境,发生了广泛的火山-岩浆活动,形成大兴安岭中生代陆相火山岩、次火山岩和浅成斑岩体。火山岩的成因与深部壳-幔相互作用有关,地壳拆沉可能是形成该期火山-岩浆活动的根本原因。该期矿化主要与早白垩世期间的次火山岩和斑岩关系密切,其成矿时间主要集中在120Ma左右,明显晚于蒙古-鄂霍茨克造山带陆-陆碰撞期间形成的矿床。该期矿床主要沿得尔布干断裂带呈北北东向展布,主要矿床类型为热液脉型铅锌银矿床、斑岩型铜钼矿床和浅成低温热液型金银(铜)矿床。

大兴安岭成矿省内所有矿床成矿时代统计见图3-20,反映中生代内生成矿作用最为强烈,其次为古生代。不同矿种的主成矿期也不尽相同(表3-10),大部分矿床形成于侏罗纪、白垩纪,部分矿床如铁矿从元古宙至中生代均有。

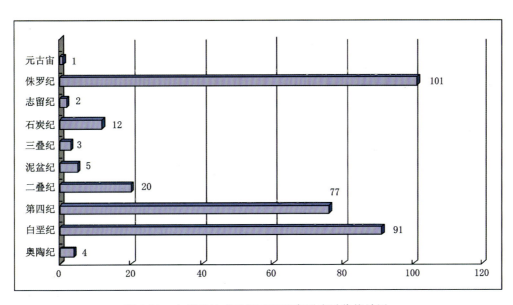

图3-20 大兴安岭成矿省重要矿床形成时代统计图

表 3-10 大兴安岭成矿省不同矿种成矿时代统计

时代	独居石	金矿	煤	钼矿	镍矿	砂金	钛磁铁矿	锑矿	铁矿	铜矿
第四纪	1					75				
白垩纪		8	60	3				1	1	5
侏罗纪		4	1	5					3	12
三叠纪				1						
二叠纪		1							8	3
石炭纪		1			2			1	1	1
泥盆纪			1				2		1	
志留纪		1							1	
奥陶纪				3						
元古宙									1	

时代	钨矿	稀土矿	重晶石	铅锌矿	硫铁矿	石墨	银矿	萤石	锡矿	铬矿
第四纪		1								
白垩纪		1		7			3	2		
侏罗纪	1			64			6	3	2	
三叠纪		1		1						
二叠纪	1			5	1		1			
石炭纪			2		1				3	
泥盆纪					1					
志留纪										
奥陶纪										1
元古宙										

下面为分地区进行成矿时代总结。

1. 上黑龙江(边缘海地区)

区域成矿时代主要为中—新元古代及早白垩世两期,在中—新元古代成矿类型为沉积变质型石墨矿、菱镁矿。早白垩世成矿类型为破碎蚀变岩型金矿,斑岩型金铜矿及火山热液型金矿。

2. 满洲里-新巴尔虎右旗地区

主要成矿期为晚古生代和中生代,特别是晚海西期及燕山期为最重要的金属矿床成矿期。

从矿床类型分析,晚古生代矿床类型主要为与海相中基性—中酸性火山沉积型矿床。中生代主要为与中酸性侵入岩有关的斑岩型矿床,与陆相火山岩有关的隐爆角砾岩型矿床及火山-次火山热液矿床。

金属矿床的主成矿元素由晚古生代—中生代变化如下:晚古生代 Fe、Cu、Zn、S→中生代 Fe、Cu、Pb、Zn、Mo、Ag、Au。由此表明,由晚古生代到中生代,成矿元素具有由少到多的变化趋势。

金属矿床矿种的时间分布以燕山期最为主要,海西期为次要成矿期。燕山期成矿作用形成的矿床占区内矿床总数的 90%,可进一步划分燕山早期和燕山晚期。

3. 嫩江-东乌旗地区

根据本成矿带内主要矿床成矿年代测试数据,本区主要成矿期为海西期和燕山期,燕山期内以燕山晚期晚阶段为主,成矿年龄多集中于120~135Ma之间。

从矿床类型分析,晚古生代矿床类型,有海相基性—中酸性火山岩型矿床,与中酸性岩浆岩有关的接触变代型矿床及热液型矿床;与残余洋壳有关的岩浆熔离型(蛇绿岩型)矿床。

中生代有与中酸性侵入岩(包括深成花岗岩及浅成斑岩体)有关的斑岩型矿床、热液型矿床;与陆相火山岩有关的火山-次火山热液矿床。

新生代有火山岩型矿床、砂金矿床、蒸发岩型矿床、沉积型矿床。

金属矿床的成矿主元素由太古宙—中生代变化如下:晚古生代 Fe、Cu、Zn、Mo、Au、Cr→中生代 Sn、Cu、Pb、Zn、Mo、W、Ag、B。由此表明,由晚古生代到中生代,成矿元素具有由少到多的变化趋势。

金属矿床矿种的时间分布具有以下规律。

(1)铁矿床:主要集中晚古生代,中生代亦有分布。矿石的元素组合由古生代的FeCu、FeMo→晚中生代的FeZn。矿床类型较单一,均为矽卡岩型。

(2)铜矿床:主要分布在中生代,古生代亦有分布。矿床元素组合:晚古生代为CuFe、CuAu→晚中生代的CuMo。矿床类型:晚古生代为接触交代型及海相火山岩型,晚中生代为斑岩型。

(3)铅锌矿床:主要分布在中生代,矿床元素组合主要为PbZnAg和PbZnCu。矿床类型热液型;晚古生代为斑岩型和热液型。

(4)金矿床:主要分布在晚中生代及晚古生代,晚中生代火山隐爆角砾岩型,晚古生代为海相火山岩型。

(5)钨矿床集中分布在中生代,矿床类型为热液型。

(6)铬铁矿床仅分布在晚古生代,矿床类型为岩浆熔离型(蛇绿岩型)。

4. 乌兰浩特-突泉地区

(1)根据本成矿带内成矿时代数据及典型矿床研究结果,主要成矿期为晚古生代和中生代,而且中生代成矿年龄集中在燕山期,且两个高峰期,即晚侏罗世和早白垩世,个别矿床为印支期和早中侏罗世。

(2)从矿床类型种类分析,晚古生代成矿类型为热液型和岩浆熔离型;中生代类型丰富,有斑岩型、矽卡岩型、热液型、陆相火山岩型多金属矿床。成矿类型由单一到多样。

(3)金属矿床的成矿主元素由晚古生代→中生代变化如下:晚古生代 Fe、Cu、Pb、Zn、Cr→中生代 Fe、Sn、Cu、Pb、Zn、Mo、W、Ag、Nb、Ta、REE。由此表明,成矿元素具有由少到多的变化趋势。

(4)金属矿床矿种的时间分布具有以下规律。

铜矿床:主要分布在中生代,晚古生代亦有分布。矿床元素组合:中生代为CuMo、CuSn、CuPbZnAgSn;晚古生代为CuZnAg。矿床类型:中生代为斑岩型、热液型;晚古生代为热液型。

铅锌矿床:主要分布在中生代和晚中生代,晚古生代亦有分布。矿床元素组合:中生代为PbZnAg、PbZnCu、PbZn;晚古生代PbZnAg。矿床类型:晚中生代为接触交代型和热液型,晚古生代为热液型。

稀有稀土矿床:集中分布在晚中生代。矿床类型为碱性花岗岩型。

银矿床和锡矿床集中分布在晚中生代。银矿类型为热液型,锡矿类型为接触交代型、斑岩型和热液型。

铬铁矿床仅分布在晚古生代和早古生代,矿床类型为岩浆熔离型。

镍矿床仅分布于晚古生代,矿床类型为风化淋滤型硅酸镍型。

表3-11列出了大兴安岭成矿带北段及邻区代表性矿床的同位素测年结果。

表 3-11 大兴安岭北段及邻区主要矿床成矿年龄

矿床名称	矿床类型	测试对象	测试方法	年龄数据(Ma)	资料来源
乌奴格吐山	斑岩型铜钼矿床	二长花岗岩	锆石 U-Pb LA-ICP-MS	202.9±2.8 204.2±2.8	佘宏全等,2009
			锆石 U-Pb 全岩 Rb-Sr	188.3±0.6 183.9±1.0	秦克章等, 1990,1998
		蚀变绢云母	K-Ar	183.5±1.7	
		辉钼矿	Re-Os 等时线	177.4±2.4	佘宏全等,2009
		二长花岗岩	锆石 U-Pb	197.36±0.97	本次工作
太平川	斑岩型钼矿	花岗岩长岩	锆石 U-Pb LA-ICP-MS	183~199	金浚提供,2009
额仕陶勒盖 银矿床	绢云母-冰长石 浅成低温热液型	石英流纹斑岩	Rb-Sr	120	付金德,1996
甲乌拉, 查干布拉根	潜火山热液 脉状铅锌矿床	石英二长斑岩	锆石 U-Pb	139.2	潘龙驹等,1992
		花岗斑岩	锆石 U-Pb	152.2±1.5	本次工作
		花岗闪长岩	锆石 U-Pb	256.45±0.84	本次工作
		碱长花岗岩	锆石 U-Pb	263.6±1.2	本次工作
多宝山	斑岩型铜金矿床	花岗闪长岩 花岗闪长岩 绢云母 蚀变围岩和 花岗认长岩 辉钼矿	SHRIMP 锆石 U-Pb	485±8	葛文春等,2007
			K-Ar	292	宜昌地矿所,1966
			激光探针 Ar/Ar	226~252	北京大学,1993
			K-Ar	183~298	北京大学,1993
			Re-Os 模式年龄	476~521	赵一鸣等,1997
三矿沟	矽卡岩型	花岗闪长岩	SHRIMP 锆石 U-Pb	176±3 177±3	葛文春等,2007
新账房	云英岩型钼矿	辉钼矿	Re-Os 等时线	134±2	佘宏全等,2009
		花岗岩	锆石 U-Pb	138.1±1.1	本次工作
库里图	斑岩型铜钼矿	花岗岩 辉钼矿	SHRIMP 锆石 U-Pb Re-Os 等时线	229±4 236±3	Zhang L C,2009
车虎沟	斑岩型钼矿	黄铜矿 辉钼矿	Rb-Sr 等时线 Re-Os 等时线	258±3 256±6	Zhang L C,2009
小东沟	斑岩型钼矿	锆石 辉钼矿	SHRIMP 锆石 U-Pb Re-Os 等时线	142±2 138±3	Zhang L C,2009
布敦花铜金矿	斑岩型+热液型	花岗闪长岩- 英云闪长斑岩	Rb-Sr	166	赵一鸣等,1997
莲花山	斑岩型+热液型	花岗闪长岩- 英云闪长斑岩	U-Pb	161	段国正等,1992

续表 4-11

矿床名称	矿床类型	测试对象	测试方法	年龄数据(Ma)	资料来源
白音诺尔铅锌矿	矽卡岩型	石英正长斑岩	U-Pb	148	张德全等,1992
浩布高铅心锡矿	矽卡岩型	正长花岗岩	Rb-Sr	131	张德全等,1990
黄岗梁铁锡矿	矽卡岩型	正长花岗岩	Rb-Sr	140	沈逸明等,1984
大井锡多金属矿	矽卡岩型	绢云母	$^{39}Ar/^{40}Ar$	138.5	Ai and Feng,1996
碾子沟	石英脉型钼矿	花岗岩 辉钼矿	Rb-Sr Re-Os 等时线	167±2 153±5	Zhang L C,2009
孟恩陶勒盖银铅锌矿	热液脉型	白云母	$^{39}Ar/^{40}Ar$	170.9±2	张炯飞等,2003
拜仕达坝铅锌矿	热液脉型	闪锌矿	Rb-Sr	116	刘建明等,2004
克留切夫(俄罗斯)	石英脉型金矿	花岗岩	Rb-Sr,K-Ar	135~174	转引自 赵一鸣等,1997
谢尔洛山(俄罗斯)	潜火山热液矿床	酸性潜火山岩花岗岩	K-Ar K-Ar	153~136 157~150	
多尔诺特(蒙古国)	火山热液型铅锌铀矿	容矿火山岩 容矿火山岩 沥青铀矿	Rb-Sr K-Ar U-Pb	170~140 170~110 138	
斯特列措夫矿田(俄罗斯)	火山热液型铅锌铀钼矿	沥青铀矿		135	
巴列依金矿(俄罗斯)	绢云母-冰长石浅成低温热液型	冰长石 火山岩和岩株	K-Ar K-Ar	120~114 140~110	
额尔登特(蒙古国)	斑岩型铜钼矿床	花岗闪长斑岩 辉钼矿 绢云母	Rb-Sr Re-Os 等时线 $^{39}Ar/^{40}Ar$	220~253 240.6±0.6 207.4±5	Berzina et al,1999 Watanabe et al,2000
达腊宋(俄罗斯)	石英脉型金矿	花岗岩类杂岩	Rb-Sr	156±5~150±5 151±1.3	转引自 赵一鸣等,1997
日列津钼矿床(俄罗斯)	斑岩型铜钼矿床	花岗斑岩岩株	Rb-Sr	150~145	

第四节 矿床空间分布规律

一、不同矿种在空间上的分布

铁(锡、铜)矿在Ⅲ-47的莫尔道嘎地区、Ⅲ-48的罕达盖-梨子山地区亦有少量分布。

铅锌（银）、银矿在Ⅲ-47的甲乌拉、三河地区也有一定数量的铅锌矿床分布，Ⅲ-48区带中比较少，近年新发现二道河大型铅锌矿床。

铜（钼、金）矿主要分布在Ⅲ-47区带中乌奴格吐山-八大关地区，Ⅲ-48的多宝山地区两个区带中均出现超大型斑岩型铜多金属矿床。

钼（铅锌）矿主要分布在Ⅲ-47区带的岔路口地区，为超大型钼（铅锌）矿床，是近年矿产勘查的新突破；在Ⅲ-48也有斑岩型钼矿床产出，部分规模达到大型。

煤炭主要分布在海拉尔盆地、大杨树盆地中，在一些小型的中生代沉积盆地中也产出有小型的煤矿。

砂金矿主要沿额尔古纳河、嫩江流域分布在Ⅲ-47、Ⅲ-48区带中。岩金矿在3个区带中均有零星分布。

二、矿床的空间分布

1. 上黑龙江边缘海地区

区内矿产以金、石墨为主，此次有铜钼等，已发现砂宝斯大型金矿床、老沟小型金矿床、老沟西金矿点、马达尔小型金矿床、二根河金锑矿点、二十一站小型铜金矿床、富拉罕小型金矿床、宝兴沟金矿点、门都里石墨矿床、霍拉盆石墨矿床等。

2. 满洲里-新巴尔虎右旗地区

矿床的分布严格受构造控制，本区矿床沿深断裂带两侧呈线型带状分布：得尔布干及鄂伦春-伊列克得深断裂带两侧分布着不同时代、不同矿床类型、不同矿种及不同规模的矿床。

得尔布干深断裂带西北侧分布有中生代斑岩型铜钼矿床（乌奴克吐山、八八一、八大关），火山热液型铅锌银矿床（三河、二道河、下护林、甲乌拉、查干布拉根、比利亚谷），热液型银矿床（额仁陶勒盖），热液型金矿床（小伊诺盖沟）。

矿床分布在隆起区与坳陷区过渡带靠隆起区一侧，或坳陷区内的局部隆起上。例如乌奴格吐山斑岩型铜钼矿床和岔路口斑岩型钼多金属矿床，分布地隆起区边部。四五牧场金矿床分布在隆起区中的中生代火山盆地中。

晚古生代与海相中基性—中酸性火山-侵入岩有关的铁、铁锌矿床分布同时代的海相中基性—中酸性火山地层中，例如谢尔塔拉铁锌矿床和六一硫铁（铜）矿床。

晚古生代矿床集中分布在前中生代古海盆边缘与中生代隆起带重叠部位。得尔布干断裂西侧实际是古生代海盆边缘与晚中生代断隆带重叠部位。

3. 东乌旗-多宝山地区

本成矿带内的矿床的分布是严格受构造的控制。

（1）矿床沿深断裂带两侧呈线型带状分布。

西伯利亚板块南东缘活动大陆边缘中的五叉沟-东乌旗-查干敖包深断裂带两侧分布着不同时代、不同矿床类型、不同矿种及不同规模的矿床，其北侧分布有海西期矽卡岩型铜铁钼矿床和燕山期斑岩型及热液型铜铅锌钨钼铁银矿床；其南侧形成与蛇绿岩有关的铬铁矿床及燕山期金矿床（古利库金矿）和铜钼矿床（太平沟钼矿、必鲁甘干铜钼矿）。

(2) 与残余洋壳有关的铬铁矿床和基性岩浆有关的铜金矿床分布在板块碰撞缝合带内。

(3) 古生代褶皱系内中酸性花岗岩带控制了接触交代型、斑岩型、热液型铁、铁钼、钼、铍、铜、金矿床及萤石矿床。

(4) 晚古生代矿床集中分布在前中生代古海盆边缘与中生代隆起带重叠部位。

赵丕忠等(2014)将大兴安岭成矿带北段的矿床分布规律概括为：Ag、Cu 为轴镶 Au 边，Pb、Zn 为主 Mo 全区；Fe 少 Zn 多缺 W、Sn，西坡最佳 U 潜力。

根据大兴安岭成矿带北段矿床空间展布及成矿作用特征、元素地球化学富集规律及分布特征、区域深部构造与成矿单元之间的关系可以得出，与元素地球化学分布特征一样，研究区矿床总体上也具成区成带分布的规律性，即铅锌矿床以及钼矿床在全区普遍分布，且金属量锌远多于铅；银矿床及铜矿床只在局部地区集中分布，由于该类型矿床与前中生代火山基底地层相关，这些局部集中分布的矿床空间上相连具带状展布的特征；金矿床主要分布在中生代盆地边缘且与变质基底地层出露相关；根据成矿地质环境及 U 元素地球化学异常特征以及俄蒙邻区的对比，大兴安岭西坡应该具有 U 矿资源潜力；但缺少形成大型 Fe、W、Sn 矿产的成矿地质条件和地球化学信息。

第五节 成矿区(带)的划分及其基本特征

根据朱裕生等(2000)、陈毓川院士等(2004)完成的"中国成矿体系与区域成矿评价"项目和许志刚等(2008)关于全国矿产资源成矿区划分带的意见，将研究区分为上黑龙江(边缘海)Au(Cu-Mo)成矿带，新巴尔虎右旗-根河和东乌旗-嫩江 3 个Ⅲ级成矿带、11 个Ⅳ级成矿区，Ⅳ级成矿区划分主要根据矿床类型、空间分布、主要构造单元等进行综合考虑。表 3-12 为大兴安岭北段成矿带划分表。

新巴尔虎右旗-根河成矿带跨中蒙俄三国交界区，受额尔古纳元古宙变质地块控制，是中蒙古-额尔古纳成矿带的一部分，该成矿带内有铀、铅锌、钨锡、萤石、铜、钼、金等矿产数百处，形成了一系列矿结(或矿田)，包括萨拉努尔矿结、德勒格雷赫矿结、河伦湖矿结、德勒格尔罕含矿区、北肯特矿点群、克鲁伦矿点群、乌利札成矿区、甲乌拉-额仁陶勒盖成矿区、八大关-乌奴格吐山成矿区、古宁-三河成矿区等。东乌旗-嫩江成矿带向南延入南蒙古，是南蒙古-大兴安岭中北段成矿带的一部分。该成矿带主要受南蒙古-大兴安岭褶皱系的控制，已发现矿床有阿荣旗斑岩型钼矿、多宝山斑岩型铜钼矿、嘎仙镍钴矿等大中型矿床。在蒙古国境内，该成矿带中已经发现的重要矿床有著名的奥尤陶勒盖斑岩铜金矿床和查干苏布尔加斑岩铜钼矿床等。Ⅳ级成矿区的分布主要受中生代隆-陷构造格局控制。

东乌旗-嫩江 Cu-Mo-Pb-Zn-Ag-Au-Ni-Cr-Co 成矿带，该三级成矿带属南蒙古-大兴安岭成矿带的北东段，受鄂伦春和东乌旗海西褶皱带控制，实际上该构造带是在早期加里东褶皱带基础上发育起来，后期又受到燕山期构造岩浆活动的影响，成矿主要在晚古生代和燕山期，矿床类型主要为斑岩型、矽卡岩型和热液型、其次为岩浆型。矿种以铜钼为主，其次为铅锌金镍钴等。两个控矿构造单元之间成矿特点和控矿条件具有一定相似性，但差异也比较明显。

在全国矿产资源潜力评价中划分的成矿带是结合各省(区)的综合划分结果。本次研究得出沙城-嫩江区域性左行走滑断裂在 145~135 Ma(J_3)穿过大兴安岭北段，滑移距离为 339.32km。如果复原地层，那么多宝山地区将与阿尔山地区处于相近的纬度地区。建议以 J_3 为年代界限，早于 J_3 的地质体按照走滑断裂之前(需要经过位置复原)来圈定成矿带。而之前潜力评价划分的成矿带则可以代表 J_3 之后的成矿带。经过重新划分，可以发现多宝山地区与阿尔山地区的地层具有可对比性，在阿尔山地区也有望发现多宝山式斑岩型铜钼矿床。

表 3-12 大兴安岭成矿带北段地区成矿区带划分一览表

一级成矿域	二级成矿带	三级成矿带		四级成矿亚带	
古亚洲成矿域	内蒙古-兴安成矿带	Ⅲ-46	上黑龙江（边缘海）Au(Cu-Mo)成矿带	Ⅳ-1	老沟-依西肯-富拉罕（逆推带）Au(Cu-Mo)成矿亚带
				Ⅳ-2	长缨-二十一站 Cu(Au-Mo)成矿亚带
		Ⅲ-47	新巴尔虎右旗-根河（拉张区）Cu-Mo-Pb-Zn-Au-Ag 萤石煤（铀）成矿带	Ⅳ-3	富克山 Au 成矿亚带
				Ⅳ-4	白卡鲁山-小伊诺盖沟-莫尔道嘎 Cu-Mo-Pb-Zn-Ag 成矿亚带
				Ⅳ-5	呼伦湖西-山登脑 Cu-Pb-Zn-Ag 多金属成矿亚带
				Ⅳ-6	库都尔-阿龙山 Cu-Au-Mo-Pb-Zn-Ag 成矿亚带
				Ⅳ-7	乌奴尔 Fe-Cu-Pb-Zn-Au-Ag 成矿亚带
		Ⅲ-48	东乌珠穆沁旗-嫩江（中强挤压区）Cu-Mo-Pb-Zn-Au-W-Sn-Cr 成矿带	Ⅳ-8	瓦拉里-古利库河 Au-Fe-Ti 成矿亚带
				Ⅳ-9	多宝山 Cu-Au-Mo-W 成矿亚带
				Ⅳ-10	阿尔山-加格达奇 Cu-Au-Ag-Mo-W-Pb-Zn 成矿亚带
				Ⅳ-11	兴安岭-阿荣旗 Cu-Mo-Au 成矿亚带

（一）上黑龙江（边缘海）Au-Cu-Mo 成矿带

1. 成矿环境

中—新元古代形成的沉积变质型石墨矿床分布在兴华渡口群杂岩中，早白垩世形成的破碎蚀变岩型金矿床主要分布在漠河推覆构造带中，斑岩型铜金矿床及火山热液型金矿床多分布在早白垩世火山沉积盆地中。

区域构造总体框架表现为东西向构造控制坳陷，北东向构造控制火山岩分布。推覆构造使漠河前陆盆地地层遭受挤压与剪切。为成矿物质迁移、转换、富集提供了动力条件。次级北西向、南北向、北东向破碎带是火山岩浆侵位及成矿物质赋存的空间。

2. 成矿时代

石墨矿床的成矿时代为中—新元古代。金铜矿床都与晚侏罗世—早白垩世时期火山岩浆活动或浅层侵入岩体有密切的成因联系，经多处 K-Ar 法测得同位素年龄值多在 138Ma 左右。该火山岩浆或侵入体是成矿的热源。在本区晚侏罗世—早白垩世，即塔木兰沟组晚期至甘河期，偏碱性中性—中酸性火山岩-岩浆侵入活动与成矿关系密切。

3. 控矿条件

中—新元古代兴华渡口群孔兹岩系控制了沉积-变质型石墨矿床的分布及赋矿层位。

赋矿地层及赋矿火山岩具有较高的成矿元素丰度，为成矿提供了有利矿源层条件。例如二十二站组碎屑岩层中 Au、Cu、Sb 等元素克拉克值均高于正常值几十至上百倍。在早白垩世火山岩分布区 Au、Cu、Pb、Zn 也具有较高丰度,其为成矿提供了部分物质来源,为区域成矿的矿源层。

近东西向分布的漠河推覆体控制了破碎蚀变岩型金矿床的分布,其内发育的近南北、北东及北西向构造破碎带控制了成矿侵入岩的就位,提供了成矿空间,控制了矿体的产状。

火山热液型金矿赋存于光华期火山岩中,与火山构造关系密切,赋矿构造主要是次级张性破碎带,在不同矿区方向不尽一致。

4. 成矿特征

(1)漠河前陆盆地是在额尔古纳地块上发展形成的,兴华变质杂岩呈残块分布在盆地西部。在中侏罗世末期,本区受近南北向构造挤压作用,在中侏罗统河湖相碎屑沉积岩中形成了近东西向分布的推覆构造。晚侏罗世—早白垩世大兴安岭大规模的火山活动,在本区形成七号林场及长缨火山沉积-断陷盆地(J_3—K_1)。

区内矿产以金、石墨为主,其次有铜钼等,已发现砂宝斯大型金矿床、老沟小型金矿床、老沟西金矿点、马达尔小型金矿床、二根河金锑矿点、二十一站小型铜金矿床、富拉罕小型金矿床、宝兴沟金矿点、门都里石墨矿床、霍拉盆石墨矿床等。

(2)区域成矿时代主要为中—新元古代及早白垩世两期,在中—新元古代成矿类型为沉积变质型石墨矿床、菱镁矿床。早白垩世成矿类型为破碎蚀变岩型金矿床,斑岩型金铜矿床及火山热液型金矿床。

(3)中—新元古代的沉积变质型石墨矿床赋矿地层为兴华渡口群,受该岩群中富碳细碎屑岩层位及后期区域变质作用控制。

(4)早白垩世形成的金矿床(点)多分布于漠河推覆构造内,矿体多分布在中侏罗统河湖相碎屑岩内发育的近南北、北西及北东向的构造破碎带中。中侏罗统河湖相碎屑岩中金丰度较高,为区域金矿成矿的矿源层。与成矿有关的侵入岩为早白垩世闪长岩、闪长玢岩、花岗斑岩等中性、酸性岩脉或小岩株,形成破碎蚀变岩型金矿。

(5)斑岩型铜金矿床与早白垩世超浅成的花岗闪长岩、花岗闪长斑岩岩株侵入就位有关,矿体多分布在岩体或侵入接触带外侧,具有面状矿化蚀变。

(6)成矿温度。

本区不同成因类型矿床的成矿温度有所差别。与斑岩体、侵入岩有密切关系的成矿作用,其成矿温度相对较高,为252~300℃;与火山-侵入岩浆活动有关的火山热液型矿床,其成矿温度约为200℃,属于中—低温热液矿床;二十二站组碎屑砂岩中层中的破碎蚀变岩型金矿床,成矿温度范围宽些,是由岩浆水与地下水的热循环条件所致,其成矿温度在200℃以下,代表性矿床有砂宝斯金矿床、老沟金矿床;浅成低温热液型金矿床,由于出现叶片状方解石和冰长石,其成矿温度属低温,代表性矿床有马达尔金矿床、奥拉奇金矿点和页索库金矿点。

(7)稳定同位素。

①硫同位素。砂宝斯金矿床:测得黄铁矿 δ^{34}S 值为 4.31‰,说明 S 除了来自深岩浆硫外,尚有大气降水参与,也可认为是容矿岩地层中的循环水。二十一站斑岩型铜矿床,δ^{34}S 为 1.2‰~2.0‰,反映了深源岩浆硫的特点。本区金铜矿床中硫的来源主要与深源岩浆关系密切,成因类型应属广义的岩浆热液型矿床。不排除部分硫可来自于容矿围岩或外生硫。

②H、O 同位素。根据砂宝斯、二十一站矿床的 H、O 同位素测试结果,成矿热液具有岩浆水与大气降水混合特点,热液来自于中生代火山-侵入岩浆。

③包裹体成分。砂宝斯金矿流体包裹体成分分析结果表明,流体气相成分以 H_2O 为主,其次为 CO_2(占7.1%),而 N_2、H_2、CO 等含量甚微。液相成分中,阳离子以 Ca^{2+}、K^+、Na^+ 为主,且 $Ca^{2+}>K^+>Na^+$,阴离子以 SO_4^{2-}、F^-、Cl^- 为主,且 $SO_4^{2-}>F^->Cl^-$,流体包裹体成分反映出热液性质是岩浆

热液。

5. 成矿类型

区域成矿类型较多,主要有与兴华渡口群沉积变质有关的石墨矿床、与碎屑砂岩有关的中—低温破碎蚀变岩型金矿床、与浅成斑岩有关的斑岩型铜金矿床及火山热液型金矿床。

6. 时空分布特征

1)控矿要素特征

兴华渡口群原岩属含中酸性火山岩的含碳陆源碎屑岩—碳酸盐岩的复理石沉积建造。经绿片岩相区域变质作用,形成斜长角闪岩、变粒岩、石墨片岩、石英岩、大理岩,为变质表壳岩-片麻岩组合。

中侏罗统陆相沉积地层主要分布于漠河前陆盆地中,大面积分布在该区北部。漠河组为河湖相砂岩、泥岩夹砂砾岩组合;二十二站组为湖相砂岩、粉砂岩组合;绣峰组为湖泊三角洲相砂砾岩组合。中侏罗统陆相沉积地层为破碎蚀变岩型金矿床的有利围岩。

下白垩统陆相火山岩及河湖相碎屑沉积岩主要分布在区中、南部长缨火山沉积-断陷盆地(J_3—K_1)及呼中-二十二站火山沉积-断陷盆地(J_3—K_1)中。光华组为英安岩、流纹岩组合,为区域火山热液型金矿床的有利围岩。

漠河推覆构造分布于区北部,为区域性的挤压型大型变形构造,其控制了区域金等矿产的分布。其内发育的近南北、北东及北西向构造破碎带控制了成矿侵入岩的就位,提供了成矿空间,控制了矿体的产状及展布方向。

晚侏罗世—早白垩世受太平洋板块挤压作用,大兴安岭主脊产生北北东向的巨大断裂,形成了大兴安岭火山岩带,火山活动和构造运动强烈,形成环状、放射状火山断裂及北东、北西向的脆性断裂,控制了区域矿床及矿体分布。中性、中酸性及酸性岩浆侵入活动,形成了闪长岩、闪长玢岩、花岗闪长斑岩、花岗斑岩等侵入体,后期岩浆热液活动形成了破碎蚀变岩型金矿。

2)矿床的空间分布规律

早白垩世形成的破碎蚀变岩型金矿床及斑岩型铜金矿床分布于近东西向的漠河推覆构造带内,火山热液型金矿床分布在长缨火山沉积-断陷盆地(J_3—K_1)及呼中-二十二站火山沉积-断陷盆地(J_3—K_1)中。砂金矿沿现代河谷广泛分布。

3)矿床的时间分布规律

上黑龙江(边缘海)Au-Cu-Mo成矿带内早期矿床形成于中—新元古代,主要为沉积-变质型式石墨矿床。成矿带内主要成矿期为早白垩世,形成破碎蚀变岩型、斑岩型及火山热液型金铜矿床,其次第四纪全新统形成冲积型砂金矿。

(二)新巴尔虎右旗-根河(拉张区)Cu-Mo-Pb-Zn-Ag-Au-萤石-煤(铀)成矿带

1. 成矿环境

以得尔布干断裂为界,两侧分属不同的三级构造单元,北西侧为额尔古纳岛弧(地块),南侧为海拉尔-呼玛弧后盆地。中生代之前,二者具有不同的构造演化历史,形成各具特点的矿床,如沉积变质型铁矿主要产在额尔古纳地块上,而海相火山岩型铁锌矿在分布在海拉尔-呼玛弧后盆地中。中生代以来,受滨太平洋构造域影响,整个成矿带内表现为古生代基底隆起与中生代火山沉积盆地的格局,形成与中生代火山-侵入杂岩有关的矿床。

2. 矿种及矿床类型

目前该区带内以铜、钼、铅锌银及煤炭为主，次为金、铁及萤石矿。铜钼矿床类型主要为斑岩型，如乌奴格吐山铜钼矿床、岔路口钼铅锌矿床；铅锌银矿床类型主要为火山（次火山）热液型，次为矽卡岩型，如甲乌拉热液型铅锌矿床、塔源二支线矽卡岩型铅锌铜矿床等；金矿有热液型和砂矿型；铁矿主要有海相火山岩型（谢尔塔拉）、变质型及热液型；萤石矿主要为热液型（图3-21）。

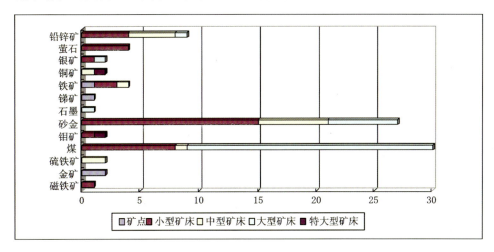

图 3-21 Ⅲ-47 新巴尔虎右旗-根河（拉张区）成矿带重要矿产矿床规模分布情况

3. 成矿时代

该区带内矿床的成矿时代主要为中生代，其次为古生代和元古宙。铁矿分布比较少，形成于元古宙和古生代，矿床类型为变质型、热液型和海相火山岩型；铜（钼）矿主要形成于燕山早期（180Ma），燕山晚期形成有少量矿点；钼（铅锌）、铅锌银矿床分布较多，主要形成于燕山晚期（150～120Ma）（图3-22）。

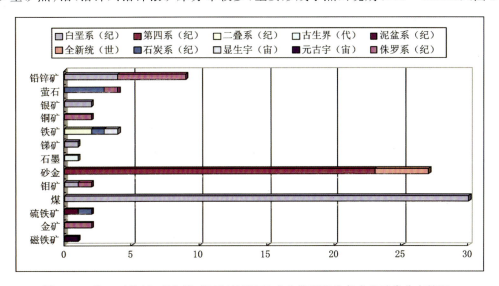

图 3-22 Ⅲ-47 新巴尔虎右旗-根河（拉张区）成矿带重要矿产成矿时代分布情况

4. 控矿条件

1) 构造对成矿的控制作用

本区内构造对成矿的控制主要表现在以下几个方面。

(1) 区域性深断裂对成矿的控制作用。

区域性深断裂均为超壳断裂，有的甚至切穿了岩石圈，它们是地幔物质上涌的通道。而与其有成生联系的次级断裂或裂隙往往就是成矿物质沉淀定位的空间。另一方面，这些深断裂具有活动时间长的特点，所以在其一侧或两旁的次级断裂常形成不同时代的矿床。例如：得尔布干深断裂就控制了其北西侧的不同类型铜钼、铅锌、银矿床的分布，而得尔布干深断裂派生的北西向构造带就是上述矿床的定位空间（邵和明，2002）。

(2) 中生代断隆与盆地对成矿的控制作用。

中生代受滨太平洋构造活动影响，火山喷发及岩浆侵入活动强烈，与之相关的成矿作用也非常强烈，是重要的成矿期。成矿作用发生的有利部位往往是隆坳交界处靠近断隆一侧及火山沉积盆地中的局部隆起（坳中隆），在火山盆地中也有矿床分布。

(3) 火山构造的控矿作用。

中生代火山喷发盆地中的火山机构-破火山口及火山断裂是形成隐爆角砾岩型多金属矿床和斑岩型矿床的有利部位，如四五牧场金矿床等。

2）地层对成矿的控制作用

除兴安桥式沉积变质型铁矿、谢尔塔拉式海相火山岩型铁锌矿、六一牧场海相火山岩型硫铁矿受明显的地层层位控制外，古生代及中生代部分地层是区域成矿的矿源层，如下石炭统新伊根河组、侏罗系塔木兰沟组、震旦系额尔古纳河组等，地层在形成过程中可使某些成矿元素预富集，而为以后不同地质时期的地区成矿作用而活化、迁移、富集成矿提供丰厚的物质基础。

3）岩浆岩对成矿的控制作用

与斑岩型铜钼矿床有关的中酸性侵入岩为中酸性超浅成—浅成侵入岩，岩性为闪长玢岩—花岗闪长斑岩—斜长花岗斑岩—二长花岗斑岩，呈岩株、岩枝状产出。这类岩浆基性程度高，来源深，是起源于下地壳—上地幔岩浆的衍生物。它们侵位于中生代陆相火山盆地靠断隆一侧。与斑岩型钼铅锌矿床有关的超浅成—浅成酸性侵入岩侵位于中生代断隆区一侧，其岩石类型为花岗斑岩、流纹斑岩和英安斑岩。它们呈不规则状岩脉、岩墙产出。岩浆起源下地壳—上地幔的过渡性岩浆的衍生物。如岔路口斑岩型钼铅锌矿床。与铅锌矿床有关的中酸性侵入岩主要岩性为石英二长岩—石英二长闪长岩—花岗闪长岩—黑云母二长斑岩—花岗闪长斑岩，次为黑云母二长花岗斑岩，为超浅成—浅成岩石，呈小岩株、岩枝和岩脉产出。

5. 矿床的空间分布规律

从空间上，该区带矿床主要分布的隆坳交界处的断隆一侧或坳中隆部位，少量分布在盆地内部。铜（钼）矿床主要分布在乌奴格吐山—八大关一带；钼（铅锌）矿床分布在岔路口地区，为近年矿产勘查重大突破之一；铅锌银矿床分布较广泛，主要在甲乌拉—额仁陶勒盖、三河—比利亚古、新林区塔源等地；砂金矿床沿额尔古纳河流域、嫩江流域广泛分布；铁矿床零星分布在地营子—于里亚河、谢尔塔拉、兴安桥等地。煤矿床主要分布在海拉尔盆地。

6. 矿床的时间分布规律

矿床时间分布具有以燕山期最为主要，次为海西期和中新生代。燕山期成矿作用形成的矿床占区内矿床总数90%，成矿期可细划分燕山早期和燕山晚期。

从矿床类型分析，晚古生代矿床类型主要为与海相中基性—中酸性火山沉积型矿床。中生代主要为与中酸性侵入岩有关的斑岩型矿床，与陆相火山岩有关的隐爆角砾岩型矿床及火山-次火山热液矿床。

(三)东乌珠穆沁旗-嫩江(中强挤压区)Cu-Mo-Pb-Zn-W-Sn-Cr成矿带

1. 成矿背景

该区带北以头道桥-鄂伦春深断裂与新巴尔虎右旗-根河(拉张区)Cu-Mo-Pb-Zn-Ag-Au-萤石-煤(铀)成矿带(Ⅲ-47)相邻,南以北东向的贺根山-黑河岩石圈断裂北东段、新开岭岩石圈断裂为界。大地构造单元包括海拉尔-呼玛弧后盆地、扎兰屯-多宝山岛弧、嫩江-黑河构造混杂岩及刺尔滨河岩浆弧。

古生代为岛弧环境,形成与岛弧火成岩有关的斑岩型CuMo、矽卡岩型FeCu等矿床,中生代为滨太平洋的陆缘环境,形成与火山侵入杂岩有关的AuAgMo矿床。

2. 成矿类型

斑岩型矿床,主要以多宝山、铜山大型铜矿为代表,铜储量占黑龙江省铜储量的绝大部分。内蒙古在阿荣旗分布有太平沟小型斑岩型钼矿。接触交代型矿床,主要以三矿沟铁铜矿床和关鸟河白钨矿床为代表。岩浆型矿床,以北西里中型钛铁矿床为代表。火山-次火山热液型矿床,以旁开门中型银金矿床和三道湾子金矿床为代表。石英脉型矿床,以小泥鳅河、宽河、二十四号桥金矿床为代表。破碎蚀变岩型矿床,以争光金矿床为代表。另外,成矿带内尚发现有前寒武纪沉积变质铁矿点和石墨矿化点,分布零星数量极少(图3-23)。

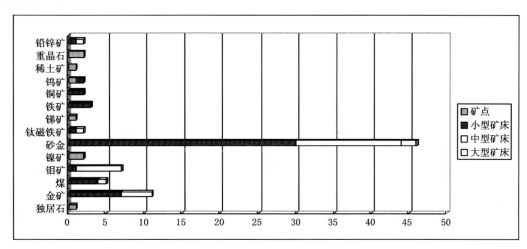

图3-23　Ⅲ-48东乌珠穆沁旗-嫩江Cu-Mo-Pb-Zn-W-Sn-Cr成矿带各矿种矿床规模分布情况图

3. 成矿时空分布特点

成矿带内共发现各类矿床86处,矿点、矿化点多处。大型矿床有3处,为多宝山、铜山矿床和三道湾子金矿床。中型矿床27处,小型矿床50处,为三矿沟铁铜矿床、关鸟河钨矿床、宽河金矿床、二十四号桥金矿床、小泥鳅河金矿床、上马场金矿床和跃山铁矿床等。矿种主要为铜、钼、铁、钨、银、金等。早—中奥陶世成矿类型为斑岩型铜钼矿床,其分布于多宝山火山弧内,多宝山组($O_{1-2}d$)铜、钼、金元素丰度较高,为区域成矿的初始矿源层。早—中奥陶世花岗闪长岩、花岗闪长斑岩为成矿母岩。斑岩型铜钼矿床(点)位于裸河-多宝山-三矿沟北西向构造蚀变带中。以其成矿规模大、强度高而著称。早奥陶世—早志留世成矿类型为岩浆型钛铁矿床,其分布于后碰撞辉长岩体(O_1—S_1)内,成矿受控于岩浆结晶分异作用。晚古生代主要以斑岩型铁铜矿床为主,成矿与白岗岩、二长闪长岩关系密切。晚三叠世—早侏罗世成矿类型较多,该期中酸性岩浆侵入不同的围岩形成的矿床类型不同。二长花岗岩与铜山组

($O_{1-2}t$)侵入接触,形成矽卡岩型钨矿床;花岗闪长岩与多宝山组(O_2d)侵入接触,形成矽卡岩型铜铁矿床;闪长岩与多宝山组(O_2d)侵入接触,形成破碎蚀变岩型金矿床;在该期二长花岗岩体内部,形成斑岩型钼矿床。早白垩世形成的金、钼矿床分布于该时期火山沉积盆地中或盆地周边,矿体分布在破碎带或火山机构中,矿床类型为火山-次火山热液型金矿床、石英脉型金矿床(图3-24)。

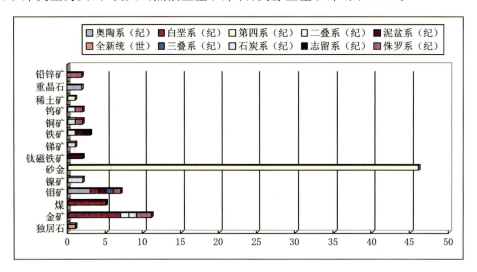

图 3-24　Ⅲ-48 东乌珠穆沁旗-嫩江 Cu-Mo-Pb-Zn-W-Sn-Cr 成矿带重要矿产成矿时代分布情况

4. 控矿条件

1)地层

主要表现为区域的矿源层,如多宝山组、裸河组等,同位素研究表明其区域成矿提供了物质来源。

2)侵入岩

本区成矿类型以斑岩型、矽卡岩型及热液型为主,因此不同类型的侵入岩是重要的控矿条件。早—中奥陶世花岗闪长岩及其热液活动,形成接触带热液型铜矿化。早—中奥陶世花岗闪长斑岩及其热液活动,形成大量的斑岩型铜矿化。早—中奥陶世花岗闪长岩或英云闪长岩及其热液活动,形成了热液脉型铜矿化。晚古生代中酸性侵入岩(白岗岩、石英二长闪长岩等),在与裸河组、苏中组碳酸盐接触带,形成矽卡岩型铁铜、铁钼矿床。印支晚期中酸性岩浆沿窝里河-三峰山背斜轴部转弯处和北东向及北西向构造的交叉部位侵入后,与多宝山组岩石接触,在近接触带处,形成钨、铜工业矿体。燕山期与成矿有关的侵入岩和次火山岩有斜长花岗斑岩、细晶闪长岩、白岗质花岗岩和流纹斑岩等。具有岩体规模小,与矿体距离近的特点。与侵入岩、火山岩及次火山岩有关的成矿热液流体沿断裂、裂隙迁移,在有利的物理化学条件下,多形成火山热液和中低温热液充填石英脉型银金或金矿床。

3)构造

北东向区域构造控制着古生代岩浆岩带的展布,相应地控制了岩浆热液矿床。燕山期形成的矿床与组成火山机构的断裂构造、构造角砾岩带关系密切,层间破碎带和侵入接触带是主要的控矿构造。

第六节　矿床成矿系列

依据本成矿带内地质背景、区域成矿特征、矿床形成构造环境,划分出 10 个矿床成矿系列,进一步划分出成矿亚系列、矿床式,见表 3-13。

表 3-13 大兴安岭成矿带北段矿床成矿系列划分表

Ⅱ级成矿区带	Ⅲ级成矿区带	成矿系列	成矿亚系列	矿床式	成矿元素
大兴安岭成矿省	Ⅲ-46：上黑龙江（边缘海）Au-Cu-Mo成矿带（Ym；Hl）	$Ⅲ_{46}^1$ 与兴凯期兴华渡口群沉积变质作用有关的石墨矿床成矿系列		门都里式	C
		$Ⅲ_{46}^2$ 与燕山中期中—中酸性岩浆活动有关的Au、Cu矿床成矿系列	$Ⅲ_{46}^{2-1}$：与燕山中期逆掩推覆构造带和浅成—超浅成中性、中酸性、酸性侵入岩有关的Au、Cu矿床成矿亚系列	砂宝斯式	Au、Ag
			$Ⅲ_{46}^{2-2}$：与燕山中期中酸性、酸性火山岩有关的Au矿床成矿亚系列	马达尔式	Au、Ag
	Ⅲ-47：新巴尔虎右旗-根河（拉张区）Cu-Mo-Pb-Zn-Ag-Au-萤石-煤（铀）成矿带（Pt_1；Cm；Ye；Ym-1；Hl）	$Ⅲ_{47}^1$ 与兴凯期兴华渡口群沉积变质作用有关的Fe矿床成矿系列		兴安桥式	Fe
		$Ⅲ_{47}^2$ 与加里东早—中期酸性侵入岩有关的硫铁矿矿床成矿系列		新街基式	S
		$Ⅲ_{47}^3$ 地营子-谢尔塔拉地区与海西期基性—中酸性岩浆活动有关的Fe、Zn、Cu、硫矿床成矿系列	$Ⅲ_{47}^{3-1}$：与海西期海相基性—中酸性火山活动有关的Fe、Zn、Cu、硫矿床成矿亚系列	谢尔塔拉式	Fe、Zn
				六一牧场式	S、Cu
			$Ⅲ_{47}^{3-2}$：与海西晚期中酸性侵入岩有关的Fe矿床成矿亚系列	地营子式	Fe
		$Ⅲ_{47}^4$ 乌奴格吐山-岔路口地区与燕山期中酸性火山—侵入岩浆活动有关的Cu、Mo、Au、Ag、Pb、Zn、萤石矿床成矿系列	$Ⅲ_{47}^{4-1}$：与燕山中期中性、中酸性、酸性侵入岩有关的Pb、Zn、Cu、Mo、Ag矿床成矿亚系列	塔源二支线式	PbZn、Cu
				岔路口式	Mo、PbZn
				霍洛台式	Cu、Mo
			$Ⅲ_{47}^{4-2}$：与燕山晚期超浅成—浅成中酸性火山-侵入岩浆活动有关的Cu、Mo、Ag、Pb、Zn、萤石矿床成矿亚系列	塔源式	Au、Ag
				碧水式	PbZn、Ag
				松合义式	Mo
				甲乌拉式	PbZn、Ag
				额仁陶勒盖式	Ag、PbZn
				旺石山式	F
			$Ⅲ_{47}^{4-3}$：与燕山早期酸性火山-侵入杂岩岩浆活动有关的Cu、Mo、Au、Ag矿床成矿亚系列	乌奴格吐山式	Cu、Mo
				小伊诺盖沟式	Au
				四五牧场式	Au
		$Ⅲ_{47}^5$ 莫尔道嘎地区与第四纪冲积沉积作用有关的Au矿床成矿系列		吉拉林式	Au

续表 3-13

Ⅱ级成矿区带	Ⅲ级成矿区带	成矿系列	成矿亚系列	矿床式	成矿元素
大兴安岭成矿省	Ⅲ-48：东乌珠穆沁旗-嫩江（中强挤压区）Cu－Mo－Pb－Zn－W－Sn－Cr成矿带（Vm－l；Ye；Ym；Hl）	$Ⅲ_{48}^1$多宝山-付地营子地区与加里东中—晚期基性、中酸性岩浆活动有关的 Cu、Mo、Au、Ag、Ti、Fe 矿床成矿系列	$Ⅲ_{48}^{1-1}$：与加里东中期中酸性侵入岩有关的 Cu、Mo、Au 矿床成矿亚系列	多宝山式	Cu、Mo、Au、Ag
			$Ⅲ_{48}^{1-2}$：与加里东中-晚期基性侵入岩有关的 Ti、Fe 矿床成矿亚系列	北西里式	Ti、Fe
		$Ⅲ_{48}^2$争光-三矿沟地区与印支晚期中酸性岩浆活动有关的 Au、Ag、Mo、W、Cu、Fe 矿床成矿系列	$Ⅲ_{48}^{2-1}$：与印支晚期中性、中酸性、酸性侵入岩有关的 Au、Ag、Mo、W、Cu、Fe 矿床成矿亚系列	关鸟河式	W、Zn
				三矿沟式	Cu、Fe
				滨南林场式	Mo
				争光式	Au
		$Ⅲ_{48}^3$三道湾子-太平沟地区与燕山中期中性—中酸性岩浆活动有关的 Au、Ag、Te 矿床成矿系列	$Ⅲ_{48}^{3-1}$：与燕山中期中性、中酸性侵入岩有关的 Au 矿床成矿亚系列	小泥鳅河式	Au
				二十四号桥式	Au
				太平沟式	Mo
			$Ⅲ_{48}^{3-2}$：与燕山中期基性、中酸及酸性火山岩有关的 Au、Ag、Te 矿床成矿亚系列	三道湾子式	Au、Ag、Te
				旁开门式	Au、Ag
		$Ⅲ_{48}^4$罕达盖-梨子山地区与海西期中基性—中酸性岩浆活动有关的 Fe、Mo、Cu、Be、硫矿床成矿系列		梨子山式	Fe、Mo
		$Ⅲ_{48}^5$巴尔哲-阿尔山与燕山晚期碱性花岗岩、流纹岩有关的稀有、稀土矿床成矿系列	$Ⅲ_{48}^{5-1}$：与燕山晚期碱性花岗岩有关的稀有、稀土矿床成矿系列	巴尔哲式	Nb、Ta、Y、Be
			$Ⅲ_{48}^{5-2}$与流纹岩有关的稀有、稀土矿床成矿系列	红花尔基式	Nb、Ta

一、上黑龙江（边缘海）Au－Cu－Mo 成矿带

凡是属于同一成矿时代，尽管形成不同矿种组合，只要是在同一个Ⅲ级构造单元中，均划分为同一个成矿系列。漠河前陆盆地中主要成矿时代为中—新元古代与早白垩世，故划分为两个成矿系列。矿床成矿亚系列的划分原则是：首先以Ⅳ级构造单元为界线，然后看成矿的控矿条件、物质来源、成矿特征。上黑龙江（边缘海）Au－Cu－Mo 成矿带划分 2 个成矿亚系列。

1. 与兴凯期兴华渡口群沉积变质作用有关的石墨矿床成矿系列

该系列未划分出亚系列，划分出一个门都里式石墨矿床，其赋存于中—新元古代沉积的兴华渡口

群,控矿层位为富炭细碎屑岩,新元古代末期的兴凯运动使该岩群经区域变质形成沉积变质型石墨矿床。代表性矿床为门都里石墨矿床,分布在区西部兴华变质杂岩中。

2. 与燕山中期中—酸性岩浆活动有关的 Au、Cu 矿床成矿系列

(1)与燕山中期逆掩推覆构造带和浅成—超浅成中性、中酸性、酸性侵入岩有关的 Au、Cu 矿床成矿亚系列。

砂宝斯式金矿:分布于漠河推覆构造带内,矿种单一,为大型金矿床。从西至东构成砂宝斯、老沟、二根河金矿集区。成矿围岩是中侏罗统二十二站组陆源碎屑岩组—砂岩地层,该层位金丰度高,可作为矿源层。早白垩世中性、中酸性、酸性岩浆以超浅成方式侵入就位,是形成岩金矿床的主要热源。砂宝斯矿床研究结果表明,铅同位素值单一、稳定,与中国东部火山岩所代表的地幔铅同位素相似。即火山岩浆来自地幔。根据氢-氧同位素测定结果,其成矿流体为混合水,成矿温度属中—低温。

富拉罕式:多赋存在兴华渡口群中($Pt_{2-3}xh$),其金、银的丰度很高,为区域金银矿成矿提供了部分矿源。矿体展布受构造破碎带控制,早白垩世中性、中酸性、酸性岩浆以超浅成方式侵入就位,是形成岩金矿床的主要热源。代表性矿床为富拉罕金矿床。

二十一站式:矿种以铜为主的多金属矿,目前发现的矿点较多。成矿围岩有绣峰组、二十二站组及额木尔河组地层。中性—中酸性浅成或超浅成侵入岩体出露较多,与成矿关系密切。在空间上构成龙沟河、丘里巴赤、二十一站多金属矿集区。代表性的矿床为二十一站斑岩型铜金矿床。

(2)与燕山中期中酸性、酸性火山岩有关的 Au 矿床成矿亚系列。

分布在漠河前陆盆地叠加的火山沉积盆地中,赋矿围岩为早白垩世火山岩,成矿环境简单。矿化体及区域矿化异常均以金为主,所发现仅是单一的岩金矿点。成矿与光华期火山活动有关,矿化分布受控于早白垩世的火山机构。矿化带及区域表现的金异常明显,与北北西及北北东向断裂所控制的硅化角砾岩带及次火山岩有密切关系。代表性矿点有马达尔金矿点、奥拉奇金矿点、页索库金矿点。矿化特征表现有玉髓-明矾石化,属于浅成低温火山热液型金矿床(点)。

该矿床成矿亚系列产出于上黑龙江前陆盆地,主要发育中低温热液脉型金矿床和斑岩型铜(金)矿。此外,该矿床成矿系列还包括一些斑岩型铜钼矿点和低硫化浅成低温热液型金矿点,据此划分出砂宝斯、二十一站、奥拉齐和洛古河 4 个矿床式(武广等,2014)。砂宝斯式为中低温热液脉型金矿床,赋矿围岩为中侏罗统陆相碎屑岩,成矿与早白垩世花岗岩有关,代表性矿床为砂宝斯、老沟、砂宝斯林场、虎拉林、二根河。二十一站式为斑岩型铜(金)矿床,矿体产于中侏罗统陆相碎屑岩和燕山期花岗闪长斑岩中(Wu et al,2010),代表性矿床为二十一站铜(金)矿床,龙沟河铜矿点亦属于该矿床式。奥拉齐式为低硫化浅成低温热液型矿床,成矿元素为金和银,赋矿围岩为下白垩统上库力组中酸性火山岩,成矿与次安山岩有关(韩振新等,2004),该矿床式目前尚未发现成型矿床,均为矿点,如奥拉齐、马大尔、页索库。洛古河式为斑岩型铜钼矿化,矿化围岩为额尔古纳河组大理岩、板岩和砂岩,矿化与早白垩世花岗岩和二长花岗斑岩有密切的联系(武广,2006),该矿床式以洛古河铜钼多金属矿点为代表。对于砂宝斯金矿床,武广等(2009b)获得与该矿床有密切成因联系的花岗岩的锆石 SHRIMP U-Pb 年龄约为 130Ma,Liu 等(2014a)报道了砂宝斯金矿床石英流体包裹体的 $^{40}Ar-^{39}Ar$ 年龄约为 130Ma;老沟金矿床受漠河韧性剪切带控制,李锦铁等(2004)报道了该剪切带内的黑云母 $^{40}Ar-^{39}Ar$ 年龄为 130~127Ma,武广等(2008)获得该剪切带中白云母的 $^{40}Ar-^{39}Ar$ 年龄为 122~121Ma;与二十一站斑岩铜(金)矿床有成因联系的花岗闪长斑岩的锆石 LA-ICP-MS U-Pb 年龄约为 120Ma(作者未发表数据);洛古河铜钼多金属矿点的花岗岩和二长花岗斑岩的锆石 SHRIMP U-Pb 年龄分别约为 130Ma 和 126Ma(武广,2006);奥拉齐式浅成低温热液型金矿床产于下白垩统上库力组火山岩中(韩振新等,2004)。上述成岩、成矿和控制矿床产出的韧性剪切带年龄数据表明,该成矿亚系列主要形成于早白垩世。该成矿系列之各成矿亚系列和成矿亚系列内部的矿床均具有明显的分带性：得尔布干地区与印支期—燕山早期中酸性侵入岩有关的铜、钼、金矿床成矿亚系列产出于额尔古纳隆起—半隆起区，其中热液脉型金矿主要分布于隆起区，而斑岩型铜钼矿主要产出于半隆起区；得尔布干地区与燕山中—晚期中酸性火山—侵入活动有关的铅、锌、银、金成矿亚系列主要分布于半隆起区的火山盆地内和坳陷区，从北西的半隆起区向南东的坳陷区，依次产出铅锌银矿床、银矿床和金矿床。上黑龙江盆地与燕山中—晚期中酸性火山—侵入活动有关的金、铜、钼成矿亚系列分布于额尔古纳造山带最北部的上黑龙江前陆盆地内，以金矿为主，斑岩型铜矿亦伴生金，常形成斑岩型铜金矿床，如二十一站。上述成矿亚系列和矿床类型及矿种的水平分带也从一个侧面反映了矿床的垂向剥蚀程度。

二、新巴尔虎右旗-根河(拉张区)Cu-Mo-Pb-Zn-Ag-Au-萤石-煤(铀)成矿带

依据本成矿带内地质背景、区域成矿特征、矿床形成构造环境，划分出5个成矿系列，进一步划分出5个成矿亚系列和18个矿床式。

1. 与兴凯期兴华渡口群沉积变质作用有关的Fe矿床成矿系列

该系列未划分出亚系列，划分出一个兴安桥式铁矿床，其形成于中—新元古代沉积的兴华渡口群，控矿层位为兴安桥岩组的硅铁建造，新元古代末期的兴凯运动使该岩群经区域变质形成沉积变质型铁矿床，分布在本区东部兴华变质杂岩中。

2. 与加里东早—中期酸性侵入岩有关的硫铁矿矿床成矿系列

该系列未划分出亚系列，划分出一个新街基式硫铁矿，其形成于晚寒武世—早奥陶世二长花岗岩侵入期后含矿热液活动，充填在兴华渡口群中的破碎带内成矿，区域内该期成矿作用不强。

3. 地营子-谢尔塔拉地区与海西期基性—中酸性岩浆活动有关的Fe、Zn、Cu、硫矿床成矿系列

(1) 与海西期海相基性—中酸性火山活动有关的Fe、Zn、Cu、硫矿床成矿亚系列。

该成矿亚系列主要分布于海拉尔一带，本区为基底隆起区，晚古生代海相变质岩及海西期侵入岩广泛发育，主要成矿类型为海相火山-沉积型，代表性矿床有六一硫铁矿床和谢尔塔拉铁锌矿床等；成矿期为泥盆纪—石炭纪。

该矿床成矿系列分布于牙克石-鄂伦春造山带的牙克石地区，成矿与中海西期的海相中基性-中酸性火山岩密切相关，矿床类型为海相火山岩型，根据矿种划分为谢尔塔拉和六一牧场2个矿床式。谢尔塔拉式为铁锌矿床，赋矿围岩为早石炭世莫尔根河组富钠海相火山岩，代表性矿床为谢尔塔拉铁锌矿床，该矿床经历了早期的火山喷发沉积成矿作用和后期的热液成矿作用，火山喷发成矿期主要形成层状的赤铁矿体，而热液期形成锌矿体，但矿床的主体为火山喷发沉积成矿期形成的铁矿体。六一牧场式为硫铁矿矿床，赋矿围岩亦为早石炭世莫尔根河组富钠海相火山岩，代表性矿床为六一牧场和十五里堆硫铁矿床(赵一鸣等，1997)。该成矿系列之矿床均与火山喷发期间或稍后的海底热液活动有关，因此火山岩的成岩年龄基本代表了成矿年龄。故该成矿系列形成于中海西期。

(2) 与海西晚期中酸性侵入岩有关的Fe矿床成矿亚系列。

该成矿亚系列分布于得尔布干成矿带北部，为前中生代基底隆起区，前中生代地层及花岗岩广泛发育，在基底隆起边缘形成与海西晚期岩浆活动有关的热液型铁矿床。代表性矿床有地营子铁矿、于里亚

河铁矿等。成矿期为石炭纪—二叠纪。

4. 乌奴格吐山-岔路口地区与燕山期中酸性火山—侵入岩浆活动有关的 Cu、Mo、Au、Ag、Pb、Zn、萤石矿床成矿系列

(1)与燕山中期中性、中酸性、酸性侵入岩有关的 Pb、Zn、Cu、Mo、Ag 矿床成矿亚系列。

晚侏罗世—早白垩世的火山岩浆活动强烈,为本区主要成矿时期,形成不同类型的矿床。尤其是超浅成侵入岩体为有色金属成矿提供了主要热源,不同的侵入岩性、不同的侵入时间、在不同的成矿环境形成不同矿床类型,划分出 3 个矿床式。

塔源二支线式:早白垩世闪长岩(δK_1)侵入上石炭统新伊根河组($C_2 x$),在接触带发生交代作用,形成矽卡岩型铅锌铜矿。

岔路口式:晚侏罗世—早白垩世浅成、超浅成的花岗斑岩侵入,偏后期的含钼热液蚀变形成斑岩型钼矿床,地表具有面状蚀变,矿石为细脉浸染状构造。

霍洛台式:晚侏罗世—早白垩世浅成、超浅成的花岗闪长斑岩、花岗斑岩侵入,偏后期的含铜钼热液蚀变形成斑岩型钼矿床,地表具有面状蚀变,矿石为细脉浸染状构造。

(2)与燕山晚期超浅成—浅成中酸性火山-侵入岩浆活动有关的 Cu、Mo、Ag、Pb、Zn、萤石矿床成矿亚系列。

该亚系列主要分布于新巴尔右旗—得耳布尔一带,本区为半坳、半隆区,相当于中—浅等剥蚀区,中生代次火山岩、浅成斑岩体等广泛出露,前中生代花岗岩类零星出露。该区总体构造线为北东走向,区内主要矿化类型:与火山-侵入岩浆活动关系密切的铅锌银矿床,如甲乌拉及查干布勒根铅锌银矿床;与火山-次火山活动关系密切的银铅锌矿床,如额仁陶勒盖银矿床、三河铅锌矿床、比利亚谷铅锌矿床、塔源银铅锌矿床等。

(3)与燕山早期酸性火山-侵入杂岩岩浆活动有关的 Cu、Mo、Au、Ag 矿床成矿亚系列。

该亚系列主要分布在新巴尔虎左旗—陈巴尔虎左旗—莫尔道嘎—恩和哈达一带,本区以基底隆起为特征,相当于深度剥蚀区,因此中生代次火山岩、浅成斑岩体及深成花岗岩等广泛出露。该区总体构造线为北东走向,但其半坳、半隆的格局主要受北东向断裂活动控制,因此成矿带表现为北东向和北西向,区内主要矿化类型:与燕山早期浅成斑岩关系密切的斑岩型铜钼矿床,如乌奴格吐山铜钼矿床和与燕山早期次火山岩(角砾岩筒)有关的热液型及隐爆角砾岩型金矿床,如毛河金矿床、四五牧场金矿床、小伊诺盖沟金矿床及八道卡金矿床等。

该矿床成矿系列主要产出于得尔布干断裂北西侧的额尔古纳造山带,在得尔布干断裂南东侧的额尔古纳—根河地区亦有少量该成矿系列的矿床分布,是大兴安岭北段最重要的矿床成矿系列之一。乌奴格吐山式为斑岩型铜钼矿床,赋矿围岩为下寒武统额尔古纳河组变砂岩和板岩,成矿岩体为印支期—燕山早期花岗闪长斑岩和二长花岗斑岩(秦克章等,1998,1999;陈志广,2010;陈志广等,2010;Chen et al,2011;Li et al,2012),代表性矿床为乌奴格吐山、八大关、太平川,此外尚有一些斑岩型铜钼矿点,如八八一。小伊诺盖沟式为中低温热液脉型金矿床,赋矿围岩亦为额尔古纳河组变砂岩和板岩,成矿与早侏罗世的花岗岩和花岗斑岩有密切关系(张炯飞等,1999;郝立波等,2001),代表性矿床为小伊诺盖沟,该区尚发育众多的金矿点,如小干沟、下吉宝沟。对于乌奴格吐山斑岩铜钼矿床,秦克章等(1998,1999)获得了与该矿床有成因联系的二长花岗斑岩的单颗粒锆石 U-Pb 和全岩 Rb-Sr 等时线年龄为 184~183Ma,Chen 等(2011)报道了该二长花岗斑岩的 $^{40}Ar-^{39}Ar$ 年龄为 179Ma 左右,秦克章等(1999)获得了蚀变矿物绢云母的 K-Ar 年龄为 184Ma 左右,Chen 等(2011)和 Li 等(2012)报道了乌奴格吐山矿床辉钼矿的 Re-Os 年龄为 178Ma 左右;陈志广(2010)获得八大关铜矿床石英闪长玢岩的锆石 LA-ICP-MS U-Pb 年龄为 230Ma 左右;对于太平川斑岩铜钼矿床,陈志广等(2010)获得石英闪长斑岩和花岗闪长斑岩的锆石 LA-ICP-MS U-Pb 年龄和辉钼矿 Re-Os 年龄分别为 230Ma 左右、202Ma 左右和

204Ma左右；郝立波等(2001)报道了小伊诺盖沟金矿二长花岗斑岩的Rb-Sr等时线年龄为185Ma左右。这些成岩、成矿年代学数据表明，该成矿亚系列形成于印支期—燕山早期。

得尔布干地区与燕山中—晚期中酸性火山-侵入活动有关的铅、锌、银、金矿床成矿亚系列：该成矿亚系列主要发育在额尔古纳隆起区，部分矿床产出在得尔布干断裂南东侧的额尔古纳—根河地区，主要为浅成低温热液型铅锌银矿床、银矿床和铜金矿床，亦有少量的矽卡岩型铅锌银矿床。该成矿亚系列划分出甲乌拉、额仁陶勒盖、四五牧场和下护林4个矿床式。甲乌拉式为低硫化浅成低温热液型铅锌银矿床，赋矿围岩为中—上侏罗统陆相火山岩和碎屑岩，成矿与早白垩世初期的次火山岩密切相关(李铁刚等，2014)，代表性矿床为甲乌拉、查干布拉根、三河、比利亚谷、二道河子、东君、七一牧场北山。额仁陶勒盖式为低硫化浅成低温热液型银矿床，赋矿围岩为中—上侏罗统陆相火山岩，成矿与早白垩世的石英斑岩有关(郝立波等，1994)，代表性矿床为额仁陶勒盖银矿床，此外，该区尚发育众多的银矿点，如大坝。四五牧场式为高硫化浅成低温热液型金、铜矿床，赋矿围岩为中—上侏罗统陆相火山岩，成矿与早白垩世的英安玢岩和正长斑岩有着密切的联系(关继东等，2004；杨才等，2008)，代表性矿床为四五牧场金铜矿。下护林式为矽卡岩型铅锌银矿床，赋矿围岩为中侏罗统万宝组含砾砂岩、凝灰质砂岩、泥岩及大理岩，成矿与晚侏罗世—早白垩世的钾长花岗岩有关(佘宏全等，2009)，代表性矿床为下护林。潘龙驹等(1992)和赵一鸣等(1997)报道了甲乌拉-查干布拉根矿田石英二长斑岩的K-Ar年龄为133～110Ma，盛继福等(1999)获得该石英二长斑岩的单颗粒锆石U-Pb年龄为139Ma左右，李铁刚等(2014)报道了甲乌拉矿床闪锌矿、方铅矿、黄铁矿Rb-Sr等时线年龄为143～142Ma。郝立波等(1994)获得额仁陶勒盖银矿床石英斑岩的Rb-Sr等时线年龄为120Ma左右。上述的成岩、成矿年龄表明，该成矿亚系列主要形成于早白垩世。

5. 莫尔道嘎地区与第四纪冲积沉积作用有关的Au矿床成矿系列

没有划分亚系列。沿额尔古纳河流域广泛分布，为冲积型，如莫尔道嘎砂金矿、吉拉林砂金矿等。

三、东乌珠穆沁旗-嫩江(中强挤压区)Cu-Mo-Pb-Zn-W-Sn-Cr成矿带

在东乌珠穆沁旗-嫩江(中强挤压区)Cu-Mo-Pb-Zn-W-Sn-Cr成矿带内，共划分出5个成矿系列及7个成矿亚系列。

1. 与晋宁期超基性岩浆活动有关的岩浆熔离型Co、Ni矿床成矿系列

该成矿系列为大兴安岭地区首次划分出的新的成矿系列。

大兴安岭地区已发现的该类矿床较少，以嘎仙镍钴矿(中型)为代表。该矿床位于鄂伦春海西期构造缝合带附近，含矿岩体超基性岩石(辉石橄榄岩)，岩体呈似层状侵位于额尔古纳河组变质岩中，岩石普遍发生滑石化、透闪石化等退变质作用，镍钴主要呈硫化物形式存在。

嘎仙岩体属于新林蛇绿岩的一部分，新林蛇绿岩北西边界与倭勒根群大网子组的变质砂岩、石英云母片岩呈断层接触，东部边界与倭勒根群吉祥沟组呈断层接触，南西边界则与中生界上侏罗统白音高老组(J_3b)流纹质熔结凝灰岩呈断裂接触(图3-25)。新林蛇绿岩的层序自底向顶主要由含异剥钙榴石蛇纹混杂带、变质橄榄岩、层状堆积岩、辉绿岩席状岩床和变玄武岩等组成。其中底部含异剥钙榴石蛇纹混杂带出露于新林蛇绿岩西北部，剪切变形强烈，其变形特征与阿曼赛迈尔蛇绿岩体底部强烈剪切、蛇纹石化混杂岩所组成的推覆冲断带十分相似，表明新林蛇绿岩逆冲推覆于大网子组的碎屑沉积岩之上。

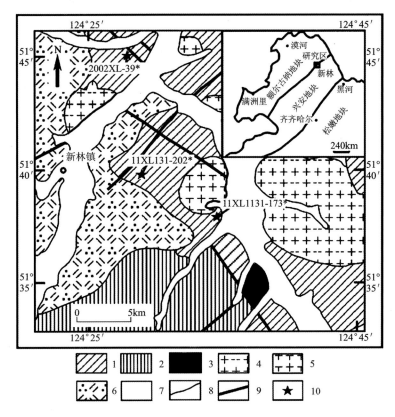

图 3-25 大兴安岭新林地区地质简图(据孙巍等,2014)

1.倭勒根群;2.中生界;3.新林蛇绿岩;4.早石炭世二长花岗岩;5.早石炭世正长花岗岩;6.早白垩世石英二长岩;
7.第四系沉积物;8.地质界线;9.断层;10.样品位置及样品编号(202XL-39＊引自文献(苗来成等,2007))

对嘎仙岩体的围岩中大网子组透闪黑云微晶片岩(11XL113—173)的锆石 CL 图像显示,锆石主要呈短柱状,个别呈长柱状,晶棱完好,锆石振荡环带发育。锆石 Th/U 值为 0.13～1.66,表明锆石均属岩浆成因。对该样品中的 60 颗锆石进行了点分析,给出的年龄范围为 1733～476Ma(^{206}Pb/^{238}U 年龄(<1000Ma),^{207}Pb/^{206}Pb 年龄(≥1000Ma);第六组年龄测点有 5 个,^{207}Pb/^{206}Pb 加权平均年龄为 1659±140Ma,MSWD=4.1;另有 ^{206}Pb/^{238}U 年龄:913±15Ma(1 个测点);^{207}Pb/^{206}Pb 年龄:1131±79Ma(1 个测点)等。在完成的 1:20 万区域地质图中,曾对嘎仙岩体进行了 Sm-Nd 测年,其时间为 1146±24Ma,代表了嘎仙岩体形成的时间。

因此可以依据矿床成因和地质产状等因素推断其成矿时代应该为晋宁期,属于岩浆熔离型钴镍矿床。

2. 与加里东中—晚期基性、中酸性岩浆活动有关的 Cu、Mo、Au、Ag、Ti、Fe 矿床成矿系列

(1)与加里东中期中酸性侵入岩有关的 Cu、Mo、Au 矿床成矿亚系列。

该成矿亚系列位于多宝山-三矿沟构造带上,该带是黑龙江省最主要的铜矿集中区,产出了全省铜矿储量的绝大部分。该成矿亚系列中有多宝山、铜山大型钼、铜矿床、小多宝山、跃进、多宝山(铁矿点)等多处矿床(点)。不同时期形成的不同特征的矿床(点)分布于不同的构造部位,表现了紧密的时间、空间联系并反映出明显的成矿规律。该亚系列划分出多宝山式铜钼斑岩型矿床,形成于早—中奥陶世岛弧环境,花岗闪长岩、花岗闪长斑岩为成矿母岩,多宝山组($O_{1-2}d$)围岩提供了部分成矿物质。

该成矿系列是成矿带内最重要的成矿系列之一,常形成大型矿床,成矿与加里东期花岗闪长斑岩和多宝山组火山岩有着密切的联系。矿床类型为斑岩-热液脉复合型,主要矿种为铜、钼,称为多宝山式铜钼矿床(赵一鸣等,1997a),代表性矿床为多宝山和铜山铜钼矿床。前人对多宝山和铜山铜钼矿床的成岩、成矿年代学开展了大量的研究工作,杜琦等(1988)和赵一鸣等(1997a)采用全岩 K-Ar 法获得与成矿相关的花岗闪长岩的年龄为 292Ma 左右和 266Ma 左右,花岗闪长斑岩的年龄为 283Ma 左右和 225Ma 左右,据此认为多宝山和铜山矿床形成于晚海西期—印支期;Ge 等(2007)、崔根等(2008)、向安平等(2012)和 Zeng 等(2014)获得多宝山花岗闪长岩的锆石 SHRIMP 和 LA-ICP-MS U-Pb 年龄为 485～478Ma 之间,向安平等(2012)和 Zeng 等(2014)获得多宝山花岗闪长斑岩的锆石 LA-ICP-MS U-Pb 年龄为 477～475Ma,Liu 等(2012)、向安平等(2012)和 Zeng 等(2014)获得多宝山辉钼矿(黄铁矿、黄铜矿)的 Re－Os 年龄为 486～475Ma,这些研究者认为多宝山矿床形成于早奥陶世;赵一鸣等(1997b)获得多宝山和铜山辉钼矿 Re－Os 等时线年龄为 506Ma±,并推断此年龄代表了辉钼矿源区的年龄;Wu 等(2014)获得多宝山矿床赋矿的花岗闪长岩和铜山矿床赋矿的多宝山组火山岩锆石 LA-ICP-MS U-Pb 年龄分别为 479Ma 左右和 450～447Ma,而破坏多宝山矿床矿体的二云母花岗岩的年龄为 219Ma 左右,据此,Wu 等(2014)认为多宝山和铜山矿床的铜矿体肯定形成在 447Ma 之后,但在 219Ma 之前,并推断前人获得的 486～475Ma 的辉钼矿 Re－Os 年龄代表了钼矿化的年龄,多宝山和铜山铜(钼)矿床的铜、钼矿体形成于不同的成矿期。可见,多宝山和铜山矿床的成矿时代仍然存在争议,本文认为其为加里东期。

(2)与加里东中—晚期基性侵入岩有关的 Ti、Fe 矿床成矿系列。

该亚系列划分出北西里式钛铁矿床,成矿时代为早奥陶世—早志留世,分布于后碰撞辉长岩体(O_1—S_1)内,成矿与成岩同时进行,受控于岩浆结晶分异作用。

3. 与印支晚期中酸性岩浆活动有关的 Au、Ag、Mo、W、Cu、Fe 矿床成矿系列

该成矿系列划分出一个亚系列,即与印支晚期中性、中酸性、酸性侵入岩有关的 Au、Ag、Mo、W、Cu、Fe 矿床成矿亚系列,在区域内构成一成矿系统,成矿特点是中酸性岩浆侵入不同的围岩形成不同的矿床类型,划分出 4 个矿床式。

关鸟河式矽卡岩型钨矿床为二长花岗岩与铜山组($O_{1-2}t$)侵入接触,在接触带进行交代作用形成。

三矿沟式矽卡岩型铜铁矿床为花岗闪长岩与多宝山组(O_2d)侵入接触,在接触带进行交代作用形成。

滨南林场式斑岩型钼矿床赋存在二长花岗岩体内,推测深部有与成矿有关的花岗斑岩体。

争光式破碎蚀变岩型金矿床为早侏罗世闪长岩与多宝山组(O_2d)侵入接触,萃取部分金等成矿物质,含金热液充填于构造破碎带内形成。

4. 与燕山中期中性—酸性岩浆活动有关的 Au、Ag、Te 矿床成矿系列

(1)与燕山中期中性、中酸性侵入岩有关的 Au 矿床成矿亚系列。

小泥鳅河式石英脉型金矿床为早白垩世闪长岩、闪长玢岩侵入后期形成的含矿热液,充填到构造破碎带中形成。

二十四号桥式石英脉型金矿床为早白垩世白岗质花岗岩侵入后期形成的含矿热液,充填到构造破碎带中形成。

(2)与燕山中期基性、中酸及酸性火山岩有关的 Au、Ag、Te 矿床成矿亚系列。

三道湾子式金矿床与光华期火山岩浆活动有关,为该火山期后含矿热液充填到构造破碎带中形成。

旁开门式金矿床与甘河期火山岩浆活动有关,为该火山、次火山岩形成的期后含矿热液充填到构造破碎带中形成。

5. 罕达盖-梨子山地区与海西期中基性—中酸性岩浆活动有关的 Fe、Mo、Cu、Be、硫矿床成矿系列

该成矿系列主要分布于东乌旗—梨子山一带,以大量出现古生代沉积变质岩系及海西期花岗岩为

特征,在上述岩体与地层的接触带,形成大量矽卡岩型铁铜、铁钼等铁多金属矿床,从矿床特征上看属铁氧化型(IOCG)多金属矿,磁铁矿大量出现,硫化物相对较少。代表性矿床有罕达盖铁铜矿及梨子山铁钼矿等,成矿期为泥盆纪—石炭纪。

武广等(2014)认为付地营子式和梨子山式矿床的形成与南东侧的二连-贺根山洋盆的北西向俯冲有关,是一个构造旋回不同演化阶段的产物,因此将它们划入同一个成矿系列。该成矿系列分布于伊尔施-多宝山造山带,主要产出海相火山岩型铜、锌、硫铁矿床和矽卡岩型铁、铜矿床,划分出付地营子和梨子山2个矿床式。付地营子式矿床为海相火山岩型铜、锌、硫铁矿床,以产出于黑河地区的付地营子矿床为代表,矿床的赋矿围岩为下泥盆统罕达气组海相中酸性火山岩,局部发育细碧角斑岩(赵元艺等,1997;韩振新等,2004),成矿与罕达气期海底喷流作用有关,形成块状铜锌矿石和硫铁矿石,与典型的VMS型矿床产出环境和矿石特征一致,因此,罕达气组火山岩的年龄基本代表了该矿床的成矿年龄,付地营子矿床形成于早泥盆世。梨子山式为矽卡岩型铁、铜矿床,以产于扎兰屯地区的梨子山和塔尔其矿床为代表,梨子山式矿床的赋矿围岩为中奥陶统多宝山组和上奥陶统裸河组大理岩和碎屑岩,成矿与中海西期花岗岩和二长闪长岩关系密切(赵一鸣等,1997)。

武广等(2014)总结了对大兴安岭北部及邻区构造演化与成矿的关系:

(1)中奥陶世期间,古亚洲洋向西伯利亚板块南缘俯冲,伊尔施-多宝山地区处于岛弧环境,在多宝山地区发育多宝山式斑岩-热液脉复合型铜钼矿床,构成多宝山地区与加里东期中酸性火山-侵入活动有关的铜、钼矿床成矿系列。

(2)泥盆纪期间,伊尔施-多宝山加里东期造山带进入后碰撞-后造山演化阶段,发育双峰式侵入岩,在呼玛地区产出与辉长岩有关的岩浆型铁钛(钒)矿床和与正长花岗岩有关的中低温热液脉型金矿床,构成呼玛地区与海西期辉长岩和花岗岩有关的铁、钛、金矿床成矿系列。

(3)泥盆纪期间,二连-贺根山洋向北西俯冲,在黑河地区形成以付地营子为代表的海相火山岩型铜、锌、硫铁矿床,石炭纪期间,伊尔施-黑河地区转入碰撞造山阶段,在伊尔施地区形成梨子山式矽卡岩型铁铜矿床,构成了伊尔施-黑河地区与海西期花岗岩和海相火山岩有关的铁、铜、锌、硫铁矿床成矿系列。

(4)泥盆纪期间的二连-贺根山洋的北西向俯冲导致牙克石地区拉张为弧后盆地,发育石炭纪中基性—中酸性火山岩,产出海相火山岩型的谢尔塔拉式铁锌矿床和六一式硫铁矿床,构成牙克石地区与海西期海相中基性火山岩有关的铁、锌、硫铁矿床成矿系列。

(5)晚三叠世—早侏罗世蒙古-鄂霍茨克洋向南俯冲,得尔布干地区处于活动陆缘环境,发育花岗闪长斑岩和二长花岗斑岩,与其相关,形成乌奴格吐山式斑岩型铜钼矿床和小伊诺盖沟式中低温热液脉型金矿床,构成得尔布干地区与印支期—燕山早期中酸性侵入岩有关的铜、钼、金矿床成矿亚系列;晚侏罗世—早白垩世期间,蒙古-鄂霍茨克造山带进入后碰撞演化阶段,广泛发育晚侏罗世—早白垩世的陆相中酸性火山岩和中酸性侵入岩,在得尔布干地区产出甲乌拉式低硫化浅成低温热液型铅锌银矿床、额仁陶勒盖式低硫化浅成低温热液型银矿床、四五牧场式高硫化浅成低温热液型金铜矿床和下护林式矽卡岩型铅锌银矿床,构成得尔布干地区与燕山中—晚期中酸性火山-侵入活动有关的铅、锌、银、金矿床成矿亚系列,在上黑龙江地区产出砂宝斯式中低温热液脉型金矿床、二十一站式斑岩型铜金矿床、奥拉齐式低硫化浅成低温热液型金银矿点和洛古河式斑岩型铜钼矿点,构成上黑龙江盆地与燕山中—晚期中酸性火山-侵入活动有关的金、铜、钼矿床成矿亚系列。

(6)早—中侏罗世,古太平洋板块向欧亚大陆俯冲,伊尔施—呼玛地区处于陆缘弧环境,广泛发育中酸性侵入岩,与其相关,形成三沟矿式矽卡岩型铜铁矿床、关鸟河式矽卡岩型钨矿床、争光式中低温热液脉型金矿床、花岗山式中高温热液脉型钼矿床、红花尔基式中高温热液脉型钨矿床,构成伊尔施—呼玛地区与燕山早期中酸性侵入岩有关的铁、铜、钨、钼、金矿床成矿亚系列;晚侏罗世—早白垩世,伊泽奈崎板块向欧亚大陆俯冲,伊尔施—呼玛地区处于弧后伸展环境,广泛发育中酸性火山岩和侵入岩,形成岔路口式斑岩型钼矿床、外新河式中高温热液脉型钼矿床、塔源式高硫化浅成低温热液型金银铜矿床、三道湾子式低硫化浅成低温热液型金矿床、小泥鳅河式中低温热液脉型金矿床、巴林式矽卡岩型铁锌矿床,构成伊尔施—呼玛地区与燕山中—晚期中酸性火山-侵入活动有关的钼、金、铁、锌矿床成矿亚系列。

(7)新生代期间,研究区以地壳垂向差异升降运动为主,导致先存的金矿床和/或含金地质体抬升、剥蚀,形成黑龙江流域与第四纪冲积沉积作用有关的砂金矿床成矿系列。

6. 巴尔哲-阿尔山与燕山晚期碱性花岗岩、流纹岩有关的稀有、稀土矿床成矿系

巴尔哲地区碱性花岗岩由 801 和 802 两个岩体组成。801 岩体为典型的稀有稀土矿化碱性花岗岩,其中锆和稀土元素的储量已达超大型矿床规模;802 岩体稀土元素和某些稀有元素含量也较高,但未形成工业矿床。钠闪石花岗岩体中钇、铌、钽等稀有、稀土金属矿化,矿化富集部位在岩体顶部自变质交代作用强烈部位。已查明东岩体顶部为一富含钇、铌、钽的厚大板状矿体。该矿体为岩浆晚期分异交代矿床,成矿期为燕山期。

巴尔哲地区与阿尔山地区同属于多宝山-东乌旗成矿带,有利于形成富含稀有、稀土元素的岩浆岩。

第七节 区域成矿模式

按三级成矿带分别建立区域成矿模式。

一、上黑龙江(边缘海)Au-Cu-Mo 成矿带

本区划分了两个成矿系列,主要的成矿系列为与燕山中期中—中酸性岩浆活动有关的 Au、Cu 矿床成矿系列,其中包括与燕山中期逆掩推覆构造带和浅成—超浅成中性、中酸性、酸性侵入岩有关的 Au、Cu 矿床成矿亚系列、与燕山中期中酸性、酸性火山岩有关的 Au 矿床成矿亚系列,不同类型矿床的区域成矿模式见图 3-26。

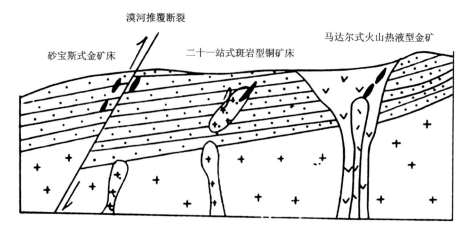

图 3-26 与燕山中期中—中酸性岩浆活动有关的 Au、Cu 矿床成矿系列成矿模式图

二、新巴尔虎右旗-根河(拉张区)Cu-Mo-Pb-Zn-Ag-Au-萤石-煤(铀)成矿带(图3-27、图3-28)

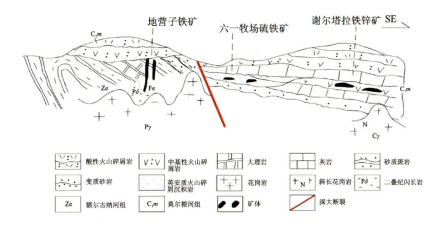

图3-27 根河地区海西期与基性—中酸性岩浆活动有关的铁、锌、铜矿床区域成矿模式

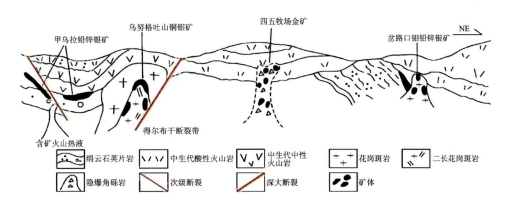

图3-28 新巴尔虎右旗拉张区与燕山期中酸性火山-侵入岩浆活动有关的铜钼金银铅锌多金属矿床区域成矿模式

三、东乌珠穆沁旗-嫩江 Cu-Mo-Pb-Zn-W-Sn-Cr 成矿带

本区与加里东中—晚期基性、中酸性岩浆活动有关的 Cu、Mo、Au、Ag、Ti、Fe 矿床成矿系列中，不同类型矿床的区域成矿模式见图3-29～图3-31。

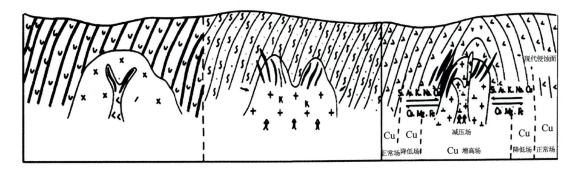

图3-29 与加里东中—晚期基性、中酸性岩浆活动有关的 Cu、Mo、Au、Ag、Ti、Fe 矿床成矿系列成矿模式图

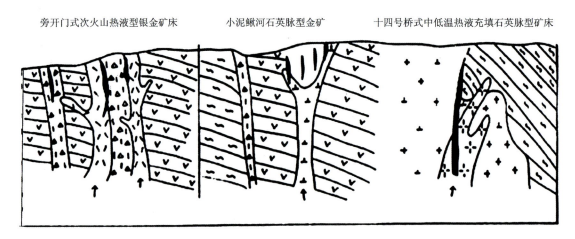

图 3-30　与印支晚期中酸性岩浆活动有关的 Au、Ag、Mo、W、Cu、Fe 矿床成矿系列成矿模式图

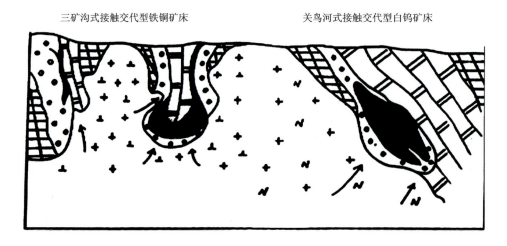

图 3-31　与燕山中期中性—酸性岩浆活动有关的 Au、Ag、Te 矿床成矿系列成矿模式图

与燕山中期中性—酸性岩浆活动有关的 Au、Ag、Te 矿床成矿系列中,不同类型矿床的区域成矿模式见图 3-32。

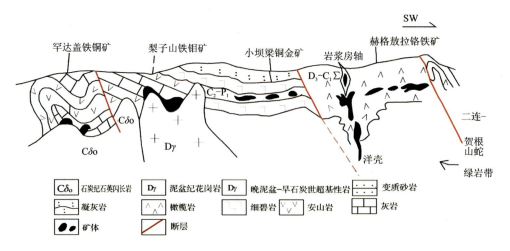

图 3-32　东乌旗-嫩江与海西期超基—基性—中酸性岩浆活动有关的铬、铁、铜、金、钼矿床区域成矿模式图

第四章 矿产预测评价新方法

第一节 地球化学数据影像化的意义

栅格化影像具有多种优点,特别是遥感技术的发展,栅格图像的应用得以进一步加强,表现在遥感地质方面,首先是地质构造解译的书籍增多(Sabins,1996,1999;Drury,1987;Gupta,2003)。随着多光谱与高光谱技术发展,大部分研究集中于与不同矿床类型有关的蚀变矿物信息提取方面(Rockwell and Hofstra,2008;Bierwirth et al,2002;Windeler,1991;Kozak et al,2004;Rowan and Mars,2003;Bedini,2009;Berger et al,2003;van Ruitenbeek et al,2005,2006)。这些矿床类型包括卡林型矿床,太古宙块状硫化物矿床,矽卡岩型矿床及火山块状硫化物矿床。还有一部分研究集中在利用高光谱技术方法进行岩石填图(van Meer et al,2012;Harris et al,2005;Rivard et al,2009;Roy et al,2009;Chabrillat et al,2000;Larneau et al,2004)。

利用栅格化的地球化学影像有很多优点,在图像上会使地球化学数据表达地更加生动,有利于目视解译,另外其数据可以方便进行统计分析。可以说,过去对地球化学矢量化的方法能完成的事,在栅格数据通过进一步处理均能得以实现。而按照高光谱分析技术进行的地球化学谱则可以完成矢量数据无法完成的内容。利用高光谱技术方法能更好地进行区域地质填图与找矿勘查等相关方面的研究。

过去的 1:200 000 地球化学工作采样点间距为 $1 \sim 4 km^2$,为大面积大范围内的工作提供了很好的基础。但是若开展小范围的更加精细的地质调查工作,这样的采点间距就显得有些稀疏了。更大比例尺的工作无疑能提供更多的信息。最近中国在很多重点成矿带上开展了矿产地质调查工作,其采样的间距更小,以 1:50 000 比例,在大兴安岭成矿带上的采样间距平均 $4 \sim 8$ 点每平方千米,大大增加了采样间距。随之而来的是减少了地球化学元素的分析数据,通常的分析是金、银、铜、铅、锌、砷、锑、汞、钨、锡、铋、钼等,分析这些元素主要是用于矿产勘查工作。单位面积内采样数据的增加,无疑提高了地球化学图像的空间分辨率。下一步研究就是要把 1:200 000 的 39 种地球化学元素与 1:50 000 的十几种地球化学元素利用一些融合方法,生成多元素的高分辨率地球化学数据影像库。

将地球化学进行栅格化的工作较少,部分原因在于处理过程较为复杂,另一个原因在于采样点密度较小,形成的栅格数据影像表现的形式起不到良好的视觉效果。另外值得一提的是,化探数据研究的矢量化成果,能够提供很好的成果,从而显得化探数据的栅格化多此一举。有少量的研究用来进行地球化学数据栅格化。Gustavsson 等(1999)利用 ALKEMIA 软件形成了通过对网格化的数据进行插值和平滑的方法 dot maps,colour maps,shaded relief maps。在遥感中通常使用的方法是根据 3 个由单元素含量形成插值的图像,分别赋以红、蓝、绿通道中,最终形成 a red - green - blue (RGB) ternary map (Harris et al,1990,1999;Sabins,1992;Drury,1993)。本次研究选择大兴安岭成矿带北段的地球化学数据,首先利用 Quintic polynomial 方法进行地球化学采样点数据的栅格化形成某种元素的地球化学图,建立由39种元素地球化学图,形成地球化学数据影像库,提取典型矿床或典型地物的地球化学谱以及进行高光谱工具进行处理。形成的栅格化图像从影像增强、统计与分类等方面进行了研究。接下来从最大程度利用地球化学数据的角度来考虑,简单介绍了栅格化地球化学在地质学方面的应用,包括辅助地质填图,找矿勘查选区以及其他难以区分的岩石类型划分,以及进行资源量估算。

第二节 地球化学数据影像化过程

地球化学数据的栅格化过程是在ENVI软件中的菜单中的下拉菜单"Rasterize point data"下进行的。确定本地区的output projection参数为:

Projection Type: Lambert Conformal Conic,

Projection Datum: Beijing - 54,

Latitude of projection orign: 40°00′00″,

Longitude of central meridian: 119°00′00″

Latitue of standard Parellels:

Parellel 1: 40°00′00″

Parellel 2: 52°00′00″

The Gridding Output Parameters

Output X/Y Size分别选为1000 meters,这说明形成的栅格图像的空间分辨率为1000 meters。the type of interpolation选择Linear (quintic polynomial)。经过这些步骤后可以形成单元素的图像,依此类推,形成39种元素的影像图。

在栅格化地球化学数据的过程中,由于采样点不规则,有的地区存在弃点,有的地区未开展工作,因此在远离化探采样点距离较大处形成辐射状的数据分布形式。图4-1为满洲里地区的直接生成栅格图像,对比图4-2中的化样点可以看出,生成的图像进行了全部区域的栅格化,而远离采样点的栅格化数据是没有意义的,需要的是仅是化探采样点近外围的数据成果。

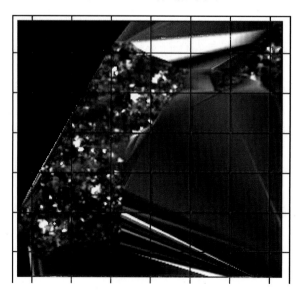

图4-1 大兴安岭成矿带切割出来的满洲里地区原始的Ag元素栅格图
(其像素为1000meters)

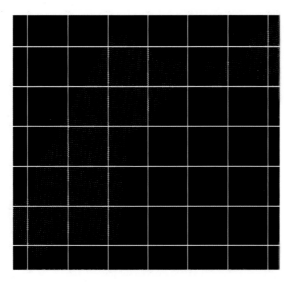

图 4-2 满洲里地区的采样点位置图

(采样点是以 ROI 格式落入,叠置在影像图上显示为像素点,其像素为 1000meters)

采用掩膜的方法可以消除这些不合适的图像内容部分。一种办法是有利用较为清楚的该采样点的分布范围图,在生成地球化学栅格图像后,进行本范围内的掩膜。这种方法也存在着很大的弊端,即是连接点与点之间需要做连接工作,另外没有考虑到最外缘的采样点也存在着一定的影响范围。综合考虑采用采样点缓冲区的方法对采样点的范围进行圈定,是较为合理的作法。

缓冲带形成的过程为:在图像上叠置化探采样点。在 ENVI 软件下为 overlay ROI(region of interest)。ROI 以点的形式出现。叠加后的结果如图 4-3,共有 5231 个采样点,也即 ROI 点生成 buffer zone。生成 buffer zone 需要确定的最大距离为 2 个像素(pixel)。形成的 buffer zone 图像中存在三种数值:每个数值可以统计出所占的像素数。缓冲图中数值为 0,像素数为 5974 个;其他 1 为 11 574 个,1.411 765 为 3779 个,2 为 714 个,2.411 765 为 628 个,2.823 529 为 246 个,数值为 3 的为 45 437 个。

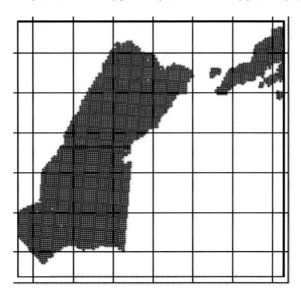

图 4-3 满洲里地区由采样点形成的缓冲区图

(最大距离赋值为 2)

运用 ENVI 软件中波段逻辑运算,分别进行了对各个数据值分析。最终认为缓冲图中采用数值≤1.411 765 的范围较好。利用缓冲图,生成掩膜图像,这个图像具有 0 和 1 两个数值。最终对原始数据图进行掩膜处理,形成图像如图 4-4 所示。

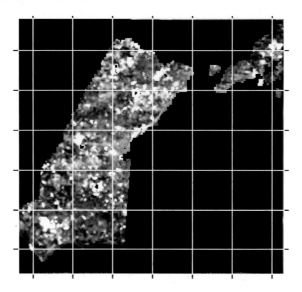

图 4-4 经过缓冲区掩膜后的银元素的栅格图像

在形成的各元素图中发现部分化学元素存在系统误差,特别是 Au、Hg、Ag、Sn 等元素较明显。其原因一是不同工作年度图幅间的系统误差,这是最主要的系统误差来源;二是同一个年度不同分析批次间存在系统误差;三是 1:20 万区域化探扫面不同的地矿单位参与,野外工作方法和样品测试方法不完全统一,测试单位也不同,造成测试成果有差异,使系统误差更加明显。要解决这些问题,采用直方图匹配的方法。直方图匹配是把具有系统误差的图幅自动地与其他区域的图像进行直方图匹配,最终使两个图像的亮度(含量)分布尽可能地接近。最后通过图像镶嵌来形成完成的较均一的栅格图像。分别利用栅格化的方法进行各元素(氧化物)的含量栅格化,其中的掩膜处理结果可以在形成地球化学影像库后统一进行,这样可节省大量的时间。

第三节 影像化地球化学数据进行特定矿床类型的找矿预测

利用地球化学影像可以采用多光谱与高光谱的影像处理方法来实现,其中包括光谱角法、SAMCC 法、MRSFF 法等。

以乌奴格吐山式斑岩型矿床为例,在满洲里地区利用光谱角法(SAM)开展该类型矿床的找矿预测工作。

一、研究区概况

研究区位于中国满洲里地区,与俄罗斯、蒙古相邻的,在大地构造上位于西伯利亚板块东南缘,在得尔布干成矿带位西南侧(佘宏全等,2009)。中生代岩浆岩以及与之有关的金属矿床的分布。由北东至南西,在得尔布干断裂的西侧依次分布八大关、八八一、乌奴格吐山 Cu-Mo 矿床及甲乌拉、查干布拉根

Pb-Zn-Ag矿床和额仁陶勒盖Ag矿床(权恒等,2002)。

区域地层主要为上古生界中—上泥盆统大民山组和石炭系—二叠系。其中,大民山组的主要岩性为流纹斑岩、流纹质凝灰岩、凝灰质熔岩、凝灰质角砾岩、黑色板岩及斜长角闪片岩。石炭系—二叠系的主要岩性为暗绿色凝灰质砂岩、凝灰岩、凝灰质角砾岩、安山玢岩夹碳质板岩及绿泥片岩薄层。区内岩浆活动强烈,发育海西期、印支期和燕山期侵入岩,以海西期和燕山期侵入岩分布最为广泛(陈志广,2010)。

塔木兰沟组对铅、锌、银、铜的成矿起到了矿源层的作用(赵明玉等,2002)。区内多处与火山热液有关的铜铅锌矿点均分布于塔木兰沟组的基性、中基性火山岩中,该套地层是矿体的直接围岩。据55个样品半定量分析,塔木兰沟组的铜、银、铅含量高于区域地层的平均衬度值,分别为Cu1.02倍、Ag1.27倍、Pb1.3倍。

岩浆活动对金属矿床起着控制作用。本区岩浆侵入有三期,即加里东期、海西期和燕山期。铜多金属成矿主要与燕山早期的中性—酸性及燕山晚期酸性、中酸性侵入岩和次火山岩有密切的成因关系。对该期蚀变黑云母花岗岩125个样品进行光谱半定量分析发现铜、银、锌、钼均高于区域岩浆岩平均衬度值。

主要斑岩型矿床:

乌奴格吐山铜钼矿床是一个大型斑岩铜钼(银)矿床,产于燕山期超浅成斑岩体与围岩接触带及其附近,具有明显的蚀变和矿化分带现象。

近矿围岩和矿体围岩蚀变主要为硅化、钾长石化、绢云母化、伊利石化、碳酸盐化,次为黑云母化、高岭土化。由中心向外可划分为3个蚀变带,石英-钾长石化带、石英-绢云母-水白云母化带和伊利石-水白云母化带。

二、地球化学数据

研究区地理景观属于干旱草原丘陵区,全区被草原疏松层覆盖。地表草皮层主要是风成砂堆积所致。在山顶和山腰覆盖较薄,主要由草皮层、坡积层、残积层组成。在山脚和沟谷覆盖层较厚。自上而下为草皮层(30~40cm)、风积层(1~10m)、残积层(1m左右)。

在本研究区开展了1:200 000的地球化学勘查工作。在山区、丘陵区进行水系沉积物测量和土壤测量时,筛取+0.45mm粒级(一般取—2~+0.45mm粒级)可有效排除风成沙干扰。水系沉积物取样时穿过草皮层或腐殖化冲-风积细砂层,在冲-洪积物堆积部位取样,采样密度为1个点/4km^2。化验数据中氧化物含量以百分含量表示,Au、Ag元素含量单位为$\times 10^{-9}$,其他元素含量的单位均为$\times 10^{-6}$。

三、栅格化方法

研究区的地球化学数据以.xls文件格式储存,包含39种元素(或氧化物),其单元素数据的排列是以首字母的顺序排列,氧化物放于其后,整个排列顺序如下:Ag、As、Au、B、Ba、Be、Bi、Cd、Co、Cr、Cu、F、Hg、La、Li、Mn、Mo、Nb、Ni、P、Pb、Sb、Sn、Sr、Th、Ti、U、V、W、Y、Zn、Zr、Al_2O_3、CaO、Fe_2O_3、K_2O、MgO、Na_2O、SiO_2。

化学分析的数值单位除Au为10^{-9},氧化物含量为$\times 10^{-2}$外,其余元素含量为$\times 10^{-5}$。

四、地球化学数据影像库的建立

把 39 种地球化学元素（或氧化物）的图像形成之后，需要放在一起进行统一管理。采用 laystacking 的命令，分别把各个图像依次叠置在一起，形成一个统一的影像库。形成影像库后可以进行相应的处理，如前述的掩膜处理，及类似于光谱数据文件的处理等。元素周期表中的同族元素由于具有相似的化学性质，因而在地球中也同样具有相似的富集特征。据此按照元素周期表中由左至右的顺序进行，在每一族中采用由上到下的排列顺序，选择完一族之后再向右边进行下一族。按照此种方式排列的地球化学元素影像顺序为：Li、Na_2O、K_2O、Be、MgO、CaO、Sr、Ba、Y、La、Th、U、Ti、Zr、V、Nb、Cr、Mo、W、Mn、Fe_2O_3、Co、Ni、Cu、Ag、Au、Zn、Cd、Hg、B、Al_2O_3、SiO_2、Sn、Pb、P、As、Sb、Bi 和 F。

五、典型矿床地球化学波谱提取

利用 ENVI 软件很容易就形成由各地球化学元素含量结果而形成的谱线。这样的谱线定义为地球化学波谱。这个定义有点类似于地球化学中常提到的地球化学异常、地球化学图等，均隐含着地球化学元素含量的内容。

在各元素含量影像中的数据均是原始数据，可以直接进行数据对比。本次研究主要是进行找矿靶区的优选，因而选择 3 个较典型的斑岩型矿床即乌奴格吐山、八八一和八大关铜钼矿床所在位置的地球化学数据作为波谱，表 4-1 为 3 个典型矿床所在位置的 39 种地球化学元素含量图，图 4-5 中可以看出 3 个矿床的波谱特征不易区分，因此有必要做归一化处理。

表 4-1 三个斑岩型铜矿床所在位置的 39 种地球化学元素含量分析结果表

矿床	Li	Na	K	Be	Mg	Ca	Sr	Ba	Y	La
八大关	0.14	0.79	0.39	0.45	0.53	0.84	0.43	0.59	0.13	0.24
八八一	0.64	0.45	0.23	0.12	0.87	0.24	0.59	0.35	0.18	0.11
乌奴格吐山	0.19	0	0.88	0.4	0.51	0.64	0.3	0.53	0.53	0.41
矿床	Th	U	Ti	Zr	V	Nb	Cr	Mo	W	Mn
八大关	0.15	0.55	0.85	0.2	0.21	0.27	0.85	0.97	0.52	0.83
八八一	0.45	0.18	0.91	0.2	0.76	0.11	0.96	0.8	0.99	0.58
乌奴格吐山	0.74	0.26	0.84	0.07	0.51	0.45	0.8	1	0.99	0
矿床	Fe	Co	Ni	Cu	Ag	Au	Zn	Cd	Hg	B
八大关	0.29	0.07	0.39	1	1	0.95	0.99	1	0.87	0.72
八八一	0.68	0.7	0.87	1	0.99	0.79	0.75	0.93	0.73	0.76
乌奴格吐山	0.36	0.24	0.39	1	1	0.99	0.05	0.71	1	0.9
矿床	Al	Si	Sn	Pb	P	As	Sb	Bi	F	
八大关	0.66	0.29	0.81	0.99	0.33	0.73	0.82	0.97	0.23	
八八一	0.99	0.27	0.81	0.78	0.49	0.73	0	1	0.44	
乌奴格吐山	0.96	0.3	0.99	1	0.49	1	1	1	0.95	

注：其中 Si、Al、Fe、Mg、Ca、Na、K 元素为氧化物含量，其分析结果单位为%，Au 和 Ag 的单位均为 $\times 10^{-9}$。

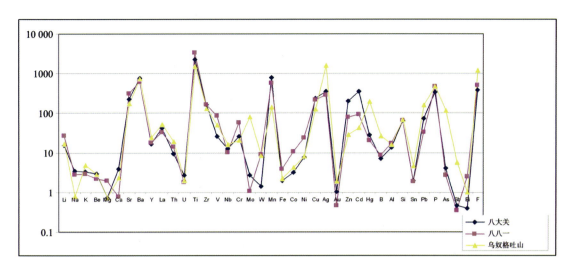

图 4-5 3 个矿床的地球化学数值线性图(对数处理)

归一化的方法有很多,本次研究采用的是根据软件很容易计算的一种方法,即拉伸的方法,利用 Eualize 的拉伸类型进行数据拉伸,拉伸数据范围为 0~1,这样就完成了均一化处理。表 4-2 为归一化后的 3 个斑岩型矿床数值。

表 4-2 3 个斑岩型矿床的归一化数值

矿床	Li	Na	K	Be	Mg	Ca	Sr	Ba	Y	La
八大关	0.14	0.79	0.39	0.45	0.53	0.84	0.43	0.59	0.13	0.24
八八一	0.64	0.45	0.23	0.12	0.87	0.24	0.59	0.35	0.18	0.11
乌奴格吐山	0.19	0	0.88	0.4	0.51	0.64	0.3	0.53	0.53	0.41
矿床	Th	U	Ti	Zr	V	Nb	Cr	Mo	W	Mn
八大关	0.15	0.55	0.85	0.2	0.21	0.27	0.85	0.97	0.52	0.83
八八一	0.45	0.18	0.91	0.2	0.76	0.11	0.96	0.8	0.99	0.58
乌奴格吐山	0.74	0.26	0.84	0.07	0.51	0.45	0.8	1	0.99	0
矿床	Fe	Co	Ni	Cu	Ag	Au	Zn	Cd	Hg	B
八大关	0.29	0.07	0.39	1	1	0.95	0.99	1	0.87	0.72
八八一	0.68	0.7	0.87	1	0.99	0.79	0.75	0.93	0.73	0.76
乌奴格吐山	0.36	0.24	0.39	1	1	0.99	0.05	0.71	1	0.9
矿床	Al	Si	Sn	Pb	P	As	Sb	Bi	F	
八大关	0.66	0.29	0.81	0.99	0.33	0.73	0.82	0.97	0.23	
八八一	0.99	0.27	0.81	0.78	0.49	0.73	0	1	0.44	
乌奴格吐山	0.96	0.3	0.99	1	0.49	1	1	1	0.95	

通过拉伸方式形成的数值介于 0~1 之间,含量低的化学元素拉伸后表现为数值低,而含量高的则正好相反。拉伸后的各矿床图像的数值变化如图 4-6 所示。利用此方法更能直观地表达各矿床的波谱特征。

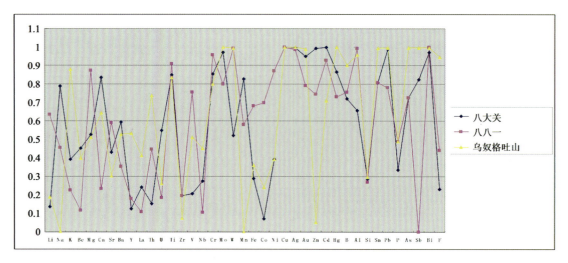

图 4-6　3 个矿床地球化学数值进行归一化处理后的地球化学谱图

而为了研究主成矿元素的地球化学谱特征,还形成 Au、Ag、Cu、Pb、Zn、W、Sn、Bi、Mo、As、Sb、Bi 等元素的子集,提取了这些元素的典型矿床的的波谱。

六、光谱角法应用

对上面所形成的两种乌奴格吐山矿床的波谱,一种是全部 39 种元素(或氧化物)的波谱,另一种是由 Au、Ag、Cu、Pb、Zn、W、Sn、Bi、Mo、As、Sb、Bi 等主成矿元素形成的波谱进行光谱角法测量。光谱角法计算的是图像上所有点所在的元素的数值形成矢量,而乌奴格吐山矿床的地球化学数值作为参照矢量,分别计算各位置点与已知矿床点的矢量夹角,夹角越小则相似度越高。

光谱角法处理的结果是形成规则影像。该规则影像是最终分类之前的过渡性图件。

光谱角填图的分类后处理。

光谱角填图形成的规则影像需要进行后期的分类处理。而后期分类的主要方法是根据地球化学异常的方法进行阈值分割。在地球化学数据处理中一种常用的方法是利用累积频率的方法进行分割,划分出不同的异常级别。在上述形成的规则影像中,由于有的地区未开展化探测量工作,因此这些空白区不放于统计之列。本区具有的化探数值点及其所影响的范围共为 24 527km^2,分别对应有同样的像素数量。

利用上述两种波谱形成的光谱角数值可以分别形成光谱角图像(图 4-7,图 4-8)。

考虑到光谱角法的特点是仅从波谱形状上进行区别,因此为了增加预测的精确度,还根据地质经验增加了人为控制因素对所参与光谱角计算的面积进行控制,因为参照的是乌奴格吐山式铜钼矿床的波谱,因而认为该区形成的这种类型的铜钼矿床的铜钼含量均应相对高些,即假设形成此类矿床的铜钼元素应该高于全区的平均值。因此选择化探区内铜和钼含量大于累积频率中的 50% 数值进行分割。其铜含量为 8.75×10^{-6},而钼含量为 0.94×10^{-6}。在研究区中具有化探数值点的范围占全区的 29.780 2%,而铜含量与钼含量均大于 50% 的区域为 12.282 7%,这对于研究区而言减少了 17.494 5% 的面积。对该区域也同样做两种波谱的光谱角法处理,其形成的波谱角数值不变,只是面积减小了,在统计数值上发生了很大的变化,这在下节中具体说明。

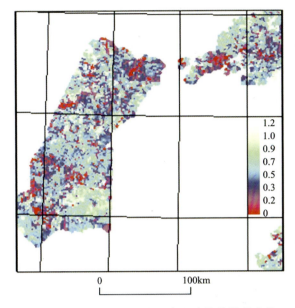

图 4-7　乌奴格吐山 39 种元素地球化学谱形成的光谱角图像

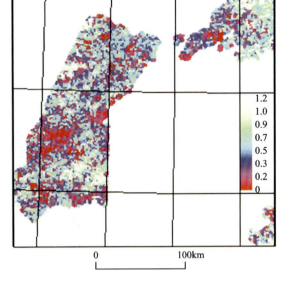

图 4-8　乌奴格吐山 11 种元素地球化学谱形成的光谱角图像

生成的光谱角图像是以乌奴格吐山矿床作为标准地球化学谱的,这是因为乌奴格吐山矿床为斑岩铜钼矿床,规模目前已达大型—超大型,而在同成矿带中发现的八八一矿床和八大关矿床也属于斑岩型铜钼矿床,但是规模上要远小于乌奴格吐山矿床。为了验证光谱角法进行靶区选择的目的,以乌奴格吐山矿床做为标准,而八八一矿床和八大关矿床做为验证矿床,其所在的地理位置作为找矿靶区的验证区。

七、光谱角填图结果

对化探元素测量结果采用高光谱处理方法即光谱角法进行分类,从而可以达到靶区选择的目标。分别产生的三种光谱角图件,第一种是利用全部 39 种元素(或氧化物)的光谱角图像;第二种是利用少量主成矿元素的光谱角图像,这些元素在本成矿带中均有体现,分别形成了不同的类型的矿床,如本例中提到的乌奴格吐山、八八一、八大关铜矿床外,还有其他的银矿床、铁矿床等类型。因此对这些成矿元素的研究具有一定的代表性,而这些元素在更大比例尺的化探测量工作中是主要的测量元素;第三种图像为对铜钼含量进行了控制,从而缩小了研究区面积的光谱角图像。

由于区域上斑岩型铜钼矿床的数量较少,因而借用生产者精度这一概念,即在地质真实分类中,某类像元被正确分类为该类的概率。在本次研究中以乌奴格吐山为参考波谱,形成光谱角,分别统计八八一矿床和八大关矿床被归入其光谱角分类的累积频率,这样就可以认为其频率百分比为该种类型矿床的生产者精度。

验证结果:分两种情况进行验证结果对比,即化探采样区的全区与铜钼含量均超过 50% 面积的限制区。

对化探采样全区进行 39 种元素与 12 种元素的统计如 4-3 表所示。在统计图中 Bin 值因为统计数值达到 500 多条,因此对其中的统计值进行了粗略的统计。而对于验证矿床八八一和八大关矿床分别提取出其光谱角数值,并根据其上下数值之间进行线性插值的方法,计算出其累积频率及所占的像元数。统计值见表 4-3 和表 4-4。

表 4-3　乌奴格吐山矿床 39 种元素的主要光谱角数值统计
（统计数值 Bin 为其中八大关矿床与八八五矿床为相邻上下数值的线性插值）

DN	Npts	Total	Percent	Acc Pct	矿床
0	1	1	0.004 1	0.004 1	
0.005 7	1	2	0.004 1	0.008 1	
0.011 5	0	2	0	0.008 1	
0.017 2	2	4	0.008 1	0.016 3	
0.618 9	12	248	0.048 9	1.010 1	
0.756 4	99	1164	0.403 2	4.741 2	
0.758 1		1190		4.846 6	八八一
0.762 2	92	1256	0.374 7	5.115 9	
0.802 3	302	2611	1.230 1	10.635	
0.830 9	389	4148	1.584 5	16.895 4	
0.833 9		4364		17.775 4	八大关
0.836 7	415	4563	1.690 4	18.585 8	
0.842 4	323	4886	1.315 6	19.901 4	
0.876 8	612	7620	2.492 8	31.037 4	
0.899 7	585	9915	2.382 8	40.385 3	
0.922 6	726	12 450	2.957 1	50.710 8	
0.945 6	559	14 826	2.276 9	60.388 6	
0.968 5	536	17 036	2.183 2	69.390 2	
1.002 9	347	19 882	1.413 4	80.982 4	
1.054 4	210	22 225	0.855 8	90.525 8	
1.128 9	43	23 805	0.175 1	96.961 4	
1.461 3	1	24 551	0.004 1	100	

注：Bin＝0.005 73。

图 4-4　乌奴格吐山矿床 12 种元素的主要光谱角数值统计
（统计数值 Bin 为其中八大关矿床与八八五矿床为相邻上下数值的线性插值）

	Npts	Total	Percent	Acc	Pct	矿床
	0	1	1	0.004 1	0.004 1	
0.005 9	1	2	0.004 1	0.008 1		
0.011 7	0	2	0	0.008 1		
0.140 5	68	288	0.277	1.173 1		
0.286 8	164	2594	0.668	10.565 8		
0.380 5	160	4972	0.651 7	20.251 7		
0.450 8	193	7499	0.786 1	30.544 6		

续表 4-3

0.509 3	262	9797	1.067 2	39.904 7	
0.573 7	197	12 287	0.802 4	50.046 8	
0.585 4	252	12 751	1.026 4	51.936 8	
0.586		12 769		52.010 2	八八一
0.591 2	256	13 007	1.042 7	52.979 5	
0.638 1	208	14 819	0.847 2	60.360 1	
0.642		14 961		60.937 5	八大关
0.643 9	198	15 017	0.806 5	61.166 6	
0.708 3	219	17 258	0.892	70.294 5	
0.796 1	156	19 721	0.635 4	80.326 7	
0.930 8	74	22 148	0.301 4	90.212 2	
1.486 9	1	24 551	0.004 1	100	

注：Bin=0.005 85。

铜钼含量均超过 50％面积的限制区内进行了全元素的光谱统计数值如表 4-5 所示。同样的方法进行了计算了验证八八一矿床和八大关矿床累积频率及所占的像元数如表 4-5 所示。

表 4-5　限制铜钼元素含量的乌奴格吐山矿床 39 种元素的主要光谱角数值统计

（统计数值 Bin 为其中八大关矿床与八八一矿床为相邻上下数值的线性插值）

DN	Npts	Total	Percent	Acc Pct	矿床
0	1	1	0.009 9	0.009 9	
0.005 5	1	2	0.009 9	0.019 8	
0.011	0	2	0	0.019 8	
0.016 5	1	3	0.009 9	0.029 7	
0.549 5	3	102	0.029 7	1.008 3	
0.752 8	27	452	0.266 9	4.468 2	
0.758		472		4.666 2	八八一
0.758 3	21	473	0.207 6	4.675 8	
0.807 8	115	1033	1.136 8	10.211 5	
0.829 7	133	1435	1.314 7	14.185 4	
0.834		1535		15.178 5	八大关
0.835 2	132	1567	1.304 9	15.490 3	
0.857 2	164	2084	1.621 2	20.601	
0.884 7	246	3026	2.431 8	29.913	
0.934 2	235	5173	2.323 1	51.136 8	
0.956 1	241	6085	2.382 4	60.152 2	
0.983 6	219	7128	2.164 9	70.462 6	
1.022 1	100	8086	0.988 5	79.932 8	
1.071 5	81	9163	0.800 7	90.579 3	
1.401 2	1	10 116	0.009 9	100	

注：Bin=0.005 49。

八、乌奴格吐山式矿床的找矿远景区

在表 4-3～表 4-5 中 DN 代表的是光谱角数值大小,其单位为弧度,前面已经提到,光谱角越小,相似度越高。参照波谱的光谱角为 0。而 Npts 代表的是该光谱角数值的像素数,Total 则为累积的大于该光谱角数值的像素数,Percent 代表某一数值占全部统计区的百分比,而 Acc Pct 则为小于该光谱角数值的累积百分比。

在表 4-3 中八八一矿床的光谱角数值为 0.758 057,其中的 Total 数值为 1190,累积频率为 4.846 6%。这说明小于其光谱角数值的有 1190 个像素,其小于该光谱角的数值为 4.846 6%。即以 4.846 6% 作为阈值的话,则八八一矿床可以划分在其中,与之同样的共有 1190 个像素具有此种特征,也就是说区域上有 1190km^2 的面积范围内产出了八八一矿床。而八大关矿床的光谱角值为 0.833 922,其 Total 为 4364 累积频率为 17.775 4%,这说明以八大关矿床做为阈值划分的话,共有 4364km^2 的范围与之相似,其面积更大。这样八八一矿床与八大关矿床的生产者精度分别为 95.15% 和 82.22%。从该数据中可以看出八八一矿床与乌奴格吐山矿床在地理位置上更近,而其地球化学谱更加相似。

表 4-4 中是针对 12 种元素进行光谱角法处理,其八八一矿床与八大关矿床的光谱角分别为 0.585 806,和 0.642 271,其累积频率分别为 52.010 2%,60.937 5%。对比全部元素与 12 种元素的光谱角数值与累积频率,可以看出后者光谱角数值可以低一些,但是其累积频率确要高很多。也就意味着在化探工作区内有超过一半的面积内具有与乌奴格吐山矿床相似的这些元素分布特征,分类意义不大。

表 4-5 中的数据是仅对全部元素进行的统计,其中八八一矿床与八大关矿床的光谱角数值与表 4-5 中的是一样的,分别为 0.758 1 和 0.833 9,但是由于对区域面积进行了铜钼含量的限制,最后的累积频率分别为 4.665 2% 和 15.178 5%,相对应的面积分别为 472km^2 和 1535km^2。与表 4-3 相比,利用全元素方法可以得出靶区选择面积为 1190km^2,而在限制区内则 472km^2 内就可以在优选出该矿床,大大提高了预测精度。

这些数据如果放在区域全工作区中则为 24 527km^2,则其生产者精度 98.07%。也就是说,在化探区内 1.92% 的范围内可以找到八八一矿床。另外还要考虑到一个矿床的范围,比如说乌奴格吐山矿床的影响范围甚至达到 20km^2,其他八八一矿床和八大关矿床也有着一定的地表规模,所以对于一个有经验的找矿勘查人员来说,靶区优选更具有实际意义。

经过计算的生产者精度累计统计如表 4-6 所示.

表 4-6 利用多种方法进行的生产者精度统计表

模型矿床	39 种元素	12 种元素	$Cu>8.75\times10^{-6}$,$Mo>0.94\times10^{-6}$ 限制区
八八一	95.15%	45.99%	98%
八大关	82.22%	39.06%	94%

表 4-6 中可以看出利用 $Cu>8.75\times10^{-6}$ $Mo>0.94\times10^{-6}$ 限制区的生产者精度高于另外两种方法。根据此种情况,对行光谱角异常级显示。

根据上述分析可知,在铜钼含量限制区能取得更好的生产者精度。因此采用累积频率法对限制区进行光谱角数值分级,形成 3 个级别的异常。其一级异常光谱角范围为 0～0.675 885(所对应的累积频率为 2.046 3%),二级异常光谱角范围为 0.675 885～0.807 765(所对应的累积频率为 10.211 5%),三级异常光谱角范围为 0.807 765～0.857 22(所对应的累积频率为 20.601 0%)。最终形成的找矿靶区分级图如图 4-9 所示。从图中可以看出八八一矿床位于二级异常内,而八大关矿床位于三级异常内。

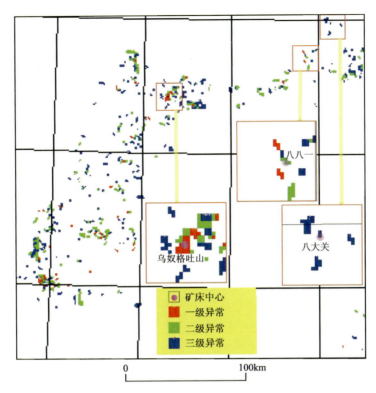

图 4-9 乌奴格吐山式矿床的找矿靶区分级图

第四节 利用影像化地球化学数据进行资源量估算

一、资源量估算方法

在中国最早的资源量计算方法是在地球化学块体(谢学锦,1979)基础上进行的。地球化学块体是给面积大于和等于地球化学省范围的巨大岩块定名的,其面积大于 $1000km^2$。随后的其他研究者提出异常块体的说法,即把地球化学块体缩微至局部地球化学异常区内的岩石块体,面积为几至几十平方千米。

本次利用栅格化地球化学影像的形式,即地球化学数据(点数据)通过栅格化方式形成地球化学影像集,其影像的像素值大小即为最小预测单元的面积。因为影像的像素是固定的,所以每个最小预测单元面积也是固定的。考虑到以往的 1∶20 万区域地球化学测量采样间距大多为每 1 点 $4km^2$,从成图的效果来看,把地球化学影像的像素确定为 $1km^2$,形成的地球化学影像效果最好。这样研究区的最小预测单元面积则为 $1km^2$。

(一)模型矿床的地球化学特征

关于成矿预测要不要考虑成矿类型的问题,一直存在着较大的争议。从矿床学家的研究角度来看,要开展资源预测工作首先要考虑矿床类型,没有矿床类型就没有评价模型,也就无从开始评价。本次研究中主要是对典型矿床所在的位置进行地球化学分析,通过其特征了解在像素尺度上,也就是最小预测单元尺度上的蚀变与矿化、剥蚀程度等。矿床存在本身表明了多方面控矿因素的最佳结合。研究总结已知典型矿床的成矿地质环境和控矿地质因素，以作为类比并推断未知地区成矿可能性的依据。

本次研究主要是对典型矿床所在的位置进行地球化学分析，通过其特征了解在像素尺度上，也就是最小预测单元尺度上的蚀变与矿化、剥蚀程度等。

(二)计算参数

综合分析以往的资源量计算公式，结合区域地球化学数据特点，提出以下的计算资源量用的重要参数。

1. 含矿热液蚀变系数

这是本次研究新提出的一个计算系数。其前提是根据对区域及典型矿床的成矿规律研究，发现其蚀变与成矿有密切关系，伴随着热液活动，会有大量化学成分带入与带出，在矿体部分会富集成矿元素，同样会带出一些其他的元素。

贫化元素与富集元素的确定是根据该元素的标准化数值来确定的。对于区域地球化学标准化数值在 0~1 之间，如果模型矿床的数值介于 0.9~1 之间，则确定其为富集元素，而在 0.7~0.9 之间的元素则根据以往对矿床地球化学的研究文献或者是个人经验来判断是否归入富集元素。同样的道理，对于介于 0~0.1 之间的元素则确定其为贫化元素，而对于 0.1~0.3 之间的元素根据情况选择。

含矿热液蚀变系数就是要体现出多种元素含量的变化。包括两部分，其一是富集元素的富集程度，即各种地球化学数值带入的成矿元素、成岩元素与区域上的该元素平均值进行差值的总量求和；另一是贫化程度，是用区域上均值减去该典型矿床的实际贫化元素的观测数值的总和。贫化元素与富集元素的总和与所参与元素的总和的比值，就是含矿热液蚀变系数。其计算公式为：

$$Ka = \frac{\sum_{m-1}^{i}(Cm - Cm\_avg) + \sum_{n-1}^{i}(Cn\_avg - Cn)}{(i+j)} \tag{4-1}$$

式中，Ka 为含矿热液蚀变强度指数；i 为富集元素个数；j 为贫化元素个数；Cm 为富集元素 m 元素含量的标准化数值；Cn 为贫化元素 n 元素含量的标准化数值；Cm_avg 为 m 元素含量的标准化均值，Cn_avg 为 n 元素含量的标准化均值。

对计算出的 Ka 进行归一化，则可以形成最终的含矿热液蚀变系数，即：

$$fa = \left\{ \frac{Ka - Ka\_min}{Ka\_max - Ka\_min} \right. \tag{4-2}$$

式中，Ka 为每个地球化学像素中含矿热液蚀变强度指数；Ka_min 为 Ka 极小值，Ka_max 为 Ka 极大值；最后形成的数值介于 0~1 之间。

2. 剥蚀指数

本次研究采用的剥蚀指数为：

$$Kden = \frac{(V + Co + Ni)}{(Nb + Zr + Sr)} \tag{4-3}$$

对剥蚀指数归一化，则形成最终剥蚀系数：

$$fden = \frac{(Kden - Kden\_min)}{(Kden\_max - Kden\_min)} \tag{4-4}$$

式中，$Kden\_min$、$Kden\_max$ 分别为 $Kden$ 的极大值与极小值。对于采用此公式的原因在后面的讨论部分加以说明。

3. 地表矿化强度系数

此系数采用较简单的计算方法,即对主成矿元素进行标准化,形成 0~1 之间的数值。其计算公式为:

$$f\min = \frac{(C - C\_\min)}{(C\_\max - C\_\min)} \tag{4-5}$$

式中,C 为像元内成矿元素的含量;$C\_\min$ 和 $C\_\max$ 分别为该元素含量的极小值与极大值。

以上的几个计算参数是分别对每个像元进行计算的,即在每个像素中(代表着一定面积,如像素大小为 1000m,则代表面积为 1km^2)内均具有自己的系数。

(三)资源量计算

资源量估算是在模型区(典型矿床)的基础上开展的。

一个矿床的边界是根据如下条件来确定的,以矿床所在位置的中心坐标为中心点,观察其周围像素的主成矿元素的地球化学元素含量数值,所有相邻近的具有较高含量的像元均列入矿床范围内。

根据模型区的勘探资料求出含矿系数这一概念。含矿系数的计算公式为:

$$K\_ore = \frac{Wpixel}{Vpixel} \tag{4-6}$$

式中,K_ore 为含矿指数,$Wpixel$ 为模型区最小预测单元资源量;$Vpixel$ 则为含矿地质体体积。

则:

$$Wpixel = K\_ore \times Vpixel \tag{4-7}$$

成矿的资源量与热液蚀变程度有很大的关系,即 K_ore 与含矿热液蚀变系数有关;因为像元面积是定值,而 $Vpixel$ 则与剥蚀系数有密切关系。

如果能够得到模型矿床的已发现资源量,那么这个资源量可以分别分配到矿床的所在像素中,就可得到最小预测单元内资源量,又因为每个最小预测单元中均已计算了热液蚀变系数与剥蚀系数,接下来就可以进行资源量与含矿热液蚀变系数、剥蚀系数的回归分析。这样资源量的估算的回归方程为:

$$Wpixel = a \times fa + b \times fden + c \tag{4-8}$$

式中,$Wpixel$ 为最小预测单元资源量;fa 为含矿热液蚀变系数;$fden$ 为剥蚀系数;a、b 和 c 分别为常数。

根据模型区获得的资源量计算方程,可以应用于全区每一个像元的计算,这样就可以计算出整个地区的资源量。

根据上述资源量计算公式得到的资源量是与含矿热液蚀变规模与剥蚀程度有关的资源量,其结果并未考虑矿化富集情况。而在自然界中如果形成矿体则要有成矿元素的高度富集才行,需要进行矿化强度的控制。经过矿化强度控制的资源量计算公式为:

$$W\_ore = f\min \times Wpixel \tag{4-9}$$

代入式(4-8)

从而:

$$W\_ore = f\min \times (a \times fa + b \times fden + c) \tag{4-10}$$

二、研究区概况

仍以乌奴格吐山式铜矿为例,该矿床的地质与蚀变特征在上文中已经描述。乌奴格吐山铜钼矿床的铜矿体最厚达 200m,延深 260~600m,铜平均品位 0.247%,钼矿体厚 70~190m,向下延深大于

600m，平均品位 0.0547%，其资源量分别铜 223.2 万 t，钼 41.2 万 t。区域上还有两处斑岩型铜钼矿床。近些年来这些矿区找矿成果显著，增加了资源量。八大关铜钼矿床，铜 14 万 t，钼 2 万 t。八八一铜钼矿床，铜 6.1 万 t，钼 0.4 万 t。

三、工作方法流程

（一）栅格影像的形成

方法同上文。

（二）典型矿床所在位置的地球化学信息提取

打开任何一种元素的地球化学影像图，利用感兴趣点（Region of intrest）的方式，选择矿床所在地及周围相邻像素，把各像素的地球化学数据导出来用于统计。本次研究主要针对斑岩型铜矿床，分别选择乌奴格吐山铜钼矿床、八八一矿床和八大关矿床进行感兴趣点处理，对乌奴格吐山矿床和八大关矿床选择中心点所在像素及其相邻的 8 个像素，而对八八一矿床只选择矿床中心点所在的像素。乌奴格吐山矿床各像素提取的地球化学数据特征如表 4-7 所示。

表 4-7 乌奴格吐山铜钼矿床所在位置及相邻像素地球化学元素分析结果表

	Li	Na_2O	K_2O	Be	MgO	CaO	Sr	Ba	Y	La
Pixel1	17.84	2.44	3.47	3	0.66	4.17	209.8	719.16	18.08	49.68
Pixel2	18.8	2.35	2.93	2.9	1.1	4.02	296	632	20	65
Pixel3	17.8	2.44	3.49	3	0.64	4.18	206	723	18	49
Pixel4	21.16	1.38	3.99	2.8	1.04	4.58	215.34	671.03	20.97	49.35
Pixel5	16.54	0.77	4.75	2.8	0.71	2.29	170.08	743.69	23.85	50.38
Pixel6	16.46	0.76	4.76	2.8	0.7	2.25	169.45	744.92	23.89	50.4
Pixel7	16.61	0.75	4.78	2.8	0.7	2.3	167.72	744.65	23.87	49.96
Pixel8	21.3	1.36	4.02	2.8	1.03	4.63	207	668	21	49
Pixel9	16.4	0.72	4.81	2.8	0.69	2.2	166	748	24	50
	Th	U	Zr	V	Nb	Cr	Mo	W	Mn	B
Pixel1	9.21	1.95	107.29	40.68	10.17	24.46	4.06	3.33	356.35	16.65
Pixel2	14	1.66	182	56	14	35	1	1.77	387	20
Pixel3	9	1.96	104	40	10	24	4.2	3.4	355	16.5
Pixel4	15.95	1.82	159.21	48.5	12.05	29.82	76.11	3.73	287.74	25.81
Pixel5	18.82	1.99	127.95	49.17	15.89	20.54	79.99	8.25	139.21	25.36
Pixel6	18.87	1.99	127.49	49.19	15.95	20.4	29.88	8.32	136.83	25.35
Pixel7	18.87	1.99	127.26	48.96	15.83	20.38	65.7	8.3	136.5	25.52
Pixel8	16	1.83	156	48	12	29	60.7	3.8	285	26

续表 4-7

	Th	U	Zr	V	Nb	Cr	Mo	W	Mn	B
Pixel9	19	2	126	49	16	20	45.16	8.5	130	25.5

	Fe_2O_3	Co	Ni	Cu	Ag	Au	Zn	Cd	Hg	Al_2O_3
Pixel1	2.32	6.97	15.77	83.02	396.26	0.93	64.96	175.35	24.92	12.09
Pixel2	3.24	8.5	15.1	29	130	0.97	64	70	23.1	12.3
Pixel3	2.28	6.9	15.8	85.4	408	0.93	65	180	25	12.08
Pixel4	2.59	8.51	14.4	70.7	1 133.95	1.38	57.24	118.41	112.76	13.72
Pixel5	2.26	4.19	8	124.51	1 598.3	1.92	28.44	42.03	194	15.72
Pixel6	2.26	4.12	7.9	125.37	1 605.74	1.92	27.98	40.8	195.3	15.76
Pixel7	2.24	4.18	7.97	125.66	1 625.71	1.93	28.26	43.35	196.44	15.76
Pixel8	2.55	8.4	14.2	72.1	1162	1.4	57	120	115	13.72
Pixel9	2.23	4	7.7	128	1646	1.95	27	40	200	15.85

	SiO_2	Sn	Pb	P	As	Sb	Bi	F		
Pixel1	65.15	1.86	54.27	318.07	9.95	0.8	1	722.53		
Pixel2	64.78	2.05	15	433	8.75	0.84	0.44	780		
Pixel3	65.17	1.85	56	313	10	0.8	1.02	720		
Pixel4	63.72	2.77	117.64	373.84	49.65	9.67	0.52	853.63		
Pixel5	66.66	4.5	155.53	463.57	113.11	5.69	0.98	1 164.46		
Pixel6	66.71	4.53	156.15	465.12	114.13	5.63	0.99	1 169.38		
Pixel7	66.63	4.52	158.32	461.77	114.22	5.93	0.98	1 166.58		
Pixel8	63.7	2.8	120	365	50.8	9.92	0.53	860		
Pixel9	66.76	46	160	466	117	5.76	1	1180		

表 4-7 中氧化物含量以百分数计，其余各微量元素含量中除 Au、Ag、Hg 分析单位为 $\times 10^{-9}$ 外，其余均为 $\times 10^{-6}$。表中列的为 38 种元素，TiO_2 数据因在部分地区不符合要求，未作统计。

(三) 地球化学数据标准化

本次研究中要频繁地使用标准化地球化学数据。对于栅格数据的标准化方法，在 ENVI 软件环境下很容易实现。除了利用标准化公式进行计算的方法外，还有一种更加方便的方法，即通过对数据进行拉伸(strctch)给出极小值和极大值，选择合适的拉伸类型，并给出输出数据的范围(0,1)，则实现了数据标准化的过程。对于 39 个地球化学栅格图像来说，逐个统计很费时，可以利用图像的统计结果确定输入的极小值与极大值范围，如给极小值和极大值输入数值百分比范围为(0.05%，99.5%)，则可以根据图像统计结果自动计算该百分比范围的数值，可以一次性对 39 个图像完成操作。数据拉伸的类型包括 Linear、Equalize、Gaussian 和 Square root 四种方式，可以根据需要选择合适的类型进行拉伸。图 4-10 为乌奴格吐山铜钼矿床、八八一铜钼矿床和八大关铜钼矿床利用 ROI 方法选择像素，然后对各个矿床的像素的标准化数值的平均值形成的折线图。

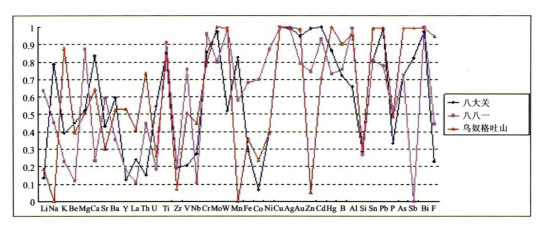

图 4-10　三处斑岩矿床的标准化地球化学数值折线图

(四)形成蚀变系数图、剥蚀系数图和矿化强度系数图

因为研究区乌奴格吐山铜钼矿床为规模最大的铜钼矿床,所以选择乌奴格吐山铜钼矿床作为模型矿床,对各地球化学数据进行相应的含矿热液蚀变系数、剥蚀系数与矿化强度系数的计算。

1. 含矿热蚀变系数图

从图 4-11 可以看出 Na、Zr、Mn、U、Li、Si 为贫化元素,而 Cr、Cd、F、Pb、B、Sn、Hg、W、Sb、As、Au、Mo、Ag、Bi 和 Cu 为富集元素。分别利用公式 4-1 进行各波段运算。最后形成的含矿热液蚀变系数图如图 4-11 所示。

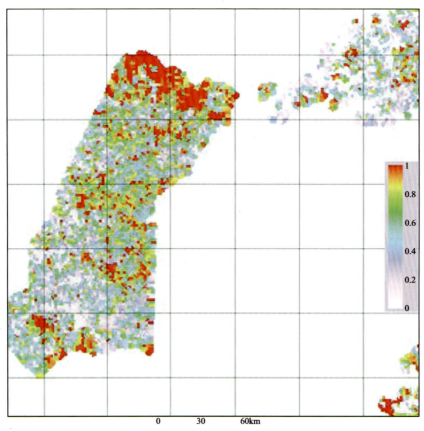

图 4-11　根据公式(4-1)形成的含矿热液蚀变系数假彩色图
(红颜色的地区意味着遭受到强烈的蚀变作用)

2. 剥蚀系数图

此图件的形成首先要区分沉积岩与岩浆岩和火山岩。因为利用各种剥蚀深度公式计算时,沉积岩部分会给出干扰值。只有把沉积岩区去掉才可以进行岩浆岩和火山岩的剥蚀系数计算。

沉积岩与岩浆岩、火山岩之间的区别主要是碱性元素含量的多少,岩浆岩与火山岩的碱族元素含量通常较高,而沉积岩的含量相对较低。因此通过计算 Li、Na、K、Be、Ca、Mg、Sr、Ba 各元素的总含量可以区别出来。采用归一化的上述各元素含量的和,通过累频百分比来划分出沉积岩。对划分出的沉积岩区如果成岩时代早于模型矿床的成矿时代,则给以剥蚀系数为 1,说明该地区具有可能有下伏的隐伏岩体,具有寻找斑岩型矿床的可能性。

在剩余的岩浆岩与火山岩区利用公式(4-4)进行计算,最后形成的剥蚀系数图如图 4-12 所示。

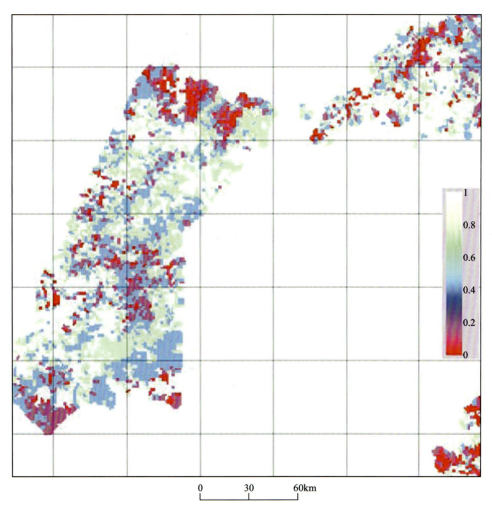

图 4-12　根据公式(4-4)计算出的剥蚀系数假彩色图
(图中研究区范围内颜色浅的地区剥蚀程度较小,而红色的地区意味着剥蚀较深)

3. 地表矿化强度系数图

根据公式(4-5)计算地表矿化强度系数。因为模型矿床为斑岩型铜钼矿床,只对主成矿元素铜和钼进行地表矿化强度系数计算。分别按照公式(4-5)计算铜和钼的地表矿化强度,然后对二者乘积,则形成地表矿化强度系数图。形成的地表矿化强度图如图 4-13 所示。

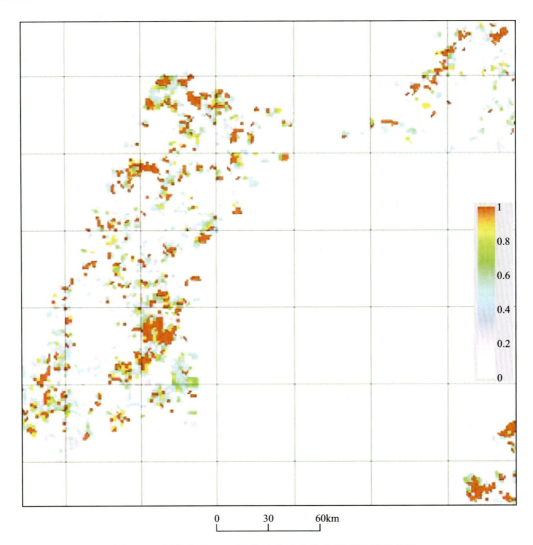

图 4-13 根据公式(4-5)计算的地表矿化强度系数假彩色图

四、资源量估算与矿床预测

(一)资源量估算

在各种系数计算结束后,可以对满洲里地区存在的各个矿床进行系数对比。前文已提及,乌奴格吐山铜钼矿床铜资源量223.2万吨,八大关铜钼矿床铜资源量14万吨,八八一铜钼矿床铜资源量6.1万吨。这些资源量不只是在一个像素范围内产生的,需要考虑是哪些像素能够提供这些资源量。而寻找这些像素是通过对比原始铜含量影像图来找寻的。

经过对比,发现在乌奴格吐山铜钼矿床中存在有32个相邻的像元具有较高的铜含量。因此认为每个像元可以提供铜资源量6.96875万吨。同样,八八一矿床和八大关矿床的每个像元的铜资源量分别为1.22万吨和2.333万吨。对这些参与的像素进行各系数的均值分析,统计数值如表4-8所示。

表 4-8 满洲里地区主要斑岩矿床的各系数与最小预测单元资源量对比表

矿床变量	剥蚀系数	地表矿化强度系数	含矿热液蚀变系数	铜资源量（万吨/km²）
乌奴格吐山矿床	0.245 833	0.452 083	0.999 877	6.968 75
八八一矿床	0.050 196	0.829 804	0.844 706	1.22
八大关矿床	0.797 386	0.637 255	0.780 392	2.333 333

为了归纳总结各系数与铜资源量的关系,采用 SPSS 软件进行多元回归分析。得到回归方程为：

$$Wpixel = 4.22 \times fden + 31.76 \times fa - 25.79 \qquad (4-11)$$

式中,$Wpixel$ 为像素资源量；$fden$ 为剥蚀系数；fa 为含矿热液蚀变系数。根据公式可以计算出资源量,进而获得资源量图像。

根据公式(4-10)计算,可以得到经过矿化强度控制的资源量图像。此图像能提供地表矿化强度的相关信息,其数值含量高者,有着较大的资源量,也有着较高的地表矿化强度。据此可以进行预测分级和矿床数量预测(图 4-14)。

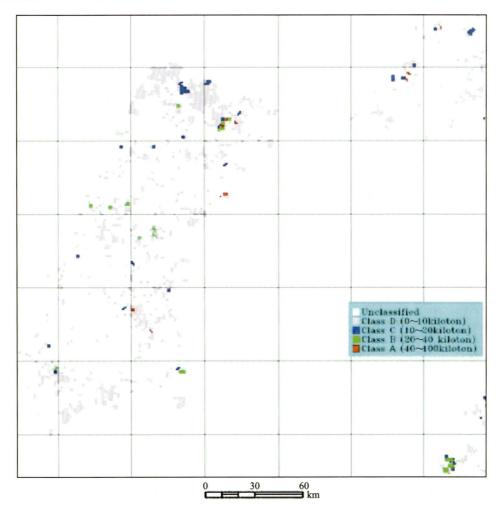

图 4-14 满洲里地区的斑岩型铜矿分级预测图

(二)预测资源量汇总

最后形成的资源量图像是包括全区的,因为在矿化强度上加以控制,如果主成矿元素在地表的含量低于区域上平均值,则没有预测意义。形成的资源量总和累计为 1 196.67 万吨,其中 0~1 万吨最小预测单元的资源量总和为 559.58 万吨(表 4-9),1 万~2 万吨最小预测单元的资源量总和为 215.31 万吨,2 万~5 万吨最小预测单元的资源量总和为 297.62 万吨,5 万~10 万吨最小预测单元的资源量总和为 124.17 万吨。

表 4-9 大于 5 万 t 铜矿资源量的各像素直方图统计表

value	Numbers of pixel	Cumulative pixels	Percentage	Cumulative percentage	Endowment(tons)
5.011 454	1	82 340	0.001 2	99.975 7	50 114.54
5.038 111	1	82 341	0.001 2	99.976 9	50 381.11
5.171 394	1	82 342	0.001 2	99.978 1	51 713.94
5.224 707	1	82 343	0.001 2	99.979 4	52 247.07
5.304 677	1	82 344	0.001 2	99.980 6	53 046.77
5.331 334	2	82 346	0.002 4	99.983	106 626.7
5.464 617	2	82 348	0.002 4	99.985 4	109 292.3
6.077 721	3	82 351	0.003 6	99.989 1	182 331.6
6.264 318	2	82 353	0.002 4	99.991 5	125 286.4
6.424 258	2	82 355	0.002 4	99.993 9	128 485.2
6.477 571	1	82 356	0.001 2	99.995 1	64 775.71
6.557 541	1	82 357	0.001 2	99.996 4	65 575.41
6.664 168	1	82 358	0.001 2	99.997 6	66 641.68
6.717 481	1	82 359	0.001 2	99.998 8	67 174.81
6.797 451	1	82 360	0.001 2	100	67 974.51

(三)估计矿床数

图 4-16 给出了各级别的资源量情况,反映的是一个像素范围内所蕴含的资源量。如果像素的级别为 B 级,则意味着在该 $1km^2$ 的范围内蕴藏有 20~40 千吨的铜矿资源量。而在实际找矿过程中,矿床的分布往往要超过 $1km^2$ 范围,因此在预测矿床个数时同时要考虑周围的像素的分类级别,如果分类级别较高的话,可以归为一起。把图 4-14 中的 Class A 和 Class B 所邻近的像素数合并,可以进行矿床个数预测。预测的矿床所在位置如图 4-15 所示。

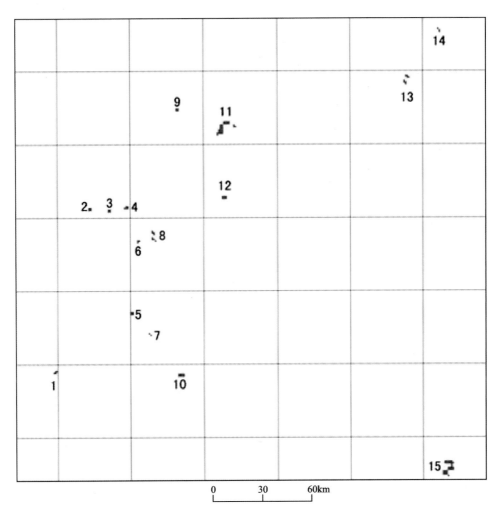

图 4-15 根据资源量分级图所划分出的预测矿床位置
(图中紫色斑块为预测矿床的对应的像素)

对各预测矿床数进行资源量累计(表 4-10),并结合已往获得的实际矿产地资料,对所预测的矿床位置与邻近的矿化情况进行了简单对比(表 4-10)。可以看出,预测的矿床常常在已知矿床或已知铜矿点的近外围,另有几处是在已知大型的铅锌矿、银矿的外围。这可以用成矿系列的理论进行解释,即一个矿区及其外围可能存在有不同矿种的矿床。

表 4-10 各预测矿床的资源量与已发现矿床的情况对比

矿床编号	中心坐标		面积(km²)	累计资源量	地质解释
	Map X	Map Y			
1	25	218	4	26.195 1	高基高尔钼矿点所在地
2	47	117	4	25.712 8	甲乌拉铅锌矿北 7km
3	58	119	4	28.311 1	甲乌拉铅锌矿北东 10km
4	69	117	5	33.386 3	甲乌拉铅锌矿北东 15km
5	73	181	4	30.321	额仁陶勒盖银矿床东 5Km
6	76	138	3	19.284 6	
7	84	195	2	12.482 7	

续表 4-10

矿床编号	中心坐标		面积(km²)	累计资源量	地质解释
	Map X	Map Y			
8	86	132	8	55.286 3	
9	101	56	4	39.594 8	西边 2km 有斑岩型铜钼矿点
10	102	220	8	60.766 6	
11	128	69	28	196.452 6	乌奴格吐山铜钼矿床
12	129	110	6	47.813 3	
13	241	40	8	47.705 3	八八一铜钼矿床
14	262	8	3	16.063	八大关铜钼矿床
15	267	274	31	171.423 5	北东 10km 有 2 处铜矿点

第五章　找矿远景区划分与工作部署建议

第一节　找矿潜力分析

大兴安岭地区在古生代属西伯利亚板块东南陆缘增生带和华北板块北部陆缘增生带,从中生代开始成为欧亚板块东缘的一部分,受滨西太平洋和蒙古-鄂霍茨克洋的强烈影响,成为滨西太平洋火山-岩浆岩带的一部分。其Ⅰ级成矿带属古亚洲成矿域的东段及古亚洲成矿域与滨(西)太平洋成矿域叠加复合部位。根据大地构造背景和已知矿床(点)的分布及其形成的地质构造条件分析,具有良好的找矿前景(邵积东等,2007)。

(一)大兴安岭地区成矿特征分析

(1)古亚洲成矿域与滨太平洋成矿域叠置,多期成矿叠加,增强了成矿的强度。大兴安岭地区已发现的众多金属矿床,多数与中生代构造岩浆活动有关,因此主要成矿期被长期认为是中生代。通过近年的工作,认为该区属于古亚洲成矿域的东段,古生代不仅形成了重要矿床,如谢尔塔拉古生代铁锌矿床、六一牧场硫铁矿床等,而且古生代及元古宙的2个含矿建造形成了丰厚的矿质储备。元古宇变质基底的海相古火山喷发带来丰富的Au、Ag、Pb、Zn、Fe等成矿元素。古生代裂陷所形成的巨厚的海相火山-沉积岩系成矿元素丰度高,是重要的含矿岩系和赋矿岩石建造。如大兴安岭中南段,地球化学图中Pb、Zn、Ag、Cu、Sn等元素高值区呈北东向带状分布,与下二叠统分布方向一致。下二叠统(主要为大石寨组)构成Pb、Zn、Ag、Cu、Sn矿源层。中生代强烈的构造活动、火山喷发和岩浆侵入,使富含于古生代及元古宙岩石建造中的Pb、Zn、Ag、Cu、Sn等元素活化、迁移、富集,对矿床最终定位起重要作用。因此,全球三大成矿域中的两大成矿域,即东西向古生代古亚洲成矿域和北北东向中生代滨太平洋成矿域,在大兴安岭地区叠置。多期成矿的叠加使其成矿条件更优越、成矿强度和密度更大、资源前景更好。

(2)具有形成多种类型大矿床的成矿条件,增加了找矿突破的机会。大兴安岭地区除具有寻找中生代大型矽卡岩型、脉状热液型及斑岩型铜多金属矿床地质条件外,通过区域成矿条件分析,该区具有寻找古生代大型块状硫化物(海相火山岩热液)型、斑岩型铜多金属矿床以及中生代大型浅成低温热液型金、银、铜多金属矿床的地质条件。得尔布干银、铅锌、铜、钼及金成矿带已发现了多处大—中型矿床,如:甲乌拉、查干布拉根火山-次火山热液型银、铅锌矿床,额仁陶勒盖火山-次火山热液型银、锰矿床,乌努克吐山斑岩型铜、钼矿床等。成矿与中生代浅成斑岩、火山岩、次火山岩及隐爆角砾岩体有关。以火山-次火山热液型银、铅锌矿床及斑岩型铜、钼矿床为主。该成矿带有铜、钼区域地球化学省存在,是寻找火山-次火山热液型银、铅锌矿床及斑岩型铜、钼矿床的有利地区。近年来吉宝沟明矾石化火山岩型金矿床的新发现,为后续火山岩型金矿找矿奠定了基础。

东乌旗-梨子山成矿带,已发现与上古生界细碧-角斑岩有关的海相火山热液型矿床。如产于石炭系海相火山岩中的谢尔塔拉铁锌矿床、细碧-角斑岩系中的六一牧场中型块状硫化物型硫铁矿床、产于泥盆系海相火山岩系中的三根河块状硫化物型铜矿点。表明该区具有寻找古生代大型块状硫化物(海相火山岩热液)型铜多金属矿床的条件。在东乌旗-梨子山成矿带，晚古生代中酸性岩浆活动强烈，花岗闪长岩、花岗岩及花岗斑岩极为发育，具有形成古生代大型斑岩型矿床的条件。在东乌旗-梨子山成矿带北东延伸部分的多宝山地区已发现多宝山晚古生代大型斑岩型铜矿床、铜山和翠宏山大型铜矿床等；在梨子山地区已发现具有找矿潜力的煤窑沟泥盆纪斑岩型铜矿点，梨子山中型矽卡岩型铁多金属矿床；在东乌旗地区已发现朝不愣大型矽卡岩型铁铜多金属矿床、三号沟中型矽卡岩型铁多金属矿床以及新发现的查干敖包中型矽卡岩型铁多金属矿床、罕达盖矽卡岩型铁铜多金属矿床。在东乌旗-梨子山成矿带南西延伸部分的蒙古国南戈壁发现察干苏布尔加和欧玉陶勒盖大型—特大型斑岩铜、金、钼矿床。表明东乌旗-梨子山成矿带亦是寻找古生代大型斑岩型铜多金属矿床的有利地区。该成矿带在东乌旗一带的区域地球化学场特征表明，其为寻找古生代斑岩型、块状硫化物(海相火山岩热液)型铜多金属矿床及中生代大型矽卡岩型、脉状热液型铜、铅锌、铁多金属矿的有利地区。在突泉—林西成矿带的巴林右旗至乌兰浩特一带，分布有一系列大中型银、铅锌、铜多金属矿床。在南东段有黄岗梁铁、锡多金属矿床，大井子铜、锡、银矿床，白音诺尔铅锌、银矿床，浩布高铅锌矿床，敖脑达坝银、锡矿床等；在北东段有莲花山铜、银矿床，孟恩陶勒盖铅锌、银矿床，布敦花铜(银)矿床等。成矿的突出特点是赋矿围岩(含矿岩系)为二叠系海相碎屑岩夹中性、中基性火山岩，成矿母岩为晚侏罗世—早白垩世中酸性复式杂岩体。该带二叠系海相中性、中基性火山岩发育，具有形成海相火山沉积-喷气型(块状)铜多金属矿床的条件。该带中生代陆相火山岩发育，次火山岩型(隐爆角砾岩型)金矿床及陆相火山岩热液型银、铜多金属矿床亦具有找矿潜力。在成矿带南段为翁牛特旗早古生代陆缘增生带，出露的地层主要为古生界奥陶系、二叠系海相碎屑岩、碳酸盐岩及中生代火山岩。构造及岩浆活动强烈，并形成众多铅锌、银、铀、钼矿床，有红山子铀、钼矿床、小东沟钼矿床、鸡冠山钼矿床、黄花沟、余家卧铺、小营子铅锌、银矿床，荷尔乌苏、天桥沟、敖包山铅锌矿床等。大兴安岭地区中生代火山-岩浆活动强烈，有利于形成与火山-岩浆活动有关的浅成低温热液型矿床。目前已发现位于赤峰南部的陈家杖子隐爆角砾岩型金铜矿床(具冰长石化)和位于海拉尔断陷盆地四五牧场火山岩型金铜矿床(具绢云母化、高岭石化、迪开石化、明矾石化、硅化等蚀变)，均具上金下铜的特点，属典型的中生代浅成低温热液型金-铜矿床。控制的规模为中型，远景可达大型。上述矿床的发现表明，整个大兴安岭地区具有寻找大中型中生代浅成低温热液型金-铜矿床的潜力。

(3)与发现大矿的相邻地区具有相似的成矿地质条件，预示着具有找到同类矿床的可能。近年来在东西向古生代古亚洲成矿域西段的新疆勘查了许多重要矿床，中段的蒙古国境内已勘查了察干苏布尔加大型斑岩铜、金、钼矿床(探明铜资源量143万吨)，近年又发现了欧玉陶勒盖世界级特大型斑岩铜、金、钼矿床。同样类型的矿床在古亚洲成矿域东段的大兴安岭地区却刚刚开始发现，预示着大兴安岭地区找矿潜力巨大。

在中-俄-蒙交接部位的俄罗斯赤塔州、蒙古乔巴山地区，由大兴安岭西坡到蒙古东部和俄罗斯东后贝加尔已发现大型、超大型铀、金、银、铅锌、铁及萤石等矿床多处，构成了一个多种矿产成矿的密集区，产出有著名的达拉松金矿床(与中生代侵入杂岩有关，累计金储量300t)、巴列伊金、银矿床(形成于中、新生代火山活动区，已累计采金1500t)。在额尔古纳河以西，俄罗斯靠近我国边境地带，有别列佐夫大型富铁矿床(距中国仅10km，总矿石量4.47亿吨，富矿品位为50.33%)、斯特利佐夫超大型铀矿床(距额尔古纳界河仅30km，工业储量达20.4万吨)、鲁戈卡因大型铜金矿床(距中国边境仅20km，铜储量169.8万吨，金储量167t)，均属于世界级的大型—特大型矿床。据不完全统计，近年来在临近大兴安岭的俄罗斯、蒙古地区已探明的铅锌储量大于700万吨、银大于14 000t、金大于2000t、铀大于20万吨，另外有2000多万吨的萤石等矿产。

我国大兴安岭地区，尤其是北段的得尔布干和梨子山地区，中新生代火山-岩浆活动强烈，与蒙古东部和俄罗斯后贝加尔地区具有相似的区域成矿地质背景，同类型的铅锌、银、铜、金矿床也已有发现，但矿床规模，尤其是我国紧缺矿产铜、铅锌(富)、富铁矿、铀等，远远不如邻国，表明我国境内资源潜力巨大,只是该区属于森林沼泽覆盖区,景观条件特殊,勘查程度低,未能取得同样的成果。如果加大对这一地区的找矿勘查力度,有望取得重大突破。

(二)铜钼矿产找矿前景分析

据大地构造背景和已知矿床(点)的分布及其形成的地质构造条件分析,大兴安岭地区铜钼找矿应注意以下几点:

(1)大兴安岭地区铜钼矿产主攻矿床类型为燕山期大型斑岩型、热液脉型、矽卡岩型铜多金属矿床,早古生代斑岩型铜多金属矿床。

(2)在东西向古生代古亚洲成矿域西段的新疆地区,近年来勘查发现了许多重要矿床,如延东、土屋、赤湖和维权斑岩铜(钼)矿床(芮宗瑶等,2001)。在南蒙古-大兴安岭成矿带又发现了欧玉陶勒盖世界级超大型斑岩型铜金矿床(辉钼矿 Re-Os 等时线年龄 372±1Ma)(Khashgerel et al,2006)和察干苏布尔加大型斑岩铜钼矿床(辉钼矿 Re-Os 等时线年龄 370.4±0.8Ma)(Watanabe et al,2000)。预示着中国大兴安岭类似地区有良好的斑岩型铜矿床找矿前景。

(3)据成岩成矿时限研究,大兴安岭地区寻找斑岩型铜钼矿床时除了考虑燕山期构造-岩浆带以外,早、晚古生代构造-岩浆带也具有良好的找矿前景。而热液型、矽卡岩型铜钼矿床的找矿目标应集中在燕山期构造-岩浆带。

在大兴安岭北段铜钼成矿带,古生代中酸性岩浆活动强烈,花岗闪长岩、花岗岩及花岗斑岩极为发育,具有形成古生代大型斑岩型矿床的条件,已发现多宝山、铜山早古生代大型斑岩型铜矿床。且该成矿带还是寻找中生代斑岩型(太平沟)和矽卡岩型(三矿沟)铜矿床的有利地区。此外,在该区的北段还发现与上古生界细碧角斑岩有关的海相火山成因的块状硫化物矿床,如产于石炭系细碧角斑岩系中的六一牧场块状硫化物型硫铁矿床、产于泥盆系海相火山岩系中的三根河块状硫化物型铜矿床(刘建明等,2004),指示本区具有寻找海相火山成因的块状硫化物矿床的潜力。

在额尔古纳铜钼成矿带,铜钼成矿主要与中生代浅成斑岩有关,应注意寻找与乌奴格吐山、太平川矿床类似的中生代斑岩型铜钼矿床(佘宏全等,2009)。

(三)金(银)多金属矿找矿潜力

从大兴安岭地区的成矿条件及成矿背景分析,认为存在许多有利于金(银)多金属矿形成的因素,并且已有多处矿化及化探异常显示。但至今在寻找金(银)矿方面未取得重大突破,尤其与处于同一地质构造背景下的俄罗斯相比,更显得找矿资源潜力挖掘不足,结合本区构造-岩浆活动的特点及成矿条件,提出了一些新的找矿思路(黄建军等,2010)。

(1)大兴安岭地区由于南、北两大板块多次碰撞、挤压,致使中、下部地壳处于强烈韧性剪切的构造环境,形成了如新巴尔虎旗哈达图七一牧场韧性剪切带、额尔古纳河韧性剪切带及环宇-吉峰韧性剪切带等,为构造蚀变岩型金矿的形成提供了极为有利的构造条件。此类型金矿床主要受韧-脆性剪切带的控制,常伴随多期构造变形和多期矿化作用。早期矿化主要受韧性剪切带的控制,晚期矿化则受断裂复合-叠加接触带的控制。赋矿围岩多是元古宙—早古生代的浅变质岩。区内中生代以断裂活动为特征,在基底隆起的边缘沿深大断裂有燕山期钙碱性的中酸性小岩体侵入,为构造蚀变岩型金矿床的形成提供了热源和物质来源。因此,沿控岩构造带或两种岩性的接触带热蚀变作用强烈。本区已发现此类型矿点(床),如哈达图四五牧场金矿带、鄂伦春的西陵梯金矿床、额尔古纳河的小伊诺尔盖沟金矿床及扎兰屯五一林场北1263高地金矿床等。由于前人对此类型金矿认识不足,将一些石英脉型或细脉状金矿床简单的归结到岩浆热液脉型或其他类型,因为此类型金矿床在蚀变类型、矿石类型及成矿元素组合等方面与热液脉型金(银)矿床有许多相似之处。构造蚀岩型与某些石英脉型金矿在空间分布上有密切关系,在同一地质条件下(断裂、岩浆岩等),由于断裂构造性质不同、不同空间位置下所处的物化条件不同,表现的矿化形式不同,多数情况下石英脉在上,构造(破碎)蚀变岩型在下。综合分析本区成矿构造环境、成矿地质条件及成矿作用的方式等,认为本区具有寻找构造蚀变岩型金矿床的前景,该类型金矿床一般延伸长、规模大。有些老矿点需要重新认识,扩大找矿范围,将会有较大突破,如得尔布干断裂带、海拉尔—新帐房大断裂、免渡河大断裂及环宇—吉峰等地区有望找到大规模的此类型金矿床。

(2)已发现有与次火山作用有关的金(银)多金属矿化类型,根据成矿地质环境、蚀变及矿化元素组合等称之为浅成低温热液型金矿。这类矿床(矿体)定位深度一般小于1000m,形成温度小于300℃,容矿围岩从中性到酸性均可,金矿化对围岩无明显的选择。在大兴安岭及邻国已发现多处与浅成低温热液有关的大型—超大型铅锌矿床和金银矿床,如俄罗斯的诺依—塔洛格大型铅锌矿床、巴列依金矿和额仁陶勒盖大型银矿床等。巴列依金矿床位于晚侏罗世—早白垩世的地堑内,地堑的基底由石炭纪花岗岩及侏罗纪火山岩构成,充填在地堑的主要是晚侏罗世—早白垩世的陆源粗碎屑沉积物,巴列依矿田的成矿作用发生在地堑的发育过程中,二者均受同生断裂的控制。在得尔布干成矿带南段,满洲里—新巴尔虎旗的中生代火山盆地中,已发现大坝和巴彦浩雷两个紫金山式的浅成低温热液型金铜(银)矿点。在扎兰屯市巴升河碰头岭地区的上侏罗统满克头鄂博组多处发现有明矾石化、迪开石(高岭土)化、次生石英岩,并发现有铁、铜、银等矿点多处,成矿条件、蚀变分带、矿化特征等与紫金山式浅成低温热液硫酸性金铜矿成矿模式可比性较强。此类金(铜)矿床矿体形态复杂,呈细脉状、网脉状及似层状,受徒倾或层间缓倾的断裂裂隙联合控制,一般层状在上,网脉状在下。围岩蚀变有硅化、绢云母化、高岭土化、冰长石化(或明矾石化)、黄铁矿化及碳酸盐化等。低硫浅成热液型金矿床出现冰长石和绢云母,高硫浅成热液型金矿床出现大量明矾石和高岭石。金属矿物除自然金和黄铁矿等硫化物外,有各种硫酸盐矿物形成,一般金品位较高,资源量大,主要呈星散状分布。在大兴安岭地区莫尔道嘎、鄂伦春、牙克石、扎兰屯及塔源二支线等地区广泛分布有侏罗系—白垩系火山断陷盆地与断裂隆起带,在其侧旁或盆地边缘往往有强烈的火山热液活动,具备形成浅成低温热液型金矿床的地质条件。通过认真工作,有可能取得重大突破。

本区已有的金(银)多金属矿点(床)大多与海西期与燕山期岩浆侵入活动有关,海西期金的平均含量为 56.1×10^{-9},最高达 0.81×10^{-6},燕山期花岗斑岩中金的平均含量为 7×10^{-9},最高达 0.11×10^{-6}。由此可见,海西期或燕山期岩浆岩中金的丰度值均比较高,为形成与岩浆作用有关的金矿床提供了物质来源。成矿方式主要有2种:一是在原有金(银)多金属元素含量较高的岩层基础上,由后期岩浆叠加改造富化,如牙克石库鲁柏亚金银矿床,赋矿岩层为上泥盆统上大民组,属海相火山岩,岩性为蚀变的石英斑岩及石英角斑岩,成矿是在原有火山岩基础上,经后期改造富集,形成与海西中期白岗岩有关的矿化蚀变;二是成矿主要与岩浆侵入作用有关,赋矿围岩比较广泛,成岩成矿主要受断裂控制。以燕山期偏碱性的中酸性花岗岩类为主,如陈巴尔虎旗七一牧场金铜矿点、莫勒格尔金铜矿点、哈达图金铜矿点等均与燕山早期花岗斑岩的侵入有关,形成斑岩型金铜矿。上述例证说明无论什么形式成矿,海西期—燕山期大规模的中酸性—中基性火山-岩浆侵入活动,多期次的叠加和改造为贵金属和有色金属的成矿提供充分的热能和成矿物质,本区海西期—燕山期岩浆活动频繁,分布范围广,为寻找与岩浆热液作用有关的金(银)多金属矿床提供了更多的找矿空间。

(3)大兴安岭地区许多有色金属矿床中普遍含有金,有些矿床中还形成独立金矿,如莲花山斑岩铜矿中,金资源量达226kg;东乌旗朝不愣大型矽卡岩型铁铜矿床中也伴生金达1680kg;大井大型复脉热液型锡银多金属矿床中也伴生有金等,显然与基底岩层及海西期—燕山期岩浆中金的丰度值等有关。如陈巴尔虎旗新峰山—哈达图地区,经过化探分散流及物探大功率激电异常勘查,发现多处多元素综合异常;在哈达图沿中奥陶统多宝山组与石英斑岩体侵入的接触带,形成一条褐铁矿化破碎带,其中有石英脉贯入,并有3条金矿化体,金品位高达 1.17×10^{-6},平均 0.7×10^{-6},原生晕最高达 1.2×10^{-6}。上述例证的矿化类型与矿化元素组合说明,由于区内成矿是多旋回-岩浆作用的产物,同时受构造部位、区域地球化学元素组合及丰度、容矿岩石的地质特征等控矿条件的制约,在大兴安岭形成与金有关的不同矿化类型和成矿元素组合(伴生金),致使本区常形成金矿化与其他有色金属,尤其是铜、银、硫多元素组合产出的特点,为我们寻找金(银)多金属矿提供了新思路。

(四)铌钽矿找矿潜力

与铌钽矿成矿有关的岩石类型有多处出现。在莫尔道嘎地区北西侧草坡沟区,中粗粒黑云母正长岩和奇乾地区两间房南、骆驼山一带发育有斑状中粒角闪正长岩属碱性岩偏钙碱性系列;另外在黑河市大黑山一带也有碱性花岗岩与粗中粒碱长花岗岩产出。司幼东对内蒙古北部花岗伟晶岩类的矿物-地球化学进行了调查研究,发现规模较大并且蕴藏有用矿物较多的脉体多赋存于片麻岩类及斑状花岗岩中,脉体的成带性比较清楚,可分为原生晶出作用带及后生交代作用等,产出有用矿物如绿柱石、锂辉石、锂云母及铌钽酸盐矿物类。区域地质调查发现在大兴屯、八间房、乱石山、奇乾及伊木河一带,在片麻状中、细粒黑云母花岗闪长岩中,脉岩发育,主要有花岗细晶岩脉、中细粒花岗岩脉、花岗伟晶岩脉、闪长玢岩脉及石英闪长岩脉等。

大兴安岭地区除上述的巴尔哲稀用稀土矿床外,在红花尔基地区也有矿化显示。在内蒙古1:5万头道桥、大牛圈、那干楚、三道桥幅区调过程中,新发现稀有金属铌、钽、铷矿点1处,其中,铌、钽、铷稀有金属矿化的地表品位达到边界或工业品位,而具有一定规模,其成因类型属火山岩型,有进一步工作价值。

在大兴安岭邻区俄罗斯境内发现多处铌钽矿床。主要有:

Orlovskoye 中型铌、锂、锡、氟矿床位于花岗岩地块西部的网脉状花岗斑岩的顶部,钽矿体与交代蚀变花岗岩共生。平均品位 Ta_2O_5 为 0.0098%。锂云母钠长石花岗岩厚度达到40m,薄层黄玉石英云英岩云母具有铌钽铁矿巨斑和微晶斑晶出现,这类花岗岩钽含量最高(Ta_2O_5 从 0.017% 到 0.168%)。主要赋钽矿物为铌钽铁矿,同时产出少量的锡石、黑钨矿、钨锰矿、独居石、黄玉、金红石型和萤石。

Spokoininskoye 中型钨、钽、铌、锡矿床晚侏罗世二云母花岗岩遭受了云英岩化蚀变,云英岩网脉(600m×320m)形成了一个马鞍形,厚50~100m。网脉带包括以下几个部分:①含钨石英白云母云英岩(主要类型);②17个脉体主要矿物有黑钨矿、石英、白云母、萤石,次要矿物有磁黄铁矿、闪锌矿、黄铜矿、辉铋矿、白钨矿、锡石、电气石和钽铌矿。同时局部有磷灰石、锆石、石榴子石、黄玉和黄铁矿。黑钨矿包含有的铌钽含量为 0.5%~1%。

Malo-Kulindinskoye 小型钽铍矿床在含黑云母页岩、砂岩和砾岩中产出多个走向北西向的伟晶岩脉。伟晶岩体呈透镜状、鞍形和不规则状。脉体厚1~18m,沿走向延伸几百米。岩脉分交代岩与部分交代两类,交代的伟晶岩主要由长石、石英、白云母和 Ta、Be 矿体构成。主要矿石矿物为钽铌铁矿,Ta_2O_5 的品位为 0.048%,BeO 品位为 0.104%,同时伴有铌、锡和锂异常。

大兴安岭地区(北段)大部分地区开展了1:20万水系沉积物测量工作,对铌元素进行了测试分析。对铌元素的地球化学分析结果进行综合分析,划分出六处异常区。表5-1是对异常区内各元素含量(为进行区域性对比,经过了标准化处理)进行的统计分析。

表 5-1　1:200 000 化探 Nb 异常的多元素标准化数值统计表

异常区名称	红花尔基	莫力达瓦	呼中	四五牧场	乌奴格吐山	高基高尔
面积(km²)	6159	1336	1017	985	4779	1684
Li	0.389 269	0.379 086	0.349 17	0.672 977	0.515 97	0.420 053
Na	0.550 31	0.377 762	0.334 698	0.321 167	0.515 15	0.621 636
K	0.666 543	0.419 27	0.498 255	0.736 283	0.658 684	0.729 763
Be	0.668 414	0.631 469	0.541 728	0.573 405	0.775 561	0.773 024
Mg	0.455 788	0.729 247	0.704 028	0.290 773	0.430 827	0.428 792

续表 5-1

异常区名称	红花尔基	莫力达瓦	呼中	四五牧场	乌奴格吐山	高基高尔
面积(km²)	6159	1336	1017	985	4779	1684
Ca	0.343 203	0.784 414	0.767 756	0.548 347	0.621 372	0.624 831
Sr	0.284 885	0.800 613	0.821 813	0.347 419	0.568 814	0.629 875
Ba	0.235 71	0.915 786	0.825 411	0.212 991	0.396 821	0.572 647
Y	0.444 763	0.679 315	0.721 26	0.600 856	0.730 546	0.805 84
La	0.264 48	0.649 753	0.615 787	0.816 463	0.926 037	0.963 229
Th	0.607 761	0.211 418	0.216 026	0.843 539	0.870 733	0.854 641
U	0.669 529	0.154 632	0.157 584	0.823 458	0.679 171	0.589 789
Ti	0.385 742	0.860 587	0.874 422	0.276 29	0.561 582	0.636 652
Zr	0.393 726	0.811 034	0.898 379	0.668 518	0.833 407	0.842 071
V	0.372 015	0.948 976	0.879 488	0.266 205	0.443 717	0.457 131
Nb	0.727 588	0.798 116	0.901 71	0.878 754	0.914 139	0.914 874
Cr	0.413 074	0.663 981	0.686 784	0.222 032	0.523 307	0.408 081
Mo	0.677 681	0.802 269	0.599 568	0.654 138	0.620 546	0.520 875
W	0.609 518	0.312 102	0.370 849	0.578 943	0.516 312	0.461 238
Mn	0.621 159	0.968 178	0.843 16	0.143 498	0.286 824	0.316 227
Fe	0.394 659	0.937 783	0.901 44	0.191 751	0.369 583	0.452 287
Co	0.559 628	0.970 277	0.899 863	0.119 606	0.323 165	0.395 985
Ni	0.515 014	0.877 474	0.760 275	0.299 775	0.429 534	0.387 348
Cu	0.412 744	0.695 814	0.677 016	0.288 452	0.424 797	0.532 486
Ag	0.454 393	0.867 075	0.815 682	0.375 316	0.638 887	0.577 272
Au	0.127 641	0.628 596	0.637 97	0.189 975	0.313 489	0.218 397
Zn	0.564 272	0.733 909	0.744 566	0.310 684	0.511 332	0.532 409
Cd	0.700 833	0.654 303	0.313 294	0.252 903	0.428 885	0.349 46
Hg	0.156 008	0.359 276	0.453 988	0.550 56	0.709 346	0.780 73
B	0.234 038	0.188 732	0.125 973	0.858 172	0.757 412	0.449 915
Al	0.300 987	0.142 882	0.180 951	0.186 671	0.285 043	0.210 84
Si	0.445 416	0.174 328	0.214 302	0.640 494	0.518 6	0.559 026
Sn	0.471 878	0.745 233	0.809 131	0.308 462	0.531 189	0.582 833
Pb	0.520 311	0.920 8	0.748 167	0.391 898	0.573 979	0.502 452
P	0.451 48	0.901 685	0.939 387	0.243 981	0.481 72	0.629 496
As	0.300 917	0.159 527	0.205 685	0.315 887	0.282 364	0.220 015
Sb	0.277 119	0.156 213	0.242 966	0.270 91	0.209 142	0.227 41
Bi	0.270 886	0.229 378	0.126 82	0.249 52	0.199 461	0.115 957
F	0.276 078	0.250 221	0.230 782	0.284 698	0.249 646	0.266 152

从表 5-1 中可以看出各个异常的 Nb 元素含量高低(标准化数值越高,其平均值含量越高),以及同样具有较高含量的元素组合。

红花尔基地区:异常区面积为 6159 km^2,Nb 元素标准化平均值为 0.727 588,SiO_2 含量标准化均值为 0.445 416,相对富集的元素为 Cd。邓福理研究了阿尔山地区白音高老组的流纹岩、流纹质晶屑凝灰岩硅酸盐数据,经分析岩层中的火山岩大部分属亚碱性系列中的钙碱性系列,流纹岩以钠质流纹岩系列为主。本次选区的红花尔基铌钽矿床的容矿岩石为白音高老组流纹岩。

莫力达瓦地区:异常面积为 1336 km^2,Nb 元素标准化数值的平均值为 0.798 116,SiO_2 含量标准化均值为 0.174 328,相对富集的元素为 V、Sr、Ba、Ti、Zr、Mo、Mn、Fe、Co、Ni、Ag、P 等。本地区查巴奇二长花岗岩属于钙碱性岩,为高钾、硅过饱和岩石。

呼中地区:异常区面积为 1017 km^2,Nb 元素标准化平均值为 0.901 71,SiO_2 含量标准化均值为 0.214 302,相对富集的元素为 V、Ti、Zr、Co、P 等。呼中地区区内侵入岩较发育,占总面积的 43.31% 左右。主要分布在中东部和西南部地区,总面积达 277.24 km^2。侵入岩时代主要为晚侏罗世及晚三叠世。代表性的岩石类型有正长花岗岩、二长花岗岩、花岗斑岩、花斑岩和花岗闪长岩。通过呼中区 6 个碱性岩体的主量、稀土和微量元素成分分析和综合研究,表明,不同时期的碱性岩岩石地球化学特征差异不明显;均属于过碱性的中酸性岩类,以相对贫 Sr、Ba,高 Rb,富集高场强元素为特征,稀土配分曲线呈特征的 V 字型,显示由弱变强的轻、重稀土元素分馏作用和逐渐变小的铕负异常。

四五牧场地区:异常区面积为 985 km^2,Nb 元素标准化平均值为 0.878 754,SiO_2 含量标准化均值为 0.640 494,相对富集的元素为 La、Th、U、B 等。四五牧场地区的铌异常区在应该与莫尔道嘎地区—奇乾地区两间房南、骆驼山一带发育有斑状中粒角闪正长岩属碱性岩偏钙碱性系列的岩石有关;另外在大兴屯、八间房、乱石山、奇乾及伊木河一带,在片麻状中、细粒黑云母花岗闪长岩中,发育有花岗伟晶岩脉,也可能与存在的铌异常有关。

乌奴格吐山地区:异常区面积为 4779 km^2,Nb 元素标准化平均值为 0.914 139,SiO_2 含量标准化均值为 0.518 6,相对富集的元素为 La、Th、Zr 等。

高尔基尔地区:异常区面积为 1684 km^2,Nb 元素标准化平均值为 0.914 874,SiO_2 含量标准化均值为 0.559 026,相对富集的元素为 La、Th、Zr、Y 等。苟军等对满洲里南部白音高老组和玛尼吐组进行了岩石成因的研究,认为玛尼吐组火山岩属于碱性系列,在 SiO_2-K_2O 图中落入钾玄岩系列区。本次选择的乌奴格吐山地区和高基高尔地区均属分布有大量的玛尼吐组岩石。其高铌含量应该与玛尼吐组岩石有关系。

第二节 矿产勘查工作目标及找矿思路

一、勘查工作目标

大兴安岭地区矿产工作总体目标是圈定预查区和找矿靶区,探求具中—大型远景的矿产地以及新增资源储量,开展区域性战略性矿产远景调查(1:5万区域矿产调查)、浅表矿产预查及重要矿产地浅部—中浅部资源普查评价工作。通过战略性矿产远景调查,发现并提交一批预查基地和找矿靶区。通过预查区矿产资源调查评价,找到一批新的矿产地,提交一批具找矿潜力的普查基地。通过重要矿产地浅部—中浅部资源普查评价,提交一批大中型矿产地。

二、找矿思路

找矿思路是以铜、铅锌、银、钼、铁、金为主攻矿种,兼顾钨、锡等其他金属矿产的找矿突破和新增储量。主攻矿床类型为中生代大型矽卡岩型、脉状热液型及斑岩型铜、铅锌、银多金属矿床,中生代浅成低温热液型金、银、铜多金属矿床,古生代大型块状硫化物(海相火山岩热液)型、斑岩型铜多金属矿床。

以寻找隐伏矿和半隐伏矿为主要目标,将遥感、化探、物探高度集成,多种技术方法综合运用,重点地区发挥电法(重磁配合)的作用,形成适合大兴安岭北部特殊景观区浅表矿和隐伏矿高效勘查技术方法组合,为该区和相邻类似景观区的矿产勘查提供技术支撑。以寻找大矿、富矿为主,兼顾中小型矿床的勘查评价,依此达到探获具有开发经济效益矿产基地的目标,为尽快形成大的有色金属开发基地打下基础,同时尽快形成资源集中区。应用"区域成矿学""地球化学块体"理论,进行成矿规律、找矿方向研究,以区域成矿地质背景、区域地球物理和地球化学异常为选区依据,圈定成矿远景区,为战略性矿产远景调查工作部署提供依据。在优选的成矿远景区内,以圈定预查区和找矿靶区为目标,以1:5万区域地质测量、1:5万化探测量和1:5万地面高精度磁测等方法为手段,开展矿产远景调查,为矿产资源评价工作部署提供依据。以探求具中、大型远景的战略性矿产基地以及新增资源储量为目标,开展找矿靶区和预查区矿产资源调查评价。加大异常查证及中大比例尺物、化探工作力度,充分发挥化探和物探在地质找矿工作中的作用。以异常查证及大比例尺地质、物探、化探测量和轻型山地工程以及少量深部钻探验证工程为主要工作方法和手段,开展预查区矿产调查评价。以大比例尺物探及深部钻探控制为主要工作方法和手段,开展重要矿产地(包括小型矿床或大、中型矿床的外围)浅部—中浅部矿产普查评价。

加强区域矿产资源综合研究。开展该地区矿产资源找矿勘查片区总结,在找矿勘查资料综合整理的基础上,进行区域矿产资源综合评估,对区域地质构造演化特征、成矿事件、成矿区带进行深入研究,阐明大型金属矿床的成矿地质环境;查明研究区内主要大型矿床的成因、分布特征,研究重要成矿区带的主要成矿系统,以及通过对区内与邻区(国内外)大矿产出环境和成矿条件的对比研究,建立典型大型矿床成矿模式和地、物、化、遥综合找矿模型;开展区内大型矿床的找矿潜力和预测研究,圈定区内大型矿床勘查靶区,进一步为矿产勘查工作部署提供依据,并对重点地进行靶区验证,争取有重要发现。

三、找矿方向

20世纪90年代国土资源大调查实施以来,随着森林沼泽荒漠覆盖区物化探探矿技术的完善,大兴安岭中北段地区的有色金属和贵金属勘查工作得到进一步重视,矿产勘查工作取得了突破性进展(程飞等,2005)。陆续发现和评价了一批矿床(点)和具一定找矿前景的矿产地,新发现了东君铅锌矿床、四五牧场金矿床、太平川钼矿床、太平沟钼矿床、吉峰寺铅锌银矿床、嘎仙铜镍钴矿床、西陵梯铅锌矿床、大梁金矿床、比利亚古铅锌银矿床、哈拉胜铅锌银矿床、新账房钼矿床、原林钼矿床等一批有望达到大中型规模的矿产地。得耳布尔和二道河铅锌银矿床经过补充勘查,资源量有望显著增长。在大兴安岭南段,新发现了拜仁达坝、花敖包特、黄花沟银铅锌矿床,道伦达坝、沙不楞山、超浩尔图铜铅锌银多金属矿床,哈尔普图铜银矿床、陈家杖子金矿床等。其中,拜仁达坝银铅锌矿床经初步勘查,其规模已达大型,有望成为特大型。同时,与中国大兴安岭相邻的蒙古、俄罗斯的边境地区也相继取得重大找矿突破,南蒙古欧玉陶勒盖世界级超大型斑岩型铜金矿床的铜金属资源量达到2900万吨。俄罗斯加积穆尔 Cu-Mo-Pb-Zn-Au-萤石成矿区探明铜金属资源量770万吨,金530t,揭示了该地区的巨大找矿前景。根据

大兴安岭区域成矿规律、邻区成矿地质条件对比和近年来找矿进展,大兴安岭地区的找矿应注意以下几个方向和问题:

(1)大兴安岭地区找矿应以铜、钼、铅锌、银为主攻矿种,兼顾金、钨、锡、稀有稀土、铀、萤石等其他矿种。主攻矿床类型:燕山期大型矽卡岩型、斑岩型、矽卡岩型+斑岩复合型铜钼矿,与浅成侵入岩和火山-潜火山有关的热液型铜、铅锌、银多金属矿床,浅成低温热液型金银铜多金属矿床,古生代斑岩型铜(金)多金属矿床。近年来,大兴安岭成矿带新发现了多处燕山期斑岩型钼矿床(如太平沟、太平川、乌兰德勒),突破了以往单一斑岩型铜矿床找矿局限,扩展了找矿方向。

(2)与大兴安岭成矿带相接的南蒙古欧玉陶勒盖世界级超大型斑岩型铜金矿床(晚古生代成矿)和俄罗斯加积穆尔矽卡岩+斑岩复合型铜金多金属矿集区(燕山期成矿)的发现,多宝山斑岩铜矿床成矿时代的确定(早古生代成矿),表明中国境内类似地区有良好的古生代和燕山期斑岩型铜矿床找矿前景。鄂伦春、东乌旗海西期褶皱带与南蒙古晚古生代褶皱带相接,该地区为在早期加里东褶皱带基础上发育起来的叠加褶皱带,应寻找类似三矿沟、太平沟的燕山期斑岩型+矽卡岩型铜钼矿床外,该地区古生代的多宝山组、大明山组、泥鳅河组基性火山-沉积岩系地层分布广泛,在中生代火山岩盆地区形成次一级隆起区(乌奴尔隆起、阿尔山隆起等),铜钼金铅锌地球化学异常发育,是寻找古生代斑岩型铜矿床的有利远景区。

(3)根据近年来的找矿进展、区域地质、地球化学条件和成矿规律分析,建议选择塔源-呼玛铜(金)多金属矿远景区、根河-库都尔铅锌银多金属成矿远景区、莫尔道嘎-得耳布尔铅锌金银多金属成矿远景区、牙克石-阿尔山铜、金银、钼矿远景区、古利库-多宝山铜(金)多金属矿远景区、阿荣旗-扎赉特旗铜、铅锌多金属矿远景区、查干陶勒盖-朝不楞铜、铅锌、银矿找矿远景区、奥尤特-海拉斯铜、铅锌、银矿远景区、巴音宝力格-沙不楞山铅锌、银多金属矿远景区、布敦花-阿鲁科尔沁旗、花敖包特-沙不楞山铅锌、银、铜矿找矿远景区、敖脑达坝-哈拉白其铅锌、银、铜矿找矿远景区、拜仁达坝-哈达吐铅锌、银、铜多金属矿找矿远景区、红山子-黄花沟铅锌银、铀钼多金属矿找矿远景区等为重点开展矿产勘查工作,优先进行1∶5万矿产调查工作。

(4)大兴安岭仍存在一些重大基础地质和找矿方法问题,需要研究解决,建议重点开展以下几个方面的研究工作:①深化大兴安岭构造-岩浆作用及其与成矿的关系研究。以往研究侧重于该地区燕山期构造-岩浆-成矿作用研究,对大兴安岭地区燕山期前和中俄蒙邻近地区与蒙古-鄂霍茨克造山带有关的构造-岩浆-成矿作用研究明显不足,认识过于粗略。近年来,新的同位素测年结果显示该地区经历的构造岩浆活动较以往的认识更加复杂(林强等,2004;葛文春,2005,2007;随振民等,2006),需要进一步研究查明。应重点研究查明大兴安岭基底形成时代、各主要块体构造属性、地质演化特征及相互拼贴关系,查明研究区与前中生代板块俯冲、碰撞有关的造山带和岩浆作用产物的空间分布及其成矿特征,采用高精度测年方法,建立工作区地质构造岩浆作用及其演化的精确年代学格架,查明成矿的动力学背景。研究中生代时期蒙古-鄂霍茨克洋俯冲、碰撞造山过程对我国地质、构造、岩浆和成矿作用的影响。②大兴安岭草原、森林沼泽覆盖区、荒漠盐碱化区大比例尺地质填图和找矿技术方法研究。通过近年来的找矿方法试验和勘查验证工作,对大兴安岭地区特殊景观条件的找矿技术方法研究已取得显著进展(周楫,1999;邵军等,2004),但工作中仍发现有以下问题需要研究解决:黄土覆盖区、荒漠盐碱化地区化探方法仍需要改进,采用简单的淘洗方法难以全面排除风成砂、盐碱淋滤作用的影响,化探采样的重现性和矿体定位效果差,迫切需要深化和加强该类型景观区的采样技术要求和方法研究。在草原、森林沼泽厚覆盖地区,岩石露头少,岩石接触关系不清,主要构造线和地层产状难以准确界定,中大比例尺地质填图难度大,对找矿工作和物化探解释有很大束缚。迫切需要开发在普遍覆盖情况下快速有效的物化探扫面技术和解释处理方法,指导矿区勘查工作。

第三节 重要矿种预测评价模型

一、上黑龙江成矿带重要矿种预测评价模型

该成矿带主要有漠河砂宝斯金矿床、塔河二十一站铜矿床和漠河门都里石墨矿床等矿产预测类型。对预测模型的描述,只列出本区带内具有典型矿床的预测工作区的预测模型,只有预测工作区而无相应典型矿床者,为避免重复则只在相应的区带内给出(下同)。

1. 金矿预测模型

1)典型矿床预测要素表(表 5-2)

表 5-2 黑龙江省砂宝斯式破碎-蚀变岩型金矿典型矿床预测要素表

成矿要素		描素内容	预测要素分类
矿床类型		破碎-蚀变岩型金矿床	
地质环境	岩石类型	砂岩-粉砂岩、角砾岩,以中细粒砂岩为主	必要
	岩石结构	中细粒砂状结构、角砾状结构	次要
	成矿时代	闪长岩、花岗闪长岩、花岗斑岩和霏细斑岩等脉岩全岩 Rb-Sr 等时线年龄为 133±5Ma,成矿时代应属早白垩世	必要
	成矿环境	早白垩世中酸性岩浆侵入地带,赋矿地层为中侏罗统二十二站组(J_2er)	必要
	构造背景	漠河前陆盆地(Ⅰ-1-1),漠河推覆构造带	必要
矿床特征	矿物组合	自然金属矿物有金、银金矿等;金属硫化矿物主要有黄铁矿,其次为毒砂、辉钼矿、辉锑矿、黄铜矿、方铅矿、磁铁矿;脉石矿物主要为石英、长石,其次为方解石等	重要
	结构构造	以自形—半自形晶结构及他形结构为主,其次为包含结构、共结结构、填隙结构、交代结构、碎裂结构及骸晶结构;以浸染状或细脉浸染状构造、角砾状构造为主,其次为团斑状构造、网脉及脉状构造、束状或发状构造、球(似莓球)状构造及放射状构造	次要
	蚀变	以硅化—黄铁矿化为主,其次为碳酸盐化、绢云母化、绿泥石—绿帘石化、黏土化、石墨化	重要
	控矿条件	漠河推覆构造派生的近南北、北北西等方向次级断裂构造,早白垩世中—酸性侵入岩	必要
	风化	金矿体出露地表形成转石,黄铁矿等金属硫化物风化形成褐铁矿等	次要
地球化学特征	1:5万化探	由 Au、As、Sb 3 个元素组成,异常套合紧密,浓集中心明显,成矿元素 Au 异常强度高、规模大,伴有 As、Sb 异常	必要

2）区域预测要素表（表5-3）

表 5-3　黑龙江省漠河预测工作区砂宝斯式破碎-蚀变岩型金矿区域预测要素表

区域成矿要素		描述内容	成矿要素分类
区域成矿地质环境	大地构造位置	漠河前陆盆地	必要
	主要控矿构造	漠河推覆构造带	必要
	赋矿地层	中侏罗统二十二站组	重要
	岩石类型	中细粒砂岩	必要
	岩石结构	中细粒砂状结构	次要
	成矿时代	早白垩世	必要
矿床特征	矿物组合	自然金属矿物有金、银金矿等；金属硫化矿物主要有黄铁矿，其次为毒砂、辉钼矿、辉锑矿、黄铜矿、方铅矿、磁铁矿；脉石矿物主要为石英、长石，其次为方解石等	重要
	结构构造	以自形—半自形晶结构及他形结构为主，其次为包含结构、共结结构、填隙结构、交代结构、碎裂结构及骸晶结构；以浸染状或细脉浸染状构造、角砾状构造为主，其次为团斑状构造、网脉及脉状构造、束状或发状构造、球（似莓球）状构造及放射状构造	次要
	控矿条件	南北、北北西等方向断裂构造	必要
地球化学特征	1:5万化探	由Au、As、Sb 3个元素组成，异常套合紧密，浓集中心明显，成矿元素Au异常强度高、规模大，伴有As、Sb异常	必要

2. 铜矿预测模型

1）典型矿床预测要素表（表5-4）

表 5-4　黑龙江省二十一站式岩浆型铜矿典型矿床预测要素表

成矿要素		描述内容	成矿要素分类
矿床类型		岩浆型铜金矿床	
地质环境	岩石类型	花岗闪长岩、花岗闪长斑岩	必要
	岩石结构	花岗闪长岩呈中细粒结构；花岗闪长斑岩呈斑状结构	次要
	成矿时代	早白垩世	重要
	成矿环境	早白垩世二十一站杂岩体侵入于二十二站组，光华组地层中，有三期，一期为花岗闪长岩，二期为花岗闪长斑岩，三期为云英闪长岩，矿床赋存于花岗闪长岩、花岗闪长斑岩中	必要
	构造背景	漠河前陆盆地，叠加呼中—二十二站火山活动亚带区。区域构造主要为樟松顶-二十一站复背斜和与之平行的近东西向断裂带	必要

续表 5-4

成矿要素		描述内容	成矿要素分类
矿床类型		岩浆型铜金矿床	
矿床特征	矿体特点	矿体呈脉状,北西向展布,近平行排列	重要
	矿体围岩	直接赋矿围岩为花岗闪长岩、花岗闪长斑岩	必要
	矿物组合	金属矿物主要为黄铜矿、黄铁矿,其次为方铅矿、闪锌矿,仅见斑铜矿、辉铜矿、辉钼矿、黝铜矿、脆银矿等;脉石矿物有钾长石、石英、斜长石、黑云母、方解石、绢云母和绿泥石等	重要
	结构构造	自形—他形粒状结构,少数乳滴状、交代残余结构;矿石构造主要为浸染状构造、脉状构造、块状构造	次要
	蚀变	钾长石化、硅化、绢云母化、高岭土化、绿帘石化、绿泥石化、碳酸盐化、黄铁矿化等	重要
	控矿条件	受花岗闪长岩、花岗闪长斑岩及硅化、钾化等蚀变控制	必要
	风化	地表出露的矿石受表生氧化作用形成氧化矿	次要
物探	磁法异常		
	电法异常	矿体无极化率异常显示	
化探	水系异常	异常明显,分外中内三带	重要
	土壤异常	铜金土壤异常明显,铜异常面积大,异常组合简单	重要

2）区域预测要素表(表 5-5)

表 5-5 黑龙江省塔河预测工作区二十一站式岩浆型铜矿区域预测要素表

成矿要素		描述内容	预测要素分类
特征描述		岩浆型铜金矿床	
地质环境	岩石类型	花岗闪长岩、花岗闪长斑岩	必要
	岩石结构	花岗闪长岩呈中细粒结构;花岗闪长斑岩呈斑状结构	次要
	成矿时代	早白垩世	重要
	成矿环境	早白垩世二十一站杂岩体侵入于二十二站组、光华组地层中,有三期,一期为花岗闪长岩,二期为花岗闪长斑岩,三期为云英闪长岩,矿床赋存于花岗闪长岩、花岗闪长斑岩中	必要
	构造背景	漠河前陆盆地,叠加呼中—二十二站火山活动亚带区。区域构造主要为樟松顶-二十一站复背斜和与之平行的近东西向断裂带	必要
矿床特征	矿体特点	矿体呈脉状,北西向展布,近平行排列	重要
	矿体围岩	直接赋矿围岩为花岗闪长岩、花岗闪长斑岩	必要
	矿物组合	金属矿物主要为黄铜矿、黄铁矿,其次为方铅矿、闪锌矿,仅见少量斑铜矿、辉铜矿、辉钼矿、黝铜矿、脆银矿等;脉石矿物有钾长石、石英、斜长石、黑云母、方解石、绢云母和绿泥石等	重要
	结构构造	自形—他形粒状结构,少数乳滴状、交代残余结构;矿石构造主要为浸染状构造、脉状构造、块状构造	次要

续表 5-4

成矿要素		描述内容	预测要素分类
特征描述		岩浆型铜金矿床	
	蚀变	钾长石化、硅化、绢云母化、高岭土化、绿帘石化、绿泥石化、碳酸盐化、黄铁矿化等	重要
	控矿条件	受花岗闪长岩、花岗闪长斑岩及硅化、钾化等蚀变控制	必要
	风化	地表出露的矿石受表生氧化作用成为氧化矿	次要
物探特征	磁法异常	航磁异常变化梯度带	重要
	电法异常	因干扰大，难区分矿与非矿异常	
	区域重力	在布格异常图上矿床处在局部重力高的梯度带上，该处等值线展布受阻并有同形弯曲特征，推断有北西向断裂存在。在剩余异常图上矿床处在重力高一侧梯度带上	重要
化探	水系土壤异常	预测区共圈出铜的单元素异常96处，组合异常81处，大部分已知矿床与预测区内异常对应较好，表明化探异常与地质有一定的联系性和在空间的对应性	重要
重砂	铜矿物	铜金重砂异常	重要
遥感	环形构造	隐伏岩体呈环形构造	重要

3. 石墨矿预测模型

1) 典型矿预测要素表(表 5-6)

表 5-6　黑龙江省门都里式沉积变质型石墨矿典型矿床预测要素表

成矿要素		描述内容	成矿要素分类
矿床类型		漠河门都里石墨矿床	
地质环境	建造类型	富铝富碳(半)黏土质岩	必要
	成矿时代	古元古代(Pt_1)	必要
	成矿环境	浅海陆棚	必要
	构造背景	额尔古纳隆起东北缘，海西褶皱一翼	必要
矿床特征	矿物组合	矿石矿物为石墨，脉石矿物为石英、绢云母、黑云母	重要
	结构构造	鳞片纤维变晶结构结构、粒状变晶结构；片状、片麻状构造	次要
	矿体特征	平面上矿体呈带状、扁豆状北东-南西向展布；产状：倾向310°～315°，倾角41°～70°；矿化带长100～800m，单层矿体厚3～7m。可分为3个矿化带	重要
	控矿条件	石墨矿的分布严格受古元古界兴华渡口群地层控制。赋矿岩石为绢云母石墨片岩、石墨绢云母片岩、石墨绢云母石英片岩、绢云母石墨石英片岩	必要
	成矿作用	沉积作用、变质作用	必要

2）区域预测要素表（表5-7）

表5-7 黑龙江省漠河预测工作区门都里式沉积变质型石墨矿区域预测要素表

区域成矿要素		描述内容	成矿要素分类
区域成矿地质环境	大地构造位置	额尔古纳地块、上黑龙江盆地	必要
	主要控矿构造	额尔古纳隆起	必要
	赋矿地层	兴华渡口群（$Pt_1 xh$）	必要
	建造类型	富铝富碳（半）黏土质岩	必要
	成矿时代	古元古代（Pt_1）	必要
	成矿环境	浅海陆棚	必要
	构造背景	微地块环境	必要
矿床特征	矿物组合	矿石矿物为石墨，脉石矿物为石英、绢云母、黑云母	重要
	结构构造	鳞片结构、残余花岗变晶结构、粒状变晶结构、花岗变晶结构、似斑状变晶结构、交代残留结构；块状、浸染状构造、条带状—片状构造、条带状—片麻状构造、条带状—块状构造	次要
	控矿条件	石墨矿的分布严格受古元古界兴华渡口群地层控制。赋矿岩石为绢云母石墨片岩、石墨绢云母片岩、石墨绢云母石英片岩、绢云母石墨石英片岩	必要

4. 砂金矿预测模型

1）典型矿床预测要素表（表5-8）

表5-8 黑龙江省古莲河式冲积型砂金矿典型矿床预测要素表

成矿要素		描述内容	分类
矿产预测类型		第四纪河床冲积型砂金矿（大型）	
区域成矿地质环境	大地构造位置	大兴安岭弧盆系	重要
	构造环境	额尔古纳岛弧隆起区与漠河前陆盆地接触带	必要
	所属成矿区带	大兴安岭成矿省-上黑龙江Au-Cu-Mo成矿带	必要
区域成矿要素	成矿物质来源	古元古界兴华渡口群；含古砂金矿的侏罗系地层；晚寒武世—早奥陶世的二长花岗岩和花岗闪长岩；岩金矿体、伴生金矿体、砂金矿体	重要
	气候及地貌条件	冷暖、冰期与间冰期、物理风化与化学风化反复更替的第四纪河谷地貌	重要
	赋矿构造	第四纪区域新构造运动形成的断裂谷	必要
	搬运介质和沉积场所	冰川、地表径流、潜流、河谷	必要
区域预测要素	天然重砂测量	金矿物异常	重要
	水系沉积物测量	金元素异常	重要
	遥感解释	采金遗迹	重要
	矿化标志	砂金矿床（点）、矿化点；岩金矿床（点）、矿化点；伴生金矿床（点）、矿化点	重要

2)区域预测要素表(表 5-9)

表 5-9　黑龙江省漠河预测工作区冲积型砂金矿区域预测要素表

区域成矿要素		描述内容	要素分类
区域成矿环境	大地构造	大兴安岭弧盆系(Ⅱ)之弧、盆地混杂岩带(Ⅲ)	必要
	物质来源	新中元古界、古元古界、早古生(界)、中生界、古生代中生代、中酸性侵入岩	必要
	成矿环境	第四系河谷冲洪积松散堆积	必要
	成矿时代	中晚更新世—全新世	必要
矿化信息		Au 地球化学异常	重要
		自然金重砂异常	重要
		采金遗迹	重要
		已知岩伴生、砂金矿化	重要

二、新巴尔虎右旗-根河成矿带重要矿种预测评价模型

按成矿系列划分,可分为 4 个成矿系列:与兴凯期兴华渡口群沉积变质作用有关的铁矿床成矿系列,与加里东早—中期酸性侵入岩有关的硫铁矿矿床成矿系列,与海西期基性—中酸性岩浆活动有关的铁(锌)、铜、硫矿床成矿系列,与燕山期中酸性火山-侵入岩浆活动有关的铜(钼)、金、银、铅、锌、萤石矿床成矿系列(下文分别简称兴凯期成矿系列、加里东期成矿系列、海西期成矿系列及燕山期成矿系列),其中海西期成矿系列、燕山期成矿系列为本成矿区带的主要成矿系列,下面主要介绍以上两个成矿系列的预测评价模型。

(一)海西期成矿系列预测评价模型

该系列矿床在成矿带中较发育,主要有火山沉积-热液型铁(锌)硫(铜)矿床及热液型铁矿床两种。

1. 海西期成矿系列热液型铁矿预测评价模型

本系列热液型矿床以地营子铁矿床为代表,总结该成矿系列热液型铁矿床的预测评价模型。

1)典型矿床预测要素表(表 5-10)

表 5-10　内蒙古自治区地营子式热液型铁矿典型矿床预测要素表

成矿要素		描述内容			要素类别
储量		217 393t	平均品位	TFe 39.62%	
矿床类型		热液充填交代型铁矿床			
地质环境	岩石类型	寒武系额尔古纳群为一套海相陆屑-碳酸盐建造,有白云质、硅质大理岩、石英细砂岩、石英长石砂岩、绢云母板岩、碳质结晶灰岩、铁质大理岩等。燕山期岩体为闪长岩			重要
	岩石结构	沉积岩为碎屑结构和变晶结构,侵入岩为细粒结构			次要
	成矿时代	海西晚期、燕山早期			重要
	地质背景	内蒙古-大兴安岭优地槽褶皱系,额尔古纳-呼伦优地槽褶皱带			重要
	构造环境	环太平洋火山岩带的内带,古太平洋板块或鄂霍次克洋板块俯冲所形成火山弧			重要

续表 5-10

成矿要素		描述内容			要素类别
储量		217 393t	平均品位	TFe 39.62%	
矿床类型		热液充填交代型铁矿床			
矿床特征	矿物组合	金属矿物以赤铁矿、褐铁矿为主,磁铁矿、镜铁矿、软锰矿次之,脉石矿物主要为粒状方解石、白云石及少量石英			重要
	结构构造	致密块状、角砾状、土状、浸染状、胶状、蜂窝状			次要
	蚀变	硅化、碳酸盐化、赤铁矿化			重要
	控矿条件	北东向得尔布干和额尔古纳-呼伦深大断裂,次级北西向和北东向断裂带交会处			重要
物探特征	地磁特征	γ>1000			重要
	重力特征	重力梯度带			次要

2)区域预测要素表(表 5-11)

由于预测区所在地理位置处于与俄罗斯及蒙古的边界,重力、航磁数据在靠近国境线部分有缺失,而已知的地营子铁矿床离国境线较近,在建立预测模型时,重力、航磁数据显示为一条较平直的曲线,因此用预测区的剖析图作为补充,从宏观上反映成矿综合信息。

表 5-11　与海西成矿系列有关的热液型铁矿预测要素表

区域成矿要素		描述内容	要素分类
地质环境	大地构造位置	额尔古纳-呼伦优地槽褶皱带,额尔古纳岛弧(Pz)的得尔布干断裂带北西侧中段(内蒙古部分)	必要
	成矿区(带)	位于大兴安岭成矿省(Ⅱ),额尔古纳 Cu、Mo、Pb、Zn、Ag、Au、萤石成矿带(Ⅲ),莫尔道嘎 Au、Fe、Pb、Zn 成矿亚带(Ⅳ)	必要
	成矿类型及成矿期	热液型,海西晚期—燕山早期	必要
控矿地质条件	赋矿地质体	寒武系额尔古纳群	必要
	控矿侵入岩	海西期及燕山期花岗岩均有侵入	重要
	主要控矿构造	受次级北西向断裂带与北东向断裂控制	重要
区内相同类型矿产		所属区带内有 6 个相同类型的铁矿点、矿化点	重要
重力		重力起始值范围:东部 −78～−62,西部 −92～−84	次要
航磁		航磁异常范围大于 −100nT	必要
遥感		铁染分布为一级铁染异常区	次要

2. 海西期成矿系列火山沉积-热液型铁、硫铁矿预测评价模型

本系列火山沉积-热液型矿床以谢尔塔拉铁矿床为代表。

1)谢尔塔拉铁矿典型矿床预测要素表(表 5-12)

表 5-12　内蒙古自治区谢尔塔拉式火山沉积-热液型铁矿预测要素表

成矿要素		描述内容			要素类别
储量		7 033.6 万吨	平均品位	TFe 34.51%	
特征描述		海相火山岩型铁矿床			
地质环境	岩石类型	下石炭统莫尔根河组为中酸性火山碎屑岩、碳酸盐和砂页岩。侵入岩为海西中期花岗岩			必要
	岩石结构	火山沉积岩为火山碎屑结构和结晶结构,侵入岩为中细粒结构			次要
	成矿时代	早石炭世			必要
	地质背景	大兴安岭弧盆系,海拉尔-呼玛弧后盆地			必要
	构造环境	海拉尔-呼玛弧后盆地			重要
矿床特征	矿物组合	金属矿物以穆磁铁矿为主,次为赤铁矿、磁铁矿、闪锌矿脉石矿物主要为石榴子石、透辉石、方解石、绿帘石和绿泥石			重要
	结构构造	自形—半自形板状结构、半自形—他形粒状结构、交代残余结构等块状、斑状及团块状构造、浸染状、角砾状			次要
	蚀变	石榴子石化、透辉石化、碳酸盐化等			重要
	控矿条件	北东向得尔布干和桥头-鄂伦春深大断裂,次级北西向和北东向断裂带交会处			必要
	风化				次要
物探特征	地磁特征	γ>507			重要
	重力特征	重力梯度带偏正一侧			次要

2)火山沉积-热液型铁矿区域预测要素表(表 5-13)

预测模型图反映谢尔塔拉式火山沉积-热液型铁矿床位于航磁相对较高处及重力梯度带上。

表 5-13　与海西期成矿系列有关的火山沉积-热液型铁矿预测要素表

成矿要素		描述内容			要素类别
		储量	7 033.6 万吨	平均品位	TFe 34.51%	
特征描述		海相火山岩型铁矿床			
地质环境	构造背景	大兴安岭弧盆系,海拉尔-呼玛弧后盆地			必要
	成矿环境	大兴安岭成矿省(Ⅱ);陈巴尔虎旗-根河 Au、Fe、Zn、萤石成矿亚带(Ⅲ)			必要
	成矿时代	早石炭世			必要
控矿地质条件	控矿构造	褶皱控矿,后期断裂对矿体有破坏作用			次要
	赋矿地层	下石炭统莫尔根河组			必要
	控矿侵入岩	海西期侵入岩对矿体的富集可能起一定作用			次要
区域成矿类型及成矿期		海相火山岩型;早石炭世			必要
预测区矿点		成矿区带内 2 个矿点			重要
物化探特征	重力	剩余重力正异常			重要
	航磁	航磁高异常			重要

(二)燕山期成矿系列预测评价模型

该系列矿床在Ⅲ-47成矿带最发育,主要有斑岩型铜钼矿床、(次)火山热液型金银矿床、(次)火山热液型铜铅锌(锰)矿床、矽卡岩型铅锌铜矿床,隐爆角砾岩型金矿床及热液型铁萤石矿床。

1.燕山期成矿系列斑岩型铜、钼矿预测评价模型

本系列斑岩型矿床以乌奴格吐山铜钼矿床及岔路口钼矿床为代表,分属燕山早期成矿亚系列及燕山晚期成矿亚系列。

1)典型矿床成矿要素表(表5-14、表5-15)

表5-14 内蒙古自治区乌奴格吐山式斑岩型铜矿典型矿床预测要素表

成矿要素		描述内容			要素类别
	储量	1 850 668t	平均品位	0.431%	
特征描述		斑岩型铜钼矿床			
地质环境	大地构造位置	Ⅰ天山-兴蒙造山系、Ⅰ-Ⅰ大兴安岭弧盆系、Ⅰ-Ⅰ-2额尔古纳岛弧(Pz_1)、Ⅰ-Ⅰ-3海拉尔-呼玛弧后盆地(Pz)			必要
	成矿环境	①铜多金属成矿主要与燕山早期的中性—酸性及燕山晚期酸性、中酸性侵入岩和次火山岩有密切的成因关系。②区内金属成矿带的展布严格受北东向得尔布干深大断裂的控制			必要
	成矿时代	燕山早期			重要
矿床特征	矿体形态	矿带为一长环形,长轴长2600m,短轴长1350m,走向50°,总体倾向北西,整个矿带呈哑铃状、不规则状、似层状。北矿段矿体主要赋存在斑岩体的内接触带,矿体向北西倾斜,铜矿体向下分支。南矿带矿体形态不规则,以钼为主,铜相对少			次要
	岩石类型	黑云母花岗岩、流纹质晶屑凝灰熔岩、次斜长花岗斑岩			重要
	岩石结构	半自形—他形粒状结构为主,次为斑状结构			次要
	矿物组合	金属矿物:黄铜矿、辉铜矿、黝铜矿、辉钼矿、黄铁矿、闪锌矿、磁铁矿、方铜矿			重要
	结构构造	矿石结构:粒状结构、交代结构、包含结构、固溶体分离结构、镶边结构。矿石构造:浸染状和小细脉状为主,局部见有角砾状构造			次要
	蚀变特征	蚀变类型主要有石英化、钾长石化、绢云母化、白云母化、伊利石化、碳酸盐化,次为黑云母化、高岭土化、白云母化、硬石膏化,少见绿泥石化、绿帘石化和明矾石化			重要
	控矿条件	①赋矿岩体是成矿的主导因素;②火山机构是成矿和矿化富集的有利空间;③矿化明显受蚀变控制;④矿化富集的物理化学条件			必要
区域成矿类型及成矿期		早—中侏罗世斑岩型铜(钼)矿床			必要
地球物理、化学特征	重力	位于北东向负的剩余重力梯带向小于$-100m/s^2$一侧的梯度带上,剩余重力异常值介于$-100 \sim -86m/s^2$之间			重要
	航磁	据1:5万航磁化极图显示:整体表现为零值附近低缓的磁场,异常特征不明显			重要
	化探	铜异常与铜钼矿赋矿围岩吻合好,铜异常最高值为2433×10^{-6},铜含量值介于$38\times10^{-6} \sim 61\times10^{-6}$,为矿致异常			重要

表5-15 内蒙古自治区岔路口式斑岩型钼矿典型矿床预测要素表

预测要素		描述内容			要素类别
储量		钼：1 124 780t；银 2 773.280t；锌 253 299t；铅 10 336t	平均品位	钼：0.09%；银：2.222g/t；锌：0.69%；铅：0.28%；	
特征描述		斑岩型钼多金属矿床			
地质环境	构造背景	天山兴蒙造山系大兴安岭弧盆系Ⅰ-Ⅰ-3海拉尔-呼玛弧后盆地；中生代属环太平洋火山活动带、大兴安岭火山岩带、陈巴尔虎旗-根河火山喷发带、阿里河晚侏罗世—早白垩世火山盆地			必要
	成矿环境	Ⅰ-4滨太平洋成矿域（叠加在古亚洲成矿域之上），Ⅱ-12大兴安岭成矿省，Ⅲ-5新巴尔虎右旗（拉张区）Cu、Mn、Pb、Zn、Au、萤石、煤（铀）成矿带，Ⅲ-6-②陈巴尔虎旗—根河 Au、Fe、Zn、萤石成矿亚带（Cl、Ym-1、Ym），Ⅴ岔路口钼成矿远景区			必要
	成矿时代	燕山晚期			必要
矿床特征	矿体形态	钼矿体以穹状为主，局部为层状、似层状、透镜状，局部有膨胀及收缩。铅锌银矿体呈脉状产出			重要
	岩石类型	变质砂岩、泥质粉砂岩、流纹岩、流纹质晶屑岩屑凝灰熔岩、流纹质角砾凝灰熔岩、英安岩、英安质凝灰熔岩及少量杏仁安山岩			必要
	岩石结构	砂状结构、泥质粉石状结构、熔岩结构等			次要
	矿物组合	矿石矿物为黄铁矿、闪锌矿、磁黄铁矿、方铅矿，少量黄铜矿、辉钼矿等。闪锌矿和磁黄铁矿是最主要的金属硫化物。脉石矿物为石英、钾长石、绢云母、萤石、碳酸盐（方解石）、高岭土、蒙脱石、绿泥石、绿帘石、硬石膏等			次要
	结构构造	结构：鳞片状自形、半自形晶结构、自形至半自形晶粒状结构、他形晶粒状结构、碎裂结构、乳浊状结构、交代包含结构。构造：块状结构、浸染状构造、条带状构造、角砾状构造			次要
	蚀变特征	主要有石英化、钾化、绢云母化、萤石化、碳酸盐化、高岭土化，次有高岭石化、蒙脱石化、绿泥石化、绿帘石化、硬石膏化等			重要
	控矿条件	①早白垩世中酸性火山穹隆边部断隆区，影响矿区主要构造有北西、北东和近南北向发育的断裂，以及火山机构的环状、放射状断裂系统。②矿体主要赋存在燕山晚期的流纹岩、流纹质晶屑岩屑凝灰岩、熔岩、流纹质角砾凝灰熔岩、英安岩、英安质凝灰熔岩及少量含杏仁安山岩等			必要

2. 区域预测要素表及预测模型图

1）燕山早期成矿亚系列斑岩型铜钼矿床

乌奴格吐山铜钼矿是该亚系列斑岩型矿床的代表。区域预测要素表（表5-16）反映含矿岩体处航磁、重力无明显异常，但化探异常显示多种元素含量较高，特别是铜、钼、钨。

表 5-16　与燕山早期成矿系列有关的斑岩型铜钼矿预测要素表

区域成矿要素		描述内容	要素类别
地质环境	大地构造位置	Ⅰ天山-兴蒙造山系、Ⅰ-Ⅰ大兴安岭弧盆系、Ⅰ-Ⅰ-2 额尔古纳岛弧(Pz1)、Ⅰ-Ⅰ-3 海拉尔-呼玛弧后盆地(Pz)	必要
	成矿区(带)	Ⅲ-47:新巴尔虎右旗(拉张区)Cu、Mo、Pb、Zn、Au、萤石、煤(铀)成矿带	必要
	区域成矿类型及成矿期	侵入岩体型铜(钼)矿床;早—中侏罗世	重要
控矿地质条件	赋矿地质体	侏罗纪岩体	重要
	控矿侵入岩	二长花岗斑岩、正长花岗岩、花岗闪长岩、花岗斑岩等(J_{1-3})	重要
	主要控矿构造	得尔布干深大断裂两侧及区域北东向、北西向断裂两侧或断裂构造交会部位	重要
区内相同类型矿产		成矿区带内 6 个矿床、矿化点	重要
重力异常		区域重力场处在南北向的重力梯度带上,呈现西部重力低、东部重力高的特点。布格重力值最低 -135×10^{-1} m/s², 最高 -80×10^{-1} m/s² 左右。区内重力梯度带上叠加局部重力异常及重力等值线扭曲,剩余重力负异常值一般在 $-5\sim0$ m/s² 之间,剩余重力正异常则在 $0\sim15$ m/s² 之间	重要
航磁异常		资料少,规律不明显。据 1:50 万航磁平面等值线图显示,磁场总体表现为低缓的负异常,西北部出现正异常,极值达 300nT	次要
地球化学特征		①Mo 元素异常值多在 $(2.9\sim118.8)\times10^{-6}$ 之间,具有较好的浓集中心,较高的异常值。 ②Mo、W、U 综合异常的分布也是重要的指示标志	重要
0 遥感特征		位于额尔古纳断裂带与北西向达赉东苏木以北构造及乌奴格吐山东同心环状构造复合部位。遥感解译的北东向断裂构造及隐伏斑岩体(环状要素)	次要

2)燕山晚期成矿亚系列斑岩型钼矿

岔路口钼矿是该亚系列斑岩型矿床的代表。区域预测要素表(表 5-17)反映含矿岩体处布格重力较低缓,但剩余重力具较明显负异常特征。

表 5-17　与燕山晚期咸成矿系列有关的钼矿预测要素表

区域成矿要素		描述内容	要素类别
地质环境	大地构造位置	环太平洋中生代巨型火山活动带、阿里河晚侏罗世—早白垩世火山盆地	必要
	成矿区(带)	滨太平洋成矿域新巴尔虎右旗(拉张区)Cu、Mn、Pb、Zn、Au 萤石煤(铀)成矿带,陈巴尔虎旗-根河 Au、Fe、Zn 萤石成矿亚带岔路口钼成矿远景区	必要
	区域成矿类型及成矿期	斑岩型,燕山晚期	重要
控矿地质条件	赋矿地质体	下白垩统光华组以及燕山中期—晚期以超浅成相潜火山侵入体石英斑岩、花岗斑岩接触带	重要
	控矿侵入岩	燕山中期—晚期超浅成相潜火山侵入体石英斑岩、花岗斑岩	重要
区内相同类型矿产		成矿区带内 1 个同类型矿床	重要
重力异常		重力异常范围:$(-1\sim1)\times10^{-5}$ m/s²	重要
航磁异常		依据区内航磁磁异常与已知矿床或矿点的关系,选择航磁化极异常作为本次预测资料。磁异常值幅值范围为 $-250\sim125$nT	次要

续表 5-17

区域成矿要素	描述内容	要素类别
地球化学特征	钼铀钨单元素异常、组合异常及综合异常与已知矿床及矿点吻合程度高,特别是钼单元素异常吻合程度更高,因此,选用钼、钨、铀组合元素异常图作为本次预测资料	重要
遥感特征	遥感推测断层及遥感异常	次要

2. 燕山成矿系列火山热液型金、银矿预测评价模型

火山热液型矿床在Ⅲ-47成矿带主要为金(银)矿,属燕山早期成矿亚系列,以小伊诺盖沟式金(银)矿床为代表。

1)小伊诺盖沟式火山热液型金(银)矿床预测要素表(表5-18)

表 5-18　内蒙古自治区小伊诺盖沟式火山热液型金矿典型矿床预测要素表

预测要素		描述内容				要素类别
		储量	404.4kg	平均品位	6.29g/t	
特征描述		热液型金矿床				
地质环境	大地构造位置	Ⅰ天山-兴蒙造山系,Ⅰ-Ⅰ大兴安岭弧盆系,Ⅰ-Ⅰ-2额尔古纳岛弧				必要
	成矿环境	①矿区出露地层有下寒武统额尔古纳河组白云质结晶灰岩、变质砂岩、砂砾岩、板岩、千枚岩等,局部为糜棱岩。②侵入岩以中侏罗世花岗斑岩为主,外围发育早侏罗世斑状中粒花岗岩,受韧性剪切带作用,均发生糜棱岩化。斑状中粒花岗岩全岩Rb-Sr等时线年龄为185.38 ± 2.33Ma。③额尔古纳-呼伦断裂(中侏罗世末期的左行走滑韧性剪切带)贯穿矿区,与近东西向小伊诺盖沟断裂的交会部位控制矿床的定位				必要
	成矿时代	成矿作用晚于中侏罗世,可能形成于蒙古-鄂霍茨克洋陆陆碰撞造山环境				重要
矿床特征	矿体形态	脉状				重要
	岩石类型	蚀变岩型为主,石英脉型为次。蚀变岩型矿石的品位较低,发育在石英脉两侧,硅化、绢云母化和黄铁矿化强烈。石英脉型为含黄铁矿的石英脉,规模较小,连续性较差				重要
	矿物组合	金属矿物有黄铁矿、方铅矿和磁铁矿,氧化带有自然金、褐铁矿、镜铁矿、铜蓝和孔雀石;脉石矿物为石英、长石、电气石、白云母和萤石				重要
	结构构造	矿石结构为他形粒状结构和交代残余结构,具浸染状和角砾状构造				次要
	蚀变特征	主要围岩蚀变类型是绢云母化、硅化和黄铁矿化				重要
	控矿条件	①主要围岩蚀变类型是绢云母化、硅化和黄铁矿化。②小伊诺盖沟金矿受北北东向展布的额尔古纳河韧性剪切带控制,该剪切带派生的南北、北东向次级张性和张扭性断层破碎带是金矿脉的容矿构造				必要
地球物理特征	重力	位于布格重力相对较高异常区,剩余重力正异常区,且金矿位于异常较中心部位,重力值为7×10^{-5}m/s^{2}的等值线上				重要
	磁法	1:1万地磁平面等值线图显示,磁场正负磁场变化凌乱,局部有异常出现,近似圆形,极值达360nT				重要
地球化学特征		3个矿段均位于浓集中心,矿体、矿化体、蚀变带均位于高值区。矿区存在以Au为主,伴有Ag、As、Cd、Cu、Pb、Zn、W、Mo等元素组成的综合异常,Au为主成矿元素,Ag、As、Cd、Cu、Pb、Zn为主要的伴生元素				重要

2)区域预测要素表

区域预测要素表(表 5-19)表明含矿地质体与套合较好的 Au、Cu、Pb、Zn 等元素含量峰值位置有偏移,但含矿地质体位于剩余重力梯度带上,布格重力及航磁则有明显的负异常(相对)特征。

表 5-19　与燕山期成矿系列有关的火山热液型金(银)矿床预测要素表

预测要素		描述内容	要素类别
特征描述		侵入岩体型金矿床	
地质环境	大地构造位置	Ⅰ天山-兴蒙造山系、Ⅰ-1 大兴安岭弧盆系、Ⅰ-1-2 额尔古纳岛弧	必要
	成矿区(带)	Ⅰ-4:滨太平洋成矿域(叠加在古亚洲成矿域之上),Ⅱ-13:大兴安岭成矿省;Ⅲ-47:新巴尔虎右旗(拉张区)Cu、Mo、Pb、Zn、Au、萤石、煤(铀)成矿带;Ⅳ 471 小伊诺盖沟 Au、Fe、Pb、Zn 成矿亚带(Y、Q),Ⅴ 471-1 小伊诺盖－吉兴沟金矿集区(Ye、Q);	必要
	区域成矿类型及成矿期	蚀变岩型为主,石英脉型次之,成矿期为燕山期	必要
控矿地质条件	控矿构造	近南北向与北西向构造破碎带	必要
	赋矿地质体	金矿体或其两侧发育张性角砾岩,角砾成分为花岗斑岩,被石英和电气石胶结,普遍黄铁矿化	重要
	控矿侵入岩	晚侏罗世花岗斑岩	重要
预测区矿点		矿床(点)1 个:1 个小型金矿床	重要
物化探特征	重力异常	预测区范围较小,且只有 1:100 万重力测量成果。对金矿的指示意义不大。剩余重力异常(−2∼5)×10^{-5}m/s^2	重要
	航磁异常	在航磁 ΔT 等值线平面图上,磁异常幅值范围为−300∼400nT。预测区南部有正负相间的磁异常,强度和梯度变化均不大。航磁化极异常−150∼300nT	重要
地球化探特征		预测区主要分布 As、Sb、Cu、Pb、Zn、Ag、Cd、W、Mo 等元素异常,异常呈北东向带状展布;Au 元素在小伊诺盖沟附近存在浓集中心,浓集中心明显,异常强度高	重要
遥感特征		遥感解译的北西向断层及解译出的燕山期隐伏岩体	重要

3. 燕山期成矿系列次火山热液型铜、钼、铅锌、银、萤石矿床预测评价模型

该类型矿床在Ⅲ-47 成矿带最为发育,均属燕山晚期成矿亚系列,主要矿种为铅、锌、银(锰)、铜为主,其中以额仁陶勒盖铅锌银(锰)矿床、比利亚谷铅锌矿、碧水铅锌银矿床为代表。

次火山热液型铅、锌、银(锰)矿以额仁陶勒盖铅、锌、银(锰)矿床为代表,该成矿带同类型矿床还有甲乌拉铅锌银矿、查干布拉根银铅锌矿床等。

(1)额仁陶勒盖式次火山热液型银(锰)、铅、锌矿典型矿床预测要素表(表 5-20)。

表 5-20　内蒙古自治区额仁陶勒盖式次火山热液型银、锰矿典型矿床预测要素表

预测要素		内容描述			要素类别
储量		Ag 金属量:2354t	平均品位	Ag:180.607g/t	
特征描述		大型热液型银矿床			
地质环境	构造背景	Ⅰ天山-兴蒙造山系、Ⅰ-Ⅰ大兴安岭弧盆系、Ⅰ-Ⅰ-2 额尔古纳岛弧(Pz1)			必要
	成矿环境	Ⅰ-4 滨太平洋成矿域(叠加在古亚洲成矿域之上),Ⅱ-12 大兴安岭成矿省;Ⅲ-47 新巴尔虎右旗(拉张区)Cu、Mo、Pb、Zn、Au、萤石、煤(铀)成矿带			必要
	成矿时代	燕山期			必要
矿床特征	矿体形态	主要呈脉状,少数透镜状,矿体连续、稳定,无自然间断或被错开			重要
	岩石类型	安山岩、安山玄武岩、气孔状杏仁状安山质熔岩、角砾岩、安山质凝灰角砾岩、凝灰砂砾岩及流纹质熔岩			必要
	岩石结构	斑状结构、气孔状杏仁状结构、块状构造			次要
	矿物组合	①银矿石主要矿石矿物有辉银矿、螺状硫银矿、黄铁矿、方铅矿、闪锌矿。脉石矿物主要有石英、长石、菱锰矿。其次有角银矿、碘银矿、硬锰矿、软锰矿、方解石等;少量的自然银、自然金。金银矿,银金矿,黄铜矿,磁铁矿及副矿物锆石、磷灰石等。②银锰矿石主要矿石矿物为角银矿、硬锰矿。脉石矿物为石英;其次有辉银矿、碘银矿、锰钾矿、软锰矿、长石等;少量的溴银矿、自然金、自然银、菱锰矿、方铅矿、闪锌矿、方解石等			重要
	结构构造	①银矿石:结构为隐晶结构。构造为致密块状构造、角砾状构造、浸染状构造。②银锰矿石:结构为同心环带状结构、条带状结构、自形—他形粒状结构、半自形—他形粒状分布。构造为蜂巢状构造、多孔状构造、胶体葡萄状肾状构造、葡萄状构造。			次要
	蚀变特征	①蚀变程度随矿体产出部位而变化,近矿蚀变强,种类多,空间上重叠;远离矿体蚀变弱,种类少。②与矿化有关的蚀变均为中低温热液蚀变。③蚀变类型可归纳为"面型"和"线型"两种,且二者共存。④蚀变阶段较为清晰,从早到晚可分为青磐岩化,方解石、绿泥石、绢云母化,硅化三个阶段。⑤晚期蚀变叠加于早期蚀变之上			重要
	控矿条件	①中侏罗统塔木兰沟组。②矿体受 NE 向主干断裂次一级北西、北东向断裂控制(南北向350°～360°,北北东向20°～30°,北东向40°～50°),构造交结部位的岩体与围岩外接触带,或断层交叉地段往往是矿体的集中部位。③广泛的中生代火山岩背景是此矿床形成的先决条件、石英脉和硅化是找矿的最直接标志。④在岩体附近寻找高阻、高极化率异常			必要
地球物理特征	重力特征	额仁陶勒盖银矿床位于布格重力异常等值线扭曲部位;剩余重力异常等值线平面图上,矿床处在由北东转为近东西向延伸的重力高值区,对应形成三处局部剩余重力正异常,位于剩余重力正异常的边部梯级带上,剩余重力起始值在$(2\sim3)\times10^{-5}$m/s² 之间该正异常与元古宙基底隆起有关,在其北侧地表有侏罗纪酸性岩体分布,对应剩余形成重力负异常。可见额仁陶勒盖银矿床在成因上与岩浆活动及元古宙地层有关。剩余重力起始值在$(2\sim3)\times10^{-5}$m/s² 之间			重要
	航磁特征	矿体均分布于低缓正负磁场区,异常强度在$-200\sim200$nT 之间。矿致异常均为高极化高阻特征			重要
地球化学特征		存在于 Mn、Fe_2O_3、Cr、Co、Ni、Ti、V 等元素组成的高背景区,Mn 为主成矿元素,Mn、Fe_2O_3、Co、Ti 在矿区周围呈高背景分布,具有明显的浓度分带和浓集中心,Cr、Ni、V 在矿区周围呈背景、高背景分布,但无明显的浓集中心			重要

2)区域预测要素表

区域预测要素表(表5-21)反映,含矿地段多种元素峰值高、套合好,布格重力高异常区与剩余重力正异常区相对应。

表5-21 与燕山期中酸性火山-侵入岩浆活动有关的火山热液型铅、锌、银(锰)矿床预测要素表

区域成矿要素		描述内容	要素类别
地质环境	大地构造位置	Ⅰ天山-兴蒙造山系、Ⅰ-Ⅰ大兴安岭弧盆系、Ⅰ-Ⅰ-2额尔古纳岛弧(Pz1)	必要
	成矿区(带)	Ⅰ-4滨太平洋成矿域(叠加在古亚洲成矿域之上),Ⅱ-12大兴安岭成矿省;Ⅲ-47新巴尔虎右旗(拉张区)Cu、Mo、Pb、Zn、Au、萤石、煤(铀)成矿带亚带(Y,Q)	必要
	区域成矿类型及成矿期	燕山晚期中—低温热液型银矿床	必要
控矿地质条件	赋矿地层	中侏罗统塔木兰沟组	必要
	控矿岩浆岩	中生代火山岩燕山期酸性花岗岩	重要
	主要控矿构造	矿体受主干断裂次一级北西、北东向断裂控制(350°～360°,20°～30°,40°～50°)构造交结部位的岩体与围岩外接触带,或断层交叉地段往往是矿体的集中部位	重要
区内相同类型矿产		有大型铅锌银矿床2个,矿点5个	重要
地球物理特征	重力异常	从布格重力异常图上看,预测区处于布格重力高异常区,由西向东逐渐上升,重力场最低值-116.78×10^{-5}m/s^2,最高值-61.14×10^{-5}m/s^2,从剩余重力异常图上看,预测区南部剩余重力负异常多呈北东向条带状展布且边部等值较密集,剩余重力起始值在$(-3\sim6)\times10^{-5}$m/s^2之间,区内的剩余重力正异常区,与布格重力高值区对应较好。剩余重力起始值在$(0\sim3)\times10^{-5}$m/s^2之间	重要
	磁法异常	航磁ΔT化极异常值起始值在$-50\sim250$nT之间	重要
地球化学特征		预测区内Ag呈高背景分布,异常强度较高,Ag、Pb、Zn、Cu、Au、Fe_2O_3、Mn、Sn综合异常与已知矿床及矿点吻合程度高	重要

4.燕山期成矿系列矽卡岩型铅锌矿床预测评价模型

燕山期成矿系列矽卡岩型铅锌矿床在Ⅲ-47成矿带中代表性矿床为塔源二支线铅锌矿床,属燕山晚期成矿亚系列。

1)塔源二支线式矽卡岩型铅锌矿床典型矿床预测要素表(5-22)

表 5-22 黑龙江省塔源二支线式矽卡岩型铅锌矿床典型矿床预测要素表

预测要素		描述内容	预测要素分类
地质环境	岩石类型	绢云母绿泥板岩、石英砂岩、凝灰岩、花岗斑岩、闪长岩、闪长玢岩	必要
	岩石结构	变余结构、花岗结构	必要
	成矿时代	燕山中期	必要
	成矿环境	上石炭统新依根河组绢云绿泥板岩、石英砂岩、凝灰岩及矽卡岩为围岩。燕山中期花岗斑岩、闪长岩、闪长玢岩与成矿关系密切;平行于塔哈河走向的北东东向的断裂构造带控制闪长岩带、矿带,该构造带中的近南北向断裂构造为控岩控矿构造	必要
	构造背景	前中生代额尔古纳岛弧(Ⅲ级)环宇-新林蛇绿混杂岩带(Ⅳ级),中生代为大兴安岭火山活动带(Ⅱ级)的新林火山活动亚带(Ⅲ级)	重要
矿床特征	矿物组合	方铅矿、闪锌矿、黄铜矿、黄铁矿,次为铜蓝、孔雀石、石英、绿帘石、透辉石、石榴子石、绿泥石、方解石	重要
	结构构造	自形-半自形-他形粒状结构; 浸染状、脉状构造	次要
	蚀变	矽卡岩化、硅化、绿帘石化、黄铁矿化	必要
	控矿条件	燕山中期中酸性侵入岩后期含矿热液,沿侵入体与上石炭统。新生组岩层接触面或裂隙形成矽卡岩等蚀变和矿化	必要
	风化	氧化程度底,地表可见褐铁矿化及少量薄膜状孔雀石	次要
地球物理	电法	1:2000 激电成果图上极化率异常总体沿北东东向矿带分布。但矿带东段位于地表矿体的南西及北东向各 130m 左右的极化率异常及矿体北东 360m 处极化率异常,它们三者呈北东向分布,有可能指示另一组有利成矿构造的的存在,平面图上地表矿体虽不在极化率异常的峰值区,但仍是异常值较高的区域;剖面图上极化率异常对应于地表矿体,相应的部位电阻率较低,电阻率异常的丰值偏离地表矿体而对应予矿体上盘的矽卡岩。综上可以说明铅锌矿体对应于极化率高电阻率低的区域。预测中未见矿的极化率异常峰值区应予以重点关注	重要

2)区域预测要素表(表 5-23)

表 5-23 黑龙江省新林预测工作区塔源二支线式矽卡岩型铅锌矿区域预测要素表

预测要素		描述内容	预测要素分类
地质环境	岩石类型	绢云母绿泥板岩、石英砂岩、凝灰岩、花岗斑岩、闪长岩、闪长玢岩	必要
	岩石结构	变余结构、变斑晶结构、凝灰结构、花岗结构、斑状结构	必要
	成矿时代	燕山中期	必要
	成矿环境	额尔古纳岛弧(Ⅲ级)西南部、环宇-新林蛇绿混杂岩带(Ⅳ级)内,上石炭统新伊根河组绢云绿泥板岩、石英砂岩、凝灰岩为围岩。燕山中期花岗斑岩、闪长岩、闪长玢岩侵入	必要
	构造背景	近南北向断裂构造为控岩控矿构造	重要

续表 5-23

预测要素		描述内容	预测要素分类
矿床特征	矿物组合	方铅矿、闪锌矿、黄铜矿、黄铁矿，次为铜兰、孔雀石、石英、绿帘石、透辉石、石榴子石、绿泥石、方解石	重要
	结构构造	自形—半自形—他形粒状结构；浸染状、脉状构造	次要
	蚀变	矽卡岩化、硅化、绿帘石化、黄铁矿化	必要
	控矿条件	燕山中期中酸性侵入岩后期含矿热液，沿侵入体与上石炭统；新伊根河组岩层接触面或裂隙形成矽卡岩等蚀变和矿化	必要
	风化	氧化程度底，地表可见褐铁矿化及少量薄膜状孔雀石	次要
地球物理	电法	1:2000 激电成果图上极化率异常总体沿北东东向矿带分布。但矿带东段位于地表矿体的南西及北东向各 130m 左右的极化率异常及矿体北东 360m 处极化率异常，它们三者呈北东向分布，有可能指示另一组有利成矿构造的存在，平面图上地表矿体虽不在极化率异常的峰值区，但仍是异常值较高的区域；剖面图上极化率异常对应于地表矿体，相应的部位电阻率较低，电阻率异常的丰值偏离地表矿体而对应予矿体上盘的矽卡岩。综上可以说明铅锌矿体对应于极化率高电阻率低的区域。预测中未见矿的极化率异常峰值区应予以重点关注	重要
化探特征	化探异常	本区无化探资料	重要

5. 燕山成矿系列隐爆角砾岩型金矿床预测评价模型

燕山成矿系列隐爆角砾岩型金矿床在Ⅲ-47 成矿带中代表性矿床为四五牧场金矿，属燕山早期成矿亚系列。

1) 四五牧场式隐爆角砾岩型金矿床典型矿床预测要素表（表 5-24）

表 5-24　内蒙古自治区四五牧场式隐爆角砾岩型金矿床典型矿床预测要素表

成矿要素		描述内容			要素类别
储量		421kg	平均品位	3.66g/t	
矿床类型		隐爆角砾岩-火山热液型金矿床			
地质环境	构造背景	牙克石-根河（晚古生代）造山带，喜桂图中海西褶皱带，哈达图牧场断隆（帕英湖-八一牧场大断裂 F2 南东侧）			必要
	成矿环境	造山带环境；北东向断裂为主构造方向，以 F1、F2 断裂为代表，控制着超浅成侵入岩英安玢岩、隐爆角砾岩筒和矿体的产出。赋矿地层为侏罗系塔木兰沟组			必要
	成矿时代	侏罗纪—白垩纪（铅同位素测年 198~96Ma）			必要

续表 5-24

成矿要素		描述内容			要素类别
储量		421kg	平均品位	3.66g/t	
矿床类型		隐爆角砾岩-火山热液型金矿床			
矿床特征	矿体形态	囊状、脉状、蝌蚪状			重要
	岩石类型	安山岩、玄武安山岩、杏仁状粗安岩、粗安岩、粗安质火山角砾岩、角砾凝灰岩、凝灰角砾岩			重要
	岩石结构	粗安岩为斑状结构,斑晶为板柱状斜长石,基质具玻基交织结构			次要
	矿物组合	自然金、自然铜、自然银、硫砷铜矿、蓝辉铜矿、黄铁矿、黄铜矿、辉铜矿、辉银矿、碘银矿、方铅矿,除自然铜外其他铜矿物均见于原生矿石中。			重要
	结构构造	北矿带矿石具明显的块状、角砾状构造特征。金属矿物呈浸染状、细脉状分布。岩石具明显的交代结构,形成石英交代岩、石英-迪开石交代岩、石英-明矾石交代岩。南矿带矿石呈角砾状,具明显的构造破碎带特征。矿石由破碎石英角砾和黏土矿物组成。金属矿物黄铁矿及银矿物呈浸染状分布			次要
	蚀变特征	北矿化蚀变带:岩石蚀变类型具典型的酸性硫酸盐蚀变特征。南矿化蚀变带:蚀变带主体发育在塔木兰沟组地层中,岩石蚀变以硅化、绢云母化、高岭土化及青磐岩化为主			次要
	控矿条件	北东向帕英湖—八一牧场断裂从矿区东侧通过,其次级断裂为导矿和容矿构造			必要
地球物理特征		北东向线性负磁异常带或低磁异常带,视电阻率线性高阻异常及弱极化率异常能反映出蚀变带的分布范围			重要
地球化学特征		矿区周围存在以 Au 为主,伴有 Ag、As、Sb、Pb、Zn、Cd、W、Mo 等元素组成的综合异常;Au 为主要的成矿元素,Ag、As、Sb、Pb、Zn、Cd、W、Mo 为主要的伴生元素			必要

2)区域预测要素表

含矿地段位于重力相对较高的航磁梯度带上,化探异常显示金银铜铅锌镉峰值高、套合好,特别是金银(表 5-25)。

表 5-25 与燕山期中酸性火山-侵入岩浆活动有关的隐爆角砾岩型金矿床预测要素表

成矿要素		描述内容	要素类别
地质环境	大地构造位置	Ⅰ天山-兴蒙造山系,Ⅰ-Ⅰ大兴安岭弧盆系,Ⅰ-Ⅰ-2 额尔古纳岛弧(Pz1),Ⅰ-Ⅰ-3 海拉尔-呼玛弧后盆地(Pz)	必要
	成矿区(带)	Ⅰ-4:滨太平洋成矿域;Ⅱ-13:大兴安岭成矿省;Ⅲ-47:新巴尔虎右旗(拉张区)Cu、Mo、Pb、Zn、Au、萤石、煤(铀)成矿带	必要
	区域成矿类型及成矿期	火山岩型侏罗纪—白垩纪	必要
控矿条件	赋矿地质体	中侏罗世—早白垩世熔岩、火山碎屑岩、次火山岩、近火山口浅成侵入岩	必要
	控矿侵入岩	中侏罗世—早白垩世次火山岩、近火山口浅成侵入岩	必要
	主要控矿构造	北东向大断裂及其次级的断裂或破碎带,北东向带状展布的火山口	重要
区内相同类型矿产		小型金矿床1个	重要
地球物理特征		串珠状低重力异常带的边缘北东向正磁异常区的低-负磁带状异常是矿化蚀变带的反映	次要
地球化学特征		具 Au 异常及 Au、Ag、Sb、Bi 等低温常见元素组合异常	重要
遥感特征		遥感解译线状、环状构造,蚀变羟基最小预测区	次要

6. 燕山成矿系列热液型萤石矿床预测评价模型

该系列热液型萤石矿床较发育,主要有昆库力萤石矿床、旺石山萤石矿床、东方红萤石矿床、哈达汗萤石矿床等,均属燕山晚期成矿亚系列,其中以昆库力萤石矿床为代表。

1)昆库力式热液型萤石矿床典型矿床预测要素表(表5-26)

表5-26 内蒙古自治区昆库力式热液型萤石矿典型矿床预测要素表

预测要素		描述内容			要素分类
储量		矿石量:54.4×10^3 t CaF_2:40.3×10^3 t	平均品位	CaF_2:74.08%	
特征描述		热液充填型脉状萤石矿床			
地质环境	构造背景	内蒙古-大兴安岭海西中期褶皱系,大兴安岭海西中期褶皱带、三河镇复向斜内,得耳布尔-黑山头中断陷和东南沟中坳陷交会部位			重要
	成矿环境	成矿区域有较厚的陆壳,张性构造发育。矿床与钙碱质及次碱质酸性及中酸性岩浆活动			重要
	含矿岩体	石炭纪中粒黑云母花岗岩			必要
	成矿时代	石炭纪			重要
矿床特征	矿体形态	萤石矿体均呈单脉产出,可见尖灭再现,分支复合现象			重要
	岩石类型	中粒黑云母花岗岩体			重要
	岩石结构	花岗结构			次要
	矿物组合	矿石矿物:萤石、石英为主,偶见绢云母、萤石粒度在2~10mm,石英呈他形—半自形叶片状,细脉状沿萤石裂隙或晶体间隙充填分布			重要
	结构构造	他形—半自形粒状结构、结晶结构。块状构造、条带状构造、角砾状构造			次要
	蚀变特征	硅化			重要
	控矿条件	矿体产于石炭纪中粒黑云母花岗岩中			必要
		萤石矿脉的形态受断裂构造破碎带控制,产状与破碎带一致,呈陡倾斜产出			必要
地球化学		萤石矿床所在区域地球化学异常值高于686×10^{-6}			重要

2)热液型萤石矿区域预测要素表

根据热液型萤石矿区域要素表和预测模型图(表5-27)反映,含矿地段位于重力梯度带及化探氟峰值较高处。

表 5-27 与燕山期中酸性火山-侵入岩浆活动有关的热液型萤石矿预测要素表

区域成矿要素		描述内容	要素分类
特征描述		热液充填型萤石矿床	
地质环境	大地构造位置	天山-兴蒙造山系（Ⅰ），大兴安岭弧盆系（Ⅰ-Ⅰ），海拉尔-呼玛弧后盆地（Pz）（Ⅰ-Ⅰ-3)	必要
	成矿区（带）	位于滨太平洋成矿域（Ⅰ-4），大兴安岭成矿省（Ⅱ-12），新巴尔虎右旗（拉张区）Cu、Mo、Pb、Zn、Au、萤石、煤（铀）成矿带（Ⅲ-47）	必要
	成矿环境	张性构造发育，钙碱质及次碱质酸性及中酸性岩浆活动	必要
	含矿岩体	石炭纪中粒黑云母花岗岩体	必要
	成矿时代	燕山晚期	必要
矿床特征	矿体形态	萤石矿体均呈单脉产出，可见尖灭再现，分支复合现象	次要
	岩石类型	中粒黑云母花岗岩体	重要
	岩石结构	花岗结构	次要
	矿物组合	矿石矿物：萤石、石英为主，偶见绢云母、萤石粒度在 2～10mm，石英呈他形—半自形叶片状	次要
	结构构造	结构：他形—半自形粒状结构、结晶结构。构造：块状构造、条带状构造、角砾状构造	次要
	蚀变特征	硅化	必要
	控矿条件	矿体产于石炭纪中粒黑云母花岗岩体。萤石矿脉的形态受北北东向、北北西向断裂构造破碎带控制，产状与破碎带一致，呈陡倾斜产出	必要
区内相同类型矿产		成矿区带内有 5 个小型矿床	重要

三、东乌珠穆沁旗-嫩江成矿带重要矿种预测评价模型

本成矿区带共划分了 4 个成矿系列，分别为与加里东中—晚期基性、中酸性岩浆活动有关的 Cu、Mo、Au、Ag、Ti、Fe 矿床成矿系列、与海西期基性-中酸性岩浆活动有关的铁（锌）、铁（钼）、铍、硫矿床成矿系列、与印支晚期中酸性岩浆活动有关的 Au、Ag、Mo、W、Cu、Fe 矿床成矿系列及与燕山期中酸性岩浆活动有关的铜、金、银、钼矿床成矿系列，以下分别简称加里东期成矿系列、海西期成矿系列、印支期成矿系列及燕山期成矿系列"。

（一）加里东期成矿系列预测评价模型

该系列矿床主要有斑岩型铜矿床及岩浆岩型铁矿床两种。

1. 加里东期成矿系列斑岩型铜矿预测评价模型

本系列斑岩型铜矿床以多宝山铜矿为代表，如表 5-28 所示。

表 5-28　黑龙江省多宝山式斑岩型铜矿预测要素表

成矿要素		描述内容	成矿要素分类
矿床类型		多宝山式斑岩型铜钼矿矿床	
地质环境	岩石类型	花岗闪长斑岩、花岗闪长岩(中—晚加里东期)、安山岩及凝灰岩(多宝山组及铜山组)	必要
	岩石结构	碎裂斑状结构,碎裂状半自形粒状结构、交结结构、凝灰结构	次要
	成矿时代	加里东中期(一期485Ma)、加里东中晚期(二期479.5Ma)、海西晚期(三期246~220Ma)	重要
	成矿环境	多宝山火山弧内早中奥陶统安山岩及中晚加里东期花岗闪长岩	必要
	构造背景	大兴安岭弧盆系之扎兰屯-多宝山岛弧区	必要
矿床特征	矿物组合	黄铁矿、黄铜矿、斑铜矿、辉钼矿、石英、绢云母、绿泥石、碳酸盐等	重要
	结构构造	半自形—他形晶粒状结构、压碎结构;细脉浸染状、浸染状、细脉状构造	次要
	蚀变	面状蚀变,具分带性,中心为强钾化硅化,向外依次钾长石黑云母化、石英绢云母化、绿帘石绿泥石化、青磐岩化	重要
	控矿条件	受北东向多宝山火弧及北西向弧形断裂、褶皱及片理化带控制,中晚加里东期花岗闪长岩、花岗闪长斑岩侵入多宝山组安山岩形成斑岩型铜(钼)矿床	必要
	风化	褐铁矿化带、铜的次生氧化带(蓝铜矿、孔雀石、黑铜矿、沥青铜矿等)	次要
物化探特征	物探异常	重力推断北西向断裂与多宝山北西向控矿断裂吻合。局部磁异常可反映多宝山组安山岩地层及中生代花岗闪长岩的存在	
	化探异常	北西向带状铜异常与多宝山北西向铜矿带吻合。等轴状或面状铜异常与三矿沟矿区吻合	重要
找矿要素	重砂异常	区内仅一处铜重砂异常,反映该岩体可能含铜度高	重要
	找矿线索	硅化、钾长石化、绢云母化、青磐岩化等面状、带状蚀变。以及褐铁矿化带、地表氧化岩体	
		此外,矽卡岩化、角岩化也是成矿的重要要素	重要
	遥感特征	遥感解译的北西向线性构造与多宝山北西向控矿断裂吻合	重要

2. 区域预测要素表(表 5-29)

表 5-29　黑龙江省多宝山式斑岩型铜矿区域成矿要素表

成矿要素		描述内容	成矿要素分类
特征描述		多宝山式斑岩型铜钼矿矿床	
地质环境	岩石类型	花岗闪长斑岩、花岗闪长岩(中—晚加里东期),安山岩及凝灰岩(多宝山组及铜山组)	必要要素
	岩石结构	碎裂斑状结构,碎裂状半自形粒状结构、交结结构、凝灰结构	次要要素
	成矿时代	加里东中期(一期 485Ma)、加里东中晚期(二期 479.5Ma)、海西晚期(三期 246~220Ma)	必要要素
	成矿环境	多宝山火山弧内早中奥陶统安山岩及中晚加里东期花岗闪长岩	必要要素
	构造背景	大兴安岭弧盆系之扎兰屯-多宝山岛弧区	必要要素
矿床特征	矿物组合	黄铁矿、黄铜矿、斑铜矿、辉钼矿、石英、绢云母、绿泥石、碳酸盐等	重要要素
	结构构造	半自形—他形晶粒状结构、压碎结构;细脉浸染状、浸染状、细脉状构造;	次要要素
	蚀变	面状蚀变,具分带性,中心为强钾化硅化,向外依次钾长石黑云母化、石英绢云母化、绿帘石绿泥石化、青磐岩化	必要要素
	控矿条件	受北东向多宝山火弧及北西向弧形断裂、褶皱及片理化带控制,中晚加里东期花岗闪长岩、花岗闪长斑岩侵入多宝山组安山岩形成斑岩-热液型铜(钼)矿床	必要要素
	风化	褐铁矿化带、铜的次生氧化带(蓝铜矿、孔雀石、黑铜矿、沥青铜矿等)	次要要素
	其他	早期接触带热液型矿化、中期斑岩型矿化、晚期热液脉型矿化三期成矿相互叠加改造	重要要素

3. 加里东期成矿系列岩浆岩型铁矿预测评价模型

本系列岩浆岩型铁矿床以北西里式岩浆岩型铁矿床为代表。

1)北西里式岩浆岩型铁矿床典型矿床预测要素表(表 5-30)

表 5-30　黑龙江省北西里式岩浆岩型铁矿床典型矿床预测要素表

成矿要素		描述内容	成矿要素分类
矿床类型		晚期岩浆岩型钛磁铁矿床	
地质环境	岩石类型	主要由残留的大理岩、海西早期花岗岩组和辉长岩杂岩体及其分异的边缘相闪长岩组、晚期脉岩类;角闪石岩、斜长岩及上述岩石经蚀变后所形成的岩石类型组成	必要
	岩石结构	多为半自形—他形粒状结构	次要
	成矿时代	海西早期	必要
	成矿环境	在北西里辉长岩体中,发育有同源晚期多种脉岩,主要有角闪石岩、辉岩、紫苏角闪橄榄岩岩脉,这些岩脉呈脉状贯入辉长岩相带中,偶见贯入闪长岩相带中,尤其角闪石岩岩脉内,常伴有钛磁铁矿矿体	必要
	构造背景	该区位于塔源-兴隆早加里东陆缘活动带北部,瓦西里东西向断裂带和缚纳河北西向断裂带交会部位,构造对成矿有利,控制了岩体和矿体分布	必要

续表 5-30

成矿要素		描述内容	成矿要素分类
矿床类型		晚期岩浆岩型钛磁铁矿床	
矿床特征	矿物组合	金属矿物主要为磁铁矿、钛铁矿、钛磁铁矿，次为黄铁矿、磁黄铁矿、黄铜矿、辉铜矿、闪锌矿、赤铁矿等。脉石矿物有角闪石、普通辉石、斜方辉石，蚀变矿物有透闪石、透辉石、蛇纹石、滑石、绿泥石、绿帘石及碳酸盐类矿物	重要
	结构构造	矿石结构主要为海绵陨铁结构，次为他形—半自形粒状结构和架状结构。主要构造为浸染状构造，其次为网脉状构造、似角砾状构造和块状构造	次要
	蚀变	近矿蚀变有：阳起石化、绿帘石化、绿泥石化，往往分布在矿体上下盘一带，与矿体关系密切。 广泛蚀变有钠黝帘石化、次闪石化，是区域变质作用造成的。 远矿蚀变有绢云母化、绿泥石化、碳酸盐化，多分布于岩体边缘相	重要
	控矿条件	矿体形状与产状严格受近南北向、近东西向和北西-南东向断裂控制	必要
	风化	出露地表的钛磁铁部分形成转石，近地表偶见褐铁矿	次要
地球物理特征	区域重力	区域重力场表现为，布格重力异常大体上呈东西向伸展，北部为重力低值区，南部为重力高值区，对应的布格异常分别从 $-58\times10^{-5}\mathrm{m/s^2}$ 逐渐升高至 $-28\times10^{-5}\mathrm{m/s^2}$。剩余重力异常也反映了上述特点，东北部重力低值区，呈半封闭的圆形，最低值 $-11\times10^{-5}\mathrm{m/s^2}$；南部有一局部重力高，最高值为 $5\times10^{-5}\mathrm{m/s^2}$，并由它形成一个孤立的闭合圈。剩余重力异常曲线东西向伸展，在中部向北方向成圆弧形扩展。兴隆沟铁矿位于圆弧形伸展部位，剩余重力异常 $1\times10^{-5}\mathrm{m/s^2}$。 以剩余异常曲线 0 值线为界，北部为重力低值区，反映各类中酸性侵入岩体的分布，南部为重力高值区，反映了不同时代的老地层	重要
	区域航磁	区域磁场表现为，ΔT 曲线图上，以显示正航磁异常为主要特征，形成两个异常中心：南部呈小的圆形，强度为 400nT，其北侧的呈东西向拉伸的椭圆形，强度为 300nT。兴隆沟铁矿床位于椭圆形磁异常的西南部，该处磁场值 100nT。经化极与垂向一阶导数处理后，两个异常中心仍存在，正异常周边被负场值环绕包围。异常推断为基性岩或超基性岩。 地区磁场表现为：兴隆沟北西里式铁矿床所在位置，有很高的局部磁异常，该处磁场值 5000nT，以椭圆形近东西向展布，南北两侧有明显的负值，最低值约 $-250\mathrm{nT}$，其余部分为 50～200nT 正的背景场。平剖图上异常显得强度高，梯度大，两侧有负值，延续贯穿三条测线。该局部磁异常推断为基性或超基性岩体引起。总结区域性预测要素：兴隆沟铁矿床位于重力高与重力低之间的过渡带，附近区域磁异常强度为 300nT，所在地区磁异常高达 5000nT，伴有明显的负值，异常推断为基性岩或超基性岩体引起	重要
	地面磁法	由勘探剖面（或概念模型）图可见，ΔZ 剖面曲线极值为 6500nT，异常两翼较陡，异常与矿体顶面对应较好。旁侧的小异常为矿化地质体引起。 总结区地磁方面的预测要素：由于磁铁矿体赋存于中、细粒角闪石岩中，角闪石岩贯入辉长岩岩体中，含矿围岩角闪石岩和辉长岩也具相当的磁性，所以磁铁矿体的异常处于较高的背景场当中。当矿石矿物磁铁矿、钛磁铁矿及伴生磁黄铁矿含量较高时，可能形成较明显的（叠加）异常，反之磁异常强度减弱，接近含矿围岩角闪石岩和辉长岩的磁场。依据北西里工区岩（矿）石磁性规律，本地区找侵入岩体型铁矿应当关注强度 5000nT 以上的强磁异常，铁矿体在空间上一般都位于强磁异常区（带），同时也要注意强磁背景之上的叠加异常，据此可识别埋深较浅的铁矿体	必要
	遥感	本预测工作区解译一条中型断裂（F6）为北东向断裂，沿吉龙河谷分布，走向 60°，由邻幅新街基幅延入，在幅内长 25km。与东西断裂交会部位产有辉长岩体。区内小型断裂 50 条，其中北东向断裂 15 条、北西向 23 条、东西向 11 条（含北东东向）、南北向 1 条。推测东西向断裂（带）与辉长岩体有关	

2）区域预测要素表（表 5-31）

表 5-31 黑龙江省北西里式岩浆岩型铁矿区域预测要素表

区域成矿要素			描述内容	成矿要素分类
区域成矿地质环境	大地构造位置		Ⅲ海拉尔-呼玛弧后盆地（S-D）；Ⅳ兴隆陆表海盆	必要
	主要控矿构造		绰纳河大断裂（北西向）	必要
	所属成矿区带	成矿区带	大兴安岭成矿省-陈巴尔虎旗-根河 Au、Fe、Zn、黄铁矿、萤石成矿亚带	重要
		成矿系列	大兴安岭-张广才岭-太平岭与海西旋回岩浆-沉积作用有关的 Cu、Cr、Fe、Ti、Mo、Au、Ag、Be、水晶、石墨碳酸盐岩、陶粒页岩、煤矿床成矿系列组-岩浆成矿系列	必要
		成矿亚系列	与幔源基性侵入-喷发岩有关的 Fe、V、Ti、Cu、Co、Ni 矿床成矿亚系列	重要
	成矿侵入岩体		辉长岩（杂岩体）	必要
	岩体侵入围岩		寒武系三义沟组和黄斑脊山组及志留系下统黄花沟组	重要
区域成矿地质特征	区域成矿要素	赋矿构造	沿岩体中的北西向断裂贯入	必要
		内部相	辉长岩：呈不规则小岩株状产出，共 7 个岩体分布在北西里、吉龙沟、防火桥、瓦西里一带，最大者 21km²，最小者 1km²。北西里岩体 6km²。岩体中细粒结构由 70%斜长石，25%～30%的辉石和角闪石组成，斜长石呈板柱状自形好 An=58，粒度 1～4mm，辉石他形粒状粒径 2～5mm	重要
		边缘相	闪长岩、碎裂石英闪长岩	
		赋矿岩体	角闪岩：系岩体分异晚期携铁钛矿液沿已冷凝的辉长岩体中的北西向断裂上侵、贯入，形成钛磁铁矿体，其围岩为辉长岩、闪长岩、石英闪长岩	必要
		矿石矿物	磁铁矿-钛铁矿-钛磁铁矿-赤铁矿-褐铁矿-黄铁矿-磁黄铁矿。脉石矿物主要有：角闪石、辉石，其次为蚀变矿物透闪石、透辉石、绿泥石、阳起石、绿帘石等	重要
		围岩蚀变	透闪石化-透辉石化-蛇纹石化-绿帘石化-绿泥石化-阳起石化	必要
		成矿时代	海西早期（同位素年龄 323～274Ma）（石英闪长岩）	必要
物理特征	区域航磁		区域磁场表现为，ΔT 曲线图，以显示正航磁异常为主要特征，形成两个异常中心：南部呈小的圆形，强度为 400nT，其北侧的呈东西向拉伸的椭圆形，强度为 300nT。兴隆沟铁矿床位于椭圆形磁异常的西南部，该处磁场值 100nT。经化极与垂向一阶导数处理后，两个异常中心仍存在，正异常周边被负场值环绕包围。异常推断为基性岩或超基性岩。地区磁场表现为：兴隆沟北西里式铁矿床所在位置，有很高的局部磁异常，该处磁场值 5000nT，以椭圆形近东西向展布，南北两侧有明显的负值，最低值约-250nT，其余部分为 50～200nT 正的背景场。平剖图上异常显得强度高，梯度大，两侧有负值，延续贯穿三条测线。该局部磁异常推断为基性或超基性岩体引起。 区域性预测要素：兴隆沟铁矿床位于重力高与重力低之间的过渡带，附近区域磁异常强度为 300nT，所在地区磁异常高达 5000nT，有明显的负值，异常推断为基性岩或超基性岩体引起	必要
	地面磁法		由勘探剖面（或概念模型）图可见，ΔZ 剖面曲线极值为 6500nT，异常两翼较陡，异常与矿体顶面对应较好。旁侧的小异常为矿化地质体引起。 矿区地磁方面的预测要素：由于磁铁矿体赋存于中、细粒角闪石岩中，角闪石岩贯入辉长岩岩体中，含矿围岩角闪石岩和辉长岩也具相当的磁性，所以磁铁矿体的异常处于较高的背景场当中。当矿石矿物磁铁矿、钛磁铁矿及伴生磁黄铁矿含量较高时，可能形成较明显的（叠加）异常，反之磁异常强度减弱，接近含矿围岩角闪石岩和辉长岩的磁场。依据北西里工区岩（矿）石磁性规律，本地区找侵入岩体型铁矿应当关注强度 5000nT 以上的强磁异常，铁矿体在空间上一般都位于强磁异常区（带），同时也要注意强磁背景之上的叠加异常，据此可识别埋深较浅的铁矿体	必要

(二)海西期成矿系列重要矿种预测评价模型

海西期中酸性岩浆活动有关的铁、铁(钼)矿床成矿亚系列主要矿种有铜、铁等。铜矿代表性矿床为罕达盖矽卡岩型铜矿床,铁矿代表性矿床为梨子山矽卡岩型铁矿床。

1. 典型矿床预测要素表(表5-32、表5-33)

表5-32　内蒙古自治区罕达盖式矽卡岩型铜矿典型矿床预测要素表

预测要素		描述内容			要素类别
储量		铜金属量:18 000t	平均品位	Cu 1.17%	
特征描述		与石炭纪石英二长闪长岩有关的矽卡岩型铜矿床			
地质环境	构造背景	大兴安岭弧盆系扎兰屯-多宝山岛弧			必要
	成矿环境	东乌珠穆沁旗-嫩江(中强挤压区)Cu、Mo、Pb、Zn、Au、W、Sn、Cr成矿带朝不愣-博克图 W、Fe、Zn、Pb成矿亚带塔尔其-梨子山铁矿集区			必要
	成矿时代	石炭纪			必要
矿床特征	矿体形态	薄层状、透镜状、不规则囊状,矿体产状变化较大,总体产状为北西向			重要
	岩石类型	变质粉砂岩、大理岩、矽卡岩、安山岩、石英二长闪长岩			必要
	岩石结构	微细粒粒状变晶结构、粒状变晶结构,斑状结构、半自形粒状结构、层状构造、块状构造			次要
	矿物组合	磁铁矿、黄铜矿、黄铁矿、赤铁矿,另见少量磁黄铁矿、辉钼矿、闪锌矿			次要
	结构构造	结构:半自形粒状结构、粒状变晶结构、碎裂结构、交代残留结构;构造:块状构造、浸染状构造、细脉浸染状构造			次要
	蚀变特征	矽卡岩化、角岩化、硅化及碳酸盐化			重要
	控矿条件	严格受多宝山组、裸河组与石炭纪石英二长闪长岩接触带控制			必要
地球物理特征	重力异常	剩余重力异常为正异常,异常值在(6~10)×10^{-5}m/s^2			重要
	磁法异常	航磁化极等值线表现为低缓负磁异常,异常值-100~0nT			次要
地球化学特征		铜金银砷异常区,铜三级浓度分带,异常值28~1900ug/g			必要

表5-33　内蒙古自治区鄂温克旗梨子山式矽卡岩型铁矿典型矿床预测要素表

成矿要素		描述内容			要素类别
储量		5 363 100t	平均品位	TFe 34.84%	
特征描述		矽卡岩型铁矿床			
地质环境	岩石类型	多宝山组为一套片岩、变质砂岩、大理岩及角岩等,与成矿关系密切的为海西晚期的黑云母花岗岩和白岗质花岗岩			重要
	岩石结构	沉积岩为碎屑结构和变晶结构,侵入岩为中细粒结构			次要
	成矿时代	海西晚期			必要
	地质背景	大兴安岭弧盆系,扎兰屯-多宝山岛弧			必要
	构造环境	东乌旗-多宝山早古生代岛弧			重要

续表 5-33

成矿要素		描述内容			要素类别
储量		5 363 100t	平均品位	TFe 34.84%	
特征描述		矽卡岩型铁矿床			
矿床特征	矿物组合	金属矿物：磁铁矿、赤铁矿、辉钼矿、黄铁矿、闪锌矿、镜铁矿、褐铁矿、针铁矿、黄铜矿、方铅矿等。脉石矿物主要为透辉石、石榴子石、方解石、石英			重要
	结构构造	结构：他形—半自形粒状结构、他形晶粒状结构、细脉填充结构、交代残余结构、乳滴状结构、斑状角砾结构。构造：块状构造、条带状构造、浸染状构造、细脉状构造、窝状构造、土状构造			次要
	蚀变	矽卡岩化			重要
	控矿条件	北东东转北东方向的扭张-压扭性层间裂隙构造带			重要
	风化				次要
物探特征	地磁物征	$\gamma>4000$			重要
	重力物征	重力梯度带偏低一侧			次要

2. 区域预测要素和预测评价模型

矽卡岩型铜矿床赋矿地质体为中下奥陶统多宝山组，受控于北东向断裂及北北东向断裂，形成于海西中期。剩余重力异常为正异常，异常值在$(6\sim10)\times10^{-5}$ m/s²。航磁异常为低缓负磁异常，异常值$-100\sim0$nT。矿床附近形成了 Cu、Fe、Ag、AS、Au、Cd、Sb 等元素组合异常，Cu、Fe 是该区主要的成矿元素（表 5-34）。

表 5-34 与海西期基性—中酸性岩浆活动有关的矽卡岩型铁铜矿床区域预测要素表

区域预测要素		描述内容	
矿种		（罕达盖）铜矿	（梨子山）铁矿
区域成矿地质环境	大地构造单元	Ⅰ天山-兴蒙造山系、Ⅰ-Ⅰ大兴安岭弧盆系、Ⅰ-Ⅰ-5 二连-贺根山蛇绿混杂岩带（Pz₂）	
	成矿区带	Ⅱ-12 大兴安岭成矿省；Ⅲ-48 东乌珠穆沁旗-嫩江（中强挤压区）Cu、Mo、Pb、Zn、Au、W、Sn、Cr 成矿带（Pt₃、Vm-Ⅰ、Ye-m）	
	区域成矿类型及成矿期	海西中期矽卡岩型铜矿床	海西中期矽卡岩型铁矿床
	主要赋矿地层	中下奥陶统多宝山组	中下奥陶统多宝山组
	控矿侵入岩	石炭纪石英二长闪长岩及花岗岩	海西中期石炭纪白岗岩、花岗岩、石英二长闪长岩等
	主要控矿构造	北东向断裂及北北东向断裂	北东东转北东方向的扭张-压扭性层间裂隙控矿构造带
区内相同类型矿产		小型矿床 1 个，矿点 6 个	矿点 10 个
区域成矿地物化遥特征	航磁异常特征	低缓负磁异常，异常值$-100\sim0$nT	区域重力场最低值 $\Delta g_{min}=-122.52\times10^{-5}$ m/s²，最高值 $\Delta g_{max}=-40\times10^{-5}$ m/s²
	重力异常特征	剩余重力异常为重力正异常，异常值在$(6\sim10)\times10^{-5}$ m/s²	磁场值变化范围在$-4200\sim-2600$ nT 之间
	地球化学特征	矿床附近形成了 Cu、Fe、Ag、As、Au、Cd、Sb 等元素组合异常，Cu、Fe 是该区主要的成矿元素	Mo 具明显的三级浓度分带和浓集中心，呈同心环状
	遥感特征		已知矿点与本预测区中的羟基异常基本吻合

矽卡岩型铁矿代表性矿床为梨子山矽卡岩型铁矿床,赋矿地质体为中下奥陶统多宝山组,控矿侵入岩为海西中期石炭纪白岗岩、花岗岩、石英二长闪长岩等,控矿构造为北东东转北东方向的扭张-压扭性层间裂隙控矿构造带,形成于海西中期。区域重力场最低值 $\Delta g_{min}=-122.52\times10^{-5}$ m/s^2,最高值 $\Delta g_{max}=-40\times10^{-5}$ m/s^2,航磁异常,磁场值变化范围在 $-4200\sim-2600$ nT 之间。Mo 具明显的三级浓度分带和浓集中心,呈同心环状。遥感特征,已知矿点与本预测区中的羟基异常基本吻合。

(三)印支期成矿系列重要矿种预测评价模型

该成矿系列矿产预测主要有矽卡岩型钨(锌)矿、矽卡岩型铁铜矿床、斑岩型钼矿床、破碎蚀变岩型金矿床。以三矿沟式争光式矽卡岩型铁铜矿床、破碎蚀变岩型金矿床为代表总结该成矿系列预测评价模型。

1. 印支期成矿系列矽卡岩型铁铜矿床

1)三矿沟式矽卡岩型铁铜矿床典型矿床预测要素表(表5-35)

表5-35 黑龙江省三矿沟式矽卡岩型铁铜矿床典型矿床预测要素表

成矿要素		描述内容	成矿要素分类
特征描述		以钙铁石榴子石矽卡岩为围岩的矽卡岩型铁铜矿床	
地质环境	岩石类型	花岗闪长岩、大理岩、钙铁石榴子石矽卡岩、角岩、细晶闪长岩	必要
	岩石结构	多为粒状结构,以中粗粒为主,次为斑状结构。	次要
	成矿时代	燕山早期	必要
	成矿环境	泥鳅河组三岩性段($S_3D_2n^3$)中大理岩层被燕山早期花岗闪长岩体侵入,在接触带附近形成铁、铜矿床	必要
	构造背景	矿床位于大兴安岭弧盆系多宝山岛弧罕达气裂谷带内,受裸河-多宝山-三矿沟北西向构造带、窝理河背斜轴部控制	必要
矿床特征	矿物组合	金属矿物主要为磁铁矿、黄铜矿,次为赤铁矿、斑铜矿、孔雀石。脉石矿物有石榴子石、石英	重要
	结构构造	多具他形晶粒状结构,次为半自形—自形晶粒状结构、固溶体分离结构、交代残余结构。构造以块状构造为主,次为脉状、条带状、浸染状	次要
	蚀变	主要为钙铁石榴子石矽卡岩化,次为绿泥石化、绿帘石化、碳酸盐化、硅化、绢云母化	重要
	控矿条件	矿体主要受马蹄形岩体的北西和南西侧的侵入接触构造、层间破碎带和北西向断裂构造控制	必要
	风化	矿石大部分为原生矿石,部分为氧化矿石、氧化带深度 4.5~20m,平均为 15.4m,多以孔雀石、蓝铜矿、褐铁矿出现	次要
地球物理特征	区域重力	布格重力异常及剩余重力异常均显示西北部及中南部为重力高,西南和东南为重力低,重力高其剩余重力异常 5×10^{-5} m/s^2;西南和东南重力低,其剩余重力异常分别 -3×10^{-5} m/s^2 和 -6×10^{-5} m/s^2。三矿沟铁(铜)矿位于重力高与重力低的衔接部位,剩余重力异常 1×10^{-5} m/s^2	重要
	航磁	区域磁场表现为,西南和东南重力低区域,正航磁异常显示,强度分别为 200 nT 与 600 nT,常形态近似椭圆形。三矿沟铁(铜)矿处于中部的椭圆形磁异常的西部边缘,该处磁场值 300 nT。正异常周边被负磁场环绕包围,其中北部磁场最低值约 -400 nT。结合区域重力场,正航磁异常推断为中酸性侵入体。地区磁场表现为:西北角为负磁场区,最低值约 -250 nT,其余部分为正异常。平剖图上异常强度高、梯度大,各线异常难以追踪对比。经化极与垂向一阶导数处理后,磁场显示出一些规律性,宏观上反映出北西向和北东向两个异常带,异常幅度约 700 nT,三矿沟铁(铜)矿位于二者交会的部位。异常推断为磁性蚀变带	重要

续表 5-35

成矿要素		描述内容	成矿要素分类
特征描述		以钙铁石榴子石矽卡岩为围岩的矽卡岩型铁铜矿床	
地球物理特征	地面磁法	矿区内磁铁矿体多数是(交代)钙铁石榴子石矽卡岩某一部分而成，钙铁石榴子石矽卡岩是含矿母岩或矿体围岩，铁体产出部位多以此为背景或空间位置相近。由于矿化矽卡岩、矽卡岩也具有较高的磁性，所以铁矿体异常往往呈现出在宽缓背景异常之上的叠加异常的特点，ΔZ 极大值在 5000～10 000 nT 之间变化。结合岩矿石的物性基础，以上特点可作为识别和预测铁矿体的要素	必要

2) 三矿沟式矽卡岩型铁矿区区域预测要素表(表 5-36)

表 5-36　黑龙江省三矿沟式矽卡岩型铁矿区域预测要素表

区域成矿要素		描述内容	成矿要素分类
区域成矿地质环境	大地构造位置	大兴安岭弧盆系多宝山岛弧罕达气裂谷带	必要
	主要控矿构造	裸河-多宝山-三矿沟北西向构造带窝里河背斜轴部控制	必要
	赋矿地层	泥鳅河组三岩性段	必要
	岩石类型	花岗闪长岩、大理岩、角岩、钙铁石榴子石矽卡岩	必要
	岩石结构	多为粒状结构，以中粗粒花岗结构为主，次为斑状结构	次要
	成矿时代	燕山早期	必要
矿床特征	矿物组合	金属矿物为磁铁矿、黄铜矿，次为赤铁矿、斑铜矿；脉石矿物为石榴子石、石英	重要
	结构构造	多具他形晶粒状结构，次为半自形—自形晶粒状结构，交代残余结构。构造以块状构造为主，次为条带状、浸染状构造	次要
	控矿条件	矿体主要受马蹄形岩体的北西和南西侧的侵入接触构造、层间破碎带和北西向次级断裂构造控制	必要
物理特征	航磁	区域磁场表现为，对应于西南和东南重力低所在区域，有正航磁异常显示，强度分别为 200nT 与 600nT，磁异常形态近似椭圆形式。三矿沟铁(铜)矿处于中部的椭圆形磁异常的西部边缘，该处磁场值 300nT。正异常周边部分被负磁场环绕包围，其中北部磁场最低值约-400nT。结合区域重力场，正航磁异常推断为中酸性侵入体。 地区地磁场表现为：西北角为负磁场区，最低值约-250nT，其余部分为正异常。平剖图上异常强度高、梯度大，各线异常难以追踪对比。经化极与垂向一阶导数处理后，磁场显示出一些规律性，宏观上反映出北西向和北东向两个异常带，异常幅度约 700nT，三矿沟铁(铜)矿床位于二者交会的部位。异常推断为磁性蚀变带。 总结区域性预测要素：三矿沟铁(铜)矿床位于区域重力场重力高与重力低之间的衔接部位，所在地区为磁场强度大于 700nT 的强磁异常带，推测为磁性蚀变带	重要
	地面磁法	由勘探剖面(或概念模型)图可见，ΔZ 剖面曲线极值为 5000nT，异常两翼较陡，与矿体顶面对应较好。 总结矿区地磁方面的预测要素：矿区内磁铁矿体多数是(交代)钙铁石榴子石矽卡岩某一部分而成，钙铁石榴子石矽卡岩是含矿母岩或矿体围岩，铁体产出部位多以此为背景或空间位置相近。由于矿化矽卡岩、矽卡岩也具有较高的磁性，所以铁矿体异常往往呈现出在宽缓背景异常之上的叠加异常的特点，ΔZ 极大值在 5000～10 000nT 之间变化。结合岩矿石的物性基础，以上特点可作为识别和预测铁矿体的要素	必要
	遥感	线、环形构造对确定铁矿的探矿构造有一定的参考意义	次要

2. 争光式破碎-蚀变岩型金矿床

1) 争光式破碎-蚀变岩型金矿床典型矿床预测要素表(表5-37)

表5-37 黑龙江省争光式破碎-蚀变岩型金矿床预测要素表

成矿要素		描述内容	成矿要素分类
特征描素		破碎-蚀变岩型金矿床	
地质环境	岩石类型	闪长岩、安山岩、绿泥绢云板岩、安山质凝灰岩	必要
	岩石结构	中细粒半自形结构、斑状结构、变余结构、凝灰结构	次要
	成矿时代	闪长岩(δJ_1)K-Ar年龄为182Ma,推断争光金矿形成于早侏罗世晚期	必要
	成矿环境	早侏罗世闪长岩(δJ_1)与多宝山组($O_{1-2}d$)侵入接触带内外	必要
	构造背景	扎兰屯-多宝山岛弧(Ⅰ-1-4)	必要
矿床特征	矿物组合	自然金属矿物有金、银金、银矿等;金属矿物主要为黄铁矿、闪锌矿、方铅矿,其次为黄铜矿、辉铜矿赤铁矿、黝铜矿,少量毒砂、辉银矿、斑铜矿。脉石矿物主要为石英、斜长石、方解石、绢云母,其次为角闪石、钾长石、绿泥石、绿帘石	重要
	结构构造	残余结构、假象结构、环带状结构、土状结构、半自形晶粒状结构、他形晶粒状结构、交代残余结构、孤岛状结构、乳滴状结构、压碎结构。土状构造、皮壳状构造、薄膜状构造、孔洞构造,蜂窝状构造、网格状构造、浸染状构造、细脉状构造、块状构造、条带状构造和角砾状构造少见	次要
	蚀变	主要为硅化、绢云母化、黄铁矿化,其次为绿帘石化、绿泥石化、钾长石化、碳酸盐化	重要
	控矿条件	早侏罗世闪长岩(δJ_1)、多宝山组($O_{1-2}d$)、北西、北东、北北东向断裂破碎带,以及北东东、北北西及北西西向断裂破碎带	必要
	风化	金矿体出露地表形成转石,黄铁矿等金属硫化物风化形成褐铁矿、铜蓝、孔雀石等	次要
地球化学特征	1:2万~1:1万土壤测量	Au、Ag、As、Sb、Cu、Pb、Zn、Mo八种元素均出现异常,套合良好,异常分布形态与地表出露的矿体基本吻合	必要

2) 区域预测要素表(表5-38)

表5-38 黑龙江省争光式破碎-蚀变岩型金矿床区域预测要素表

成矿要素		描素内容	成矿要素分类
特征描素		破碎-蚀变岩型金矿床	
地质环境	岩石类型	闪长岩、安山岩、绿泥绢云板岩、安山质凝灰岩	必要
	岩石结构	中细粒半自形结构、斑状结构、变余结构、凝灰结构	次要
	成矿时代	闪长岩(δJ_1)K-Ar年龄为182Ma,推断争光金矿形成于早侏罗世晚期	必要
	成矿环境	早侏罗世闪长岩(δJ_1)与多宝山组($O_{1-2}d$)侵入接触带内外	必要
	构造背景	扎兰屯-多宝山岛弧(Ⅰ-1-4)	必要

续表 5-38

成矿要素		描素内容	成矿要素分类
特征描素		破碎-蚀变岩型金矿床	
矿床特征	矿物组合	自然金属矿物有金、银金、银矿等；金属矿物主要为黄铁矿、闪锌矿、方铅矿，其次为黄铜矿、辉铜矿赤铁矿、黝铜矿，少量毒砂、辉银矿、斑铜矿。脉石矿物主要为石英、斜长石、方解石、绢云母，其次为角闪石、钾长石、绿泥石、绿帘石	重要
	结构构造	残余结构、假象结构、环带状结构、土状结构、半自形晶粒状结构、他形晶粒状结构、交代残余结构、孤岛状结构、乳滴状结构、压碎结构。土状构造、皮壳状构造、薄膜状构造、孔洞构造、蜂窝状构造、网格状构造、浸染状构造、细脉状构造、块状构造、条带状构造和角砾状构造少见	次要
	蚀变	主要为硅化、绢云母化、黄铁矿化，其次为绿帘石化、绿泥石化、钾长石化、碳酸盐化	重要
	控矿条件	早侏罗世闪长岩(δJ_1)、多宝山组($O_{1-2}d$)、北西、北东、北北东向断裂破碎带，以及北东东、北北西及北西西向断裂破碎带	必要
	风化	金矿体出露地表形成转石，黄铁矿等金属硫化物风化形成褐铁矿、铜蓝、孔雀石等	次要
地球化学特征	1:2万～1:1万土壤测量	Au、Ag、As、Sb、Cu、Pb、Zn、Mo 八种元素均出现异常，套合良好，异常分布形态与地表出露的矿体基本吻合	必要

（四）燕山期成矿系列预测评价模型

该成矿系列划分为3个成矿亚系列，与燕山期中性、中酸性侵入岩有关的Au矿床成矿亚系列、与燕山期超浅成—浅成酸性岩浆活动有关的铜、金、银矿床成矿亚系列及与燕山中期基性、中酸及酸性火山岩有关的Au、Ag、Te矿床成矿亚系列。

1. 与燕山期中性、中酸性侵入岩有关的Au矿床成矿亚系列

该成矿亚系列主要矿产预测类型为石英脉金矿床，以小泥鳅河金矿床为代表。

1）小泥鳅河中低温岩浆热液充填蚀变型金矿床典型矿床预测要素表（表5-39）

表5-39 黑龙江省小泥鳅河式石英脉型金矿典型矿床预测要素表

成矿要素		描述内容	成矿要素分类
特征描述		石英脉型金矿床	
地质环境	岩石类型	碱性花岗岩	必要
	岩石结构	中粗粒花岗结构	次要
	成矿时代	含金石英脉年龄为 131.0 Ma(U-Pb 锆石 SHRIMP)，确定成矿时代为早白垩世	必要
	成矿环境	早白垩世浅成中性侵入岩	必要
	构造背景	扎兰屯-多宝山岛弧（Ⅰ-1-4）、科洛-新开岭-黑河大型推覆构造	必要

续表 5-39

成矿要素		描述内容	成矿要素分类
特征描述		石英脉型金矿床	
矿床特征	矿物组合	金属硫化矿物为黄铁矿、磁铁矿、方铅矿、黄铜矿、孔雀石,自然金属矿物为自然金,金属氧化矿物为假象赤铁矿、褐铁矿及铅矾。脉石矿物主要为石英,其次为长石、方解石和绢云母等	重要
	结构构造	显晶质石英集晶结构、显晶质石英集晶-微晶结构、压碎结构、显晶质石英集晶-显微变晶结构。块状构造、条纹(带)状构造、角砾状构造、细脉浸染状构造和浸染状构造	次要
	蚀变	硅化、高岭土化、绢云母化、绿泥石化、黄铁矿化和碳酸盐化	重要
	控矿条件	早白垩世闪长玢岩($\delta\mu K_1$),北东向和北西向断裂构造	必要
	风化	金矿体出露地表形成转石,黄铁矿等金属硫化物风化形成褐铁矿、孔雀石及铅矾等	次要
地球化学特征	1:20万化探	异常元素组合 Au、Ag、Sb、As、Pb、Zn 六种,成矿元素 Au,伴生元素 Pb、Zn,指示元素 Ag、Sb、As。面积较大,规模较高	必要

2)小泥鳅河式石英脉型金矿床区域预测要素表(表5-40)

表 5-40 黑龙江省小泥鳅河式石英脉型金矿床区域预测要素表

成矿要述		描素内容	成矿要素分类
特征描述		石英脉型金矿床	
地质环境	岩石类型	碱性花岗岩	必要
	岩石结构	中粗粒花岗结构	次要
	成矿时代	含金石英脉年龄为 131.0 Ma(U-Pb 锆石 SHRIMP),确定成矿时代为早白垩世	必要
	成矿环境	早白垩世浅成中性侵入岩	必要
	构造背景	扎兰屯-多宝山岛弧(Ⅰ-1-4)、科洛-新开岭-黑河大型推覆构造。	必要
矿床特征	矿物组合	金属硫化矿物为黄铁矿、磁铁矿、方铅矿、黄铜矿、孔雀石,自然金属矿物为自然金,金属氧化矿物为假象赤铁矿、褐铁矿及铅矾。脉石矿物主要为石英,其次为长石、方解石和绢云母等	重要
	结构构造	显晶质石英集晶结构、显晶质石英集晶-微晶结构、压碎结构、显晶质石英集晶-显微变晶结构。块状均一构造、条纹(带)状构造、角砾状构造、细脉浸染状构造和浸染状构造	次要
	蚀变	硅化、高岭土化、绢云母化、绿泥石化、黄铁矿化和碳酸盐化	重要
	控矿条件	早白垩世闪长玢岩($\delta\mu K_1$),北东向和北西向断裂构造	必要
	风化	金矿体出露地表形成转石,黄铁矿等金属硫化物风化形成褐铁矿、孔雀石及铅矾等	次要
地球化学特征	1:20万化探	异常元素组合 Au、Ag、Sb、As、Pb、Zn 六种,成矿元素 Au,伴生元素 Pb、Zn,指示元素 Ag、Sb、As。面积较大,规模较高	必要

2. 与燕山期超浅成—浅成酸性岩浆活动有关的铜、金、银矿床成矿亚系列预测评价模型

该成矿亚系列主要矿种有金、钼等，金矿代表性矿床为古利库式火山岩型金矿床，钼矿代表性矿床为太平沟斑岩型钼矿。

1）典型矿床预测要素表（表 5-41、表 5-42）

表 5-41 内蒙古自治区古利库式火山岩型金矿床典型矿床预测要素表

成矿要素		描述内容		成矿要素分类
储量		总计：5000kg	平均品位　　3.14g/t	
特征描述		隐爆角砾岩-火山热液型金矿床		
地质环境	构造背景	Ⅰ-Ⅰ-3 海拉尔-呼玛弧后盆地（Pz） Ⅰ-Ⅰ-4 扎兰屯-多宝山岛弧（Pz_2）		必要
	成矿环境	$Ⅳ^2_{48}$ 奥尤特-古利库 WMOAUCUBI 成矿亚带（V、Y、Q） $Ⅴ^{2-1}_{48}$ 古利库金矿集区（YL、Q）		必要
	成矿时代	早白垩世中晚期 121～97.2Ma		必要
矿床特征	矿体形态	脉状、弧形脉状、条带状		重要
	岩石类型	二长花岗岩、爆破角砾岩、浅成—超浅成的次英安岩，安山岩、流纹岩、流纹质角砾熔岩、英安岩、碎裂岩		重要
	岩石结构	熔岩、次火山岩为斑状结构，基质具玻基交织结构、碎裂结构、角砾状结构		次要
	矿物组合	金属矿物主要为自然金、银金矿、黄铁矿、黄铜矿、辉银矿、方铅矿、黝铜矿等，脉石矿物主要为石英、玉髓、白云石、方解石、冰长石、绢云母等		重要
	结构构造	显微粒状、片状、环带状及交代残余结构，斑杂—斑点状、角砾状、条带浸染状构造		次要
	蚀变特征	硅化、绢云母化、高岭土化、冰长石化、黄铁矿化、碳酸盐化、绿泥石化及青磐岩化		次要
	控矿条件	爆破角砾岩筒及其周围的放射性构造和弧形构造， 北东向断裂构造、浅成侵入体与围岩接触带		必要
地球物理特征		航磁化极：北东向或北西向正磁异常与低-负磁异常线状梯度带是成矿有利地段处于以负背景场（-10～15mGal）为主的重力场内		重要
地球化学特征		具 Au、Ag 异常及 Au-Ag-Sb-Bi 等低温常见元素组合异常		重要

表 5-42 内蒙古自治区太平沟斑岩型钼矿床典型矿床预测要素表

预测要素		描述内容				要素类别
		储量	19 468t	平均品位	0.091%	
特征描述		中型斑岩型钼矿床				
地质环境	大地构造位置	古生代：Ⅰ天山-兴蒙造山系，Ⅰ-Ⅰ大兴安岭弧盆系，Ⅰ-Ⅰ-4 扎兰屯-多宝山岛弧（Pz_2）；中生代属环太平洋巨型火山活动带、大兴安岭火山岩带、阿荣旗-大杨树火山喷发带、阿荣旗晚侏罗世—早白垩世火山断陷盆地				必要
	成矿环境	区域内出露的地层为上侏罗统满克头鄂博组流纹岩、凝灰质砾岩、流纹质凝灰岩、砂岩、火山角砾岩等；区内侵入岩较为发育，以中酸性为主，主要为早侏罗世宫家街中粗粒碱长花岗岩及似斑状花岗岩及早白垩世花岗斑岩、闪长玢岩和霏细岩。其中花岗斑岩与铜钼矿化关系密切，为主要控矿因素之一。 矿床位于内蒙古-大兴安岭海西褶皱带与大兴安岭中生代火山岩带的交会部位，矿床分布于基底隆起与坳陷交接部位坳陷一侧。断裂构造以北北东向、北东向为主，后期受北西向构造叠加				必要
矿床特征	成矿时代	燕山晚期				重要
	岩石类型	花岗斑岩、流纹岩、凝灰质砾岩、流纹质凝灰岩、砂岩、火山角砾岩				重要
	矿物组合	金属矿物主要为辉钼矿，其他矿物除黄铜矿、黄铁矿外，还有少量的辉铜矿、斑铜矿、方铅矿、闪锌矿、磁铁矿、赤铁矿、次生孔雀石、蓝铜矿、褐铁矿等。脉石矿物为石英、钾长石、绿泥石、绢云母、方解石、高岭石、黑云母等				重要
	结构构造	结构：半自形结构、他形粒状结构、片状、星点状及薄膜状结构。 构造：细脉状构造及浸染状构造				次要
	蚀变特征	主要围岩蚀变类型为绢云母化、绿泥石化、碳酸盐化、硅化、绿帘石化和钾化等。在时间上，绿帘石化-绢云母化、硅化与成矿的关系最为密切				重要
	控矿条件	①主要围岩蚀变类型是绿帘石化-绢云母化、硅化。 ②北北东、北东向断裂构造对花岗斑岩体的侵位、热液活动及成矿起着控制作用。 ③早白垩世花岗斑岩体为含矿母岩。满克头鄂博组流纹质凝灰岩亦是赋矿层位				重要
地球物理特征	重力异常	矿床位于椭圆状布格重力局部高异常北部的等值线扭曲处，布格重力异常值 Δg 变化范围为 $-16\times10^{-5}\mathrm{m/s^2}\sim-6.79\times10^{-5}\mathrm{m/s^2}$。在剩余重力异常图上，矿床位于椭圆状正异常北部，走向南北，异常值最高为 $5.72\times10^{-5}\mathrm{m/s^2}$				重要
	磁法异常	航磁 ΔT 化极异常值起始值在 300~350nT 之间				重要
地球化学特征		存在 Mo、Cu、W 的组合异常，Mo 为高度富集和强烈分异的分布特征。Cu 异常值在 $(48\sim61)\times10^{-9}$ 之间，Mo 异常值在 $(5.1\sim7.6)\times10^{-9}$ 之间				重要

2）区域预测要素表和预测评价模型

金矿代表性矿床为古利库式火山岩型金矿床，赋矿地质体为中侏罗世—早白垩世熔岩、火山碎屑岩、次火山岩，控矿侵入岩为浅成侵入岩，控矿构造为北东向大断裂及其次级的断裂或破碎带，火山口及其环状、放射状断裂，形成于燕山期。布格重力$(-30\sim-24)\times10^{-4}g$，呈北东—北北东向展布。航磁异常中，北东向或北西向正磁异常（250~600nT）与低-负磁异常线状梯度带是成矿有利地段。各预测要素见区域预测要素表(表 5-43)。

表 5-43 与燕山期超浅成—浅成酸性岩浆活动有关的铜、金、银矿床区域预测要素表

区域预测要素		描述内容	
矿种		(古利库)金矿	(太平沟)钼矿
区域成矿地质环境	大地构造单元	Ⅰ天山-兴蒙造山系、Ⅰ-Ⅰ大兴安岭弧盆系、Ⅰ-Ⅰ-5 二连-贺根山蛇绿混杂岩带(Pz_2)	
	成矿区带	Ⅱ-12 大兴安岭成矿省,Ⅲ-48 东乌珠穆沁旗-嫩江(中强挤压区)Cu、Mo、Pb、Zn、Au、W、Sn、Cr 成矿带(Pt_3、$Vm-1$、$Ye-m$)	
	成矿类型及成矿期	燕山期火山岩型	燕山晚期斑岩型钼矿
	主要赋矿地层	中侏罗世—早白垩熔岩、火山碎屑岩、次火山岩、浅成侵入岩及与元古界围岩外接触带破碎岩	上侏罗统满克头鄂博组
	控矿侵入岩	中侏罗世—早白垩世次火山岩、浅成侵入岩	燕山期细粒二长花岗岩
	主要控矿构造	北东向大断裂及其次级的断裂或破碎带,火山口及其环状、放射状断裂	内蒙古—大兴安岭海西褶皱带与大兴安岭中生代火山岩带的交会部位,矿床分布于基底隆起与坳陷交接部位坳陷一侧
区域成矿地物化遥特征	重力异常特征	布格重力$(-24\sim30)\times10^{-4}$g,呈北东—北北东向展布	布格重力异常值 Δg 变化范围为$-16\times10^5\sim-6.79\times10^5$ m/s^2。在剩余重力异常图上,矿床位于椭圆状正异常北部,走向南北,异常值最高为 5.72×10^5 m/s^2
	航磁异常特征	航磁化极:北东向或北西向正磁异常(250~600nT)与低-负磁异常线状梯度带是成矿有利地段	航磁 ΔT 化极异常值起始值在 300~350nT 之间
	地球化学特征	具 Au、Ag 异常及 Au-Ag-Sb-Bi 等常见低温元素组合异常	存在 Mo、Cu、W 的组合异常,Mo 呈高度富集和强烈分异的分布特征。Cu 异常值在$(48\sim61)\times10^{-9}$之间,Mo 异常值在$(5.1\sim7.6)\times10^{-9}$之间
	遥感特征	为植被覆盖区,遥感特征不明显	

钼矿代表性矿床为太平沟斑岩型钼矿床,赋矿地质体为上侏罗统满克头鄂博组,控矿侵入岩为燕山期细粒二长花岗岩,控矿构造为内蒙古-大兴安岭海西褶皱带与大兴安岭中生代火山岩带的交会部位,矿床分布于基底隆起与坳陷交接部位坳陷一侧,形成于燕山期。重力异常,布格重力异常值 Δg 变化范围为$-16\times10^5\sim-6.79\times10^5$ m/s^2;在剩余重力异常图上,矿床位于椭圆状正异常北部,走向南北,异常值最高为 5.72×10^5 m/s^2。航磁异常,航磁 ΔT 化极异常值起始值在 300~350nT 之间。化探异常,存在 Mo、Cu、W 的组合异常,Mo 呈高度富集和强烈分异的分布特征;Cu 异常值在$(48\sim61)\times10^{-9}$之间,Mo 异常值在$(5.1\sim7.6)\times10^{-9}$之间。

3. 与燕山中期基性、中酸及酸性火山岩有关的 Au、Ag、Te 矿床成矿亚系列

本成矿亚系列矿产预测类型主要为火山-次火山热液型金矿，主要代表性矿床为三道湾子式火山热液型金矿床、旁开门式火山-次火山热液型金矿床。

1）典型矿床预测要素表（表 5-44）

表 5-44　黑龙江省三道湾子式火山热液型金矿床典型矿床预测要素表

成矿要素特征描述		描述内容	成矿要素分类
		火山热液型金矿床	
地质环境	岩石类型	粗面安山岩、粗安质火山角砾岩及英安岩	必要
	岩石结构	斑状结构、火山碎屑结构	次要
	成矿时代	光华组（K_1gn）K-Ar 同位素年龄值 140.8Ma，成矿时代属早白垩世	必要
	成矿环境	早白垩世光华期火山活动地带，赋矿地层为侏罗系塔木兰沟组	必要
	构造背景	扎兰屯-多宝山岛弧（Ⅰ-1-4）	必要
矿床特征	矿物组合	自然金属矿物有金、银金、银矿等；碲金矿、斜方碲金矿、针碲金银矿、碲金银矿、碲银矿、六方磅银矿、碲铅矿和碲汞矿等；金属硫化矿物主要有黄铁矿、磁铁矿，其次为赤铁矿，黄铜矿、闪锌矿、方铅矿、毒砂、辉银矿；脉石矿物有石英、长石、高岭石、绢云母、绿泥石和方解石等	重要
	结构构造	矿石具有自形、半自形及他形结构、交代结构、包含结构及碎裂结构等；具致密块状、浸染状、细（网）脉状、显微细脉浸染状、梳状、晶簇状及角砾状构造	次要
	蚀变	有硅化、黄铁矿化、绢云母化、高岭土化、绿泥石化、绿帘石化和碳酸盐化	重要
	控矿条件	北西向张扭性及北东向断裂构造，早白垩世光华组（K_1gn）	必要
	风化	金矿体出露地表形成含金石英脉转石	次要
地球化学特征	1∶20 万化探	异常面积较大，强度较高，套合较松散。金元素在该带内形成 7 处较明显的浓集中心。三道湾子金矿位于金高背景区，与 Au-35 号异常密切相关。近矿异常 Au、Pb、Zn，远矿异常 Ag、As、Sb。由内向外，呈 Pb-Zn-Au-Ag-As-Sb 序列分带。主成矿元素 Au，伴生元素 Pb、Zn，指示元素 Ag、As、Sb	必要

2)区域预测要素表(表5-45)

表5-45 黑龙江省三道湾子式火山热液型金矿区域预测要素表

成矿要素		描素内容	成矿要素分类
特征描素		火山热液型金矿床	
地质环境	岩石类型	粗面安山岩、粗安质火山角砾岩及英安岩	必要
	岩石结构	斑状结构、火山碎屑结构	次要
	成矿时代	光华组(K_1gn)K-Ar同位素年龄为140.8Ma,成矿时代属早白垩世	必要
	成矿环境	早白垩世光华期火山活动地带,赋矿地层为侏罗系塔木兰沟组	必要
	构造背景	扎兰屯-多宝山岛弧(Ⅰ-1-4)	必要
矿床特征	矿物组合	自然金属矿物有金、银金、银等;碲氏物有碲金矿、斜方碲金矿、针碲金银矿、碲金银矿、碲银矿、六方碲银矿、碲铅矿和碲汞矿等;金属硫化矿物主要有黄铁矿、磁铁矿,其次为赤铁矿、黄铜矿、闪锌矿、方铅矿、毒砂、辉银矿;脉石矿物有石英、长石、高岭石、绢云母、绿泥石和方解石等	重要
	结构构造	矿石具有自形、半自形及他形结构、交代结构、包含结构及碎裂结构等;具致密块状、浸染状、细(网)脉状、细脉浸染状、梳状、晶簇状及角砾状构造	次要
	蚀变	有硅化、黄铁矿化、绢云母化、高岭土化、绿泥石化、绿帘石化和碳酸盐化	重要
	控矿条件	北西向张扭性及北东向断裂构造,早白垩世光华组(K_1gn)	必要
	风化	金矿体出露地表形成含金石英脉转石	次要
地球化学特征	1:20万化探	异常面积较大,强度较高,套合较松散。金元素在该带内形成7处较明显的浓集中心。三道湾子金矿位于金高背景区,与Au-35号异常密切相关。近矿异常Au、Pb、Zn,远矿异常Ag、As、Sb。由内向外,呈Pb-Zn-Au-Ag-As-Sb序列分带。主成矿元素Au,伴生元素Pb、Zn,指示元素Ag、As、Sb	必要

第四节 多矿种综合预测成果

按三级成矿带进行多矿种综合预测。

(一)上黑龙江成矿带

该成矿带涉及黑龙江省,根据根据单矿种预测中圈定的最小预测区经归并后共圈定13个综合预测区,矿种包括金、砂金、钼、石墨、硫铁、银、铜、铅、锌和萤石等,13个综合预测区均为C类(图5-1,表5-46)。

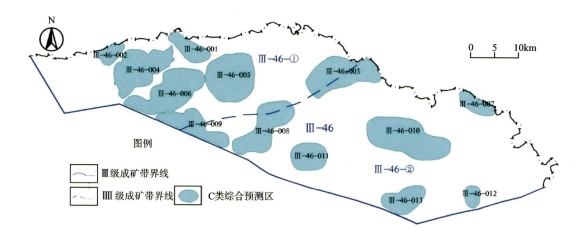

图 5-1 上黑龙江(边缘海)成矿带(Ⅲ-46)多矿种综合预测成果图

表 5-46 上黑龙江(边缘海)成矿带(Ⅲ-46)多矿种综合预测成果表

编号	名称	综合预测区类别	综合矿种及预测资源量	面积(km²)
Ⅲ-46-001	漠河县宝林山	C类	金：4264kg	292.02
Ⅲ-46-002	铁力市鹿鸣	C类	金：6877kg	171.61
Ⅲ-46-003	漠河县二根河	C类	金 14 901kg；砂金 122.5kg	819.30
Ⅲ-46-004	漠河县沙宝斯	C类	石墨 804.73 千吨；砂金 816.2kg	796.49
Ⅲ-46-005	漠河县龙沟河	C类	金：18 751kg	878.75
Ⅲ-46-006	漠河县下亮子林场	C类	金 9024kg；硫铁 0.62 千吨；石墨 6 589.56 千吨	901.85
Ⅲ-46-007	塔河县西尔根气河口	C类	金：5503kg	223.48
Ⅲ-46-008	漠河县依西林场	C类	钼 111 701t；萤石 30.327 千吨	715.82
Ⅲ-46-009	漠河县木石神山	C类	石墨 14 624.32 千吨	501.32
Ⅲ-46-010	塔河县马林林场	C类	金 10 901kg；铜 7 623.89t	1 063.83
Ⅲ-46-011	漠河县交鲁山	C类	萤石：38.96 千吨	367.02
Ⅲ-46-012	塔河县跃进林场	C类	钼：93 217t	127.07
Ⅲ-46-013	塔河县里格布山	C类	钼 301 460t；银 27.50t；铅锌 25 401.93t	381.35

(二)新巴尔虎右旗-根河成矿带

该成矿带涉及黑龙江省和内蒙古自治区，根据单矿种预测中圈定的最小预测区经归并后共圈定 65 个综合预测区，矿种包括金、铜、钼、石墨、硫铁、银、铅、锌、萤石和砂金等，其中 A 类综合预测区 5 个，B 类综合预测区 20 个，C 类综合预测区 40 个(表 5-47，图 5-2)。

表 5-47 新巴尔虎右旗—根河成矿带（Ⅲ-47）多矿种综合预测成果表

编号	名称	综合预测区类别	综合矿种及预测资源量	面积（km²）	综合评价
Ⅲ-47-001	漠河县博拉府河	C类	石墨 232.47；硫铁 0.17	158.26	有利于寻找同类型矿产
Ⅲ-47-002	虎拉林	C类	金矿：2451	196.63	有利于寻找同类型矿产
Ⅲ-47-003	漠河县大林河	C类	石墨：5 596.44	275.11	有利于寻找同类型矿产
Ⅲ-47-004	漠河县大赤里马河	C类	钼：96 143	312.29	有利于寻找同类型矿产
Ⅲ-47-005	呼中区古盘河	C类	银 12.61；铅锌 5 078.03	406.06	有利于寻找同类型矿产
Ⅲ-47-006	漠河县果鲁索伊河	C类	石墨：2 831.66	837.50	有利于寻找同类型矿产
Ⅲ-47-007	漠河县科波里河	C类	石墨：1 694.14	615.58	有利于寻找同类型矿产
Ⅲ-47-008	白银纳鄂伦春族乡	C类	硫铁：0	274.35	有利于寻找同类型矿产
Ⅲ-47-009	呼中区别拉牙河	C类	银 9.00；铅锌 6 583.46	438.95	有利于寻找同类型矿产
Ⅲ-47-010	新林区小诺木诺孔河	C类	钼 346 141；砂金 1 547.1	627.79	有利于寻找同类型矿产
Ⅲ-47-011	塔河县肉查拉班河	C类	硫铁：1.89	328.98	有利于寻找同类型矿产
Ⅲ-47-012	塔河县蛇头山	C类	硫铁：1.35	262.23	有利于寻找同类型矿产
Ⅲ-47-013	呼中区嘎来奥山	C类	银 72.23；铅锌 137 310.12；钼 1 251 454	1 587.75	有利于寻找同类型矿产
Ⅲ-47-014	呼中区特马山	C类	银 38.39；铅锌 57 764.83	825.81	有利于寻找同类型矿产
Ⅲ-47-015	塔河县达拉牙河	C类	砂金 15 434.8；硫铁 2.86	837.30	有利于寻找同类型矿产
Ⅲ-47-016	呼中区 1335 高地	C类	钼：207 645	266.54	有利于寻找同类型矿产
Ⅲ-47-017	呼中区大提扬山	C类	银 73.04；铅锌 109 118.86	1 101.72	有利于寻找同类型矿产
Ⅲ-47-018	呼中区宏伟镇	C类	银 16.77；铅锌 39 809.18	431.38	有利于寻找同类型矿产
Ⅲ-47-019	呼中区 1119 高地	C类	银 29.90；铅锌 47 158.84；钼 210 438	509.84	有利于寻找同类型矿产
Ⅲ-47-020	黄火地南	C类	锡：5 902.75	212.77	出露的岩体为白垩纪花岗闪长岩和二叠纪黑云母二长花岗岩，Sn 元素化探异常起始值 $>6.4\times10^{-6}$，与成矿有关的北东、北西向断层十分发育

续表 5-47

编号	名称	综合预测区类别	综合矿种及预测资源量	面积（km²）	综合评价
Ⅲ-47-021	加疙瘩村北西	C 类	锡:13 335.99	442.70	出露的地层为南华系佳疙瘩组,岩体为二叠纪黑云母二长花岗岩,Sn 元素化探异常起始值>6.4×10⁻⁶,规模较大,与成矿有关的北东、北西向断层十分发育,发育遥感环状构造
Ⅲ-47-022	呼中区雄关林场	B 类	钼:614 889	789.81	有利于寻找同类型矿产
Ⅲ-47-023	炭窑	C 类	金:124.85;锡:2 439.88	186.37	该区出露的地层为南华系佳疙瘩组,岩体为二叠纪黑云母二长花岗岩;位于北东、北西向断裂交汇处;在 Au 化探异常范围内;Sn 元素化探异常起始值>6.4×10⁻⁶,规模较大,与成矿有关的北东、北西向断层十分发育;模型区内磁异常明显 要在 0~1×10⁻⁵ m/s² 之间;剩余重力异常值 Δg 主
Ⅲ-47-024	红旗林场	C 类	金:883.36;锡:5 977.82	844.95	出露的地层为南华系佳疙瘩组和侏罗系满克头鄂博组盖层,岩体为白垩纪石英二长岩和二叠纪黑云母二长花岗岩,区内与成矿有关的北东、北西向断层十分发育,剩余重力异常值 Δg 主要在 0~1×10⁻⁵ m/s² 之间,航磁 ΔT 化极异常要在（-1~1)×10⁻⁵ m/s²之间,Sn 元素化探异常起始值>6.4×10⁻⁶ -100~1400nT 之间,
Ⅲ-47-025	新林塔源二支线	A 类	钼 0.006;铜 13 498.62;银 6.97;铅锌 27 799.87	218.61	有利于寻找同类型矿产
Ⅲ-47-026	呼中区大白山	C 类	钼:19 747	114.31	有利于寻找同类型矿产
Ⅲ-47-027	达赖沟	C 类	钼:67 427.35;铅锌:277 804.00;银:383	626.68	该最小预测区出露的地质体主要为中侏罗世塔木兰沟组火山岩类建造、晚石炭世二长花岗岩,少量新元古宙片麻状花岗闪长岩及巨斑状黑云母二长花岗岩,其余为第四系覆盖,没有已知银矿点。区内航磁化极异常值 75~1250nT,剩余重力异常值为（42~182)×10⁻⁵ m/s²;银元素化探异常值(-2~3)×10⁻⁹

第五章 找矿远景区划分与工作部署建议

续表 5-47

编号	名称	综合预测区类别	综合矿种及预测资源量	面积(km²)	综合评价
Ⅲ-47-028	下吉宝沟	C类	金:1 178.09	450.61	该预测区位于北东、北西向断裂交汇处,航磁 ΔT 化极异常在 $-400\sim200\mathrm{nT}$ 之间,剩余重力异常值 Δg 主要在 $(-2\sim1)\times10^{-5}\mathrm{m/s^2}$ 之间,最小预测在 Au 化探异常范围内
Ⅲ-47-029	丰林林场	B类	金:1 999.92;铅锌:16 575.00;银:48.98	345.97	该预测区位于北东、北西向断裂交汇处,预测区内有航磁异常显示,航磁 ΔT 化极异常在 $-300\sim-100\mathrm{nT}$ 之间,剩余重力异常值 Δg 主要在 $(0\sim2)\times10^{-5}\mathrm{m/s^2}$ 之间。预测区在 Au 化探异常范围内,围岩有蚀变
Ⅲ-47-030	岔路口	A类	钼:1 979 803.25	540.23	该最小预测区出露的地质体为佟勒根大网子组大网子组变角斑岩、变玄武岩、变酸性熔岩、变砂岩、石英片岩、板岩夹薄层条带状硅质大理岩,第四系及早白垩世花岗斑岩。岔路口钼铅锌银矿位于该区;区内航磁极 $-15\sim625\mathrm{nT}$,剩余重力异常值 $(-3\sim0)\times10^{-5}\mathrm{m/s^2}$,钼元素化探异常值 2.2~236μg/g
Ⅲ-47-031	比利亚谷	C类	铅锌:1 024 454.00;银:1 321.26	697.67	该该区出露的地质体主要为塔木兰沟组、玛尼吐组、满克头鄂博组及第四系;比利亚谷银铅锌矿位于本区。区内航磁化极异常 $-375\sim1250\mathrm{nT}$,剩余重力异常值 $(-1\sim3)\times10^{-5}\mathrm{m/s^2}$;具银铅锌铜等地球化学异常
Ⅲ-47-032	潮中	C类	铅锌:308 705.00;银:407.33;钼:1002	458.23	该区出露的地质岩石主要为塔木兰沟组、满克头鄂博组,晚侏罗世正长花岗岩及第四岩。区内航磁化极异常 $25\sim500\mathrm{nT}$,剩余重力异常值 $(-6\sim1)\times10^{-5}\mathrm{m/s^2}$;具银铅锌铜等地球化学异常

续表 5-47

编号	名称	综合预测区类别	综合矿种及预测资源量	面积（km²）	综合评价
Ⅲ-47-033	大子杨山	B类	铁:1 788.10;铅锌:6 687.00;银:31	252.79	该综合预测区出露的地质体为第四系及中二叠世粗粒黑云母二长花岗岩;共有各类断层19条;剩余重力及航磁化极异常北东向高低相间;地耷子小型矿床位于该区内
Ⅲ-47-034	新福村东	C类	钼:382 554.25	128.76	该区出露的地质体为早白垩世花岗斑岩,满克头鄂博组;航磁化极-400~250nT;剩余重力(-3~3)×10⁻⁵ m/s²;钼元素化探异常值1.7~236μg/g
Ⅲ-47-035	上护林	C类	铅锌:2 851 814.50;银:180.58	119.17	该综合预测区出露的地质体主要中侏罗世碱长花岗岩,塔木兰沟组,红水泉组;航磁化极-250~625nT;剩余重力(-4~1)×10⁻⁵ m/s²;具铅锌铜等地球化学异常
Ⅲ-47-036	了望山	B类	铁:12.30;金:36.33;铅锌:43 306.00;银:43 306	187.00	该综合预测区出露的地层为第四系,震旦系额尔古纳河组大理岩,石英岩,钠长石英片岩,角闪岩,并有晚侏罗世粗粒伸长花岗岩侵入;共有各类断层15条,航磁异常4处,一级铁袋数处,剩余重力较低,航磁化极值较高,红水泉子和黑山头屯北矿子矿点位于该区
Ⅲ-47-037	窑地	C类	钼:21 419	458.07	该预测区地表有早白垩世石英正长斑岩出露,其余为第四系覆盖;剩余重力在(-4~2)×10⁻⁵ m/s²之间,航磁化极-250~600nT;具钼地球化学异常
Ⅲ-47-038	特可寨尔	B类	铁:4 740.70;金:2 119.72;铅锌:195 655.00;银:255.66	492.97	该综合预测区出露的地层为震旦系额尔古纳河组粗粒黑云母二长花岗岩,石英岩,角闪岩片岩;并有中二叠世粗粒黑云母二长花岗岩侵入性;有各类断层18条,剩余重力异常与重力异常套合较好;地耷子矿与已知区有很大的相似性,航磁化极异常点位于该预测区内

续表 5-47

编号	名称	综合预测区类别	综合矿种及预测资源量	面积(km²)	综合评价
Ⅲ-47-039	哈达汗	C类	萤石:112.33;钼:1805	595.72	出露石英正长斑岩、花岗斑岩及满克头鄂博组,发育北东向断裂及硅化、黄铁矿化蚀变,分布有氟地球化学异常 F-1,已发现一小型萤石矿
Ⅲ-47-040	昆仲力	B类	铅锌:24 295.00;银:79.64;萤石:82.62	559.58	出露含矿地质体原-石炭纪黑云母花岗岩,已发现 2 个小型萤石矿床,分布有氟地球化学异常 F-7,F-8,F-4,F-7
Ⅲ-47-041	青年沟	B类	铅锌:24 955.00;银:110.35;萤石:52.26	319.32	该区出露的地质体主要为白音高老组、满克头鄂博组、玛尼吐组、额尔古纳河组及早白垩世闪长岩,石炭纪黑云母花岗岩,航磁化极-250~625nT,剩余重力(-3~2)×10⁻⁵ m/s²;具银铅锌铜等地球化学异常;已发现 2 个小型萤石矿床;分布有氟地球化学异常 F-25,F-17,F-18
Ⅲ-47-042	黑山头镇东	C类	金:211	114.37	具有一定的找矿潜力,位于火山盆地边,出露塔木兰沟组,具 Au 元素化探异常,东西向大断裂与东北东断裂交汇处
Ⅲ-47-043	黑山头镇	B类	金:61.00;银:118.03	106.98	该区出露的地质体主要为塔木兰沟组、碱长花岗岩,航磁化极-1250~1250nT,剩余重力(2~6)×10⁻⁵ m/s²;具银铅锌铜等地球化学异常
Ⅲ-47-044	八大关	B类	金:407.00;钼:44 742	275.98	具有一定的找矿潜力,位于火山盆地边,出露塔木兰沟组及晚罗世花岗闪长岩,具 Au 元素化探异常,有 4 个遥感最小预测区,2 个隐伏岩体,位于北东向大断裂南东侧。
Ⅲ-47-045	东方红	C类	萤石:387.14	828.17	出露含矿地质体原-石炭纪黑云母花岗岩,已发现一小型萤石矿床,分布有氟地球化学异常 F-27

续表 5-47

编号	名称	综合预测区类别	综合矿种及预测资源量	面积（km²）	综合评价
Ⅲ-47-046	八一	B类	金:354.00;钼:115 853	524.93	该区处在北东与北西断裂交汇部位,有塔木兰沟组,有塔木兰沟组花岗岩、黑云母花岗岩,花岗斑岩出露,徐罗纪花岗闪长岩中心明显,具金铜钼元素异常,浓集中心明显,处于北东向重力异常梯度带上,航磁异常不明显。八一八一小型铜钼矿床
Ⅲ-47-047	沙布日廷浑迪	C类	铁:25 256.30;萤石:66.62;金:1881	548.09	出露宝力高庙组及早白垩世花岗斑岩,已发现一中型硫铁矿,位于航磁剩余重力异常梯度带,北东向断裂发育
Ⅲ-47-048	四五牧场	A类	金:1145	287.30	位于火山盆地中,出露塔木兰沟组,满克头鄂博组,具 Au 元素化探异常,化探综合异常,有5个遥感最小预测区,1个大型金矿床,1个大型隐状岩体
Ⅲ-47-049	马鞍山西	B类	铁:2 398.90;铅锌:388 694.00;钼:93 515.16	785.90	该最小预测区出露的地层为震旦系额尔古纳河组大理岩、石英岩、钠长石英片岩、角闪片岩,并有中二叠世粗粒黑云母花岗岩侵入;该预测区内有遥感解译断层1条,剩余重力异常较低,航磁化极值较高;该预测区为C类区
Ⅲ-47-050	养路房西北	C类	钼:4800	810.43	该区地表主要出露早白垩世花岗斑岩及白音高老组流纹质火山碎屑岩。剩余重力在 0~8×10⁻⁵ m/s²之间,航磁化极范围50~150nT。有 Mo 元素化探异常
Ⅲ-47-051	旺石山	C类	萤石:88.44	404.99	出露含矿地质体原-石炭纪黑云母花岗岩,已发现一小型萤石矿床
Ⅲ-47-052	哈拉胜格拉陶勒盖	B类	锰:115.24;钼:24 045.43;铅锌:42 201	135.57	该区处在塔木兰沟组安山玄武岩,含砾砂岩、砂砾岩及砂岩、粉砂岩,白垩纪石英二长斑岩基岩出露区。区内有达来苏木哈拉胜陶勒盖小型矿床1处,锰矿点1处;具锰钼铅锌异常,剩余重力在(-1~2)×10⁻⁵ m/s²之间,航磁化极异常,具锰钼铅锌等地球化学异常

第五章 找矿远景区划分与工作部署建议

续表 5-47

编号	名称	综合预测区类别	综合矿种及预测资源量	面积（km²）	综合评价
Ⅲ-47-053	乌奴格吐山东北	A类	钼:387 304.13;锰:32.55;铅锌:229 792.00;铜:1 710 100.00;银:890.06	380.12	该区处在呼伦湖西缘北东向断裂西早中侏罗世黑云母花岗岩出露区,钼单元素异常浓度较高,处于北东向重力异常梯度带边缘外侧,航磁异常不明显。找矿潜力一般
Ⅲ-47-054	伊和乌拉嘎查北	C类	铜:947 900	486.00	该区处在西乌珠尔北东向断裂西北侏罗纪黑云母花岗岩岩出露区,具铜等综合化探异常及单元素异常,处于北东向重力异常梯度带上,航磁异常不明显。具有较大找矿潜力
Ⅲ-47-055	谢尔塔拉	A类	铁:95 647.20;金:187	643.91	出露莫尔根河组;位于剩余重力高值区;有航磁甲类异常1处,乙类异常5处,丙类异常2处;已发现矿床两处
Ⅲ-47-056	西大坝	B类	锰:187.29;钼:18 838.82;铅锌:6 763.00;银:1 107.16;铁:58	340.20	该区出露的地质体主要为塔木兰沟组及早中侏罗世正长花岗岩,发育北东、北西向断层;航磁化极在-50~300nT之间,剩余重力在(-3~5)×10⁻⁵m/s²之间,最小预测区多处于北东向重力异常梯度带上;具铜银铅锌钼等地球化学异常;有1个锰矿点
Ⅲ-47-057	三根河林场	C类	铁:43 770.40;钼:10 090.44	158.84	出露奥陶系裸河组、泥盆系大民山组、石炭纪钾长花岗岩和花岗闪长岩。位于剩余重力异常高值区,梯度带,航磁高值区。有4个航磁甲类异常,矿点2处
Ⅲ-47-058	和热木	B类	锰:47.97;铅锌:243 030.00;钼:银:1366	211.42	该区出露的地质体主要为塔木兰沟组,发育北东向断层,航磁化极在-50~50nT之间,剩余重力Δg在0~4×10⁻⁵m/s²之间,具铜银铅锌等地球化学异常
Ⅲ-47-059	傲包乌拉	B类	铅锌:979 618.00;锰:156.58;银:1 354.82	779.10	该区处在白垩纪花岗斑岩及塔木兰沟组安山岩、安山玄武岩,含砾砂岩,砂砾岩及砂岩、粉砂岩出露区。区内小型铅锌矿床2处,铜、铅、锌、银化探异常1处,航磁化极1处,具有较大找矿潜力

续表 5-47

编号	名称	综合预测区类别	综合矿种及预测资源量	面积(km²)	综合评价
Ⅲ-47-060	塔日彦都贵郎西	C类	铁:195 224	688.01	出露莫尔根河组,位于剩余重力高值区、梯度带,航磁正值区。有航磁甲类异常2处,丁类异常1处
Ⅲ-47-061	新巴尔虎右旗	B类	铅锌:338 070	258.66	该区处在塔木兰沟组安山岩出露区。铜、铅、锌、含砾砂岩、安山玄武岩、含砾砂岩、砂砾岩及砂岩、粉砂岩出露区。铜、铅、锌、银化探异常1处,航磁化极异常1处,具有较大找矿潜力
Ⅲ-47-062	努其根呼都格	B类	锰:175.36;钼:111 550.35;铅锌:51 538.00;银:3131	424.09	该区出露的地质体主要为早中侏罗世正长花岗岩,北西、北东向断裂较发育,航磁异常值在-250~-200nT之间,剩余重力异常值Δg在(-4~7)×10⁻⁵m/s²之间,最小预测区多位于重力异常中心或梯度带上,有1处航磁化极异常中心浓集中心明显
Ⅲ-47-063	额其陶勒盖	B类	铅锌:268 236.00;锰:331.69;银1 725.04	310.68	该区出露的地质体主要为塔木兰沟组安山岩及石英脉,发育北东、北西向断层,区内有1个大型银铅锰矿床及小型银铅锰矿床1个、小型锰矿点3处。该区航磁异常值在-100~0nT之间,剩余重力化探地球化学异常Δg在(2~7)×10⁻⁵m/s²之间,具银铅锌等地球化学异常,有1处航磁化极异常中心明显,具有较大找矿潜力
Ⅲ-47-064	都鲁吐	B类	铅锌:412 265	491.32	该区处在塔木兰沟组安山岩、安山玄武岩、含砾砂岩、粉砂岩出露区。金、砷、锑、汞化探异常1处,航磁化极异常1处,具有较大找矿潜力
Ⅲ-47-065	哈毗书呼都格	B类	铅锌:213 404.00;银:4 450.74;锰:187.67	894.23	该区处在塔木兰沟组安山岩、安山玄武岩、含砾砂岩、粉砂岩出露区。金、砷、锑、汞化探异常1处,航磁化极异常1处,具有较大找矿潜力

注:各矿种预测资源量为:铁(千吨)、铜(t)、铅锌(t)、钼(t)、金(kg)、银(t)、锡(t)、萤石(千吨)、硫铁矿(千吨)、石墨(千吨)、砂金(kg)、锰(千吨)。

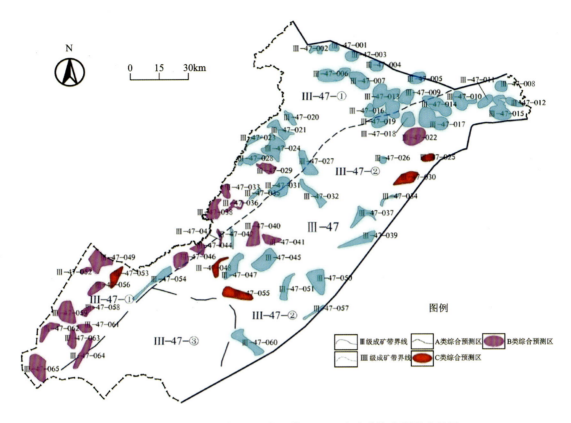

图 5-2　新巴尔虎右旗-根河成矿带（Ⅲ-47）多矿种综合预测成果图

(三) 东乌珠穆沁旗-嫩江成矿带

东乌珠穆沁旗-嫩江（中强挤压区）Cu-Mo-Pb-Zn-W-Sn-Cr成矿带涉及黑龙江省和内蒙古自治区，根据单矿种预测中圈定的最小预测区经归并后共圈定39个综合预测区，矿种包括金、铁、铜、钼、硫铁、银、铅、锌和砂金等，其中A类综合预测区3个，B类综合预测区5个，C类综合预测区31个（表5-48，图5-3）。

表 5-48 东乌珠穆沁旗—嫩江成矿带（Ⅲ-448）重要矿种预测成果表

编号	名称	综合预测区类别	综合矿种及预测资源量	面积（km²）	综合评价
Ⅲ-48-001	呼玛县绰纳纳河北	C类	金:1981	269.26	有利于寻找同类型矿产
Ⅲ-48-002	呼玛县西娘山	C类	金:463	165.28	有利于寻找同类型矿产
Ⅲ-48-003	呼玛县雏喑山	C类	银:286.76	587.12	有利于寻找同类型矿产
Ⅲ-48-004	呼玛县基座山	C类	钼 466 552;金 3386;银 163.17	828.79	有利于寻找同类型矿产
Ⅲ-48-005	呼玛县稀顶山	C类	银:190.27	465.98	有利于寻找同类型矿产
Ⅲ-48-006	呼玛县旁开门	A类	金 930.00;银 51.72	492.93	有利于寻找同类型矿产
Ⅲ-48-007	呼玛县布寨上岛	C类	银:25.16	42.46	有利于寻找同类型矿产
Ⅲ-48-008	十二站林场西 492 高地	C类	金:835	387.67	地质概况:预测区出露地层为玛尼吐组:灰绿、紫褐色中性火山熔岩、中酸性火山碎屑岩夹火山熔岩,紫褐色中性火山熔岩。出露岩体为泥盆纪花岗岩花岗岩,浅滩堆积层;低漫滩堆积特征;重力异常:特征不明显。地球物理、地球化学特征:具 Au 元素化探异常,化探综合异常。预测类型为火山岩型金矿 4 个金矿最小预测区 4 个。C 类预测区 4 个。
Ⅲ-48-009	呼玛旗西山	B类	金 382;砂金 1 234.2	343.61	有利于寻找同类型矿产
Ⅲ-48-010	十二站林场西 571 高地	C类	金:2383	299.74	地质概况:预测区出露地层为兴华渡口群:黑云斜长片麻岩,斜长角闪岩,混合岩,变粒岩,磁铁石英岩、片岩,泥鳅河组:灰绿、黄绿、灰黑色石英砂岩、粉砂岩夹生物碎屑灰岩及火山岩,大民山组:中基性、酸性火山岩,玛尼吐组:灰绿、紫褐色中性火山熔岩,中酸性火山碎屑岩夹火山碎屑岩夹火山岩,红水泉组:杂砂岩、板岩、硅质岩、灰岩,灰岩夹凝灰岩;玛尼吐组:灰绿、紫褐色中性火山熔岩,出露岩体为二叠纪花岗闪长岩;二叠纪花岗闪长岩,堆积层:砂、砂砾石。地球物理、地球化学特征:重力异常,化探综合异常。航磁异常特征不明显。化探特征:具 Au 元素化探异常,化探综合异常,B 类预测区分布情况及预测资源量。预测类型为火山岩型金矿 5 个最小预测区 3 个,C 类预测区 2 个。C 类预测类型为火山岩型金矿

第五章 找矿远景区划分与工作部署建议

续表 5-48

编号	名称	综合预测区类别	综合矿种及预测资源量	面积（km²）	综合评价
Ⅲ-48-011	呼玛县船型山	B类	铁:150.1	82.59	有利于寻找同类型矿产
Ⅲ-48-012	古利库金矿北西615高地	C类	金:3767	499.58	地质概况：预测区出露地层为兴华渡口群；黑云斜长片麻岩，混合岩，变粒岩，磁铁石英岩，浅粒岩，片岩；泥鳅河组：灰绿、黄绿、灰黑色长石石英砂岩，粉砂岩夹生物碎屑灰岩及火山岩；大民山组：中基性、酸性火山岩，火山碎屑岩，碎屑岩，灰岩，硅质岩，红水泉组：杂砂岩，板岩，灰岩夹凝灰岩；玛尼吐组：灰绿、紫褐色中性火山熔岩，中酸性火山碎屑岩夹火山碎屑沉积岩；梅勒图组：暗色中基性、中性熔岩为主，少量中酸性火山碎屑岩及火山碎屑沉积岩。出露岩体为石炭纪花岗岩。地球物理、地球化学特征：重力异常特征不明显。航磁异常：特征不明显。化探异常：具 Au 元素化探综合异常。预测区内包括 6 个金矿最小预测区 2 个，C类预测区 4 个。预测类型为火山岩型金矿
Ⅲ-48-013	古利库金矿	A类	金:7219	338.65	地质概况：预测区出露地层为兴华渡口群；黑云斜长片麻岩，混合岩，变粒岩，磁铁石英岩，浅粒岩，片岩；泥鳅河组：灰绿、黄绿、灰黑色长石石英砂岩，粉砂岩夹生物碎屑灰岩及火山岩；大民山组：中基性、酸性火山岩，火山碎屑岩，碎屑岩，灰岩，硅质岩，红水泉组：杂砂岩，板岩，灰岩夹凝灰岩；玛尼吐组：灰绿、紫褐色中性火山熔岩，中酸性火山碎屑岩夹火山碎屑沉积岩；梅勒图组：暗色中基性、中性熔岩为主，少量中酸性火山碎屑岩及火山碎屑沉积岩。出露岩体为石炭纪花岗岩。地球物理、地球化学特征：重力异常特征不明显。航磁异常：特征不明显。化探异常：具 Au 元素化探综合异常。预测区内包括 6 个金矿最小预测区 2 个，C类预测区 4 个。预测类型为火山岩型金矿
Ⅲ-48-014	黑河市城中山	C类	金:383;银:5.98	175.56	有利于寻找同类型矿产

续表 5-48

编号	名称	综合预测区类别	综合矿种及预测资源量	面积（km²）	综合评价
Ⅲ-48-015	古利库金矿西553高地	C类	金:787	549.17	地质概况：预测区出露地层为泥鳅河组；灰绿、黄绿、灰黑色长石石英砂岩，粉砂岩夹生物碎屑灰岩及火山岩；灰白、浅灰色酸性火山熔岩，中酸性火山碎屑岩，火山碎屑沉积岩；玛尼吐组：满克头鄂博组；灰绿、紫褐色中基性、中性熔岩为主，中酸性火山碎屑岩夹火山碎屑及火山碎屑沉积岩；梅勒图组：暗色中基性、中性熔岩、石炭纪花岗岩。出露岩体为泥盆纪花岗岩、石炭纪花岗岩。地球物理、地球化学特征：重力异常特征不明显。航磁异常、化探特征：具 Au 元素化探综合异常。预测区内包括 5 个金矿最小预测区，C类预测区 5 个。预测类型为火山岩型金矿
Ⅲ-48-016	黑河市源茂队	C类	银 20.85；金 13 019	500.13	有利于寻找同类型矿产
Ⅲ-48-017	嫩江县马鞍山	B类	钼 284 407；金 4999；银 29.27	571.57	有利于寻找同类型矿产
Ⅲ-48-018	黑河市皮尔罂东	B类	金 1022；铁 1 791.7	322.57	有利于寻找同类型矿产
Ⅲ-48-019	黑河市法别拉西山	B类	银 82.258 8；钼 1 255 199；金 386 634；铁 385.8	1 458.58	有利于寻找同类型矿产
Ⅲ-48-020	嫩江县大河里河	C类	钼 111 551；铁 500.3	363.55	有利于寻找同类型矿产
Ⅲ-48-021	黑河市五十吉河	C类	钼 258 833；铁 95.2；金 4675	537.51	有利于寻找同类型矿产
Ⅲ-48-022	黑宝山	C类	银 3.755 6；金 3618；硫铁 1 708.71；铜 2 366 983.01；钼 53 315	878.98	有利于寻找同类型矿产
Ⅲ-48-023	黑河市泥鳅河	C类	钼:267 240；铜 11 759.96；硫铁 2 135.34	684.46	有利于寻找同类型矿产
Ⅲ-48-024	嫩江县良种场	C类	铅锌 46 894.32；硫铁 992.57；铁 4 890.9	366.11	有利于寻找同类型矿产

第五章　找矿远景区划分与工作部署建议

续表 5-48

编号	名称	综合预测区类别	综合矿种及预测资源量	面积（km²）	综合评价
Ⅲ-48-025	嫩江县固河口	C类	金:4274	454.52	有利于寻找同类型矿产
Ⅲ-48-026	嫩江县泥鳅河	C类	银:24.453 1;钼 2765	576.62	有利于寻找同类型矿产
Ⅲ-48-027	太平沟西北	C类	钼:14 947.06	233.85	地质概况：预测区出露地层为满克头鄂博组：灰白、浅灰色酸性火山熔岩,酸性火山碎屑岩,火山碎屑沉积岩。出露岩体有中二叠世中细粒黑云母二长花岗岩,似斑状二长花岗岩,早白垩世花岗闪长岩。地球物理、地球化学特征：重力异常：剩余重力异常主要在(−3~−1)×10⁻⁵ m/s²之间。航磁异常：特征不明显。化探特征：Mo化探异常范围主要在(5.1~236)×10⁻⁹之间
Ⅲ-48-028	腰站鹿场西	C类	铁:25 223	896.59	地质概况：预测区出露地层为多宝山组：变安山岩、青磐岩化安山岩,变安山质凝灰角砾岩,变玄武安山岩、青磐岩化安山岩,含放射虫硅质岩、含粉砂岩、板岩,变质砂岩、板岩、变泥岩,千枚状粉砂岩,满克头鄂博组：裸河组：灰白、浅灰色酸性二长花岗岩,酸性火山熔岩、火山碎屑沉积岩。预测区出露岩体为晚石炭世二长花岗岩,三叠纪二长花岗岩。地球物理特征：重力剩余重力剩余重力剩余重力剩余重力剩余重力剩余重力剩磁正值区。航磁异常：预测区位于航磁正带
Ⅲ-48-029	梨子山铁铜	C类	铁:54 637.00;钼:3608	814.75	地质概况：预测区出露地层为铜山组：粉砂质板岩、千枚岩、硅质页岩、粉砂岩,多宝山组：结晶灰岩、变安山岩、青磐岩化安山岩,变安山质凝灰角砾岩,长石石英砂岩、变质长石砂岩、含粉砂岩硅质板岩,变质砂岩、变泥岩、千枚岩,满克头鄂博组：玛尼吐组：灰绿、紫褐色中性火山熔岩,变泥岩、千枚岩,火山碎屑沉积岩,火山碎屑岩。灰白、浅灰色酸性火山熔岩,中酸纪花岗岩,中酸纪花岗岩夹二叠纪火山碎屑岩。预测区出露岩体为石炭纪花岗闪长岩、中炭纪花岗岩。铁矿异常：航磁甲类异常3处。地球物理特征：预测区内有航磁甲类异常3处,剩余重力过渡带。航磁异常：预测区位于航磁甲类重力过渡带 3处

续表 5-48

编号	名称	综合预测区类别	综合矿种及预测资源量	面积（km²）	综合评价
Ⅲ-48-030	福德南屯	C类	钼:11 085.47	300.24	地质概况：预测区出露地层为泥鳅河组：灰绿、黄绿、灰黑色长石石英砂岩、粉砂岩夹生物碎屑灰岩及火山岩；满克头鄂博组：灰白、浅灰色酸性火山熔岩、酸性火山碎屑岩、火山碎屑沉积岩；甘河组：气孔杏仁状、致密块状玄武岩、安山岩、玄武质粗安岩、玄武质凝灰岩、珍珠岩、灰白色酸性晶屑岩屑凝灰岩。出露岩体有中二叠世二长花岗岩、早侏罗世石英二长闪长岩。地球物理、地球化学特征：重力异常：剩余重力异常值△g主要在(1~2)×10⁻⁵ m/s²之间。航磁异常在(5.1~236)×10⁻⁹之间。化探特征：Mo 化探异常范围主要在剩余重力异常区。航磁异常区：预测区位于航磁异常区
Ⅲ-48-031	太平沟北2	C类	钼:32 870.06	276.94	地质概况：预测区出露地层为佳疙瘩组：上部灰黑色绢云母板岩、碳质板岩、安山岩、变质砂岩，结晶灰岩、泥灰岩。下部板岩、变质长石石英砂岩、绿色安山岩；满克头鄂博组：灰白、浅灰色酸性火山熔岩、酸性火山碎屑岩、火山碎屑沉积岩；甘河组：气孔杏仁状、致密块状玄武岩、安山玄武岩、玄武质粗安岩。预测区北出露岩体为中二叠世二长花岗岩。地球物理、地球化学特征：重力异常：预测区剩余重力异常值△g主要在(2~4)×10⁻⁵ m/s²之间。 化探特征：Mo 化探异常。航磁异常：预测区在航磁异常区。(4.1~5.1)×10⁻⁹之间
Ⅲ-48-032	1250高地西	C类	铁:10 762.10；钼:4 753.74；铜:25 908	599.31	地质概况：预测区出露地层为铜山组：粉砂质板岩、千枚岩、硅质页岩、粉砂岩；多宝山组：青磐岩化安山熔岩、含放射虫硅质岩、含粉砂岩、变质砂泥板岩；青龙山组：结晶灰岩、泥灰岩；变质安山岩、变泥岩、千枚状粉砂岩、玛尼吐组：灰绿、紫褐色中性火山岩夹火山碎屑沉积岩。预测区北出露岩体为晚石炭纪花岗岩、晚二叠世二长花岗岩夹二叠纪花岗岩。地球物理特征：重力异常：预测区剩余重力异常区。航磁异常：预测区位于航磁高值区
Ⅲ-48-033	古营河林场10队东	C类	铁:2 684.40；铜:64 179.42	481.90	地质概况：预测区出露地层为裸河组：变质砂岩、板岩、变泥岩、千枚状粉砂岩、酸性火山熔岩、火山碎屑岩夹中酸性火山碎屑岩与火山碎屑沉积岩。满克头鄂博组：灰白、浅灰色酸性火山碎屑岩、酸性火山熔岩、火山碎屑沉积岩、白音高老组：灰白、杂色酸性火山碎屑岩、酸性熔岩夹中酸性火山岩。预测区出露岩体为晚石炭世至晚二叠世二长花岗岩、早白垩世碱长花岗岩。地球物理特征：重力异常：重力异常过渡带。航磁异常：预测区位于航磁正值区

第五章 找矿远景区划分与工作部署建议

续表 5-48

编号	名称	综合预测区类别	综合矿种及预测资源量	面积（km²）	综合评价
Ⅲ-48-034	三道桥	C类	铁：37 101.70；钼：6 489.96；铜：73 405.32	817.88	地质概况：预测区出露地层为铜山组：粉砂质板岩，千枚岩，硅质页岩，粉砂岩等；多宝山组：青磐岩化安山岩，变安山质凝灰角砾岩，变玄武安山岩，变质长石砂岩等；泥鳅河组：灰绿、黄绿、灰黑色长石石英砂岩，粉砂岩夹生物碎屑灰岩及火山岩；大民山组：变玄武火山熔岩，火山碎屑岩，变质砂岩，凝灰岩，泥岩，生物灰岩；满克头鄂博组：灰白、浅灰色酸性火山熔岩，酸性火山碎屑岩，火山碎屑沉积岩。预测区出露岩体为石炭纪花岗岩。地球物理特征：重力异常：预测区位于剩余重力梯度带。航磁异常：预测区位于航磁高值区
Ⅲ-48-035	全胜林场北	C类	铁：54 046	505.99	地质概况：预测区出露地层为铜山组：粉砂质板岩，千枚岩，硅质页岩，粉砂岩，变安山岩；多宝山组：青磐岩化安山岩，含放射虫硅质岩，含粉砂泥质板岩，变玄武安山岩，变质长石砂岩；玛尼吐组：灰绿、紫褐色中酸性火山熔岩，中酸性火山碎屑岩夹硅质岩，含粉砂山碎屑沉积岩。预测区出露岩体为泥盆纪闪长岩，石炭纪花岗闪长岩，石炭纪花岗岩。地球物理特征：重力异常：预测区内有重力异常1处，有小型铁矿床1处。航磁异常：预测区内有航磁丙类异常2处
Ⅲ-48-036	河中林场	C类	铁：41 140.90；铜：137 632	841.12	地质概况：预测区出露地层为多宝山组：青磐岩化安山岩，变安山质凝灰岩，变玄武安山岩，变质长石砂岩，含粉砂硅质岩，变砂岩角砾岩；玛尼吐组：灰白、紫褐色浅酸性火山熔岩，酸性火山碎屑岩，火山碎屑沉积岩；满克头鄂博组：灰绿、紫褐色中性火山熔岩，中酸性火山碎屑岩夹火山碎屑沉积岩。预测区出露岩体为晚石炭世花岗岩。地球物理特征：重力异常：预测区位于剩余重力高值区。航磁异常：预测区位于航磁负值区，其中铁矿有C类预测区1个，铜矿有B类预测区包括2个铁、铜矿床，铜矿有C类预测区1个。预测类型最小预测区为B类预测区包括2个铁、铜矿，预测类型为侵入岩体型铁、铜矿

续表 5-48

编号	名称	综合预测区类别	综合矿种及预测资源量	面积（km²）	综合评价
Ⅲ-48-037	沙金尼呼吉尔	C类	铜：357 041.13	572.47	地质概况：预测区出露地层为铜山组；粉砂质板岩、千枚岩、硅质页岩、粉砂岩、长石石英砂岩、结晶灰岩、多宝山组；青磐岩化安山岩、变晶安山岩、含放射虫硅质岩、变质长石砂岩、变质安山岩，含放射虫硅质岩、含粉砂泥板岩、满克头鄂博组；灰白、浅灰色酸性火山熔岩、酸性火山碎屑岩，侏罗纪花岗岩斑岩。地球物理：地磁异常出露岩体为二叠纪花岗岩，侏罗纪花岗岩斑岩。地球物理：剩余重力异常为重力高，异常值-8~5×10⁻⁵m/s²。航磁异常：剩余化极为低负磁异常，异常值-100~0nT。化探异常：铜元素化探异常度分带明显，有2个浓集中心，铜元素化探异常28~1 907.6µg
Ⅲ-48-038	苏河屯	C类	铁：22 956.70；铜：63 747.79；钼：8 551.53	774.40	地质概况：预测区出露地层为多宝山组：青磐岩化安山岩、变玄武安山岩、多宝山组等；泥鳅河组：长石石英砂岩、粉砂岩夹生物碎屑灰岩及火山岩、红水泉组；杂砂岩、板岩、灰岩、含放射虫硅质岩、宝力高庙组：灰黑、灰黄色中酸性火山熔岩、火山碎屑岩、正常碎屑岩；玛尼吐组：灰白、浅灰色酸性火山熔岩，中酸性火山碎屑岩夹火山碎屑沉积岩，侏罗纪花岗岩。地球物理特征：晚石炭世二长花岗岩。预测区位于剩余重力异常梯度带。已发现小型矿床1处。航磁异常：预测区位于剩余重力异常高值区，有4处乙类异常和1处丙类异常
Ⅲ-48-039	罕达盖	A类	铁：18 131.90；铜：257 786	272.67	地质概况：预测区出露地层为多宝山组：青磐岩化安山岩、变安山质凝灰角砾岩、变玄武安山岩、变质长石砂岩、含放射虫硅质岩、含粉砂泥板岩、变质砂岩、板岩、千枚状粉砂岩、卧都河组：泥质粉砂岩、变质砂砾岩、变泥岩、泥鳅河组：灰绿、黄绿色砂岩，灰黑色长石石英砂岩、粉砂岩夹生物碎屑灰岩及火山岩、红水泉组：杂砂岩、板岩、灰岩夹凝灰岩、灰岩夹火山碎屑岩。灰色酸性火山熔岩、酸性熔岩夹中酸性火山碎屑岩与火山碎屑沉积岩、白音高老组：灰色酸性火山碎屑岩为石炭纪黑云母花岗岩。区内发现小型铁矿床一处。地球物理特征：重力异常：预测区位于剩余重力高值区，整体处于负值区。磁化极值不高，航磁异常：预测区航磁异常处于负值区

注：各矿种预测资源量单位为：铁（千吨）、铜（t）、钼（t）、金（kg）、银（t）、硫铁矿（千吨）、砂金（kg）。

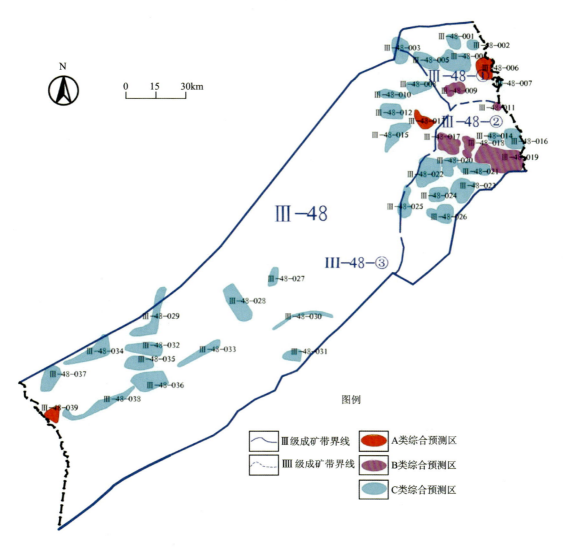

图 5-3　东乌珠穆沁旗-嫩江成矿带（Ⅲ-48）重要矿种预测成果图

第五节　找矿远景区与找矿靶区

找矿远景区是成矿作用基本相似、具有成因联系的矿产资源相对集中分布区,有国家急缺矿种存在,主要控矿因素清楚,预、估算资源量有一定规模,其范围大体相当于矿田或有多个矿田,是国家或地方重点部署开展基础地质调查、矿产勘查评价的首选地区。

找矿靶区是必须位于成矿有利构造部位和具良好成矿前提,既要有容矿建造和含矿建造,又要有生矿建造和造矿建造,它们之间的组合关联较好。是在找矿远景区内,其成矿条件基本相似,矿床成因类型基本相同,有利的地、物、化、遥、重砂等成矿信息和矿化集中分布区。是在研究、总结已知矿床(体)成矿规律基础上,能在未知区(隐伏或工作程度低)寻找同类矿体,或者可扩大已知区同类矿床(体)规模,有进一步工作价值的区域。是产一种或一种以上国家急缺矿种或地方急需矿种,控矿地质因素有利,找矿标志或物化探、重砂异常反映明显,范围相当于矿田或矿床,经初步工作验证后可转入普查或开发的地块。总体原则是近期能够获得较大找矿突破和产生较好经济效益的地区。

找矿靶区类别确定的原则如下:

A 类——成矿地质条件优越,矿化显示良好,物、化、遥均显示为成矿有利区,工作程度较高,找矿前景好,有望找到大—超大型矿床,资源潜力大。

B 类——成矿地质条件良好,矿化显示较好,物、化、遥均显示为成矿有利区,但工作程度不高,有一定找矿前景和资源潜力,有可能找到中—大型矿床。

C 类——具有一定成矿地质条件,有矿化和化探异常显示,但工作程度低,资源潜力不明。

大兴安岭成矿带共圈定 9 个找矿远景区和 50 个找矿靶区,如图 5-4、表 5-49 所示。

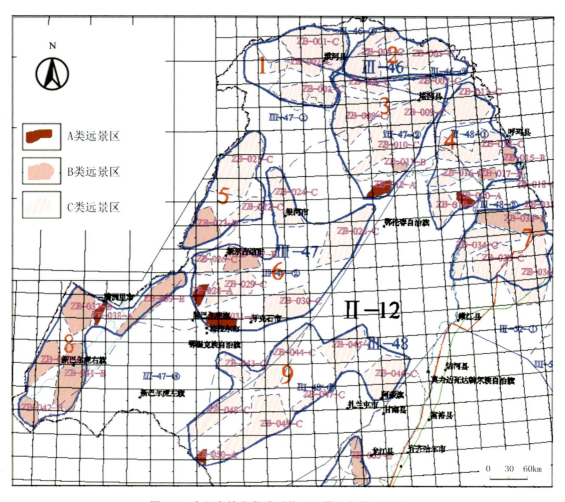

图 5-4　大兴安岭北段重要找矿远景区与找矿靶区

表 5-49　大兴安岭北段重要找矿远景区与找矿靶区一览表

序号	重要找矿远景区名称	找矿靶区编号	找矿靶区名称
1	内蒙古额尔古纳-黑龙江漠河砂金、石墨、硫铁矿找矿远景区	ZB-001-C	砂宝斯找矿靶区
		ZB-002-C	瓦鲁库托河找矿靶区
		ZB-003-C	科波里河找矿靶区
2	黑龙江小赤里马河-马场林场 Au、砂金找矿远景区	ZB-004-C	马大尔河找矿靶区
		ZB-005-C	二十一站找矿靶区

续表 5-49

序号	重要找矿远景区名称	找矿靶区编号	找矿靶区名称
3	黑龙江呼中区-内蒙古岔路口 Mo-Pb-Zn-Ag 找矿远景区	ZB-006-C	大赤里马河找矿靶区
		ZB-007-C	依沙漠河床祥沟找矿靶区
		ZB-008-C	碧水银找矿靶区
		ZB-009-C	大提扬山找矿靶区
		ZB-010-C	宏伟镇找矿靶区
		ZB-011-B	塔源二支线找矿靶区
		ZB-012-A	岔路口找矿靶区
4	黑龙江塔河-呼玛-内蒙古古利库 Au、砂金找矿远景区	ZB-013-C	查拉班河找矿靶区
		ZB-014-C	兴隆沟找矿靶区
		ZB-015-B	旁开门找矿靶区
		ZB-016-C	十二站林场西找矿靶区
		ZB-017-B	东大岭西找矿靶区
		ZB-018-C	布赛上岛找矿靶区
		ZB-019-C	古利库金矿西找矿靶区
		ZB-020-A	古利库找矿靶区
5	内蒙古红旗林场-比利亚谷-地营子 Ag-Pb-Zn-Fe 找矿远景区	ZB-021-C	红旗林场找矿靶区
		ZB-022-C	比利亚谷找矿靶区
		ZB-023-B	地营子找矿靶区
6	内蒙古谢尔塔拉-鄂伦春 Fe-Pb-Zn-Ag-Au-Mo、萤石找矿远景区	ZB-024-C	达赖沟找矿靶区
		ZB-025-C	哈达汗找矿靶区
		ZB-026-C	黑山头镇找矿靶区
		ZB-027-B	昆库力找矿靶区
		ZB-028-A	四五牧场找矿靶区
		ZB-029-C	沙布日廷浑迪找矿靶区
		ZB-030-C	旺石山找矿靶区
		ZB-031-A	谢尔塔拉找矿靶区
7	黑龙江嫩江-黑河 Pb-Zn-Ag-Au-Mo、硫铁矿找矿远景区	ZB-032-C	源茂队找矿靶区
		ZB-033-B	北大沟西找矿靶区
		ZB-034-C	多宝山找矿靶区
		ZB-035-C	小泥鳅河找矿靶区
		ZB-036-C	阿凌河找矿靶区

续表 5-49

序号	重要找矿远景区名称	找矿靶区编号	找矿靶区名称
8	内蒙古额仁陶勒盖-八大关 Pb-Zn-Ag-Cu-Mo 找矿远景区	ZB-037-B	西大坝找矿靶区
		ZB-038-A	乌奴格吐山东北找矿靶区
		ZB-039-B	八八一找矿靶区
		ZB-040-B	傲包乌拉找矿靶区
		ZB-041-B	额仁陶勒盖找矿靶区
		ZB-042-B	哈帜书呼都格找矿靶区
9	内蒙古罕达盖-太平沟 Fe-Mo-Cu 找矿远景区	ZB-043-C	塔日彦都贵郎西找矿靶区
		ZB-044-C	梨子山找矿靶区
		ZB-045-C	太平沟找矿靶区
		ZB-046-C	太平沟北找矿靶区
		ZB-047-C	古营河林场 10 队东找矿靶区
		ZB-048-C	三道桥找矿靶区
		ZB-049-C	苏河屯找矿靶区
		ZB-050-A	罕达盖找矿靶区

一、找矿远景区

1. 内蒙古额尔古纳-黑龙江漠河砂金、石墨、硫铁矿找矿远景区

远景区处于成矿带最北端,额尔齐斯-得尔布干断裂带北侧,绣峰周缘前陆盆地亚相(J_2)北部,其内发育近东西走向的漠河推覆构造,上叠七号林场火山沉积-断陷盆地(J_3)。成矿作用以中生代最为强烈,其次为新生代及元古宙,主要发育破碎蚀变岩型金矿床、矽卡岩型铜矿床、砂金矿床及沉积变质型石墨矿床。燕山期矿床主要为破碎蚀变岩型金矿床及矽卡岩型铜矿床。多分布在中侏罗统河湖相碎屑岩建造中,矿体受早白垩世中酸性、酸性侵入岩及漠河推覆构造中的脆性断裂控制,代表性矿床为砂宝斯 Au 矿床、老沟 Au 矿床及洛古河 CuMo 矿点;砂金矿床为第四纪成矿,均沿河道分布,代表性矿床为老沟河、马尼契河砂金矿床;中—新元古代形成沉积-变质型石墨矿床,分布在绣峰周缘前陆盆地(J_2)基底残块亚相内,代表性矿床如霍拉盆及门都里石墨矿床。

区内目前探明的金金属储量 27 318kg,砂金金属储量 87 148kg,石墨矿石储量 $7277×10^3$t。潜力评价预测金资源量 41 367.06kg,石墨 $32 373.32×10^3$t,砂金 816.20kg,硫铁 $0.62×10^3$t,钼矿 111 701t,萤石 $30.33×10^3$t。

2. 黑龙江小赤里马河-马场林场 Au、砂金找矿远景区

远景区处于成矿带北部,额尔齐斯-得尔布干断裂带及伊列克得-加格达奇断裂带间,绣峰周缘前陆盆地亚相(J_2)南部,上叠长缨火山沉积-断陷盆地(J_3—K_1)、呼中-二十二站火山沉积-断陷盆地(J_3—K_1),南部出露门都里陆缘弧侵入岩($\epsilon_3 O_1$)。主要发育金矿及砂金矿。火山热液型金矿床主要分布于长缨火山沉积-断陷盆地(J_3—K_1),以早白垩世光华期火山热液成矿作用为主,火山机构控矿,形成火山热液型金矿化,代表性矿点为二根河 Au 矿点、马达尔 Au 矿点;构造蚀变岩型金铜矿床,主要分布于绣峰周缘前陆盆地亚相（J_2）南缘与门都里陆缘弧侵入岩（ϵ_3O_1）接触带两侧。以早白垩世中酸性岩浆侵入活动成矿作用为主，矿体赋存在北西向等断裂构造中，主要为破碎蚀变岩型金矿床，代表性矿床为富拉罕 Au 矿床。总之，区内破碎蚀变岩金矿床及火山热液型金矿床均为早白垩世形成，前者受北西向等断裂构造及早白垩世中酸性、酸性侵入岩控制，后者受早白垩世光华期火山岩及火山机构控制。此外，区内还分布多处砂金矿床，均赋存于第四系冲洪积物中，沿河道发育，代表型矿床为马达尔河砂金矿床。

区内目前探明的铜金属储量 32 137t，金金属储量 4232kg，砂金金属储量 14 292kg。潜力评价预测金资源量 313 05kg，砂金 122.50kg，铜 7623.89t，萤石 69.29×10^3t。

3. 黑龙江呼中区-内蒙古岔路口 Mo-Pb-Zn-Ag 找矿远景区

远景区位于成矿带北部，额尔齐斯-得尔布干断裂带及伊列克得-加格达奇断裂带均穿过本区，区主体为中生代火山-沉积拗陷盆地，但区带北东部和盆地中均有前中生代隆起。盆地基底为古元古界兴华渡口群、新元古界佳疙疸组及古生代火山-沉积地层。主要成矿元素有 Mo、Pb、Zn、Au、Cu 等。燕山期构造岩浆活动强烈，中生代火山沉积岩及侵入岩发育。成矿作用多与燕山期浅成—超浅成火山-侵入岩体有关；矿床类型主要有斑岩型、火山热液型、矽卡岩型和沉积变质型。斑岩型钼矿床主要由晚侏罗世—早白垩世浅成、超浅成的花岗斑岩岩浆期后的含钼矿热液蚀变形成，代表性矿床为岔路口钼铅锌矿床；火山热液型矿床主要与燕山晚期超浅成—浅成中酸性火山-侵入岩活动有关，控矿地质体为光华组地层，代表性矿床为碧水铅锌矿；早白垩世闪长岩（δK_1）侵入上石炭统新伊根河组（C_2x），在接触带发生交代作用，形成矽卡岩型多金属矿床，代表性矿床为塔源二支线铜铅锌矿床。

区内目前探明的钼金属储量 1 124 863t，铅锌金属储量 157 353t，铜金属储量 5272t，银矿 32.15t，砂金金属储量 3922kg。潜力评价预测砂金矿资源量 1 547.10kg，钼 5 120 937.3t，铜 13 498.62t，银 286.41t，铅锌 456 025.12t。

4. 黑龙江塔河-呼玛-内蒙古古利库 Au、砂金找矿远景区

远景区位于成矿带东北部，伊列克得-加格达奇断裂带东，区内主要分布有元古代结晶基底兴华渡口群，古生代为岛弧和弧后盆地，形成有兴隆碎屑岩陆表海亚相（ϵ_1）、呼玛弧后盆地亚相（O）、多宝山火山弧亚相（O）、五道沟弧间盆地亚相（S_4-D_3）、及关鸟河陆缘弧侵入岩亚相（C_1）。中生代叠加了古利库火山沉积-断陷盆地亚相（K_1）。燕山期构造岩浆活动强烈，主要发育金矿、砂金矿及铁矿。

成矿作用主要为燕山期和加里东期。矿床类型有火山热液型、岩浆热液型、岩浆熔离型及沉积变质型。火山热液型金矿床与甘河期火山岩浆活动有关，为火山、次火山岩岩浆期后含矿热液充填到构造破碎带中形成，旁开门式金矿床是此类矿床的代表；岩浆热液型金矿床主要为早白垩世白岗质花岗岩侵入后期形成的含矿热液，充填到构造破碎带中形成，代表性矿床为二十四号桥式石英脉型金矿床；岩浆熔离型 Ti-Fe 矿床主要与加里东中—晚期基性侵入岩有关，成矿时代为早奥陶世—早志留世，分布于后碰撞辉长岩体（O_1-S_1）内，成矿与成岩同时进行，受控于岩浆结晶分异作用，代表性矿床有北西里 Ti-Fe 矿床。

区内目前探明的金金属储量 15 628kg，砂金金属储量 121 196kg，磁铁矿矿石储量 1672 万 t，硫铁矿矿石储量 220×10^3t。潜力评价预测金矿资源量 221 330kg，砂金 16 669kg，钼 466 552t，银 691.92t，硫铁 6.1×10^3t。

5. 内蒙古红旗林场-比利亚谷-地营子 Ag-Pb-Zn-Fe 找矿远景区

远景区位于成矿带北西部，额尔齐斯-得尔布干断裂带西，成矿作用以中生代最为强烈，其次为晚古生代和新生代。成矿元素主要为铅锌、金，次为铁和银。成矿类型主要为火山-次火山热液型、岩浆热液型、砂岩型。区内中生代次火山岩、浅成斑岩体等广泛出露，前中生代花岗岩类零星出露，与火山热液型矿床成矿有密切关系，代表性矿床为比利亚谷铅锌矿；由于本区为前中生代基底隆起区，前中生代地层

及花岗岩广泛发育,在基底隆起边缘形成一系列与海西晚期岩浆活动有关的热液型铁矿床,如地营子铁矿床,成矿期为石炭纪—二叠纪。

区内目前探明的铅锌金属储量 1 904 689t,银金属储量 1342t,砂金金属储量 1868kg,铁矿矿石储量 10 051×10^3。潜力评价预测金资源量 7 533.95kg,银 2 126.12t,铅锌 1 585 111t,锡 27 656.44t,铁 10 971.2×10^3。

6. 内蒙古谢尔塔拉-鄂伦春 Fe‐Pb‐Zn‐Ag‐Au‐Mo、萤石找矿远景区

远景区位于成矿带北部,额尔齐斯-得尔布干断裂带及伊列克得-加格达奇断裂带间,得尔布干深断裂带使该区在中生代成为火山拗陷盆地,但盆中有隆起。盆地基底为古元古界兴华渡口群、新元古界佳疙疸组、早石炭世地层莫尔根河组,岩性组合为中基性—中酸性火山岩及其碎屑岩,赋存有与古生代海相火山-沉积作用有关的铁锌矿床、硫铁(铜)矿床,代表性矿床如谢尔塔拉铁矿床、十五里堆硫铁矿床。中生代火山岩发育,并已发现四五牧场火山隐爆角砾岩型金矿床和昆库力热液型萤石矿床。

区内目前探明的铅锌金属储量 29 438t,银金属储量 5t,金金属储量 225kg,钼矿金属储量 3742t,砂金金属储量 1868kg,铜 2005t,铁矿矿石储量 73 155×10^3t,硫铁矿矿石储量 14 186×10^3t,萤石矿石储量 427×10^3t。潜力评价预测金矿资源量 3485kg,银 1 098.54t,钼 479 007.6t,铅锌 742 114t,铁 120 903.5×10^3t,硫铁 12 729×10^3t,萤石 789.41×10^3t。

7. 黑龙江嫩江-黑河 Pb‐Zn‐Ag‐Au‐Mo、硫铁矿找矿远景区

远景区位于成矿带北东部,伊列克得-加格达奇断裂带东南,该区露地层主要有古元古界兴华渡口群、新元古界佳疙疸组、奥陶系火山-沉积地层、泥盆系泥鳅河组、大民山组、石炭系—二叠系格根敖包组、宝力高庙组。总体是在加里东岛弧带基底上发育起来的海西构造岩浆带,并在中生代进入滨西太平洋活动大陆边缘构造发育阶段,而发育中生代火山-深成岩。古生代地层是区域重要的赋矿围岩。本区主要发育金银、铜钼及砂金矿床。

成矿作用主要与加里东期、海西期岛弧火山侵入作用及燕山期构造岩浆作用有关。矿床类型有斑岩型、矽卡岩型、海相火山岩型、砂岩型等。区内斑岩型矿床形成于早—中奥陶世岛弧环境,花岗闪长岩、花岗闪长斑岩为成矿母岩,多宝山组围岩提供部分成矿物质,代表性矿床为多宝山铜钼矿床;矽卡岩型矿床主要赋存于大量出现古生代沉积变质岩系及海西期花岗岩与地层的接触带,从矿床特征上看属铁氧化型(IOCG)多金属矿床,磁铁矿大量出现,硫化物相对较少,成矿期为泥盆纪—石炭纪代表性矿床有罕达盖铁铜矿床及梨子山铁钼矿床等;泥鳅河组粉砂岩板岩大理岩夹细碧角斑岩组合呈残留体分布在侵入岩中,其细碧角斑岩建造控制了海相沉积型铜锌矿床形成,代表性矿床(点)为付地营子 ZnCu 矿床;区内砂金矿床较多,均为第四纪成矿,主要沿河流发育。

区内目前探明的金矿金属储量 102 948kg,钼 103 201t,砂金金属储量 37 206kg,银金属储量 1 354.04t,钨金属储量 8866t,锌金属储量 47 335t,硫铁矿矿石储量 878×10^3t。潜力评价预测金资源量 432 915kg,钼 2 796 223t,铜 2 378 742.97t,银 250.05t,铅锌 163 668.68t,铁 9 214.3×10^3t,硫铁 3 286.22×10^3t。

8. 内蒙古额仁陶勒盖-八大关 Pb‐Zn‐Ag‐Cu‐Mo 找矿远景区

远景区位于成矿带北西部,额尔齐斯-得尔布干断裂带南段,主体为中生代火山沉积盆地,局部出露有古生代地层及侵入岩。成矿主要发生在隆坳接触部位、隆中坳或坳中隆的部位。成矿作用与燕山期构造岩浆活动密切相关。成矿元素主要为 Cu、Mo、Pb、Zn、Ag、Au,矿床类型主要有斑岩型、火山-次火山热液型等。斑岩型矿床主要与与燕山早期酸性火山-侵入杂岩岩浆活动有关,燕山早期中酸性侵入杂岩是此类矿床的控矿地质体,代表矿床为乌奴格吐山型铜钼矿;火山-次火山热液型矿床与火山-侵入岩浆活动关系密切,区内出露的中生代次火山岩、浅成斑岩体,前中生代花岗岩等均与成矿有关,该区总体

构造线为北东走向,控制矿床分布,代表性矿床如额仁陶勒盖银矿床等。

区内目前探明的金金属储量1464kg,钼561 366t,银金属储量3616t,铜金属储量2 888 678t,铅锌金属储量1 974 366t,锰矿矿石储量316×10^3t,硫铁矿矿石储量$13\ 101\times10^3$t。潜力评价预测金资源量761kg,银14 025.09t,钼777 010.9t,铜3 705 500t,铅锌3 173 611t,铁3310×10^3t,锰$1\ 234.35\times10^3$t。

9. 内蒙古罕达盖-太平沟Fe-Mo-Cu找矿远景区

远景区位于成矿带东北部,嫩江深断裂西侧,区内石炭系—白垩系均有出露,中生代陆相中基性及酸性火山岩出露面积较大。侵入岩为海西期及燕山期花岗岩。该亚带西侧为基底隆起区,东侧为中生代晚侏罗世—早白垩世火山盆地。成矿作用主要为中生代。成矿元素主要有Fe、Cu、Mo。矿床类型有斑岩型和矽卡岩型。斑岩型矿床主要与燕山中期中性、中酸性侵入岩有关,区内发育的早白垩世花岗斑岩及其与地层接触带是直接赋矿地质体,代表性矿床有太平沟斑岩型钼矿床;矽卡岩型矿床与海西期中基性—中酸性岩浆活动有关,石炭纪白岗岩、二长闪长岩与奥陶纪、震旦纪碳酸盐岩地层接触带是矿床的赋存地段,代表性矿床有梨子山铁矿床、塔尔其铁矿床。

区内目前探明的铜金属储量111 399t,钼69 594t,铅金属储量214 342t,银金属储量8t,铁矿矿石储量7020×10^3t。潜力评价预测钼158 813.7t,铜950 550.1t,铁$473\ 799.5\times10^3$t,重晶石57.3×10^3t。

二、找矿靶区

ZB-001-C:砂宝斯C类找矿靶区位于黑龙江漠河县,面积5 077.63km^2。靶区位于得尔布干深断裂北侧,区内包含6个C类综合预测区。出露地层有古元古界兴华渡口群、侏罗系绣峰组、二十二站组、漠河组、白垩系九峰山组、第四系沉积物,侵入岩有加里东期、印支期的中酸性岩浆岩,区内近南北、东西向的断裂发育,互相交会,为成矿热液的运移提供有利的空间及通道。区内发现构造破碎蚀变岩型金矿1处,热液型金矿床1处,砂金矿床5处,矽卡岩型铜矿床1处,沉积变质型石墨矿床2处。预查区内主攻矿床类型为构造破碎蚀变岩型金矿床,兼顾矽卡岩型铜矿床,沉积变质型石墨矿床。金矿床产于侏罗系火山岩中,推测成矿时代为燕山期,加里东期二长花岗岩与有色金属矿成矿关系密切,洛古河矽卡岩型铜矿床产于该岩体边缘的断裂带中,古元古界兴华渡口群是沉积变质型石墨矿床的主要赋矿围岩。中酸性侵入岩与地层的接触带及侏罗系火山岩的发育地区是找矿的有利地段。本区仅完成部分1:5万区调工作。

ZB-002-C:瓦鲁库托河C类找矿靶区位于黑龙江漠河县,面积1 213.01km^2。靶区位于得尔布干深断裂北侧,区内包含3个C类综合预测区。出露地层有古元古界兴华渡口群、侏罗系万宝组、绣峰组、白垩系甘河组及第四系沉积物。侵入岩见加里东期及印支期中酸性岩浆岩,区内主要构造线方向为北东向。目前区内仅发现1处砂金矿床,为瓦鲁库托河砂金矿床,成矿时代为第四系,找矿靶区内主攻矿床类型为砂金矿床,沿河沟分布的第四系冲积层是砂金的主要赋存地段。本区仅完成部分1:5万区调工作。

ZB-003-C:科波里河C类找矿靶区位于黑龙江漠河县,面积2 320.48km^2。靶区位于得尔布干深断裂北侧,区内包含2个C类综合预测区。出露地层有古元古界兴华渡口群、侏罗系绣峰组、白垩系甘河组。侵入岩主要为印支期中酸性岩浆岩。区内断裂不发育,仅见一西北向断层。本区内虽然暂未发现矿床,但在找矿靶区北部集中发育多个砂金矿床,赋存于第四系沉积物中,由于第四系冲积层沿河沟方向蔓延至区内,因此推测区内主攻矿床类型为砂金矿床,成矿时代为第四系。另外区内变质岩地层发育,兴华渡口群是在附近区域是石墨的赋矿围岩,因此本区在寻找石墨矿床方面也有一定潜力。本区仅完成小部分1:5万矿调工作。

ZB-004-C:马大尔河C类找矿靶区位于黑龙江漠河县,面积3 627.52km^2。靶区位于得尔布干深断裂北东侧,区内包含3个C类综合预测区。出露地层有侏罗系漠河组、塔木兰沟组、开库康组及白垩系穆棱组、甘河组第四系冲积层,侵入岩见晚白垩世玄武岩。区内北东向断裂构造发育,次级构造方向为北西向,构造交会地段是金属矿床的有利赋存部位。区内矿产不发育,仅见马大尔砂金矿床及陆相火山岩型马大尔河金矿床,均赋存于侏罗系穆棱组地层中,该组岩性主要为砾岩、砂岩、粉砂岩夹煤。推测两处金矿成矿时代均为燕山期。找矿靶区内主攻矿床类型为陆相火山岩型金矿床,区内断裂发育的火山岩地层是成矿有利地段。本区仅完成部分1:5万区调工作。

ZB-005-C:二十一站C类找矿靶区位于黑龙江塔河县,面积2 463.70 km²。靶区位于得尔布干深断裂北侧,区内包含2个C类综合预测区。出露地层有侏罗系绣峰组、二十二站组、漠河组、塔木兰沟组、开库康组,白垩系九峰山组、光华组、甘河组及第四系覆盖物。侵入岩见加里东期花岗闪长岩及燕山晚期粗中粒黑云母二长花岗岩。区内北东、北西向断裂形成网脉格局。在晚燕山期黑云母二长花岗岩与侏罗系二十二站组地层接触带上发育1个构造破碎蚀变岩型金铜矿床,另有2个砂金矿床赋存于侏罗系塔木兰沟组火山岩地层中。找矿靶区内主攻矿床类型为构造破碎蚀变岩型金铜矿床,推测成矿时代为燕山期,而燕山期中酸性侵入岩与侏罗系火山岩的接触带及构造发育地区是寻找该类型矿床的有利地段。本区仅完成部分1:5万区调、矿调工作。

ZB-006-C:大赤里马河C类找矿靶区位于黑龙江漠河县,面积1 469.05 km²。靶区位于得尔布干深断裂北侧,区内包含2个C类综合预测区。出露地层有古元古界兴华渡口群、侏罗系白音高老组、白垩系穆棱组和甘河组及第四系沉积物。主要断裂构造方向为北东向,为成矿热液的运移提供了有利的空间及通道。侵入岩见加里东期及印支期中酸性岩浆岩,虽然找矿靶区暂未发现矿床,但区内斑岩体较发育,与火山岩地层的接触带是斑岩型钼矿的有利成矿地段。本区已完成大部分1:5万矿调工作。

ZB-007-C:依沙漠河庆祥沟C类找矿靶区位于黑龙江塔河县,面积2 463.70 km²。靶区位于得尔布干深断裂北侧,找矿靶区内包含2个C类综合预测区。出露地层有侏罗系绣峰组、二十二站组、漠河组、塔木兰沟组、白音高老组及白垩系甘河组,侵入岩发育有加里东期花岗岩、正长花岗岩、花岗闪长岩、辉长岩等,区内断裂构造方向主要为北东向,矿床仅见依沙漠河庆祥沟砂金矿床,该矿床赋存于第四系沉积物中。找矿靶区内主攻矿床类型为砂金矿床,成矿时代为第四系,沿河分布的第四系冲积层是砂金的主要赋存地段。本区未做1:5万区调、1:5万矿调工作。

ZB-008-C:碧水银C类找矿靶区位于黑龙江省大兴安岭地区呼中区,面积3 788.66 km²。得尔布干深断裂穿过靶区南部,找矿靶区区内包含4个C类综合预测区。出露地层主要为侏罗系及白垩系火山岩,侵入岩见加里东期及燕山期中酸性岩浆岩。区内主构造线方向为北东向,北东、北西向断裂构造交会发育,是成矿热液的运移有利的空间及通道。目前仅见1处陆相火山岩型铅锌矿,赋存于白垩系甘河组凝灰岩、凝灰质粉砂岩中,推测成矿时代为燕山期。找矿靶区主攻矿床为陆相火山岩岩型铅锌矿床,火山岩发育地区中断裂构造集中区是找矿的有利地段。本区仅完成部分1:5万区调、矿调工作。

ZB-009-C:大提扬山C类找矿靶区位于黑龙江省大兴安岭地区呼中区,面积3 846.25 km²。靶区位于得尔布干深断裂南侧,区内包含3个C类综合预测区。出露地层有侏罗系塔木兰沟组、土城子组、白音高老组及白垩系光华组、甘河组。区内侵入岩发育,主要出露加里东期及燕山期中酸性岩浆岩。区内断裂构造发育,主要构造线方向为北东向,次级构造为北西向,各方向断裂交会地段是寻找金属矿床的有利地段。目前区内未发现金属矿床,但是区内火山岩地层发育,燕山期斑岩体及其与火山岩地层接触地段是火山岩型银铅锌矿床、斑岩型钼矿床的成矿有利地段,该区有一定的找矿前景。找矿靶区内主攻矿床类型为火山岩型银铅锌矿床,兼顾斑岩型钼矿床。本区已完成大部分1:5万矿调工作。

ZB-010-C:宏伟镇C类找矿靶区位于黑龙江省大兴安岭地区呼中区,面积2 293.48 km²。靶区位于得尔布干深断裂与头道桥-鄂伦春深断裂之间,区内包含1个B类综合预测区,2个C类综合预测区。出露地层简单,仅出露白垩系光华组火山岩。侵入岩见加里东期石英二长闪长岩及二长花岗岩。找矿靶区内主攻矿床类型为火山岩型银铅锌矿床。本区仅完成小部分1:5万区调及矿调工作。

ZB-011-B:塔源二支线B类找矿靶区位于黑龙江省新林区,面积287.18 km²。靶区位于环宇-新林构造推覆带,区内包含1个B类综合预测区。出露地层为白垩系光华组及甘河组。侵入岩见加里东期及燕山期的正长花岗岩、石英闪长岩及辉长岩。该区构造发育,近东西、南北向断裂交会地段是铅锌矿的赋存地区。区内已发现2个矽卡岩型铅锌矿床。找矿靶区内主攻矿床类型为矽卡岩型铅锌矿床,酸性岩浆岩与白垩系光华组火山岩地层的接触带及断裂构造发育地区是找矿的有利地段。全区已完成1:5万区调及矿调工作。

ZB-012-A:岔路口A类找矿靶区位于呼伦贝尔市鄂伦春自治旗,面积656.47km^2。靶区位于头道桥-鄂伦春深断裂的西侧,区内有A类综合预测区1个。出露地层有侏罗系玛尼吐组、白垩系梅勒图组及第四系。侵入岩有海西期以及燕山期的中酸性岩浆岩,据钻探资料显示,第四系下覆盖有白垩系光华组地层和燕山期花岗斑岩。区内火山机构的环状、放射状断裂系统为成矿热液的运移提供了有利的空间及通道。找矿靶区已发现有1处岔路口特大型钼矿床。主攻矿床类型为斑岩型钼矿床,成矿时代为燕山晚期,燕山期花岗斑岩与成矿密切相关,光华组为主要的赋矿围岩。本区未开展1:5万区调、1:5万矿调工作。

ZB-013-C:查拉班河C类找矿靶区位于塔河县内,面积3 125.60km^2。靶区位于环宇-新林构造推覆带北侧,区内包含4个C类综合预测区。出露地层有古元古界兴华渡口群、吉祥沟组,侏罗系白音高老组,白垩系九峰山组、甘河组及第四系沉积物。侵入岩主要为加里东期及印支期中酸性岩浆岩。区内断裂构造发育,主要方向近北东向。区内目前共发现9处砂金矿床,均沿河床赋存于第四系冲积层中,成矿时代为第四系;1处热液型硫铁矿床,赋存于加里东期花岗闪长岩与兴华渡口群地层的接触带中,1处沉积变质型铁矿床,赋矿围岩为古元古界兴华渡口群、成矿时代推测为古元古代;1处沉积型煤矿床,位于预测区北部,赋存于白垩系九峰山组,成矿时代推测为白垩纪。找矿靶区主攻矿床类型为砂岩型砂金矿床,兼顾沉积变质型铁矿床,沿河流分布的第四系冲积层是砂金矿床的重要目标层,印支期与古元古界兴华渡口群的接触带及兴华渡口群地层是沉积变质型铁矿床的有利找矿地段。本区未开展1:5万区调、1:5万矿调工作。

ZB-014-C:兴隆沟C类找矿靶区位于黑龙江省呼玛县,面积3 624.24km^2。靶区位于环宇-新林构造推覆带南侧,区内包含5个C类综合预测区。出露地层有早元古代兴华渡口群、寒武系洪胜沟组,奥陶系铜山组,泥盆系泥鳅河组,侏罗系白音高老组,白垩系九峰山组、光华组、甘河组。区内侵入岩发育,加里东期、海西期、印支期、燕山期中酸性岩浆岩均有出露。区内断裂方向为北东、北西向。区内主攻矿床类型为热液型金矿床,成矿时代燕山期,燕山期石英二长斑岩与火山岩地层的接触带是主要赋矿部位,兼顾斑岩型钼矿床,燕山期斑岩体与该类矿床成矿密切,同时区内砂金矿床分布密集,均沿区内河流赋存于第四系冲积物中。本区仅完成部分1:5万区调工作。

ZB-015-B:旁开门B类找矿靶区位于黑龙江省呼玛县,面积609.14km^2。靶区位于头道桥-鄂伦春深断裂东侧,区内包含1个A类综合预测区。区内地层简单,仅有白垩系光华组及甘河组火山岩及第三系孙吴组出露,未见侵入岩,断裂构造不发育。目前区内发现1处陆相火山岩型金矿床及2处砂金矿床。找矿靶区主攻矿床类型为火山岩型金矿床,成矿时代为燕山期,赋矿地层为白垩系甘河组;兼顾砂金矿床,沿河流分布的第四系冲积层是砂金矿的主要赋矿层位。本区未开展1:5万区调、1:5万矿调工作。

ZB-016-C:十二站林场西C类找矿靶区位于呼伦贝尔市鄂伦春自治旗,面积1 082.01km^2。靶区位于头道桥-鄂伦春深断裂东侧,区内包含2个C类综合预测区。出露地层有早元古代兴华渡口群、泥盆系泥鳅河组、侏罗系玛尼吐组、第四系漫滩堆积层,侵入岩有海西期和燕山期中酸性岩浆岩,区内放射状构造发育,以北东向断裂为主,为成矿热液的运移提供了有利的空间及通道。主攻矿床类型为斑岩型金矿床,成矿时代为燕山期,燕山期花岗岩与元古宙兴华渡口群接触带附近是寻找这类矿床的有利地段。本区未开展1:5万区调、1:5万矿调工作。

ZB-017-B:东大岭西B类找矿靶区位于黑龙江省呼玛县,面积502.14km^2。靶区位于头道桥-鄂伦春深断裂南侧,区内包含1个B类综合预测区。出露地层有奥陶系多宝山组、裸河组,志留系八十里小河组、卧都河组,泥盆系泥鳅河组,白垩系甘河组及第四系沉积物。侵入岩在本区没有出露。区内断裂构造发育,多为北西向展布。找矿靶区主攻矿床类型为砂金矿床,成矿时代为第四纪,沿河流分布的第四系冲积层是砂金矿赋存的重要地区。本区未开展1:5万区调、1:5万矿调工作。

ZB-018-C:布赛上岛C类找矿靶区位于黑龙江省呼玛县,面积309.72 km^2。靶区位于头道桥-鄂伦春深断裂东侧,区内包含1个B类综合预测区,1个C类综合预测区。出露地层有奥陶系铜山组、泥盆系泥鳅河组及第四系覆盖物,侵入岩见石炭纪花岗闪长岩。区内断裂交会发育,以北西、北东向为主,是成矿热液运移及矿床赋存的良好通道及空间。找矿靶区主攻矿床类型为矽卡岩型银矿床,海西期中酸性侵入岩与地层的接触带附近是寻找这类矿床的有利地段。全区已完成1:5万区调、1:5万矿调工作。

ZB-019-C:古利库金矿西C类找矿靶区位于呼伦贝尔市鄂伦春自治旗,面积1 622.69 km^2。靶区位于头道桥-鄂伦春深断裂东侧,包含2个C类综合预测区。出露地层有早元古代兴华渡口群、泥盆系大民山组、石炭系红水泉组、侏罗系满克头鄂博组及玛尼吐组、白垩系梅勒图组。侵入岩有海西期和燕山期中酸性岩浆岩,北东向和北西向断裂发育,为成矿热液的运移提供了有利的空间及通道。主攻矿床类型为斑岩型金矿床,成矿时代为燕山期,燕山期花岗岩与元古宙兴华渡口群接触带附近是寻找这类矿产的有利地段。本区1:5万区调工作局部已完成。

ZB-020-A:古利库A类找矿靶区位于呼伦贝尔市鄂伦春自治旗,面积423.54 km^2。靶区位于头道桥-鄂伦春深断裂东侧,包含1个A类综合预测区。出露的地层有泥盆系泥鳅河组、侏罗系玛尼吐组。侵入岩有海西期中酸性岩浆岩。根据重力资料推测,区内分布有古生代地层和燕山期中酸性侵入岩。找矿靶区北东向大断裂及其次级断裂或破碎带,火山口及其环状、放射状断裂为重要的控矿构造。目前已发现古力库中型金矿床。主攻矿床类型为斑岩型金矿床,成矿时代为燕山期,燕山期花岗岩与元古宙地层接触带附近是寻找这类矿产的有利地段。本区1:5万区调工作大部分已完成。

ZB-021-C:红旗林场C类找矿靶区位于呼伦贝尔市额尔古纳市,面积5 105.16 km^2。靶区位于得尔布干深断裂西北侧,区内包含1个B类综合预测区,5个C类综合预测区。出露地层有新元古代清白口系佳疙疸组、震旦系额尔古纳河组、侏罗系塔木兰沟组和玛尼吐组、白垩系梅勒图组和大磨拐河组、第四系冲积层。侵入岩有加里东期、海西期以及燕山期的中酸性岩浆岩。区内火山机构的环状、放射状断裂系统为成矿热液的运移提供了有利的空间及通道。沿额尔古纳河流域已发现三处第四系砂金矿床,另有热液型和沉积变质型铁矿床各1处。找矿靶区内主攻矿床类型为热液型锡矿床,兼顾次火山热液型铅锌银矿床、热液型金矿床及砂金矿床。热液型锡矿床成矿时代为侏罗纪,燕山期分异较好的中酸性侵入岩与成矿关系密切,清白口系佳疙疸组是成矿围岩;次火山热液型铅锌银矿床成矿时代为侏罗纪,塔木兰沟组火山岩发育地段有利于寻找铅锌多金属矿;热液型金矿床成矿时代为侏罗纪,区内分布的燕山期中酸性侵入岩是寻找该类型矿床的有利地质体;砂金矿床成矿时代为第四系,沿额尔古纳河分布的第四系冲积层是砂金的主要赋存地段。本区已完成大部分1:5万矿调工作。

ZB-022-C:比利亚谷C类找矿靶区位于呼伦贝尔市根河市,面积1 741.55 km^2。靶区位于得尔布干深断裂的北侧,并被其所切割。区内包含2个C类综合预测区。出露地层有侏罗系塔木兰沟组、玛尼吐组以及第四系冲积层。侵入岩有燕山期中酸性岩浆岩。环形构造十分发育,为成矿热液的运移提供了有利的空间及通道。已发现有比利亚谷、三河、三道桥、下护林四处铅锌银多金属矿床(点)。找矿靶区主攻矿床类型为次火山热液型铅锌银矿床,成矿时代为侏罗纪,塔木兰沟组火山岩发育地段有利于寻找铅锌多金属矿床。本区1:5万区调工作局部已完成,大部分地区完成1:5万矿调。

ZB-023-B:地营子B类找矿靶区位于呼伦贝尔市额尔古纳市,面积2 506.68 km^2。靶区位于得尔布干深断裂西侧,区内包含2个B类综合预测区。出露地层有震旦系额尔古纳河组、奥陶系乌宾敖包组、志留系卧都河组、石炭系红水泉组、侏罗系塔木兰沟组和玛尼吐组、第四系冲积层。侵入岩有加里东期、海西期以及燕山期的中酸性岩浆岩,环形构造与北西向构造地段,尤其构造交会处是成矿的有利场所。区内主攻矿床类型为热液型铁矿床,兼顾次火山热液型铅锌银矿床、热液型金矿床。热液型铁矿床成矿时代为海西晚期—燕山早期,海西期和燕山期的花岗岩与成矿关系密切,额尔古纳河组及花岗岩是主要成矿围岩;次火山热液型铅锌银矿床成矿时代为侏罗纪,塔木兰沟组火山岩发育地段有利于寻找铅锌多金属矿床;热液型金矿床成矿时代为侏罗纪,区内分布的燕山期中酸性侵入岩是寻找该类型矿床的有利地质体。本区1∶5万区调工作已部分完成,大部分地区完成1∶5万矿调。

ZB-024-C:达赖沟C类找矿靶区位于呼伦贝尔市根河市,面积3 093.86 km²。靶区位于得尔布干深断裂的北侧,并被其所切割。区内包含2个C类综合预测区。出露地层有侏罗系万宝组、塔木兰沟组以及玛尼吐组。侵入岩有海西期和燕山期中酸性岩浆岩。区内火山机构的环状、放射状断裂系统为成矿热液的运移提供了有利的空间及通道。找矿靶区内主攻矿床类型为次火山热液型铅锌银矿床,兼顾斑岩型钼矿床。次火山热液型铅锌银矿床成矿时代为侏罗纪,塔木兰沟组火山岩发育地段有利于寻找铅锌多金属矿床;斑岩型钼矿床成矿时代为燕山期,区内分布的燕山期花岗斑岩是寻找该类型矿床的有利地质体。本区1∶5万矿调工作大部分已完成。

ZB-025-C:哈达汗C类找矿靶区位于呼伦贝尔市鄂伦春自治旗,面积4 277.87 km²。靶区位于头道桥-鄂伦春深断裂的西侧,区内包含3个C类综合预测区。出露地层有泥盆系大民山组、石炭系莫尔根河组、侏罗系玛尼吐组、白垩系梅勒图组及第四系冲积层,据重力推断,区内亦分布有满克头鄂博组火山岩。侵入岩有海西期以及燕山期的中酸性岩浆岩,北北东、北东向断裂构造对花岗斑岩体的侵位、热液活动及成矿起着控制作用。已发现萤石矿1处。找矿靶区主攻矿床类型为斑岩型钼矿床,兼顾热液型萤石矿床。斑岩型钼矿床成矿时代为燕山晚期,燕山期花岗斑岩为含矿母岩,满克头鄂博组为赋矿层位;热液型萤石矿床成矿时代为燕山期,区内分布的燕山期花岗斑岩与成矿密切相关,满克头鄂博组为主要赋矿层位。本区1∶5万区调工作已部分完成,局部地区已完成1∶5万矿调。

ZB-026-C:黑山头镇C类找矿靶区位于呼伦贝尔市陈巴尔虎旗,面积911.1 km²。靶区位于得尔布干深断裂的南侧,并被其所切割。区内包含1个B类综合预测区,1个C类综合预测区。出露地层有侏罗系塔木兰沟组以及玛尼吐组、第四系冲积层。侵入岩有燕山期中酸性岩浆岩。北东向大断裂及其次级断裂为重要的导矿和容矿构造。找矿靶区内主攻矿床类型为火山岩型金矿床,兼顾次火山热液型铅锌银矿床。火山岩型金矿床成矿时代为燕山期,区内分布的燕山期花岗岩与成矿密切相关,塔木兰沟组为赋矿地层;次火山热液型铅锌银矿床成矿时代为侏罗纪,塔木兰沟组火山岩发育地段有利于寻找铅锌多金属矿床。本区1∶5万区调工作局部已完成。

ZB-027-B:昆库力B类找矿靶区位于呼伦贝尔市额尔古纳市,面积1 588.6 km²。靶区位于得尔布干深断裂的南侧,区内包含2个B类综合预测区。出露地层有早元古代兴华渡口群、石炭系莫尔根河组、侏罗系塔木兰沟组和玛尼吐组、第四系。侵入岩有海西期以及燕山期的中酸性岩浆岩。环形构造与北西向构造发育地段,尤其是构造交会处是成矿有利场所。已发现萤石矿床1处。找矿靶区主攻矿产类型为次火山热液型铅锌银矿床,兼顾热液型萤石矿床。次火山热液型铅锌银矿床成矿时代为侏罗纪,塔木兰沟组火山岩发育地段有利于寻找铅锌多金属矿床;热液型萤石矿床成矿时代为海西中期,区内分布的海西期花岗岩是寻找该类型矿床的有利地质体。本区1∶5万矿调工作覆盖全区。

ZB-028-A:四五牧场A类找矿靶区位于呼伦贝尔市陈巴尔虎旗,面积495.95 km²。靶区位于得尔布干深断裂的南侧,区内有A类综合预测区1个。出露的地层有侏罗系塔木兰沟组以及玛尼吐组。根据重力推测,区内分布有燕山期中酸性侵入岩。北东向大断裂及其次级断裂为重要的导矿和容矿构造。已发现四五牧场火山岩型金矿。找矿靶区主攻矿床类型为火山岩型金矿床,成矿时代为燕山期,燕山期花岗岩与成矿密切相关,塔木兰沟组为赋矿地层。本区1∶5万区调工作局部已完成。

ZB-029-C:沙布日廷浑迪C类找矿靶区位于呼伦贝尔市陈巴尔虎旗,面积2 623.32 km²。靶区位于得尔布干深断裂的南侧,区内包含2个C类综合预测区。出露地层有早元古代兴华渡口群、奥陶系多宝山组、石炭系莫尔根河组和新依根河组、侏罗系塔木兰沟组和玛尼吐组、白垩系梅勒图组。据重力侵入岩有海西期中酸性岩浆岩。北东向大断裂及其次级断裂为重要的导矿和容矿构造。目前已发现的矿产地有七一牧场北山铅锌铜多金属矿床、六一以及十五里堆硫铁矿床、东方红萤石矿床。找矿靶区主攻矿床类型为热液型萤石矿床,兼顾火山岩型铁矿床、火山岩型金矿床。热液型萤石矿床成矿时代为海西中期,区内分布的海西期花岗岩与成矿密切相关,花岗岩是主要成矿围岩;火山岩型铁矿床成矿时代为石炭纪,区内分布的海西期花岗岩与成矿密切相关,莫尔根河组为赋矿地层;火山岩型金矿床成矿时代为燕山期,区内分布的燕山期花岗岩与成矿密切相关,塔木兰沟组为赋矿地层。本区1:5万矿调工作覆盖全区。

ZB-030-C:旺石山C类找矿靶区位于呼伦贝尔市牙克石市,面积3 071.13km²。靶区位于头道桥-鄂伦春深断裂西侧,区内包含2个C类综合预测区。出露地层有早元古代兴华渡口群,泥盆系泥鳅河组,石炭系多宝山组,侏罗系万宝组、塔木兰沟组以及玛尼吐组,白垩系大磨拐河组及梅勒图组,第四系湖沼沉积。侵入岩有海西期和燕山期中酸性岩浆岩。环状构造十分发育,为成矿热液的运移提供了有利的空间及通道。已发现萤石矿1处。找矿靶区主攻矿床类型为矽卡岩型铁钼矿床,兼顾热液型萤石矿床。矽卡岩型铁钼矿床成矿时代为海西期,区内分布的海西期花岗岩与成矿密切相关,多宝山组及花岗岩是主要成矿围岩;热液型萤石矿床成矿时代为海西中期,区内分布的海西期花岗岩是寻找该类型矿床的有利地质体。本区1:5万区调已完成部分工作,大部分地区完成1:5万矿调。

ZB-031-A:谢尔塔拉A类找矿靶区位于呼伦贝尔市(海拉尔区),面积953.08km²。靶区位于得尔布干深断裂的东侧,头道桥-鄂伦春深断裂西侧。区内包含1个A类综合预测区。地层大面积被第四系覆盖,仅出露奥陶系多宝山组、石炭系莫尔根河组、侏罗系大磨拐河组。据重力资料推测,区内侵入岩有海西期和燕山期酸性侵入体。近东西向和北东向断裂发育,形成网脉状格局,为成矿热液的运移提供了有利的空间及通道。区内已发现谢尔塔拉中型铁矿床。主攻矿床类型为海相火山岩型铁矿床,兼顾火山岩型金矿床。海相火山岩型铁矿床成矿时代为石炭纪,区内分布的海西期花岗岩与成矿密切相关,莫尔根河组为赋矿地层;火山岩型金矿床成矿时代为燕山期,燕山期花岗岩与成矿关系密切,塔木兰沟组为赋矿地层。本区1:5万矿调已完成局部工作。

ZB-032-C:源茂队C类找矿靶区位于黑龙江省黑河市,面积2 868.61km²。靶区位于贺根山-黑河推覆构造带北侧,包含2个C类综合预测区。出露地层有奥陶系铜山组、石炭系花达气组及第三系孙吴组。侵入岩主要为印支期—燕山期中酸性岩浆岩。区内北东向构造发育。找矿靶区主攻矿床类型为火山岩型金银矿床,区内分布的印支期—燕山期中酸性岩浆岩与成矿密切相关。本区已完成大部分1:5万区调、矿调工作。

ZB-033-B:北大沟B类找矿靶区位于黑龙江省黑河市,面积3 027.01km²。靶区位于贺根山-黑河推覆构造带北侧,包含3个B类综合预测区。出露地层有奥陶系铜山组、多宝山组、志留系黄花沟组、八十里小河组,泥盆系泥鳅河组,石炭系查尔格拉河组,白垩系龙江组、光华组、甘河组及第三系孙吴组。侵入岩主要为海西期—印支期—燕山期中酸性岩浆岩。区内断裂构造发育,为成矿热液的运移提供了良好的条件。找矿靶区主攻矿床类型为热液型金银矿床,兼顾火山岩型金银矿床,主要赋矿围岩为奥陶系铜山组地层。本区已完成部分1:5万区调工作。

ZB-034-C:多宝山C类找矿靶区位于黑龙江省嫩江县,面积3 410.50km²。靶区位于贺根山-黑河推覆构造带北侧,包含4个C类综合预测区。出露地层有奥陶系多宝山组、裸河组、志留系黄花沟组,泥盆系腰桑南组、泥鳅河组,石炭系花达气组,二叠系林西组,侏罗系七林河组、玛尼图组,白垩系九峰山组、龙江组、梅勒图组及第四系覆盖物。侵入岩主要出露海西期—印支期—燕山期中酸性岩浆岩、斑岩体等。区内断裂构造密集发育,主要呈北东、北西方向交会分布,形成网状格局,是成矿热液运移赋存的良好通道及空间。找矿靶区主攻矿床类型为斑岩型铜钼矿床,主要赋矿围岩为奥陶系多宝山组地层,区内的斑岩体与该类矿床成矿有密切联系。兼顾构造破碎蚀变岩型金矿床,该类矿床多发育在断裂构造密集的地区。本区1:5万区调已完成大部分工作,1:5万矿调局部已完成。

ZB-035-C:小泥鳅河C类找矿靶区位于黑龙江省嫩江县,面积2 266.02km²。靶区位于贺根山-黑河推覆构造带上,包含3个C类综合预测区。出露地层有古元古界新开岭岩群、泥盆系泥鳅河组、白垩系九峰山组及甘河组。侵入岩较发育,海西期、印支期、燕山期中酸性岩浆岩均有出露。区内断裂构造发育,主要构造线为北东向,是成矿热液运移的良好通道。找矿靶区主攻矿床类型为热液型金矿,印支期—燕山期二长花岗岩体与该类型矿床的成矿密切相关。本区已完成局部1:5万矿调工作。

ZB-036-C:阿凌河C类找矿靶区位于黑龙江省黑河市,面积:5 694.17 km^2。靶区位于二连-贺根山-黑河深断裂南侧,区内有3个C类综合预测区,地层主要出露石炭系新生组、花朵山组,二叠系哲斯组、林西组、白垩系九峰山组、龙江组及第三系孙吴组。侵入岩发育,加里东期—海西期—印支期—燕山期中酸性岩浆岩在本区均有出露。找矿靶区主攻矿床类型为火山岩型铅锌矿床,燕山期花岗斑岩与石炭系新生组火山岩地层的接触带附近是寻找该类矿床的有利地区。本区已完成局部1:5万区调、矿调工作。

ZB-037-B:西大坝B类找矿靶区位于呼伦贝尔市陈巴尔虎右旗,面积2 575.68 km^2。靶区位于得尔布干深断裂西北侧,区内包含3个B类综合预测区。出露的地层有震旦系额尔古纳河组,侏罗系塔木兰沟组、玛尼吐组、白垩系大磨拐河组、梅勒图组、第四系风积层。侵入岩有海西期和燕山期中酸性岩浆岩。北北东和北西向断裂发育,为成矿热液的运移提供了有利的空间及通道。找矿靶区主攻矿床类型为斑岩型铜钼矿床,兼顾热液型铅锌矿床、陆相火山次火山岩型银锰矿床、热液型铁矿床。斑岩型铜钼矿床成矿时代为燕山期,区内分布的燕山期花岗岩与成矿密切相关,花岗岩是主要成矿围岩;热液型铅锌矿床成矿时代为燕山晚期,区内分布的燕山期花岗斑岩与成矿密切相关,含矿地层为塔木兰沟组;陆相火山次火山岩型银锰矿床成矿时代为燕山期,区内分布的燕山期花岗岩与成矿密切相关,含矿地层为塔木兰沟组;热液型铁矿床成矿时代为海西晚期—燕山早期,成矿与海西期和燕山期花岗岩关系密切,含矿地层为额尔古纳河组。本区1:5万矿调工作大部分已完成。

ZB-038-A:乌奴格吐山东北A类找矿靶区位于呼伦贝尔市陈巴尔虎右旗,面积385.92 km^2。靶区位于得尔布干深断裂西北侧,包含1个A类综合预测区。出露的地层有震旦系额尔古纳河组、侏罗系塔木兰沟组以及玛尼吐组。侵入岩有燕山期中酸性岩浆岩。北北东和北西向断裂发育,为成矿热液的运移提供了有利的空间及通道。区内已发现乌奴格吐特大型铜钼矿床。主攻矿床类型为斑岩型铜钼矿床,兼顾热液型铅锌矿床、陆相火山次火山岩型银锰矿床、热液型铁矿床。斑岩型铜钼矿床成矿时代为燕山期,区内分布的燕山期花岗岩与成矿密切相关,花岗岩是主要成矿围岩;热液型铅锌矿床成矿时代为燕山晚期,区内分布的燕山期花岗斑岩与成矿密切相关,含矿地层为塔木兰沟组;陆相火山次火山岩型银锰矿床成矿时代为燕山期,区内分布的燕山期花岗岩与成矿关系密切,含矿地层为塔木兰沟组;热液型铁矿床成矿时代为海西晚期—燕山早期,成矿与海西期和燕山期花岗岩关系密切,含矿地层为额尔古纳河组。本区1:5万矿调工作覆盖全区。

ZB-039-B:八八一B类找矿靶区位于呼伦贝尔市陈巴尔虎旗,面积2 948.02 km^2。靶区位于得尔布干深断裂的西北侧,并被其所切割。区内包含2个B类综合预测区,1个C类综合预测区。出露地层有早元古代兴华渡口群、晚元古代清白口系佳疙疸组、奥陶系乌宾敖包组、侏罗系万宝组、塔木兰沟组以及玛尼吐组、第四系湖沼沉积。侵入岩有海西期和燕山期中酸性岩浆岩。环状构造发育,以北东和北西向断裂为主,为成矿热液的运移提供了有利的空间及通道。已发现八大关中型斑岩型铜钼矿床。找矿靶区主攻矿床类型为斑岩型铜钼矿床,兼顾火山岩型金矿床。斑岩型铜钼矿床成矿时代为燕山期,区内分布的燕山期花岗岩与成矿密切相关,花岗岩是主要成矿围岩;火山岩型金矿床成矿时代为燕山期,燕山期花岗岩与成矿密切相关,塔木兰沟组为赋矿地层。本区1:5万区调已完成局部工作,大部分地区完成1:5万矿调。

ZB-040-B:傲包乌拉B类找矿靶区位于呼伦贝尔市陈巴尔虎右旗,面积1 971.59 km^2。靶区位于得尔布干深断裂西北侧,区内包含2个B类综合预测区。出露的地层有新元古代清白口系佳疙疸组、震旦系额尔古纳河组、侏罗系塔木兰沟组和玛尼吐组、白垩系大磨拐河组、新近系胡查山组、第四系。侵入海西期以及燕山期的中酸性岩浆岩。区内北西和北东向断裂十分发育,为成矿热液的运移提供了有利的空间及通道。发现有甲乌拉大型铅锌银多金属矿床和查干布拉根中型铅锌银多金属矿床。找矿靶区主攻矿床类型为热液型铅锌矿床,兼顾陆相火山次火山岩型银锰矿床、斑岩型铜钼矿床。热液型铅锌矿床成矿时代为燕山晚期，区内分布的燕山期花岗斑岩与成矿密切相关，含矿地层为塔木兰沟组；陆相火山次火山岩型银锰矿床成矿时代为燕山期，区内分布的燕山期花岗岩与成矿密切相关，含矿地层为塔木兰沟组；斑岩型铜钼矿床成矿床时代为燕山期，区内分布的燕山期花岗岩既是成矿母岩又是含矿围岩。本区1:5万区调已完成部分工作，大部分地区完成1:5万矿调。

ZB-041-B：额仁陶勒盖B类找矿靶区位于呼伦贝尔市陈巴尔虎右旗，面积3 742.34km²。靶区位于得尔布干深断裂西北侧，包含4个B类综合预测区。出露的地层有侏罗系塔木兰沟组和玛尼吐组、白垩系大磨拐河组、新近系胡查山组和五叉沟组、第四系。侵入岩有燕山期的中酸性岩浆岩。北西和北东向断裂十分发育，为成矿热液的运移提供了有利的空间及通道。区内已发现额仁陶勒盖大型银锰矿床。主攻矿床类型为热液型铅锌矿床，兼顾陆相火山次火山岩型银锰矿床。液型铅锌矿床成矿时代为燕山晚期，区内分布的燕山期花岗斑岩与成矿密切相关，含矿地层为塔木兰沟组；陆相火山次火山岩型银锰矿床成矿时代为燕山期，区内分布的燕山期花岗岩与成矿密切相关，含矿地层为塔木兰沟组。本区1:5万区调工作局部已完成，大部分地区完成1:5万矿调。

ZB-042-B：哈帜书呼都格B类找矿靶区位于呼伦贝尔市陈巴尔虎右旗，面积1 237.94km²。靶区位于得尔布干深断裂西北侧，包含1个B类综合预测区。出露的地层有侏罗系塔木兰沟组和玛尼吐组、新近系胡查山组、第四系。侵入岩有燕山期中酸性岩浆岩。环状构造十分发育，为成矿热液的运移提供了有利的空间及通道。主攻矿床类型为热液型铅锌矿床，兼顾陆相火山次火山岩型银锰矿床。液型铅锌矿床成矿时代为燕山晚期，区内分布的燕山期花岗斑岩与成矿密切相关，含矿地层为塔木兰沟组；陆相火山次火山岩型银锰矿床成矿时代为燕山期，区内分布的燕山期花岗岩与成矿密切相关，含矿地层为塔木兰沟组。本区1:5万矿调工作大部分已完成。

ZB-043-C：塔日彦都贵郎西C类找矿靶区位于呼伦贝尔市鄂温克族自治旗，面积1 145.57km²。靶区位于头道桥-鄂伦春深断裂西侧，包含1个C类综合预测区。出露地层有古元古代兴华渡口群、奥陶系铜山组和多宝山组、泥盆系大民山组、石炭系红水泉组以及莫尔根河组、侏罗系玛尼吐组、白垩系梅勒图组。侵入岩有海西期中酸性岩浆岩。北东向和北西向断裂发育，为成矿热液的运移提供了有利的空间及通道。找矿靶区主攻矿床类型为海相火山岩型铁矿床，成矿时代为石炭纪，区内分布的海西期花岗岩与成矿密切相关，莫尔根河组为赋矿地层。本区1:5万区调工作部分已完成，大部分地区完成1:5万矿调。

ZB-044-C：梨子山C类找矿靶区位于呼伦贝尔市牙克石市，面积3341km²。靶区位于头道桥-鄂伦春深断裂东侧，并被其所分割。区内包含2个C类综合预测区。出露地层有奥陶系铜山组和多宝山组并层、裸河组、泥盆系乌努耳礁灰岩、泥鳅河组、大民山组，侏罗系满克头鄂博组、玛尼吐组，白垩系梅勒图组。侵入岩有海西期和燕山期中酸性岩浆岩。北北东向和北东向断裂为主要控矿构造。找矿靶区主攻矿床类型为矽卡岩型铁钼矿床，兼顾矽卡岩型铜铁矿床。矽卡岩型铁钼矿床成矿时代为海西期，区内分布的海西期花岗岩与成矿密切相关，多宝山组及花岗岩是主要赋矿围岩；矽卡岩型铜铁矿床成矿时代为石炭纪，区内分布的石炭纪二长闪长岩及花岗岩与多宝山组地层内外接触带附近是寻找这类矿产的有利地段。本区1:5万区调工作局部已完成，1:5万矿调局部已完成。

ZB-045-C：太平沟C类找矿靶区位于呼伦贝尔市阿荣旗，面积2 868.61km²。靶区位于头道桥-鄂伦春深断裂东侧，并被大兴安岭主脊所切割，包含2个C类综合预测区。出露地层有奥陶系铜山组和多宝山组，泥盆系大民山组，石炭系莫尔根河组，侏罗系土城子组、万宝组及玛尼吐组。侵入岩有海西期和燕山期中酸性岩浆岩。近北北东向断裂十分发育，为成矿热液的运移提供了有利的空间及通道。找矿靶区主攻矿床类型为矽卡岩型铁钼矿床，成矿时代为海西期，区内分布的海西期花岗岩与成矿密切相关，多宝山组及花岗岩是主要赋矿围岩。本区1:5万区调已完成大部分工作，1:5万矿调局部已完成。

ZB-046-C：太平沟北C类找矿靶区位于呼伦贝尔市阿荣旗，面积3 533.37km²。靶区位于头道桥-鄂伦春深断裂东侧，二连-贺根山-黑河深断裂的北侧。包含2个C类综合预测区。出露地层有泥盆系泥鳅河组、大民山组，石炭系莫尔根河组，二叠系林西组，侏罗系万宝组、玛尼吐组，白垩系梅勒图组、龙江组、甘河组及第四系冲积层。侵入岩有海西期和燕山期中酸性岩浆岩。北北东、北东向断裂构造对花岗斑岩体的侵位、热液活动及成矿起着控制作用。目前已发现太平沟中型钼矿床。找矿靶区主攻矿床类型为斑岩型钼矿床，成矿时代为白垩纪，区内分布的燕山期花岗斑岩与成矿密切相关，玛尼吐组及花岗斑岩是主要赋矿围岩。本区1:5万矿调工作大部分已完成。

ZB-047-C：古营河林场10队东C类找矿靶区位于呼伦贝尔市扎兰屯市，面积693.59km²。靶区位于头道桥-鄂伦春深断裂东侧，二连-贺根山-黑河深断裂的北西侧。包含1个C类综合预测区。出露地层有侏罗系满克头鄂博组，根据钻孔资料显示，区内发育有奥陶系多宝山组。侵入岩有海西期和燕山期中酸性岩浆岩，环状构造十分发育，为成矿热液的运移提供了有利的空间及通道。目前已发现巴林矽卡岩型铜铅锌多金属矿床。找矿靶区主攻矿床类型为矽卡岩型铜铁矿床，成矿时代为石炭纪，区内分布的石炭纪花岗岩与多宝山组地层内外接触带附近是寻找这类矿产的有利地段。本区1:5万区调工作覆盖全区，1:5万矿调大部分已完成。

ZB-048-C：三道桥C类找矿靶区位于呼伦贝尔市陈巴尔虎左旗，面积2601.07km²。靶区位于头道桥-鄂伦春深断裂东侧，并被其所分割。包含2个C类综合预测区。出露地层有奥陶系铜山组和多宝山组并层，泥盆系泥鳅河组、大民山组，侏罗系满克头鄂博组、玛尼吐组，白垩系梅勒图组，第四系。侵入岩有海西期和燕山期中酸性岩浆岩。北东向、东西向、北西向断裂十分发育，形成网状格局，为成矿热液的运移提供了有利的空间及通道。找矿靶区主攻矿床类型为矽卡岩型铁钼矿床，兼顾矽卡岩型铜铁矿床。矽卡岩型铁钼矿床成矿时代为海西期，区内分布的海西期花岗岩与成矿密切相关，多宝山组及花岗岩是主要赋矿围岩；矽卡岩型铜铁矿床成矿时代为石炭纪，区内分布的海西期花岗岩与多宝山组地层内外接触带附近是寻找这类矿产的有利地段。本区1:5万区调工作大部分已完成，1:5万矿调大部分已完成。

ZB-049-C：苏河屯C类找矿靶区位于呼伦贝尔市牙克石市，面积5323.5km²。靶区位于头道桥-鄂伦春深断裂东侧，二连-贺根山-黑河深断裂的北西侧。区内包含4个C类综合预测区。出露地层有寒武系苏中组，奥陶系铜山组和多宝山组并层、多宝山组、裸河组、泥盆系泥鳅河组、大民山组、石炭系红水泉组、宝力高庙组，侏罗系塔木兰沟组、万宝组、满克头鄂博组、玛尼吐组，白垩系梅勒图组。岩浆岩有海西期和燕山期中酸性侵入岩、第四系玄武岩。北东向和北西向断裂十分发育，为主要的控矿构造。目前已发现塔尔其小型铁矿床、巴升河小型铜矿床、花岗山中型铜钼矿床。主攻矿床类型为矽卡岩型铁钼矿床，兼顾矽卡岩型铜铁床。矽卡岩型铁钼矿床成矿时代为海西期，区内分布的海西期花岗岩与成矿密切相关，多宝山组及花岗岩是主要赋矿围岩。矽卡岩型铜铁矿床成矿时代为石炭纪，区内分布的石炭纪闪长岩与多宝山组地层内外接触带附近是寻找这类矿产的有利地段。本区1:5万区调工作大部分已完成，1:5万矿调大部分已完成。

ZB-050-A：罕达盖A类找矿靶区位于呼伦贝尔市陈巴尔虎左旗，面积293.55km²。靶区位于头道桥-鄂伦春深断裂东侧，区内包含1个A类综合预测区。出露地层有寒武系苏中组、奥陶系多宝山组及裸河组、泥盆系泥鳅河组、石炭系红水泉组、侏罗系满克头鄂博组及玛尼吐组、第四系。侵入岩有海西期和燕山期中酸性岩浆岩。北东向和北西向断裂十分发育，成网状格局，为成矿热液的运移提供了有利的空间及通道。罕达盖小型铁铜矿位于本区。主攻矿床类型为矽卡岩型铁铜矿床，成矿时代为石炭纪，区内分布的海西期花岗岩与成矿密切相关，多宝山组及花岗岩是主要赋矿围岩。本区1:5万区调工作大部分已完成。

第六章 找矿勘查技术流程

大兴安岭地区具有特殊的地貌景观条件：河流发育，森林茂盛，森林覆盖率约26%，草原广阔，湿地和沼泽密布。传统的勘查技术手段在这里受到明显限制。但是，近年来一系列新的勘查技术的试验研究，提高了该区的矿产勘查效果。

近年来，通过开展内蒙古得尔布干成矿带勘查技术研究及综合找矿评价、得尔布干成矿带北段森林沼泽景观中大比例尺化探方法研究、森林沼泽景观异常查证方法研究、森林沼泽区超低密度地球化学调查和特殊景观条件下化探方法研究和大兴安岭地区找矿勘查技术方法试验等工作，进一步明确了采样方法、采样介质、采样密度和采样粒度等技术要求；在大兴安岭森林沼泽覆盖区，选择典型覆盖区开展了地球物理勘查技术方法实验研究，总结了影响勘查工作的三大要素，提出了森林沼泽覆盖区异常查证的工作程序。

过去对大兴安岭不同景观区开展了不同层次的方法试验工作，结合前人工作的成果及本次研究，提出大兴安岭不同景观区的勘查技术流程如图6-1所示。为今后大兴安岭北段地区找矿勘查工作提供参考。

辅助计划项目进行了大兴安岭成矿带的项目部署。

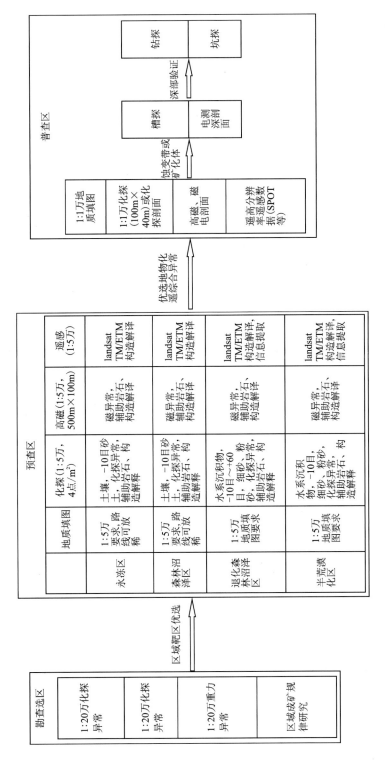

图 6-1 大兴安岭地区找矿勘查工作流程图（推荐）

第七章　结束语

近几年来,研究人员在前人工作的基础上,深入野外实际,加强调查研究,应用当前的新技术、新方法,有针对性地完成了分析测试工作,获得了众多的地质、成矿和预测的信息,在基础地质、成矿作用、综合信息找矿预测等方面取得了一些新进展、新认识,并在指导找矿中取得了实效,主要进展如下:

一、取得的主要成果

(1)搜集了大兴安岭北段铁、金、铜、镍、钼等矿种典型矿床及相关研究文献,开展了相关资料整理、数据分析、综合研究工作。

(2)系统归纳了大兴安岭北段的找矿勘查与地质研究进展。

(3)提出大兴安岭北段发育有沙城-嫩江大型左行平移断裂,为区域构造与成矿的认识提供了新思路。

(4)根据大型平移断裂产生的位移修编了大兴安岭地区前中生代大地构造图。

(5)根据大兴安岭北段重要矿床资料、成果,优选了铁、铜、铅锌、金、银、钼、稀有稀土等重要矿产典型矿床进行了综合研究。总结了典型矿床的成矿要素,通过对典型矿床的成矿地质背景、控矿因素、成矿特征的研究,建立了典型矿床成矿模式。

(6)在全国统一Ⅲ级成矿区带基础上,编制了大兴安岭北段成矿区带划分图。划分出3个Ⅲ级成矿带,11个Ⅳ级成矿带。并对大兴安岭北段的成矿带划分有了新的认识,重新划分了成矿区带界限。

(7)系统总结了大兴安岭地区3个Ⅲ级成矿带成矿地质背景、控矿条件、成矿特征、成矿类型、Ⅳ级成矿亚带划分及其基本特征、成矿系列划分及特征,讨论了各Ⅲ级成矿带的矿床控矿要素、时间和空间分布规律。

(8)以成矿系列理论为指导,开展了大兴安岭地区重要矿产成矿系列划分和研究。新提出了具有找矿潜力的燕山期与碱性岩浆活动有关的铌钽矿床成矿系列。

(9)通过综合研究大兴安岭北段大地构造特征、区域矿产特征以及重力、航磁、化探、遥感等预测要素特征,提取了Ⅲ级成矿区带重要矿种典型矿床预测要素,建立了重要矿种的预测评价模型。

(10)在大兴安岭北段前期工作的基础上,划分了107个综合预测区,编制了大兴安岭北段综合预测区成果图。

(11)进行了大兴安岭北段勘查工作部署,编制了勘查部署建议图,共提出找矿远景区9个,靶区50个,为未来矿产勘查工作提供依据。

(12)提出利用栅格化地球化学数据开展与成矿有关的剥蚀程度的研究方法。

(13)提出利用影像化地球化学数据对特定矿床类型开展区域上靶区预测方法。

(14)通过对模型矿床的资源量与各系数之间进行回归分析,产生资源量的估算方程,进一步计算可获得全区的资源量情况。而对资源量成果用累频分级的形式可以形成找矿靶区及估算矿床个数。结果表明利用栅格化地球化学数据进行资源量估算具有预测精度高,定位准确等优点。

(15)在项目实施的过程中,项目取得的阶段性矿产预测成果已陆续应用到了大兴安岭地区整装勘查等国家、地方整装勘查区以及重点勘查区的选区以及新开、续作的地质调查项目中。

(16)完成了大兴安岭北段成矿预测专题图件的成果数据库建设。

二、存在问题

本项目原定于2006年结束,但是由于计划变更,使其在2015年终止,因此,有些观点还未来得及得到进一步的理论与野外验证。尽管这样,我们还是在成矿规律与成矿预测方面取得了一些新认识与新成果,但由于个人能力有限,仍感到存在不少问题,如对该地区新发现的矿床研究相对较少,深部成矿预测未能深入、区域成矿规律有待于进一步研究总结,亟需加强综合研究,创新找矿模式,发展适用于大兴安岭地区找矿和预测的成矿理论。

三、今后大兴安岭成矿带研究建议

结合本次研究成果与国内外最新研究资料,还需要对大兴安岭地区进行如下方面的深入研究:

(1)大兴安岭总体研究程度低,以往大兴安岭地区的研究存在着黑龙江省与内蒙古自治区各自为政的情况,沈阳地质调查中心需要加强各省及其他科研机构的联合研究。

(2)近几年来大兴安岭的基础地质研究偏重于利用同位素测试结果片面研究,尚需要进行运动论的区域性构造研究方法来研究基础地质问题,特别是能代表构造运动期次的褶皱构造需要加强研究。

(3)大兴安岭的平移构造对前中生代地质的位置复原及相互对比应该继续深入研究。

(4)以往很多研究认为兴安地块与松嫩地块的边界为嫩江断裂,本次研究认识到嫩江断裂是平移断裂,那么就要解决松嫩地块与其他地块如何对比的问题。

(5)如何解释大石寨岛弧与多宝山岛弧的关系?

(6)嫩江-黑河地区发育有超基性岩与蓝片岩等,对于该地区的研究相对薄弱,今后应加强研究。

(7)本次研究对三级成矿区带的区域成矿模式进行了概括与总结,尚需对整个大兴安岭北段进行了区域成矿模式的研究。

(8)过去的成矿区带划分与大地构造单元划分基本一致。而大多数地区的成矿作用发生在缝合带及其附近的地质单元内,因此认为四级成矿带应该沿着缝合带及其两侧划分,而且不应该是覆盖的。如果把三级成矿带看成是面,那么四级成矿带则是条状体,而五级成矿带则可以近似于点,从这个角度出发,有必要把成矿带重新划分。

主要参考文献

白文吉,杨经绥,周美付,等.西准噶尔不同时代蛇绿岩及其构造演化[J].岩石学报,1995(S1):62-72.

包志伟,陈森煌.内蒙古贺根山地区蛇绿岩稀土元素和Sm-Nd同位素研究[J].地球化学,1994,23(4):339-349.

边红业,陈满,刘洪利,等.黑龙江省逊克县高松山金矿床地质特征及成因分析[J].地质与资源,2009,18(2):91-95.

曹宏径,周平.查夫矿床的含矿构造(东蒙古)[J].国外铀金地质,1996,13(1),58-65.

陈桂虎,王福州,王艳忠,等.黑龙江逊克—嘉荫地区金矿地质特征及找矿方向[J].黄金科学技术,2012,20(2),14-19.

陈桂虎,赵洪海.黑龙江省逊克县高松山矿区1号矿脉岩金普查报告[R].牡丹江:武警黄金第一支队,2007.

陈静,孙丰月.黑龙江三道湾子金矿床锆石U-Pb年龄及其地质意义[J].黄金,2011,32(5):18-22.

陈美勇,刘俊来,胡建江,等.大兴安岭北段三道湾子碲化物型金矿床的发现及意义[J].地质通报,2008,27(4):84-87.

陈衍景,张成,李诺,等.中国东北钼矿床地质[J].吉林大学学报(地球科学版),2012,42(5):1223-1268.

陈毓川,裴荣富,王登红.三论矿床的成矿系列问题[J].地质学报,2006,80(10):1501-1508.

陈毓川,王登红.重要矿产和区域成矿规律研究技术要求[M].北京:地质出版社,2010:1-174.

陈毓川,王平安,秦克令,等.秦岭地区主要金属矿床成矿系列划分及区域成矿规律探讨[J].矿床地质,1994,13(4):289-298.

陈毓川,薛春纪,王登红,等.华北陆块北缘区域矿床成矿谱系探讨[J].高校地质学报,2003,9(4):520-535.

陈毓川.矿床的成矿系列[J].地学前缘,1994;1(3-4):90-94.

陈志广,张连昌,万博,等.内蒙古乌奴格吐山斑岩铜钼矿床低Sr-Yb型成矿斑岩地球化学特征及地质意义[J].岩石学报,2008,24(1):115-128.

陈志广,张连昌,吴华英.大兴安岭得尔布干多金属成矿带与俄-蒙邻区成矿特征[C]//全国矿床会议.2008.

陈志广,张连昌,卢百志,等.内蒙古太平川铜钼矿成矿斑岩时代、地球化学及其地质意义[J].岩石学报,2010,26(5):1437-1449.

陈志广,张连昌,万博,等.内蒙古乌奴格吐山斑岩铜钼矿床低Sr-Yb型成矿斑岩地球化学特征及地质意义[J].岩石学报,2008,24(1):115-128.

陈志广.中国东北得尔布干成矿带中生代构造-岩浆成矿作用及其地球动力学背景[D].北京:中国科学院地质与地球物理研究所,2010:1-179.

程飞,明晋祥,徐桂华,等.满州里-新巴尔虎区带1:5万土壤测量方法及找矿应用效果[J].矿产与地质,2006,19(6),647-652.

程裕淇,陈毓川,赵一鸣,等.再论矿床的成矿系列问题[J].中国地质科学院院报,1983,6:1-64.

程裕淇,陈毓川,赵一鸣.初论矿床的成矿系列问题[J].中国地质科学院院报,1979,1:32-58.

褚少雄,刘建明,徐九华,等.黑龙江三矿沟铁铜矿床花岗闪长岩锆石U-Pb定年、岩石成因及构造背景[J].岩石学报,2012,28(2):433-350.

崔根,王金益,张景仙,等.黑龙江多宝山花岗闪长岩的锆石SHRIMP U-Pb年龄及其地质意义[J].世界地质,2008,27(4):387-394.

董树义,钟康惠,唐菊兴,等.内蒙古小伊诺盖沟金矿:后韧性剪切型金矿[J].矿物岩石,2004 24(2):46-52.

杜琦,赵玉明,卢秉刚,等.多宝山斑岩铜矿床[M].北京:地质出版社,1988:1-334.

段明.内蒙古贺根山地区蛇绿岩的类型及其成矿作用[D]长春:吉林大学,2009.

葛文春,吴福元,周长勇,等.兴蒙造山带东段斑岩型Cu,Mo矿床成矿时代及其地球动力学意义[J].科学通报,2007,52(20):2407-2417.

葛文春,隋振民,吴福元,等.大兴安岭东北部早古生代花岗岩锆石U-Pb年龄、Hf同位素特征及地质意义[J].岩石学报,2007,23(2):423-440.

龚鹏,李娟,胡小梅.区域地球化学定量预测方法技术在矿产资源潜力评价中的应用[J].地质评论,2012,58(6):1101-1109.

关继东,柴晓红.内蒙古东北部四五牧场浅成低温热液型金矿地质特征及成因讨论[J].地质与勘探,2004,40(2):36-40.

郭志军,李进文,黄光杰,等.内蒙古红花尔基白钨矿床赋矿花岗岩Sr-Nd-Pb-Hf同位素特征[J].中国地质,2014,41(4):1226-1241.

韩振新,徐衍强,郑庆道,等.黑龙江省重要金属和非金属矿产的成矿系列及其演化[M].哈尔滨:黑龙江人民出版社,2004.

郝立波,段国正,张培萍.额仁陶勒盖银矿床地质特征及找矿标志[J].地质与勘探,1994(2):25-28.

郝立波,李殿超,吕志成,等.内蒙古额尔古纳河韧性剪切带与金矿化[J].黄金,2001,22(3):7-10.

黑龙江省地质矿产局.黑龙江省区域地质志[M].北京:地质出版社 1993:1-584.

黄凡,王登红,王平安,等.内蒙古新发现宜里钼矿床成矿年龄及其地质意义[J].矿床地质,2012,31(1):553-554.

黄汲清.黄汲清教授给JohnWiley&Sons,Ltd出版徐嘉炜主编《郯庐平移断裂系统》书写的序[J].安徽地质,1995(2):3-5.

黄建军,李天恩,范红科.大兴安岭地区金(银)多金属矿成矿地质背景及找矿潜力的探讨[J].黄金科学技术,2010,18(6):13-17.

黄占起,沈存利.得尔布干成矿带火山岩型金(铜)矿床地质特征[J].内蒙古地质 2000,1,8-10.

贾伟光,王晓勇,张春辉,等.黑龙江砂宝斯金矿成矿流体性质研究[J].地质与资源,2004,13(3):148-151.

江思宏,聂凤军,苏永江,等.蒙古国额尔登特特大型铜-钼矿床年代学与成因研究[J].地球学报,306.31(3):289-306.

金巍,郑常青,刘志宏,等.大庆探区外围中、新生代断陷盆地群演化与油气远景——东北地区松辽盆地以西地区中、新代构造格架研究报告[R].长春:吉林大学,2006.

李凤友,张生义.平顶山金矿床的稀土元素地球化学特征[J].世界地质,2000,19(4):334-337.

李凤友.乌拉嘎金矿床找矿模型及其应用[J].黄金,2001,22(6):11-13.

李锦轶,莫申国,和政军,等.大兴安岭北段地壳左行走滑运动的时代及其对中国东北及邻区中生代以来地壳构造演化重建的制约[J].地学前缘,2004,11(3):157-167.

李铁刚,武广,刘军,等.大兴安岭北部甲乌拉铅锌银矿床 Rb-Sr 同位素测年及其地质意义[J].岩石学报,2014,30(1):257-270.

李向文,杨言辰,叶松青,等.大兴安岭北段旁开门金(银)矿床地球化学特征及成因[J].吉林大学学报(地球科学版),2012,42(1):82-91.

李仰春,汪岩,吴淦国,等.大兴安岭北段扎兰屯地区铜山组源区特征:地球化学及碎屑锆石 U-Pb 年代学制约[J].中国地质,2013,40(2):391-402.

李真真,秦克章,宋国学,等.大兴安岭北段岔路口巨型高氟型斑岩钼矿成矿特色与关键控制因素[J].矿床地质,2012,31:297-298.

林强,葛文春,吴福元,等.大兴安岭中生代花岗岩类的地球化学[J].岩石学报,2004,20(3),403-412.

刘长征,陈岳龙,许光,等.地球化学块体理论在青海沱沱河地区铅锌资源潜力预测中的应用[J].地学前缘,2011,18(5):271-282.

刘大文,谢学锦.基于地球化学块体概念的中国锡资源潜力评价[J].中国地质,2005,32(1):25-32.

刘福来,田丽华.平顶山金矿石英的找矿矿物学研究[J].黄金,1996,17(4):3-7.

刘福涛,韩哲,李风华.黑龙江省大小兴安岭地区砂金成矿条件分析[J].黄金科学技术,1995,3(2):13-16.

刘桂阁,王恩德,常春郊,等.黑龙江省逊克县高松山金矿成因探讨[J]有色矿冶,2006,22(4):1-4.

刘建明,张锐,张庆洲.大兴安岭地区的区域成矿特征[J].地学前缘,2004,11(1):269-277.

刘军,武广,钟伟,等.黑龙江省三矿沟矽卡岩型铁铜矿床流体包裹体研究[J].岩石学报,2009,25(10):2631-2641.

刘伟,杨进辉,李潮峰.内蒙古赤峰地区若干主干断裂带的构造热年代学[J].岩石学报,2003,19(4):717-728.

刘颖,刘刚.显微构造研究方法在韧性剪切带遥感分析中的应用[J].吉林大学学报(地球科学版)2010,40(3):597-602.

吕英杰,马大明,金洪涛.中国砂金矿的分布规律及其找矿方向[M].北京:地质出版社.1992:1-83.

吕志成,段国正,刘丛强,等.大兴安岭地区银矿床类型、成矿系列及成矿地球化学特征[J].矿物岩石地球化学通报,2000,19(4):305-309.

吕志成,段国正,郝立波,等.内蒙古满洲里-额尔古纳地区岩浆作用及其大地构造意义[J].矿物岩石,2001,21(1):77-85.

吕志成,段国正,刘丛强,等.大兴安岭地区银矿床类型、成矿系列及成矿地球化学特征[J].矿物岩石地球化学通报,2000,19(4):305-309.

罗毅,王正邦,周德安,等.额尔古纳超大型火山热液型铀成矿带地质特征及找矿前景[J].华东地质学院学报,1997(1):1~10.

毛景文,李晓峰,张作衡,等.中国东部中生代浅成热液金矿的类型、特征及其地球动力学背景[J].

高校地质学报,2003,9(4):621-632.

毛景文,王义天,张作衡,等.华北及邻区中生代大规模成矿的地球动力学背景:从金属矿床年龄精测得到启示[J].中国科学(D辑),2003,33(4):289～299.

毛景文,周振华,武广,等.内蒙古及邻区矿床成矿规律与成矿系列[J].矿床地质,2013,32(4):715-729.

孟恩,许文良,杨德彬,等.满洲里地区灵泉盆地中生代火山岩的锆石U-Pb年代学、地球化学及其地质意义[J].岩石学报,2011,27(4):1209-1226.

内蒙古自治区地质矿产局.内蒙古自治区区域地质志[M].北京:地质出版社,1991.

聂凤军,孙振江,李超,等.黑龙江岔路口钼多金属矿床辉钼矿铼-锇同位素年龄及地质意义[J].矿床地质,2011,30(5):828-836.

聂凤军,刘勇,刘翼飞,等.中蒙边境查夫-甲乌拉地区中生代银多金属矿床成矿作用[J].吉林大学学报(地球科学版),2011a,41(6):1715-1725.

聂凤军,孙振江,李超,等.黑龙江岔路口钼多金属矿床辉钼矿铼-锇同位素年龄及地质意义[J].矿床地质,2011b,30(5):828-836.

聂凤军,张万益,杜安道,等.内蒙古小东沟斑岩型钼矿床辉钼矿铼-锇同位素年龄及地质意义[J].地质学报,2007,81(7):898-905.

潘龙驹,孙恩守.内蒙古查甲乌拉银铅锌矿床地质特征[J].矿床地质,1992,11(1):45-53.

祁进平,陈衍景,Pirajno F.东北地区浅成低温热液矿床的地质特征和构造背景[J].矿物岩石,2005,25(2):47-59.

齐金忠,李莉,郭晓东.大兴安岭北部砂宝斯蚀变砂岩型金矿地质特征[J].矿床地质,2000,19(2):116-125.

秦克章,李惠民.内蒙古乌奴格吐山斑岩铜钼矿床的成岩,成矿时代[J].地质论评,1999,45(2):180-185.

秦克章,王之田.内蒙古乌奴格吐山铜-钼矿床稀土元素的行为及意义[J].地质学报,1993(4):323-335.

秦克章,田中亮吏,李伟实,等.满洲里地区印支期花岗岩Rb-Sr等时线年代学证据[J].岩石矿物学杂志,1998,17(3):235-240.

秦克章,王之田,潘龙驹.满洲里—新巴尔虎右旗铜、钼、铅、锌带成矿条件与斑岩体含矿性评价标志[J].地质论评,1990,36(6):479～488.

权恒,武广,张炯飞.得尔布干成矿带新类型金矿及资源潜力[J].贵金属地质,1998,7(4):302-303.

任纪舜,陈廷愚,牛宝贵,等.中国东部及邻区大陆岩石圈的构造演化与成矿[M].北京:科学出版社,1990.

任纪舜,姜春发,张正坤,等.中国大地构造及其演化[M].北京:科学出版社,1980.

邵济安,张履桥,贾文,等.内蒙古喀喇沁变质核杂岩及其隆升机制探讨[J].岩石学报,2001,17(2):283-290.

邵济安.中朝板块北缘等中段地壳演化[M].北京:北京大学出版社,1991.

邵军,王世称,张炯飞,等.大兴安岭原始森林覆盖区化探异常查证方法研究与实践[J].地质与勘探,2004,40(2):66-70.

佘宏全,李红红,李进文,等.内蒙古大兴安岭中北段铜铅锌金银多金属矿床成矿规律与找矿方向[J].地质学报,2009,83(10):1456-1472.

佘宏全,李进文,向安平,等.大兴安岭中北段原岩锆石U-Pb测年及其与区域构造演化关系[J].

岩石学报,2012,28(2):571-594.

沈存利.赴俄罗斯赤塔州矿山考察报告[J].内蒙古地质,1998(3):32-37.

盛继福,李岩,范书义.大兴安岭中段铜多金属矿床矿物微量元素研究[J].矿床地质,1999,18(2):153-160.

盛继福,傅先政.大兴安岭中段成矿环境与铜多金属矿床地质特征[M].北京:地震出版社,1999.

隋振民,葛文春,吴福元,等.大兴安岭东北部哈拉巴奇花岗岩体锆石 U-Pb 年龄及其成因[J].世界地质,2006,25(3):229-236.

孙刚,侯蕊娟.大兴安岭呼中区亚里河多金属矿找矿潜力分析[J].黑龙江国土资源,2011(12):44-44.

孙景贵,张勇,邢树文,等.兴蒙造山带东缘内生钼矿床的成因类型、成矿年代及成矿动力学背景[J].岩石学报,2012,28(4):1317-1332.

孙立新,任邦方,赵凤清,等.额尔古纳地块太平川巨斑状花岗岩的锆石 U-Pb 年龄和 Hf 同位素特征[J].地学前缘,2012,19(5):114-122.

孙巍,迟效国,潘世语,等.大兴安岭北部新林地区倭勒根群大网子组锆石 LA-ICP-MS U-Pb 年龄及其地质意义[J].吉林大学学报(地球科学版),2014,44(1):176-185.

谭成印,王根厚,李永胜.黑龙江多宝山成矿区找矿新进展及其地质意义[J].地质通报,2010,29(2-3):436-445.

谭成印.黑龙江省主要金属矿产构造-成矿系统基本特征[D].北京:中国地质大学,2009.

唐新功,陈永顺,唐哲.应用布格重力异常研究郯庐断裂构造[J].地震学报,2006,28(6):603-610.

唐忠,叶松青,杨言辰.黑龙江逊克高松山金矿成因模式[J].世界地质,2010,29(3):400-407.

田世良,金力夫,双宝.额尔古纳成矿带脉状银(铅锌)矿床与塔木兰沟组火山岩的成矿关系[J].有色金属矿产与勘查,1995(6):334-340.

万传彪,任延广,乔秀云,等.内蒙古海拉尔盆地伊敏组孢粉组合[J].地质学报,2005(4):443-443.

王登红,陈毓川.与海相火山作用有关的铁-铜-铅-锌矿床成矿系列类型及成因探讨[J].矿床地质,2001,20(2):112-118.

王洪波,杨晓平.大兴安岭北段新一轮国土资源大调查以来的主要基础地质成果与进展[J].地质通报,2013,32(2):525-532.

王建国,张静,王圣文,等.内蒙古太平沟钼矿床流体包裹体特征及成矿动力学背景[J].岩石学报,2009,25(10):2621-2630.

王京彬,王玉往,王莉娟.大兴安岭南段锡多金属成矿系列[J].地质与勘探,2005,41(6):15-20.

王可勇,任云生,程新民,等.黑龙江团结沟金矿床流体包裹体研究及矿床成因[J].大地构造与成矿学,2004,28(2):171-178.

王来云,孙念仁,钟立平.大兴安岭北段贵金属有色金属区域成矿地质特征及找矿方法[J].吉林地质,2010(1):36-40.

王荣全,宋雷鹰,曹书武,等.乌奴格吐山斑岩铜-钼矿地球化学特征及评价标志[J].矿产与地质,2008,21(5):515-519.

王圣文,王建国,张达,等.大兴安岭太平沟钼矿床成矿年代学研究[J].岩石学报,2009,25(11):2913-2923.

王树庆,许继峰,刘希军,等.内蒙古朝克山蛇绿岩地球化学:洋内弧后盆地的产物[J].岩石学报,2008,24(12):2869-2879.

王伟,许文良,王枫,等.满洲里-额尔古纳地区中生代花岗岩的锆石 U-Pb 年代学与岩石组合:对区域构造演化的制约[J].高校地质学报,2012,18(1):88-105.

王五力,张立君,郑少林,等.义县阶的时代与侏罗系—白垩系界线——义县阶标准地层剖面建立和研究之三[J].地质论评,2005,51(3):234-242.

王晓勇,贾伟光,张春辉,等.黑龙江砂宝斯金矿床成矿物理化学环境研究[J].黄金,2005,26(2):8-11.

王新社,郑亚东.楼子店变质核杂岩韧性变形作用的$^{40}Ar/^{39}Ar$年代学约束[J].地质论评,2005,51(5):574-582.

王一先,赵振华.巴尔哲超大型稀土铌铍锆矿床地球化学和成因[J].地球化学,1997,26(1):24-35.

王忠,安春杰,邵军,等.大兴安岭莫尔道嘎地区新元古代巨斑状碱长花岗岩地球化学特征[J].地质与资源,2005,14(3):187-191.

武广,范传闻,李忠权,等.大兴安岭北部漠河韧性剪切带白云母$^{40}Ar-^{39}Ar$年龄及地质意义[J].成都理工大学学报(自然科学版),2008,35(3):297-302.

武广.大兴安岭北部区域成矿背景与有色、贵金属矿床成矿作用[D].长春:吉林大学,2005.

向安平,杨郧城,李贵涛,等.黑龙江多宝山斑岩Cu-Mo矿床成岩成矿时代研究[J].矿床地质,2012,31(6):1237-1248.

谢鸣谦.拼贴板块构造及其驱动机理[M].北京:科学出版社,2000.

徐备,赵盼,鲍庆中,等.兴蒙造山带前中生代构造单元划分初探[J].岩石学报,2014,30(7):1841-1857.

阎鸿铨,涂光炽.大兴安岭西坡多种矿床远景区[M]//涂光炽.中国超大型矿床.北京:科学出版社,2000:273-292.

杨武斌,苏文超,廖思平,等.巴尔哲碱性花岗岩中的熔体和熔体-流体包裹体:岩浆-热液过渡的信息[J].岩石学报,2011,27(5):1493-1499.

袁忠信,张敏,万德芳.低^{18}O碱性花岗岩成因讨论——以内蒙古巴尔哲碱性花岗岩为例[J].岩石矿物学杂志,2003,2:2.

余宏全,李红红,李进文,等.内蒙古大兴安岭中北段铜铅锌金银多金属矿床成矿规律与找矿方向[J].地质学报,2009,83(10):1456-1472.

张海心.内蒙古乌奴格吐山铜钼矿床地质特征及成矿模式[D].长春:吉林大学,2006.

张炯飞,权恒.小伊诺盖沟金矿成矿特征[J].贵金属地质,1999(3):129-135.

张丽,刘永江,李伟民,等.关于额尔古纳地块基底性质和东界的讨论[J].地质科学,2013,48(1):227-244.

张能.内蒙古东部大石寨地区晚古生代构造格局及演化[D].北京:中国地质大学(北京),2013.

张允平.东北亚地区晚侏罗—白垩纪构造格架主体特点[J].吉林大学学报:地球科学版,2011,41(5):1267-1284.

赵明玉,王大平,田世良.得尔布干成矿带中段八大关——新峰山成矿地质条件分析[J].矿产与地质,2002,16(2):70-73.

赵丕忠,谢学锦,程志中.大兴安岭成矿带北段区域地球化学背景与成矿带划分[J].地质学报,2014,88(1):99-108.

赵一鸣.大兴安岭及其邻区铜多金属矿床成矿规律与远景评价.[M].北京:地震出版社,1997.

赵元艺,马志红,仲崇学.多宝山铜矿床成矿作用地球化学研究[J].西安工程学院学报,1997(1):28-35.

郑少林,李勇,张武,等.辽西侏罗纪木化石Sahnioxylon(萨尼木属)及其系统学意义[J].世界地质,2005,24(3):209-218.

周建波,王斌,曾维顺,等.大兴安岭地区扎兰屯变质杂岩的碎屑锆石U-Pb年龄及其大地构造意义[J].岩石学报,2014,30(7):1879-1888.

朱群,李之彤.大兴安岭古利库金矿区落马湖群变质岩系及其含矿性[J].地质与资源,2001,10(4):204-209.

Agterberg F P. Power-law versus lognormal models in mineral exploration[C]. Mitri H S. Proceedings of the third Canadian conference on computer applications in the mineral industry. Moutreal: McGill University,1995:17-26.

Argus D F,Gordon R G. Present tectonic motion across the Coast Ranges and San Andreas fault system in central California[J]. Geological Society of America Bulletin,2001,113(12):1580-1592.

Bendick R,Bilham R,Freymueller J,et al. Geodetic evidence for a low slip rate in the Altyn Tagh fault system[J]. Nature,2000,404(6773):69-72.

Burtman V S,Skobelev S F,Molnar P. Late Cenozoic slip on the Talas-Ferghana fault, the Tien Shan, central Asia[J]. Geological Society of America Bulletin,1996,108(8):1004-1021.

Celenk O,Clark A L,Vletter D R,et al. Workshop on abundance estimation[J]. Mathematical Geology,1978,10(5):473-480.

Chang C P,Angelier J,Huang C Y. Origin and evolution of a melange: the active plate boundary and suture zone of the Longitudinal Valley,Taiwan[J]. Tectonophysics,2000,325(1):43-62.

Chen Z,Zhang L,Wan B,et al. Geochronology and geochemistry of the Wunugetushan porphyry Cu – Mo deposit in NE China,and their geological significance[J]. Ore Geology Reviews,2011,43(1):92-105.

Cox D P. Estimation of undiscovered deposits in quantitative mineral resource asses sments— Examples form Venezuela and Puerto Rico[J]. Natural Resources Resarch 1993,2(2):82-91.

Davis P,England P,Houseman G. Comparison of shear wave splitting and fi nite strain from the India-Asia collision zone[J]:Journal of Geophysical Research,1997,102(B12):511-522.

England P,Houseman G Finite strain calculations of continental deformation 2. Comparison with the India-Asia Collision[J]:Journal of Geophysical Research,1986,91(B3):3664-3676.

England P,Molnar P. The field of crustal velocity in Asia calculated from Quaternary rates of slip on faults[J]. Geophysical Journal International,1997,130(3):551-582.

Flesch L M,Holt W E,Silver PG,et al. Constraining theextent of crust upper mantle coupling in central Asia using GPS,geologic,and shear-wave splitting data[J]. Earth and Planetary Science Letters,2005,238:248-268.

Garrett R G. An abundance model resource appraisal for some Canadian commodities[J]. Mathematical Geology,1978,10(5):481-494.

Holt W E. Correlated crust and mantle strain fields in Tibet[J] Geology 2000,28:67-70.

Jiawei X,Guang Z. Tectonic models of the Tan-Lu fault zone, eastern China[J]. International Geology Review,1994,36(8):771-784.

Lanphere M A. Displacement history of the Denali fault system, Alaska and Canada[J]. Canadian Journal of Earth Sciences,1978,15(5):817-822.

Lawrence R D,Yeats R S,Khan S H,et al. Thrust and strike slip fault interaction along the Chaman transform zone, Pakistan[J]. Geological Society, London, Special Publications,1981,9(1):363-370.

Li T,Wu G,Liu J,et al. Fluid inclusions and isotopic characteristics of the Jiawula Pb – Zn – Ag deposit,Inner Mongolia, China[J]. Journal of Asian Earth Sciences,2015,103:305-320.

McKelvey V E. Relation of reserves of the elements to their crustal abundance[J]. American Journal of Science[J],1960,258-A:234-241.

Mookherjee A,Panigrahi M K. Reserve base in relation to crustal abundance of metals: Another look[J] . Journal of Geochemical Exploration,1994,51(1):1-9.

Nishiyama T, Adachi T. Resource depletion calculated by the ratio of the reserve plus cumulative consumption to the crustal abundance for gold[J]. Natural Resources Research,1995,4(3):253–261.

Peltzer G, Tapponnier P. Formation and evolutionof strike-slip faults, rifts, and basins during theIndia-Asia collision: An experimental approach[J]: Journalof Geophysical Research, 1988, 93(B12):85–117.

Redfield T F, Fitzgerald P G. Denali Fault System of southern Alaska: An interior strike - slip structure responding to dextral and sinistral shear coupling[J]. Tectonics,1993,12(5):1195–1208.

Sengor A M C. The North Anatolian transform fault: its age, offset and tectonic significance[J]. Journal of the Geological Society,1979,136(3):269–282.

Singer D A. Basic concepts in three-part quantitative assessments of undisco-vered mineral resources[J]. Nonrenewable Resources,1993,2(2):69–83.

Sutherland R. Displacement since the Pliocene along the southern section of the Alpine Fault, New Zealand[J]. Geology,1994, 22(4):327–330.

Tapponnier P, Xu Zhiqin, Roger F, et al. Oblique stepwise rise and growth of the Tibet Plateau [J]. Science,2001,294:1671–1677.

Walley C D. A braided strike-slip model for the northern continuation of the Dead Sea Fault and its implications for Levantine tectonics[J]. Tectonophysics,1988,145(1):63–72.

Wang Rongquan, Song leiying, Cao Shuwu, et al. Geochemical characteristics of the Wunugetushan porphyry Cu–Mo deposit and its evaluation indicators[J]. Mineral resouces and geology. 2008,21(5):515–519.

Wilde A, Edwards A, Yakubchuk A. Unconventional deposits of Pt and Pd: a review with implications for exploration[J]. Newsletter SEG,2003,52:10–18.

Xie X, Liu D, Xiang Y, et al. Geochemical blocks for predicting large ore deposits—concept and methodology[J]. Journal of geochemical exploration,2004,84(2),77–91.

Xu J W, Zhu G, Tong W X, et al. Formation and evolution of the Tancheng–Lujiang wrench fault system: A major shear system to the northwest of the Pacific Ocean[J]. Tectonophysics,1987,134:273–310.

Xuejing X, Huanzhen S, Tianxiang R. Regional geochemistry-national reconnaissance project in China[J]. Journal of Geochemical Exploration,1989,33(1):1–9.

Zhao mingyu. Metallogeny of Badaguan-xinfengshan in the midlle section of Derbugan metalloginic zone[J]. Mineral resouces and geology,2002,16(2):70–73.

Zhu G, Wang Y, Liu G, et al. $^{40}Ar/^{39}Ar$ dating of strike-slip motion on the Tan–Lu fault zone, East China[J]. Journal of Structural Geology,2005,27(8):1379–1398.